AF243026

TRAITÉ COMPLET

DES

CARRÉS MAGIQUES

SIMPLES ET COMPOSÉS.

DIJON,

IMPRIMERIE, FONDERIE ET LITHOGRAPHIE DE DOUILLIER.

TRAITÉ COMPLET

DES

CARRÉS MAGIQUES

PAIRS ET IMPAIRS,

SIMPLES ET COMPOSÉS, A BORDURES, COMPARTIMENS, CROIX, CHASSIS, ÉQUERRES, BANDES DÉTACHÉES, ETC.;

SUIVI

D'UN TRAITÉ DES CUBES MAGIQUES,

ET D'UN

ESSAI SUR LES CERCLES MAGIQUES;

PAR B. VIOLLE, GÉOMÈTRE,

CHEVALIER DE SAINT-LOUIS.

AVEC ATLAS DE 54 GRANDES FEUILLES, COMPRENANT 400 FIGURES.

PRIX : 36 FRANCS.

TOME I.

A PARIS,

CHEZ BACHELIER, LIBRAIRE, QUAI DES AUGUSTINS.

A DIJON,

CHEZ { L'AUTEUR, RUE CHABOT-CHARNI, COUR DE L'ANCIEN ÉVÊCHÉ;
DOUILLIER, IMPRIMEUR-LIBRAIRE, RUE DES GODRANS.

1837.

INTRODUCTION.

Le merveilleux que les anciens croyaient exister dans la composition des carrés dits *magiques*, a été l'origine du nom qui leur fut donné. Les idées superstitieuses attachées à leur prétendue vertu dans la construction des talismans, étaient le résultat de la doctrine de Pythagore, et des folies de l'astrologie. Les principes de la formation de ces carrés étant inconnus, on attribua à ceux que l'on était parvenu à composer, des qualités surnaturelles. Chaque planète avait son carré magique. L'unité, qui est elle-même son carré, était le symbole de la divinité, à cause de l'unité de Dieu, et de son immutabilité.

Le carré de 2 désignait la matière imparfaite, à raison des quatre élémens, et de l'impossibilité d'arranger magiquement ce carré; il est le seul, en effet, qui ne puisse être formé.

Emmanuel Moscopule, auteur grec du quatorzième siècle, est le premier qui ait écrit sur les carrés magiques. La Bibliothèque royale possède un manuscrit de ce Moscopule. On y trouve quelques formes de constructions, mais peu étendues. Il est certain qu'il ne considérait pas ces carrés en simple mathématicien, mais qu'il leur attribuait des vertus qu'Agrippa, bien connu par l'accusation de magie, dont il était fortement soupçonné, n'a pas manqué de vanter. C'est cet Agrippa qui a considéré comme planétaires les carrés de 3 à 9. Selon lui celui de 3 appartenait à Saturne, celui de 4 à Jupiter. Mars avait le carré de 5 ; le Soleil, celui de 6 ; Vénus, celui de 7 ; Mercure, celui de 8 ; et enfin la Lune, celui de 9.

Depuis l'époque où vivait Agrippa, les mathématiciens, abandonnant les chimères des astrologues et des soi-disant devins, ont fait des recherches sérieuses sur ces carrés, dignes de leurs investigations ; mais tous n'ont pas été heureux dans ces recherches. Les uns ont été rebutés parce qu'ils n'ont rien trouvé de satisfaisant sur les carrés pairs. D'autres n'ont point aperçu d'utilité dans ce genre d'application des mathématiques. Quelques-uns sont revenus à différentes reprises à la charge, et de ce nombre est l'illustre La Hire.

Montucla, dans son histoire des mathématiques, donne la nomenclature des auteurs qui ont écrit sur cette matière. Ils ont tous été consultés.

Bachet de Mézériac. Il s'est occupé des carrés magiques d'après l'idée qu'il en avait prise dans Agrippa. Mais tout son travail roule sur les carrés impairs, et sa méthode est très-circonscrite. Il ne put rien trouver qui le contentât sur les carrés pairs. (*Problèmes plaisans et délectables qui se font par les nombres.* Lyon, 1613.)

La Hire a donné, dans le cinquième volume de l'ancienne collection des *Mémoires de l'Académie*, l'ouvrage manuscrit de *Frénicle*, l'un des plus illustres mathématiciens de son temps. Il est le premier qui se soit occupé d'enceintes, ce qui parut plus difficile que les carrés simples, mais ce qui est, dans le fait, plus facile, et le moyen le plus propre à faire varier la formation des carrés magiques. Année 1693.

M. Poignard, chanoine de Bruxelles, publia en 1703 un livre sur ces carrés, auxquels il donna le nom de *sublimes*. Il trouva aussi que l'on pouvait faire ce genre de carrés avec des progressions géométriques et harmoniques. Son ouvrage est d'ailleurs peu étendu, et ne peut donner une idée complète des méthodes qui conviennent à l'arrangement des carrés magiques.

La Hire donna ensuite, en deux traités séparés sur les carrés impairs et pairs, insérés dans les

Mémoires de l'Académie, année 1705, de nouvelles manières de formation des carrés magiques. Il les compose au moyen de deux carrés simples. Cette méthode est très-ingénieuse, et a quelque rapport avec le mouvement composé, mais était plus difficile à trouver. Ces carrés simples ou tableaux sont, au reste, plus convenables aux carrés impairs qu'aux carrés pairs. Cet auteur est bien certainement celui qui a le plus facilité la composition des carrés magiques.

Sauveur, dans les *Mémoires de l'Académie*, année 1710, a travaillé d'après La Hire; mais son ouvrage est diffus; il manque de démonstrations; ses méthodes rentrent dans les formules plus générales connues avant lui. On lui doit cependant d'avoir donné l'idée des cubes magiques, des croix et châssis, quoique d'une manière fort obscure, et en peu de lignes. Les lettres qu'il a substituées aux nombres n'apportent pas plus de généralité dans ses procédés; son mémoire est d'ailleurs presque illisible à raison de la multitude d'erreurs dont il fourmille; et, il faut le dire en passant, c'est un reproche que l'on peut faire à la majeure partie des Mémoires de cette intéressante et curieuse collection. Il est à regretter qu'elle ait été aussi peu soignée, et que les auteurs n'aient pas pris la peine de surveiller l'impression de leurs ouvrages.

D'Ons en Bray, dans les *Mémoires de l'Académie*, année 1750, a donné quelque chose sur les carrés magiques, mais son traité ne contient rien de neuf.

Rallier des Ourmes, conseiller à Rennes, a aussi mis au jour un petit traité des carrés magiques (*Mémoires des savans étrangers*, tome IV. Paris, 1763); mais ce traité ne contient que quelques méthodes expéditives pour faire ces carrés: ce ne sont que des applications particulières de procédés plus généraux.

On trouve encore quelques idées sur les carrés magiques dans les ouvrages suivans, qui ne valent pas la peine d'être consultés.

Acta Lipsiæ, particulièrement en l'année 1686.

Prestet (Elémens d'algèbre du père).

Ozanam (Récréations mathématiques).

Kircher (Hiéroglyphes de l'OEdipe égyptien), ouvrage latin imprimé à Rome en 1653.

Dictionnaire encyclopédique de mathématiques, 2.e volume.

Dictionnaire encyclopédique de l'amusement des sciences.

Stifel (Arithmetica integra).

Schœnter (Deliciæ physico-mathematicæ).

Meerman (Specimen calculi fluxionum).

Parmi tous les auteurs qui se sont occupés des carrés magiques, *La Hire* est sans contredit celui qui a le plus approfondi la matière; c'est aussi celui qui a été le plus souvent consulté; Sauveur l'a été quelquefois; mais il faut convenir qu'ils sont loin d'avoir examiné tous les cas qui se présentent; ils ne sont pas toujours clairs; ils omettent souvent des démonstrations indispensables, et ils n'ont écrit que pour la classe de lecteurs qui ont déjà les connaissances indispensables pour comprendre la construction des carrés magiques.

Dans le Traité que l'on donne au public, on a réuni ce qui se trouve épars dans les divers auteurs; l'on appuie la théorie d'une foule d'exemples, dont plusieurs, très-compliqués en apparence, n'exigent cependant que de l'attention. L'on fait ressortir l'avantage des méthodes générales. On indique les formes variées que peut prendre un même carré, et l'on met sur la voie des nombreuses combinaisons dont ils sont susceptibles; enfin, dans les démonstrations, on ne suppose que les premiers élémens d'arithmétique; on fait un sobre usage de l'algèbre; et, dans tous les cas où elle est employée, le lecteur peut sans inconvénient négliger les formules qu'elle fournit.

On peut demander quelle utilité peut résulter de la connaissance des méthodes diverses propres à la construction des carrés magiques. Il faut bien avouer qu'on n'a pas encore tiré parti de cette singulière combinaison des nombres; mais, d'abord, puisque tout se lie dans les sciences mathématiques, il n'est pas reconnu ni démontré qu'on ne puisse utiliser avec succès ces méthodes; en second lieu, comme application d'arithmétique, c'est une des plus curieuses; et, le traité qu'on offre ici n'eût-il que cet avantage, rien n'est plus propre à exercer la sagacité des jeunes mathématiciens, et à faire passer quelques momens agréables à ceux qui aiment ce genre d'amusement.

Ce Traité sera précédé des notions indispensables pour le bien comprendre. Il sera divisé en trois parties principales.

La première comprend les carrés impairs, et se subdivise en deux autres, dont l'une renferme les carrés dont la racine est nombre premier, et dont l'autre comprend ceux dont la racine est nombre composé.

La seconde partie, qui contient les carrés pairs, se subdivise aussi en deux autres : dans l'une on examine les carrés dont la racine se divise par 4, et dans l'autre ceux dont la racine ne se divise que par 2.

La troisième est composée des combinaisons qui n'ont pu entrer dans les premières, comme les progressions géométriques et harmoniques, les croix, châssis, équerres, bandes, cubes magiques, etc., combinaisons dont quelques-unes seulement sont indiquées, et les autres entièrement omises par les auteurs. Toutes sont analysées dans le présent traité, le seul complet jusqu'à ce jour, et dans lequel on a moins eu pour but de rassembler ce qui est dispersé dans les ouvrages cités, que de présenter de nouvelles méthodes plus générales, et des formations qui ont échappé à ceux qui se sont occupés de ce genre de recherches. L'on indiquera à la fin les parties sur lesquelles on peut encore s'exercer avec succès, celles qui ont embarrassé les mathématiciens, et les problèmes à résoudre pour compléter la théorie des carrés magiques.

Nous étions loin, lorsque nous avons pris quelques notes sur les carrés magiques, de prévoir l'étendue que nous donnons à cet ouvrage. Un simple objet de curiosité est devenu un agréable amusement, puis une étude, et enfin un travail opiniâtre. Nous croyons ne rien laisser à désirer, et avoir présenté toutes les formes possibles que peut prendre un carré magique. On nous pardonnera d'être entré quelquefois dans des détails un peu longs; mais nous avons pensé que plusieurs des lecteurs verraient avec plaisir des développemens, que l'on est libre d'ailleurs de passer si on les juge inutiles.

Nous avons eu soin de rendre à chacun ce qui lui appartient; mais nous pouvons nous approprier la majeure partie des formes, des méthodes et des constructions que l'on trouvera répandues dans le traité que nous offrons au public.

La nécessité de parler aux yeux dans un ouvrage de la nature de celui-ci, nous a fait multiplier les figures. Un grand nombre de planches devaient donc accompagner le texte. Nous n'avons épargné aucuns frais pour que la beauté du papier, la netteté des caractères et la correction des épreuves répondissent au désir que nous avions de présenter un traité digne du public éclairé auquel il est destiné.

Nous n'avons fait procéder à l'impression qu'après avoir soumis notre travail à des professeurs distingués de la capitale, qui nous ont engagé, et, nous osons dire, prié de le mettre au jour.

Ils l'ont considéré comme un ouvrage nouveau, et propre à exciter vivement la curiosité. Il ne fallait pas moins que l'encouragement qu'ils nous ont donné, pour nous décider à publier le résultat de nos recherches.

L'ouvrage sera terminé par un essai sur les cercles magiques. Cet essai a été fait d'après ce que nous a rapporté l'un de ces professeurs, qu'un Hollandais avait présenté à quelques personnes, à Paris, il y a environ vingt ans, des cercles, les uns garnis de chiffres, d'autres percés de plusieurs trous, et tels qu'en faisant mouvoir ceux-ci sur les premiers, on voyait apparaître des nombres tellement disposés, que leur somme était constante. Nous n'avons pas eu connaissance du procédé employé ; mais nous avons cherché le moyen d'obtenir un résultat analogue. Le lecteur jugera si nous avons atteint notre but.

CARRÉS MAGIQUES.

NOTIONS PRÉLIMINAIRES.

ARTICLE PREMIER.

Théorie des nombres pairs et impairs.

ADDITION.

Si l'on ajoute tant de nombres pairs qu'on voudra, la somme sera paire.

L'addition d'un nombre pair d'impairs donne encore une somme paire : d'où il suit que la somme sera toujours paire s'il se trouve des pairs à ajouter avec un nombre pair d'impairs.

Si les impairs sont en nombre impair, la somme sera impaire, qu'il y ait ou non des pairs parmi les nombres à ajouter.

SOUSTRACTION.

La différence de deux nombres de même espèce est paire.

Si les nombres sont d'espèce différente, le résultat est impair.

MULTIPLICATION.

Si parmi les facteurs d'un produit il se trouve un ou plusieurs pairs, ce produit sera pair.

Si les facteurs sont tous impairs, le produit sera impair.

DIVISION.

Pair par pair donne quotient pair.

Impair par impair donne un quotient impair.

Impair par pair n'est pas possible : car le quotient, quel qu'il soit, multiplié par le diviseur pair, ne peut donner le dividende impair.

Enfin pair par impair donne quotient pair.

RACINE.

La racine quelconque d'un nombre pair est paire ; celle d'un nombre impair est impaire, d'après les règles ci-dessus pour la multiplication.

Il est inutile de faire observer qu'il ne s'agit, dans tout ce qui précède, que de nombres entiers et de résultats entiers.

ARTICLE II.

Proportions. Progressions. Signes.

SIGNES.

Le signe $+$ se prononce et signifie *plus*.

Le signe $-$ marque et se prononce *moins*.

Le signe $\times$ est celui de la multiplication, et se prononce *multiplié par*. Il est souvent remplacé par un point placé entre les nombres que l'on veut multiplier l'un par l'autre. On fait aussi grand usage des parenthèses, lorsque plusieurs nombres séparés par les signes $+$ ou $-$ doivent être multipliés par un ou plusieurs autres nombres. Ainsi, qu'on doive multiplier par 10 les nombres $3 + 7 - 8$, on écrira $(3 + 7 - 8)\,10$, sans qu'il soit nécessaire de mettre un signe entre 10 et la parenthèse. Il en est de même si l'on a plusieurs parenthèses : ainsi $(3 + 8 - 7)(5 - 2)$ $(18 + 15 - 6)$ indique qu'il faut multiplier $3 + 8 - 7$ par $5 - 2$, et ce produit par $18 + 15 - 6$. L'ordre des facteurs est indifférent.

Le signe : entre deux nombres indique que le premier doit être divisé par le second, et se prononce *divisé par*. Le plus souvent on met ces deux nombres sous la forme de fraction : alors ils sont l'un sous l'autre, et séparés par un trait; le nombre supérieur est le dividende ou le numérateur de la fraction, le nombre inférieur est le dénominateur ou le diviseur. Ainsi 12 divisé par 3 s'écrit $12 : 3$, ou $\frac{12}{3}$.

Pour désigner qu'un nombre est plus grand qu'un autre, on se sert du signe $>$; la pointe est toujours du côté du plus petit nombre. Ainsi $8 < 10$ se lit : 8 plus petit que 10, ou bien 10 plus grand que 8. Le signe $=$ est celui de l'égalité, et se prononce *égal à*.

RAPPORTS.

Quand on compare deux nombres, on demande l'excès de l'un sur l'autre, ou leur différence. C'est cette différence qui exprime le rapport, et il prend le nom de *rapport arithmétique* ou *rapport par différence*.

Ou bien on recherche combien de fois l'un contient l'autre. Le quotient est ce que l'on appelle *rapport géométrique* ou *par quotient*. Ainsi, soient les nombres 12 et 3. Si l'on soustrait le plus petit du plus grand, il vient $12 - 3 = 9$ pour le rapport arithmétique; et si l'on divise l'un par l'autre, on aura $\frac{12}{3} = 4$ pour le rapport géométrique. On aurait aussi $\frac{3}{12} = \frac{1}{4}$ dans le même cas de rapport géométrique.

PROPORTIONS.

Deux rapports égaux forment une proportion qui est arithmétique ou géométrique, d'après la nature des rapports que l'on considère. Ainsi 3·6 et 7·10 donnent $6 - 3 = 10 - 7 = 3$; il y a proportion arithmétique, puisque les deux rapports sont égaux, et l'on prononce 6 moins 3 égal à 10 moins 7. Ces rapports peuvent aussi s'écrire 6·3 : 10·7, et l'on prononce 6 est à 3 comme 10 est à 7 : ici les deux points ne sont plus le signe de division, mais servent à séparer les deux rapports; les points ne sont pas signe de multiplication.

Que l'on ait 3 : 9 et 7 : 21. Comme $\frac{9}{3} = \frac{21}{7} = 3$, on aura proportion géométrique, et l'on prononcera 9 divisé par 3 égal à 21 divisé par 7. On écrit encore 9 : 3 : : 21 : 7, et l'on prononce 9 est à 3 comme 21 est à 7 : l'on voit que les quatre points ne servent qu'à séparer les deux rapports; les deux points séparent aussi les deux termes d'un même rapport.

Lorsque le second terme du premier rapport est le même que le premier terme du second rapport, la proportion est dite *continue* : ainsi 4, 7, 10, sont trois nombres en proportion arithmétique continue : car $7-4=10-7$. On l'écrit ordinairement $\div 4 \cdot 7 \cdot 10$, que l'on exprime par 4 est à 7 comme 7 est à 10, ou bien 10 est à 7 comme 7 est à 4.

De même 3, 9, 27, sont trois nombres en proportion géométrique continue : car $\frac{9}{3}=\frac{27}{9}$, ou bien $3:9::9:27$, que l'on écrit $\div\div 3:9:27$, et que l'on prononce 3 est à 9 comme 9 est à 27, ou bien 27 est à 9 comme 9 est à 3.

La propriété principale des proportions arithmétiques consiste dans l'égalité de la somme des extrêmes à celle des moyens. Les extrêmes sont le premier et le dernier terme; les moyens sont le second et le troisième. Si la proportion est continue, alors la somme des extrêmes est double du terme moyen. Le premier terme de chaque rapport est l'antécédent, le second est le conséquent. Il y a premier et second antécédent, premier et second conséquent, selon qu'ils appartiennent à l'un ou à l'autre rapport.

Il en est de même pour les moyens, les extrêmes, les antécédens et les conséquens des progressions géométriques.

La principale propriété des proportions géométriques consiste dans l'égalité des produits des extrêmes et des moyens; et, si la proportion est continue, le produit des extrêmes est égal au carré du terme moyen.

Il est facile d'obtenir un terme lorsqu'on en connaît trois, au moyen de la propriété énoncée. Ainsi, par exemple, que l'on veuille le troisième terme d'une proportion arithmétique dont on connaît les trois autres, et soient 4, 8, 17, ces trois termes connus : on aurait

$4+17=8+x$; d'où $21-8=x=13$. Ainsi 13 est le terme cherché. Si la proportion est continue, et qu'on veuille le terme moyen, on ajoute les extrêmes, et l'on en prend la moitié. Cette moitié est le moyen cherché. Si c'est un extrême, on soustrait l'autre extrême du double du moyen. Ainsi, ayant 4, 11 pour le premier extrême et le moyen, l'autre extrême sera $2 \cdot 11 - 4 = 22 - 4 = 18$.

Pour les proportions géométriques il n'y a pas plus de difficulté. Soit, par exemple, à trouver le premier terme de la proportion dont on connaît les trois derniers 11, 25, 30 : on aurait $11 \cdot 25 = 30 \cdot x = 275$; donc $x = \frac{275}{30} = 9\frac{1}{6}$. Si la proportion est continue, et qu'on cherche, par exemple, le dernier terme, soient les deux premiers 10, 50; on aurait $10\, x = 50^2 = 2500$: donc $x = \frac{2500}{10} = 250$. En effet $\frac{50}{10} = \frac{250}{50} = 5$.

Un nombre harmonique est celui dont la somme des diviseurs est égale au nombre même : ainsi, 6 ayant pour diviseurs 1, 2, 3, il suit que 6 est nombre harmonique. De même 28, ayant pour ses diviseurs 1, 2, 4, 7, 14, dont la somme est 28, est nombre harmonique; mais ce ne sont pas ces nombres qui constituent la proportion harmonique.

Si l'on a quatre nombres tels que le premier soit au quatrième comme la différence des deux premiers est à la différence des deux derniers, et en proportion géométrique, il y a entre ces quatre nombres proportion harmonique. Ainsi 24, 12, 9, 6, sont en proportion harmonique : car $24 : 6 :: 24 - 12 : 9 - 6$, ou $24 : 6 :: 12 : 3$, proportion géométrique.

Il est facile de trouver l'un des termes lorsqu'on connaît les trois autres. Par exemple, qu'on cherche le troisième terme de la proportion harmonique dont les trois autres sont 12, 6, 3 : les quatre termes seront 12, 6, x, 3, et l'on doit avoir $12 : 3 :: 12 - 6 : x - 3$, ou $12 : 3 :: 6 : x - 3$; d'où l'on tire $12x - 36 = 18$, ou $2x = 9$, en divisant tout par 6, et enfin $x = \frac{9}{2}$. Il viendrait donc 12, 6, $\frac{9}{2}$, 3, pour les quatre termes de la proportion harmonique. En effet $12 : 3 :: 6 : \frac{9}{2} - 3 :: 6 : \frac{3}{2}$.

Il y a proportion harmonique continue lorsque les trois termes sont tels qu'il y ait proportion géométrique entre le premier, le troisième, la différence du premier au second et la différence du second au troisième. Ainsi 84, 24, 14, donnent proportion harmonique continue : car $84 : 14 :: 84 - 24 : 24 - 14 :: 60 : 10 :: 6 : 1$.

Il est aisé de trouver, d'après cela, un terme de la proportion harmonique continue. Supposons que l'on cherche le moyen, les extrêmes étant 12 et 2 : dans ce cas les trois termes sont 12, x, 2, et l'on doit avoir $12 : 2 :: 12 - x : x - 2$, d'où l'on tire $12x - 24 = 24 - 2x$; puis $14x = 48$, ou $7x = 24$, et enfin $x = \frac{24}{7}$: donc 12, $\frac{24}{7}$, 2, sont en proportion harmonique continue. En effet, chassant la fraction, il vient 84, 24, 14, comme ci-dessus.

PROGRESSIONS.

Si l'on a une suite de rapports arithmétiques égaux, tels que le conséquent de chaque rapport soit égal à l'antécédent du suivant, il vient une progression arithmétique : par exemple, 3, 6, 9, 12, 15, sont des nombres en progression arithmétique, et on les écrit $\div 3 \cdot 6 \cdot 9 \cdot 12 \cdot 15$. On énonce cette progression en disant : 3 est à 6 comme 6 est à 9, comme 9 est à 12, comme 12 est à 15.

On considère cinq choses dans une progression arithmétique, savoir : le premier terme, a, le dernier, ω, la différence constante entre deux termes consécutifs, d, le nombre des termes, n, et la somme de tous les termes, s. Chacune peut s'exprimer au moyen ou en fonction de trois des quatre autres, ce qui donnerait 20 formules. Il suffit, pour notre objet, des deux suivantes, qui sont les plus utiles, savoir : $\omega = a + d\,(n-1)$, ou bien un terme quelconque est égal au premier plus à la différence multipliée par le nombre des termes qui précèdent celui que l'on considère. Ainsi le cinquième terme de la progression ci-dessus, dont la différence est 3, et le premier terme aussi $= 3$, sera $3 + 3\cdot4 = 15$. Si l'on voulait connaître le cinquante-cinquième, on aurait $3 + 54\cdot3 = 165$. On voit avec quelle facilité l'on peut obtenir un terme quelconque d'une progression arithmétique.

La seconde formule est $s = (a + \omega)\,\frac{n}{2}$, ou la somme de tous les termes est égale au premier plus au dernier, le tout multiplié par la moitié du nombre des termes. Ainsi la somme des cinq premiers termes de la progression ci-dessus est $(15 + 3)\,\frac{5}{2} = 18\cdot\frac{5}{2} = 5\cdot9 = 45$. Pour les vingt-quatre premiers termes, on aurait d'abord pour le dernier $3 + 3\cdot23 = 72$, et ensuite pour la somme $(3 + 72)\,\frac{24}{2} = 75\cdot12 = 900$.

Voici encore une des propriétés des progressions arithmétiques, et dont on fait le plus grand usage dans la formation des carrés magiques : la somme des extrêmes de toute progression arithmétique est égale à la somme de deux autres termes à égale distance de ces extrêmes ; et, si le nombre des termes est impair, elle est égale au double du moyen terme. Nous appellerons *couple* ces deux termes, et l'un est complément de l'autre pour former un couple. Ainsi dans la progression $\div 3 \cdot 6 \cdot 9 \cdot 12 \cdot 15 \cdot 18 \cdot 21$ l'on aura $3 + 21 = 6 + 18 = 9 + 15 = 2 \cdot 12 = 24$. Chaque couple $= 24$, et 3 est complément de 21, ainsi que 21 l'est de 3 ; 6 est complément de 18, et réciproquement ; 15 l'est de 9, et 9 de 15 ; enfin 12 est complément de lui-même.

La progression géométrique est aussi celle qui est composée d'une suite de rapports géométriques égaux, et tels que le conséquent de chacun est égal à l'antécédent du suivant. On y remarque aussi cinq choses : le premier terme, a, le dernier, ω, le quotient constant, q, le nombre des termes, n, et la somme de tous les termes, s. On retire aussi vingt formules, dans chacune desquelles une des cinq quantités est exprimée en fonction de trois des quatre autres ; les plus utiles et les plus usitées sont les deux suivantes :

$\omega = aq^{n-1}$, ou le dernier terme est égal au premier multiplié par le quotient élevé à la puissance désignée par le nombre des termes qui précèdent. Ainsi dans la progression $\div 2 : 6 : 18 : 54 : 162$, l'on a $q = 3 \ldots n = 5$: donc $\omega = 2 \cdot 3^4 = 2 \cdot 81 = 162$.

La seconde formule est $s = \dfrac{\omega q - a}{q - 1}$; et, si l'on y substitue la valeur de ω, il vient $s = \dfrac{aq^{n-1} \cdot q - a}{q - 1} = \dfrac{aq^n - a}{q - 1} = \dfrac{a(q^n - 1)}{q - 1}$. Cette dernière forme est la plus commode, et l'on n'est pas obligé de calculer d'abord le dernier terme : ainsi

dans la progression ci-dessus l'on aurait pour les huit premiers termes, $a = 2... q = 3... n = 8$, et il viendrait
$$s = \frac{2(3^8 - 1)}{2} = 3^8 - 1 = 6561 - 1 = 6560.$$

Les progressions géométriques jouissent d'une propriété analogue à celle des progressions arithmétiques, savoir : que le produit des extrêmes est égal à celui de deux termes à égale distance de ces extrêmes, et au carré du moyen terme lorsque le nombre des termes est impair. Ainsi $2 \cdot 162 = 6 \cdot 54 = 18^2 = 324$. Les deux nombres à égale distance des extrêmes, ou ces extrêmes, forment un *couple*, et chacun d'eux est complément de l'autre.

La suite de fractions $\frac{1}{1}, \frac{1}{2}, \frac{1}{3}, \frac{1}{4}, \frac{1}{5}, \frac{1}{6}$, etc., où l'unité est le numérateur constant, et où chaque dénominateur est égal au précédent augmenté de l'unité, est la plus simple des progressions harmoniques. En général, toute série de fractions dont le numérateur sera constant, et dont les dénominateurs auront une même différence, sera une progression harmonique. Ainsi $\frac{2}{1}, \frac{2}{3}, \frac{2}{5}, \frac{2}{7}, \frac{2}{9}$, etc., sont en progression harmonique. Car, d'abord, si l'on divise chaque terme par le numérateur constant, il viendra $\frac{1}{1}, \frac{1}{3}, \frac{1}{5}, \frac{1}{7}, \frac{1}{9}$. Réduisant au même dénominateur, et le supprimant, l'on aura $3 \cdot 5 \cdot 7 \cdot 9 : 5 \cdot 7 \cdot 9 : 3 \cdot 7 \cdot 9 : 3 \cdot 5 \cdot 9 : 3 \cdot 5 \cdot 7$, pour les termes de la progression : les divisant par 3, il restera $315 : 105 : 63 : 45 : 35$; or $315 : 63 :: 210 : 42...$ $105 : 45 :: 42 : 18 .... 63 : 35 :: 18 : 10$.

ARTICLE III.

Différences, et différences de différences.

D'après ce qui a été dit, que dans toute progression arithmétique les couples sont égaux, il suit que chaque terme, l'un dans l'autre, vaut un demi-couple, ou le moyen, si le nombre des termes est impair. Donc, si l'on doit avoir une somme fixe, il faut prendre les différences des nombres à ce demi-couple, ou à ce moyen lorsqu'il y en a un; ajouter ces différences, lesquelles sont positives lorsqu'un terme est plus petit qu'un demi-couple, et négatives s'il est plus grand : de telle sorte que la somme de ces différences soit $= 0$. Il est évident alors qu'en substituant les nombres aux différences qui y répondent, on obtiendra la somme demandée. Ainsi, par exemple, supposons que l'on prenne les vingt-cinq premiers nombres : puisque chacun vaut 13, terme moyen, il suit que cinq de ces nombres valent $5 \cdot 13 = 65$. C'est le nombre qui doit provenir de l'addition de cinq des vingt-cinq termes de la progression, ou c'est la valeur de chaque ligne du carré de 5. Or, si l'on prend au hasard cinq différences, comme $4 + 12 - 7 - 6 - 3 = 0$, les nombres 9, 1, 20, 19, 16, correspondans, vaudraient 65, somme demandée. On fera un fréquent usage de ces différences.

On emploie aussi les différences de différences pour faciliter les recherches. L'on verra en son lieu de quelle utilité elles peuvent être.

ARTICLE IV.

Définition des carrés magiques et des tableaux.

Si l'on partage en un nombre n de parties les côtés d'un carré, et que l'on joigne par des lignes les points opposés, le carré sera divisé en un nombre n^2 de cases. Si l'on place ensuite dans ces cases les termes d'une progression arithmétique, par exemple, de manière que la somme de ceux qui sont dans les bandes horizontales, verticales et diagonales soit la même, on aura un carré magique. Il en sera de même si la progression est géométrique ou harmonique. Il faut seulement que dans la première le produit des nombres de chaque bande soit égal, et que dans l'autre ces nombres aient les propriétés dont il sera fait mention ailleurs.

Si l'on forme deux tableaux tels que l'un ne comprenne que les nombres simples de la racine répétés ou non dans une même ligne, et que l'autre contienne les multiples de la racine, en y comprenant 0 pour un de ces multiples, il est clair que l'on aura tous les nombres de la progression, sans qu'aucun soit répété, pourvu que chaque multiple réponde, par addition, aux différens nombres de la racine; et, si le premier tableau était de plus formé de manière que la somme de chaque ligne fût égale à celle des nombres de la racine, et le second de sorte que chaque ligne comprît une somme égale à celle de tous les multiples, on aurait, en ajoutant par ordre les nombres de chaque tableau, non-seulement tous ceux de la progression, mais encore dans chaque bande du carré une même somme, ce qui est la condition des carrés magiques. La Hire s'est particulièrement servi de tableaux ; mais, outre que ce procédé ne donne qu'une manière de formation, il est long, et de plus il y a beaucoup d'autres combinaisons où l'on ne peut employer les tableaux.

ARTICLE V.

Enceintes ou bordures...... Distinction des lignes, angles, etc.

On appelle *enceinte* ou *bordure* (on emploiera toujours la dernière expression) les deux horizontales et les deux verticales qui enveloppent un carré magique, de telle manière que le carré total soit encore magique. Il peut y avoir plusieurs bordures. La première sera la plus rapprochée du carré central. Dans les carrés impairs on peut obtenir jusqu'à $\frac{n-3}{2}$ bordures, n étant le nombre de cases d'une bande, et même pour ce cas $\frac{n-1}{2}$, en considérant le terme moyen comme faisant lui seul un carré, et les 8 cases qui l'entourent comme la première bordure. Mais dans les carrés pairs le maximum des bordures est $\frac{n-4}{2}$. L'on peut en avoir moins, mais jamais davantage, parce que le plus petit carré impair est celui de 3, et le plus petit pair celui de 4, puisque 2 ne peut s'arranger en carré magique.

La première verticale sera celle de gauche, les autres en suivant ; la première horizontale sera la supérieure, et les autres en descendant ; la première diagonale, celle qui part de l'angle supérieur de gauche, et se termine à l'angle inférieur de droite.

On dira, par abréviation, qu'une diagonale est répétée, pour indiquer qu'elle est composée d'un même nombre répété.

Par abréviation encore, on dira qu'une ligne est périodique lorsqu'elle est composée de périodes ou de séries des mêmes nombres dans le même ordre.

Deux cases symétriques sont également placées par rapport au centre du carré. Pour trouver une case symétrique à une case donnée, on tire une ligne du milieu de cette dernière, et par le centre. La case qui, sur cette ligne, est à la même distance du centre, est case symétrique à la case donnée.

Un carré magique à nombres répétés, ou, par abréviation, un carré répété, est celui dont chaque ligne comprend les mêmes nombres, sans qu'aucun soit répété dans ces lignes. Les tableaux sont, le plus souvent, des carrés répétés.

Deux parallèles complémentaires sont deux parallèles à une diagonale, telles qu'elles comprennent ensemble autant de nombres que cette diagonale.

Les cases correspondantes, ou nombres correspondans, sont ceux qui se trouvent sur une même ligne horizontale, verticale ou diagonale, à égale distance du milieu de cette ligne.

Un angle pair ou impair est celui où se trouve un nombre pair ou impair; un petit nombre est celui qui est inférieur au terme moyen d'une progression; et un grand nombre, celui qui lui est supérieur.

PREMIÈRE PARTIE.

CARRÉS MAGIQUES
IMPAIRS.

PREMIÈRE SECTION.

La racine est un nombre premier.

§ 1.er

CARRÉS SIMPLES OU SANS BORDURE.

On supposera toujours que la progression arithmétique est celle des nombres naturels, dont le premier est l'unité; on verra ailleurs que les autres progressions continues ou discontinues, distribuées dans les cases d'un carré, en sont une conséquence.

ARTICLE PREMIER.

CARRÉ DE 3.

Comme le carré de 3 est la base des carrés impairs avec bordure, il faut l'analyser complètement.

D'abord, la somme des neuf premiers nombres étant $(1+9)\frac{9}{2} = 45$, il suit que chaque bande doit avoir 15 pour somme des trois nombres qu'elle contient.

Soit l'unité à un angle : elle correspondra à trois lignes, l'une verticale, l'autre horizontale, et à une diagonale; il faudrait encore 14. Or 14 ne peut se faire que par $9+5$ et $8+6$: donc l'unité ne peut être à un angle, et encore moins au centre, où elle correspondrait à quatre lignes.

Soit 2 au centre : il faut encore 13; or 13 ne peut se composer que par 9, 4, ou 8, 5, ou 7, 6, et il faudrait quatre combinaisons. Si 3 est au centre, il faut 12; or 12 ne peut se former que par 8, 4 et 7, 5 : car 9, 3, ne peut avoir lieu, puisque 3 est déjà employé. Si 4 est au centre, il faut encore 11, qu'on ne peut avoir que par 9, 2, ou 8, 3, ou 6, 5 : car 7, 4 ne peut servir : donc 4 ne peut être au centre. Enfin pour 5 au centre il faut encore 10, qu'on aura par 9, 1...8, 2...7, 3...6, 4 : donc il faut nécessairement 5 au centre. L'unité sera au milieu d'un côté, et 9 lui correspondra. Maintenant, soit 2 à un angle : il faut encore trois fois 13; or 13 ne peut s'obtenir que par 9, 4...8, 5...7, 6 : donc 2 sera à l'angle de la ligne où se trouve 9, et ne peut se placer ailleurs. Au reste il y a deux angles qui lui conviennent : l'un d'eux étant choisi, le reste s'ensuit. Il faudra encore 4 dans la bande où sont

2 et 9. On placera 8 en diagonale de 2 et 5, 3 sera entre 8 et 4, 6 en diagonale avec 4 et 5, et 7 entre 2 et 6. On remarquera que les pairs sont aux angles, les impairs au milieu des côtés, et le moyen au centre. Il suit encore de cette remarque que, le moyen une fois placé au centre, et un seul nombre placé à un angle ou au milieu d'une ligne, tout le carré s'ensuit nécessairement (*planche* **I**, *figure* 1).

Cette analyse, applicable aux autres carrés, serait longue et fastidieuse. C'est le seul exemple que nous en donnerons.

Voyons la formation du carré de 3 par tableaux. Celui de la racine ne comprend que 1, 2, 3. Celui des multiples 0, 3, 6. Ils peuvent être distribués comme suit :

$$\text{1.}^{\text{er}}\text{ TABLEAU.}\begin{cases} 2 & 1 & 3 \\ 3 & 2 & 1 \\ 1 & 3 & 2 \end{cases} \qquad \text{2.}^{\text{e}}\text{ TABLEAU.}\begin{cases} 6 & 0 & 3 \\ 0 & 3 & 6 \\ 3 & 6 & 0 \end{cases}$$

Ajoutant par ordre les nombres de ces deux tableaux, il viendra le carré de la figure 1.

Il est facile de voir que ce carré peut avoir huit positions : l'ordre des nombres est le même, d'après ce qui a été dit. D'abord, si l'on fait tourner le carré, il aura quatre positions, savoir, une à chaque quart de révolution. Ensuite, l'unité, par exemple, étant au centre de la bande supérieure, l'on peut alterner la première et la troisième verticale : l'on aura une nouvelle position, et l'on en obtiendra quatre en faisant tourner le carré : donc en tout huit.

Quoique l'ordre soit le même dans ces huit positions,

il faut indispensablement y avoir égard : car, dans tous les cas où ce carré n'est pas seul, cette différence de position en apporte une très-grande dans les carrés à bordures et autres, comme on le verra par la suite.

On peut encore se convaincre de ces huit positions au moyen des tableaux : car, 2 étant en diagonale, on peut alterner 1 et 3, ce qui donnera deux positions ; et, puisque 3 est en diagonale dans le second tableau, on peut aussi alterner 0 et 6, ce qui en donnera encore deux. Maintenant, si, dans le premier tableau, on met 2 dans la seconde diagonale au lieu de la première, ce sera encore le moyen d'obtenir quatre positions : car il faudra aussi que 3 change de diagonale dans le second tableau ; et dans cet état les permutations entre 1 et 3 et entre 0 et 6 pourront avoir lieu comme précédemment.

Ce qui vient d'être dit pour le carré de 3 a lieu pour tous les carrés, quelle que soit leur forme. Après avoir obtenu toutes les combinaisons, on pourra en diviser le nombre par huit, pour obtenir les combinaisons réellement différentes. Mais cela ne doit avoir lieu que sur le carré total, et non sur les carrés particuliers dont il peut être formé.

Quant à la composition des tableaux, voici les observations que l'on doit retenir :

1.º Après avoir écrit la première ligne horizontale ou verticale (on s'occupera plus spécialement des horizontales dans ce traité), en y faisant entrer tous les nombres de la racine, c'est-à-dire depuis l'unité jusqu'au nombre qui est la racine donnée, et dans l'ordre que l'on voudra, on formera la seconde ligne comme il va être expliqué, et ensuite toutes les autres lignes commenceront par le nombre du même ordre pris dans la ligne précédente, que celui de la seconde pris dans la première : ainsi, par exemple, si la seconde ligne a commencé par le troisième nombre de la première, la troisième ligne commencera par le troisième nombre de la seconde; la quatrième, par le troisième nombre de la troisième, et ainsi de suite.

2.º On ne peut commencer la seconde ligne par le premier nombre de la première : car les bandes n'auraient plus la somme requise, attendu qu'elles seraient toutes égales en horizontale, et que les nombres seraient répétés en verticale.

3.º Lorsque la deuxième ligne du premier tableau a commencé par un nombre de la première d'un ordre quelconque, la seconde ligne du second tableau ne peut commencer par un nombre du même ordre : car alors il y aurait des nombres répétés dans le carré, lequel ne comprendrait plus tous ceux qui doivent le composer.

4.º L'on ne peut prendre le deuxième nombre d'un tableau pour commencer la seconde ligne, attendu que le dernier serait répété en diagonale, à moins que ce dernier nombre ne soit le moyen.

5.º La seconde ligne ne peut commencer par le dernier de la première : car le premier serait répété en diagonale, à moins que ce premier ne soit le terme moyen.

6.º Enfin, lorsque le moyen est répété en diagonale dans un tableau, l'autre tableau ne peut avoir la même diagonale composée du terme moyen répété : car le carré aurait aussi des nombres répétés.

Ces remarques ont lieu pour tous les carrés compris en ce paragraphe.

ARTICLE II.

CARRÉ DE 5.

Soient les tableaux composés comme suit :

1.er TABLEAU.						2.e TABLEAU.				
1	2	3	4	5		0	5	10	15	20
3	4	5	1	2		15	20	0	5	10
5	1	2	3	4		5	10	15	20	0
2	3	4	5	1		20	0	5	10	15
4	5	1	2	3		10	15	20	0	5

La seconde ligne du premier tableau commence par le troisième nombre de la première, et la seconde ligne du second par le quatrième de la première. Les autres lignes commencent comme la seconde, et par le nombre du même ordre pris dans la précédente. Une fois le premier nombre de chaque ligne écrit, les autres suivent l'ordre de la première ligne jusqu'à la fin de cette première ligne, et l'on achève en reprenant les premiers nombres, sans en intervertir l'ordre, ainsi qu'on le voit dans les deux tableaux ci-dessus.

Ajoutant par ordre les nombres des deux tableaux, l'on obtient le carré (*planche* I, *figure* 2).

Calculons le nombre de combinaisons pour un carré simple, c'est-à-dire sans bordures, croix, châssis, etc.

Soit n la racine; n^2 le nombre des termes de la progression, lequel est toujours un nombre carré. On peut combiner n lettres de $(1, 2, 3\ldots n)$ manières. Ce nombre représente les combinaisons de la première ligne d'un tableau. Qu'on fasse d'abord abstraction des premier, deuxième et dernier nombres de cette ligne, pour commencer 'a seconde; celle-ci ne pourra commencer alors que par les $n-3$ nombres restans, et par conséquent le premier tableau aura $(1, 2, 3, 4\ldots n)(n-3)$ combinaisons. Quant au second, comme la deuxième ligne ne peut commencer par un nombre du même rang que la seconde dans le premier tableau, il n'y aura que $n-4$ manières de la former. Ainsi le deuxième tableau aura $(1, 2, 3\ldots n)(n-4)$ combinaisons; mais chacune de celles-ci se combinant avec toutes celles du premier tableau, il viendra pour ce cas $(1, 2, 3\ldots n)^2(n-3)(n-4)$.

Supposant maintenant que le moyen soit répété dans le premier tableau et dans la première diagonale, les nombres restans de la première ligne se combineront de $(1, 2, 3\ldots\ldots n-1)$ manières; et, comme dans ce cas la seconde ligne commence nécessairement par le dernier terme de la première, il n'y a pas d'autres combinaisons pour le premier tableau; quant au second, la première ligne aura toujours $(1, 2, 3\ldots\ldots n)$ combinaisons, et la seconde $(n-3)$, en ne supposant point de moyen en diagonale, ce qui donnera en tout $(1, 2, 3\ldots\ldots n)$ $(1, 2, 3\ldots\ldots n-1)(n-3)$. Il en sera de même si le premier tableau a dans la seconde diagonale le terme moyen répété, ou si la seconde ligne commence par le second nombre de la première, dans laquelle le moyen est le dernier. De plus, si le premier tableau n'a pas le terme moyen répété, le second peut l'avoir à la première ou à la seconde diagonale. On aura donc pour le cas de diagonale en nombre répété dans l'un des tableaux seulement $4(1, 2, 3\ldots\ldots n)(1, 2, 3\ldots\ldots n-1)(n-3)$.

Enfin, si le premier tableau avait la première diagonale répétée, le second pourrait avoir la seconde aussi répétée, ce qui donnerait pour chaque tableau $(1, 2, 3 \ldots n-1)$ et, par la multiplication des combinaisons de ces tableaux, $(1, 2, 3 \ldots n-1)^2$; de même, si c'est la seconde diagonale dans le premier tableau, et la première dans le second, qui soient répétées, l'on aura encore $(1, 2, 3 \ldots n-1)^2$, donc en tout pour ce cas $2(1, 2, 3 \ldots n-1)^2$.

Réunissant ces combinaisons, il viendra $(1, 2, 3 \ldots n)^2$ $(n-3)(n-4) + 4(1, 2, 3 \ldots n)(1, 2, 3 \ldots n-1)$ $(n-3) + 2(1, 2, 3 \ldots n-1)^2 = (1, 2, 3 \ldots n-1)^2$ $n^2(n-3)(n-4) + 4(1, 2, 3 \ldots n-1)^2 \cdot n \cdot (n-3) + 2(1, 2, 3 \ldots n-1)^2 = (1, 2, 3 \ldots n-1)^2$ $\left\{ n^2(n-3)(n-4) + 4n(n-3) + 2 \right\}$.

Les combinaisons pour 5 seront :
$$(1, 2, 3, 4)^2 (5^2 \cdot 2 + 20 \cdot 2 + 2) = 24^2 \cdot 92 = 52992.$$

Ozanam (*Récréations mathématiques*) a fait erreur en multipliant 240, qui est le nombre des combinaisons du premier tableau lorsqu'on commence la deuxième ligne par les troisième et quatrième termes de la première, par 240, qu'il suppose donner les combinaisons du deuxième tableau : car on ne peut avoir que 240×120, et non 240^2, en ne considérant pas les diagonales répétées.

Pour 7 on aurait 363,916,800.

Ozanam fait ici la même erreur que pour le carré de 5, et n'a pas fait entrer en compte le cas de diagonales répétées. La règle donnée ci-dessus est la seule exacte.

Pour 11 de racine on aurait le nombre prodigieux 93,889,190,707,200,000.

Pour 3, comme $n-3 = 0$, l'on n'aurait que huit combinaisons, comme on l'a d trouvé.

Il n'y aurait qu'à prendre le huitième des combinaisons

ci-dessus, pour avoir les carrés réellement différens ; mais seulement dans le cas où ces carrés sont seuls, ou n'entrent pas dans d'autres carrés.

On vient de voir qu'il y aurait près de 94 quatrillions de manières de faire le carré de 11 ; et, malgré ce nombre considérable, on pourrait passer sa vie à le construire avant de réussir : car ce nombre n'est rien comparé à celui qui résulte de la multiplication successive des 121 premiers nombres. La méthode donnée fait arriver directement au but.

Chaque ligne du carré de 5 doit contenir $65 = \frac{(25+1)25}{2 \cdot 5} = \frac{26 \cdot 5}{2} = 13 \cdot 5$.

ARTICLE III.

CARRÉ DE 7.

On va encore donner le carré de 7. La marche que l'on suit pour le carré de 5 et celui de 7 sera la même pour tous ceux dont la racine est nombre premier.

Soient les tableaux

1.er TABLEAU.

3	7	2	5	6	1	4
6	1	4	3	7	2	5
7	2	5	6	1	4	3
1	4	3	7	2	5	6
2	5	6	1	4	3	7
4	3	7	2	5	6	1
5	6	1	4	3	7	2

2.e TABLEAU.

14	42	0	21	7	28	35
0	21	7	28	35	14	42
7	28	35	14	42	0	21
35	14	42	0	21	7	28
42	0	21	7	28	35	14
21	7	28	35	14	42	0
28	35	14	42	0	21	7

Ajoutant par ordre, l'on aura le carré (*figure 3, planche* I).

On voit que les nombres de la première ligne, dans chaque tableau, sont distribués à volonté ; seulement tous ceux de la racine doivent se trouver dans chaque ligne du premier, et tous les multiples de la racine dans les lignes du second. On a de même commencé arbitrairement la seconde ligne du premier tableau par le cinquième nombre de la première, et la seconde du second tableau par le troisième nombre de la première.

S'il est aisé d'obtenir le carré lorsque les tableaux sont formés, il est aussi facile de revenir aux tableaux lorsque le carré est donné. Voici les règles.

Pour le premier tableau l'on écrit les nombres du carré tels qu'ils sont lorsqu'ils n'excèdent pas la racine : ainsi, pour le carré de 7, les nombres 1, 2, 3, 4, 5, 6, 7, s'écrivent au premier tableau, à la place où ils se trouvent dans ce carré.

Si le nombre excède la racine, on en soustrait le plus grand multiple qui s'y trouve contenu, et l'on écrit le reste : ainsi, dans le même carré de 7, s'il se trouve 37, par exemple, on ôte 35, il reste 2, qu'on écrit; au lieu de 17, on écrirait $17 - 14 = 3$, et ainsi de suite.

Le premier tableau étant formé, le second ne présente pas de difficulté, et il s'obtient sur le champ; il suffit d'ajouter à chaque nombre du premier ce qui est nécessaire pour remplir la case correspondante du carré. Ainsi, la première bande horizontale du carré de 7 étant 17, 49, 2, 26, 13, 29, 39, la première ligne du premier tableau serait $17 - 14 \ldots 49 - 42 \ldots 2 \ldots 26 - 21 \ldots 13 - 7 \ldots 29 - 28 \ldots 39 - 35$, ou 3, 7, 2, 5, 6, 1, 4, et la première du second tableau comprendra les nombres soustraits; et, comme $2 = 2 - 0$, il faudra mettre 0 à la case correspondante à 2, et il viendrait 14, 42, 0, 21, 7, 28, 35, et ainsi des autres. Cette règle s'applique à tous les carrés pairs ou impairs, sans exception, lorsque la progression est celle des nombres naturels à commencer par l'unité.

Chaque ligne ou bande du carré de 7 doit contenir $\frac{(49+1)\,49}{2\cdot 7} = 25\cdot 7 = 175$.

ARTICLE IV.

MÉTHODE EXPÉDITIVE POUR LES CARRÉS IMPAIRS, QUELLE QUE SOIT LA RACINE.

Voici une méthode très-expéditive pour faire sur le champ un carré magique impair quelconque, et même si les progressions sont interrompues.

On place le premier terme de la progression au dessus de la verticale du milieu du carré; le second au bas de la suivante, on suppose que ce soit celle de droite; les nombres suivans se mettent par ordre, et en diagonale en remontant d'une case, jusqu'à ce que l'on sorte du carré; alors on place le nombre, qui ne peut se mettre dans la case manquante, à l'autre extrémité de la ligne où il aurait dû se trouver. Ainsi, sort-on du carré par la droite, on le place à gauche, à la première case de la bande supérieure; sort-on par le dessus, il se place à la case inférieure de la verticale suivante; si l'on rencontre une case déjà remplie, on met le nombre sous le précédent; on agit de même si l'on sort par un angle, et l'on continue toujours en diagonale et dans le même sens. En voici des exemples sur les carrés de 11, de 9 et de 7 cases à progression interrompue.

CARRÉ DE **11** (*planche* I, *figure* 4).

Le premier terme, 1, de la progression est au dessus de la

verticale du milieu; le second, 2, au bas de la verticale suivante; les autres nombres, jusqu'à 6, se placent diagonalement; et, comme 7 sortirait du carré, il se place à gauche sur la ligne supérieure, et l'on continue jusqu'à 11; mais, 12 tombant sur une case déjà remplie par 1, on le met sous 11, et l'on va jusqu'à 14; mais, 15 sortant du carré par le dessus, il se place au bas de la verticale suivante, et l'on continue jusqu'à 18; et 19, sortant par le côté, se met à gauche de la ligne horizontale supérieure; on place ensuite 23 sous 22; puis 28 au bas de la verticale qui suit celle où est 27; ensuite 31 à gauche de l'horizontale supérieure à celle où est 30; ensuite 34 sous 33; puis 41 au bas de la verticale suivant celle où est 40; et 43 à l'horizontale supérieure à celle où est 42, et à gauche; puis 45 sous 44, et 54 à l'angle inférieur de la dernière verticale; ensuite 55 à la gauche de l'horizontale suivante supérieure; puis 56 sous 55, et l'on remplit la seconde diagonale jusqu'à 66; et, comme on sort par l'angle, 67 se place sous 66; puis 68 à l'angle supérieur de la première verticale; ensuite 69 au bas de la seconde verticale; et, en continuant d'après cette marche, on termine par 121, dernier terme de la progression, et qui se trouve au bas de la verticale où se trouve le premier ou l'unité; et il en sera de même pour tous les carrés impairs. La figure 4 fera encore mieux comprendre cette méthode, qui ne donne qu'une manière de construction, et par conséquent est très-bornée.

On peut être curieux de connaître les tableaux qui ont donné lieu à ce carré. Les voici :

1.er TABLEAU.

2	4	6	8	10	1	3	5	7	9	11
3	5	7	9	11	2	4	6	8	10	1
4	6	8	10	1	3	5	7	9	11	2
5	7	9	11	2	4	6	8	10	1	3
6	8	10	1	3	5	7	9	11	2	4
7	9	11	2	4	6	8	10	1	3	5
8	10	1	3	5	7	9	11	2	4	6
9	11	2	4	6	8	10	1	3	5	7
10	1	3	5	7	9	11	2	4	6	8
11	2	4	6	8	10	1	3	5	7	9
1	3	5	7	9	11	2	4	6	8	10

2.e TABLEAU.

66	77	88	99	110	0	11	22	33	44	55
77	88	99	110	0	11	22	33	44	55	66
88	99	110	0	11	22	33	44	55	66	77
99	110	0	11	22	33	44	55	66	77	88
110	0	11	22	33	44	55	66	77	88	99
0	11	22	33	44	55	66	77	88	99	110
11	22	33	44	55	66	77	88	99	110	0
22	33	44	55	66	77	88	99	110	0	11
33	44	55	66	77	88	99	110	0	11	22
44	55	66	77	88	99	110	0	11	22	33
55	66	77	88	99	110	0	11	22	33	44

Ces deux tableaux sont remarquables. On voit dans le premier que la première ligne commence par les pairs et par ordre; viennent ensuite les impairs. Le premier nombre de la seconde ligne suit celui du milieu de la première. On peut donc retenir aisément ce tableau.

Quant au second tableau, le 0 est au milieu de la première horizontale, et les multiples suivent par ordre jusqu'au multiple moyen, qui est ici 55. Cette horizontale commence par le multiple qui suit le moyen. La seconde horizontale commence par le deuxième nombre de la première. La seconde diagonale est répétée. Ce tableau est donc aussi facile à retenir que le premier.

Il paraît que c'est par analogie qu'on est parvenu à la marche indiquée. Le carré de 3 présente cette distribution: on aura cherché à l'appliquer à celui de cinq, et la formation des tableaux s'en est suivie.

CARRÉ DE 9 (*fig.* 5, *pl.* I).

Quoique 9 ne soit pas premier, la méthode expéditive s'y applique également. Voici les tableaux.

1.er TABLEAU.

2	4	6	8	1	3	5	7	9
3	5	7	9	2	4	6	8	1
4	6	8	1	3	5	7	9	2
5	7	9	2	4	6	8	1	3
6	8	1	3	5	7	9	2	4
7	9	2	4	6	8	1	3	5
8	1	3	5	7	9	2	4	6
9	2	4	6	8	1	3	5	7
1	3	5	7	9	2	4	6	8

2.e TABLEAU.

45	54	63	72	0	9	18	27	36
54	63	72	0	9	18	27	36	45
63	72	0	9	18	27	36	45	54
72	0	9	18	27	36	45	54	63
0	9	18	27	36	45	54	63	72
9	18	27	36	45	54	63	72	0
18	27	36	45	54	63	72	0	9
27	36	45	54	63	72	0	9	18
36	45	54	63	72	0	9	18	27

Les remarques sur le carré de 11 s'appliquent encore ici.

D'après la manière dont les carrés sont formés par

cette méthode expéditive, les cases symétriques forment un couple. Ainsi, dans la figure 5, où chaque couple vaut $82 = 81 + 1$, on verra que $46 + 36$, cases symétriques, 23 et 59, 9 et 73, et ainsi des autres, donnent toujours pour somme 82. Mais il n'en est pas de même pour les carrés construits par d'autres tableaux.

ARTICLE V.

PARTICULARITÉS.

Si la progression ne commençait pas par l'unité, on obtiendrait toujours facilement les tableaux, mais il faut énoncer différemment la méthode de leur formation. La première ligne horizontale du premier tableau commence par le deuxième terme de la progression des nombres de la racine; viennent ensuite de deux en deux les autres nombres. La seconde ligne commence par le troisième nombre de la racine; les lignes suivantes se forment à l'ordinaire les unes des autres, comme la seconde de la première; ou mieux, la première verticale se forme des nombres de la racine dans leur ordre, à commencer du second.

Quant au second tableau, on place toujours 0 au milieu de la première horizontale, les multiples viennent dans leur ordre. Cette horizontale commence par le multiple qui suit le terme moyen. La première verticale se compose de ces multiples dans leur ordre : rien n'est donc plus facile que d'obtenir les tableaux.

Si la progression n'est pas celle des nombres naturels commençant ou non par l'unité, le carré magique se forme à l'ordinaire. Quant aux tableaux, on les obtient comme on vient de le dire. Par exemple, soit la progression 3·5·7·9......97·99, celle qui doit remplir les quarante-neuf cases du carré de 7. Comme les sept premiers nombres sont 3, 5, 7, 9, 11, 13, 15, ce seront ceux de la racine, ou ceux qui doivent composer le premier tableau : la première ligne de ce tableau sera donc 5, 9, 13, 3, 7, 11, 15 ; la première verticale sera 5, 7, 9, 11, 13, 15, 3. Ces deux lignes formées, le tableau s'ensuit.

Pour avoir les multiples, comme le premier nombre qui vient après ceux de la racine est 17, si l'on soustrait de 17 le premier terme 3 de la progression, il vient 14, premier multiple ; et la première horizontale du tableau des multiples sera 56, 70, 84, 0, 14, 28, 42 ; la première verticale serait 56, 70, 84, 0, 14, 28, 42, semblable à l'horizontale.

Si la progression était interrompue, le carré par la méthode expéditive se formerait toujours de la même manière (*fig.* 6, *pl.* I).

Les progressions sont 5·8·11·14·17·20·23......31·34·37·40·43·46·49......57·60·63·66·69·72·75......83·86·89·92·95·98·101......109·112·115·118·121·124·127.....135·138·141·144·147·150·153.....161·164·167·170·173·176·179.

La différence de chaque progression est 3. L'intervalle entre deux progressions est 8. La somme totale est $\frac{(5+23)7}{2}$ + $\frac{(31+49)7}{2}$ + $\frac{(57+75)7}{2}$ + $\frac{7(83+101)}{2}$ + $\frac{7(109+127)}{2}$ + $\frac{7(135+153)}{2}$ + $\frac{7(161+179)}{2}$ = $\frac{7}{2}(28 + 80 + 132 + 184 + 236 + 288 + 340)$ = $\frac{1288·7}{2}$. Donc chaque ligne contiendra $\frac{1288}{2}$ = 644 ; chaque nombre vaudra $\frac{644}{7}$ = 92 ; chaque couple vaut 2·92 = 184 ;

ou bien encore chaque couple vaut $5 + 179$, savoir le premier et le dernier terme. Le terme moyen est 92, qui est le moyen de la progression centrale, et chaque ligne aura $7 \cdot 92$.

Pour les tableaux, ils sont faciles à composer. Le premier se forme avec les nombres de la première progression; le premier multiple est $31 - 5 = 26$.

La première horizontale sera donc, pour ce premier tableau, 8, 14, 20, 5, 11, 17, 23; la première verticale, 8, 11, 14, 17, 20, 23, 5.

Quant au second tableau, l'horizontale et la verticale seront 104, 130, 156, 0, 26, 52, 78; il en sera de même pour tous les cas.

Il suit de ce qui précède qu'il est inutile de considérer d'autres progressions que celles des nombres naturels commençant par l'unité.

Dans les tableaux formés comme il a été expliqué, si l'on prend deux parallèles à une diagonale, telles que ces deux parallèles comprennent entr'elles autant de termes qu'en renferme une des lignes du tableau, ces termes seront dans le même ordre que ceux de la diagonale, sans commencer cependant par le même nombre, et par conséquent le carré sera encore magique sous ce rapport, puisque la somme de ces deux parallèles sera égale à celle d'une ligne de ce carré : ainsi la première diagonale du premier tableau de 7 (*page* 33) étant 3, 1, 5, 7, 4, 6, 2, si l'on prend deux parallèles comprenant entr'elles 7 nombres, comme 6, 2, 3, et 1, 5, 7, 4, on voit que ces nombres sont disposés comme ceux de la diagonale, c'est-à-dire dans le même ordre, sans commencer cependant par le même nombre 3. Mais cela n'a plus lieu si une diagonale est répétée ou périodique : ainsi, pour la seconde diagonale (*pag.* 37) du second tableau de 11, cette propriété n'existe pas; elle n'a pas lieu davantage pour la première diagonale du premier tableau de 9 (*pag.* 38), attendu qu'elle est périodique.

Il en est des carrés comme des tableaux : ainsi dans la figure 6 on verra que la somme des parallèles à la première diagonale est encore magique, puisqu'elle donne 644. En effet, $37 + 98 + 138 + 17 + 57 + 118 + 179 = 644$, et ainsi des autres; mais les parallèles à la seconde diagonale ne donnent pas cette somme, parce que dans l'un des tableaux il y a eu diagonale répétée; et c'est un signe de répétition ou de période dans une diagonale que le défaut, dans deux parallèles complémentaires, d'avoir leur somme égale à celle d'une ligne du carré.

Il n'est pas nécessaire que des nombres soient en progression pour avoir un carré répété : ainsi (*figure* 7, *pl.* I) l'on voit que les nombres 4, 7, 2, 9, 13, 18, 5, dont la somme est 58, sont disposés en carré répété.

Si la somme des nombres donnés se divisait par la racine, et que l'un de ces nombres fût égal au quotient, il pourrait se répéter en diagonale, et le carré serait exact (*fig.* 8). Les nombres 4, 2, 9, 5, 7, 15, 21, donnent pour somme 63, dont le 7.ᵉ égale 9; et, puisque 9 fait partie des nombres, il peut entrer en diagonale.

Il pourrait se trouver des nombres répétés parmi ceux donnés : on n'aurait pas moins un carré magique; seulement on ne commencerait pas la seconde ligne par le deuxième ou dernier nombre de la première : car les diagonales seraient fausses, à moins que le terme moyen ne composât l'une d'elles.

Si l'on a plusieurs carrés magiques d'une même racine, l'addition par ordre donnera encore un carré magique; mais il pourra se trouver des nombres répétés. Les carrés formés par le moyen de tableaux rentrent dans cette catégorie.

On peut proposer des nombres en progression arithmétique tels que les horizontales aient une différence, et les verticales une autre, comme :

1. 4. 7.10.13	1.er TABLEAU	1 4 7 10 13	2.e TABLEAU	0 8 4 2 6
3. 6. 9.12.15		7 10 13 1 4		2 6 0 8 4
5. 8.11.14.17		13 1 4 7 10		8 4 2 6 0
7.10.13.16.19		4 7 10 13 1		6 0 8 4 2
9.12.15.18.21		10 13 1 4 7		4 2 6 0 8

Le premier tableau se compose avec les nombres de la première ligne donnée; le second avec les multiples de 2, différence des verticales, et l'on a le carré (*fig.* 9, *pl.* I). Il s'y trouve des nombres répétés, mais ils existent parmi ceux donnés; la somme des cinq progressions est 275, dont le cinquième est 55, valeur de chaque ligne du carré, et des parallèles aux diagonales. Ce carré peut encore se construire par la méthode expéditive; le moyen de la progression centrale tient le milieu du carré.

On fera fréquemment usage de la méthode expéditive, particulièrement lorsqu'on aura à construire des carrés impairs faisant partie d'autres carrés.

On pourra, d'après ce qui précède, faire tout carré simple impair dont la racine est nombre premier, et même tout impair, par la méthode expéditive.

§ 2.

CARRÉS A BORDURES.

La théorie des bordures est celle à laquelle on s'est le moins appliqué, et qui facilite singulièrement la construction de toute espèce de carrés magiques. Quoiqu'il soit aisé de former les bordures, il est assez difficile de connaître le nombre de variations dont est susceptible un carré à bordures. Les tableaux sont inutiles pour ce genre de carrés : car il ne serait pas possible de prévoir leur construction.

L'on a dit qu'il pouvait y avoir jusqu'à $\frac{n-3}{2}$ bordures, n désignant la racine, et en considérant le carré de 3 comme le plus simple de tous ; mais on peut en avoir beaucoup moins. Ainsi 17, par exemple, de racine peut n'en point avoir, ou se composer du carré de 15 avec bordure, de 13 avec deux bordures, de 11 avec trois bordures, de 9 avec quatre, de 7 avec cinq, de 5 avec six, enfin de 3 avec sept bordures, ce qui fournit un nombre prodigieux de combinaisons.

Dans toute bordure les nombres opposés doivent faire un couple ; et, en effet, puisque le carré central est magique, il faut, pour que le carré avec bordure le soit aussi, que ces nombres donnent un couple ; et, si l'on arrive jusqu'au carré de 3, le moyen dans les carrés impairs sera nécessairement au centre du carré, puisqu'il n'a pas de complément. Mais si la racine du carré central excède 3, le moyen peut se trouver hors du centre, mais jamais en bordure.

Toute bordure surpasse celle qui la précède de 8

nombres formant quatre couples; et même si l'on considère le moyen comme carré central, et les 8 nombres qui l'entourent comme une bordure, la suivante, ou celle de 3, sera aussi de 8 nombres, et ainsi de suite de 8 en 8. En effet, soit n le côté d'une bordure, le côté opposé sera encore n, et chacun des deux autres sera $n-2$: en tout $2n+2(n-2)=4n-4=4(n-1)$. C'est le nombre de cases de toute bordure, le côté étant n. Maintenant, la bordure suivante surpasse de 2 cases, pour un côté, celui de la bordure précédente : donc n doit être remplacé par $n+2$, et l'on aurait $4(n+2-1)=4(n+1)=4n+4$; si l'on soustrait de ce dernier nombre $4n-4$, valeur du nombre de cases de la bordure qui précède, on aura $4n+4-4n+4=8$.

On trouve facilement un nombre qui ait tant de bordures qu'on voudra. Soit N ce nombre de bordures; l'on a vu qu'en supposant le carré de 3 comme central, l'on obtenait $\frac{n-3}{2}$ pour le maximum de bordures : donc $N=\frac{n-3}{2}$; d'où $n=2N+3$; si donc on voulait 10 bordures, alors $N=10$, et $n=20+3=23$.

Si le carré était pair, il faudrait prendre $N=\frac{n-4}{2}$, d'où $n=2N+4$.

Plus généralement, soit n' le carré central : on aura $n=2N+n'$. Ainsi, que le carré central soit 7, et qu'on veuille un nombre qui ait 5 bordures et ce carré central, il viendrait $n=10+7=17$.

Pour aller du simple au composé, l'on va analyser le carré de 5 à bordures.

ARTICLE PREMIER.

CARRÉ DE 5 AVEC BORDURES.

Le carré de 3 central doit se composer d'une progression non interrompue, ou de trois progressions dont la raison soit la même : ainsi que les intervalles, le moyen 13 doit nécessairement occuper le centre, et les 8 autres nombres former quatre couples. Voici toutes les manières d'obtenir ces carrés centraux avec les 25 nombres du carré de 5.

D'après la distribution ci-dessous la progression qui est seule est celle du milieu ; les nombres de l'une des deux restantes sont complémens de ceux de l'autre. Il est inutile de s'occuper des nombres qui surpasseraient 12 dans la première des progressions : car on retomberait dans des progressions déjà obtenues.

Soit d'abord la raison des progressions $=$ l'unité, l'on aura :

1. 2. 3.	....	23.24.25			1
2. 3. 4.	....	22.23.24			2
3. 4. 5.	....	21.22.23			3
4. 5. 6.	....	20.21.22			4
5. 6. 7.	....	19.20.21	}	12.13.14	5
6. 7. 8.	....	18.19.20			6
7. 8. 9.	....	17.18.19			7
8. 9.10.	....	16.17.18			8
9.10.11.	....	15.16.17			9

Soit maintenant la raison des progressions $=$ 2. La pro-

gression centrale sera nécessairement 11·13·15, et l'on
aura :

```
1· 3· 5........21·23·25 ⎫          10
2· 4· 6........20·22·24 ⎪          11
3· 5· 7........19·21·23 ⎪          12
4· 6· 8........18·20·22 ⎬ 11·13·15 13
5· 7· 9........17·19·21 ⎪          14
6· 8·10........16·18·20 ⎪          15
8·10·12........14·16·18 ⎭          16
```

Soit la différence = 3, et l'on obtiendra :

```
1· 4· 7........19·22·25 ⎫          17
2· 5· 8........18·21·24 ⎪          18
3· 6· 9........17·20·23 ⎬ 10·13·16 19
5· 8·11........15·18·21 ⎪          20
6· 9·12........14·17·20 ⎭          21
```

Si la différence est 4, il vient :

```
2· 6·10........16·20·24 ⎫         22
3· 7·11........15·19·23 ⎬ 9·13·17 23
4· 8·12........14·18·22 ⎭         24
```

Enfin, pour la différence 5, l'on aura :

```
1· 6·11........15·20·25 ⎫         25
2· 7·12........14·19·24 ⎬ 8·13·18 26
```

En tout vingt-six manières de former le carré central; et,
comme chacune donne huit positions, l'on aura 208 combinaisons de ce carré central, qu'il est nécessaire de retenir :
car, une bordure restant fixe, chacune de ces huit positions
apporte un changement réel et notable dans le carré total.

Maintenant, pour connaître toutes les bordures du carré

de 5, il faut voir si l'on peut indifféremment mettre aux angles des nombres pairs ou impairs.

D'abord les complémens sout ici de même nature que les nombres avec lesquels ils font un couple. Or un couple est égal à 26, nombre pair, qui ne s'obtient que par deux pairs ou deux impairs. On fait abstraction de 13, qui est nécessairement au centre, comme on l'a dit. Mais chaque ligne du carré central vaut $3 \cdot 13 = 39$; et ce nombre, étant impair, ne peut se composer que de trois impairs ou d'un impair et de deux pairs : donc, si l'une des lignes ne contient que des nombres impairs, les quatre angles sont impairs, et par suite le carré central n'aura que des impairs, ou sera composé de 8 impairs.

Si l'un des angles est pair, comme chaque ligne doit être impaire, il faut que l'un des angles d'un même côté soit impair si le nombre du milieu est pair, ou que cet angle soit pair si le nombre du milieu est impair.

Dans le premier de ces deux cas la ligne opposée aura un angle pair et un impair, et le nombre du milieu sera pair; les deux autres côtés auront aussi le nombre du milieu pair : on aura ainsi employé 6 pairs et 2 impairs.

Dans le second cas, les quatre angles étant pairs, les quatre nombres du milieu sont impairs, et l'on aura pris 4 pairs et 4 impairs.

Il faut voir ce qui résulte, pour la bordure, de ces observations.

Si l'on a employé 4 pairs et 4 impairs, il reste 8 pairs et 8 impairs; mais chaque ligne du carré de 5 vaut 65, nombre impair, qui ne peut avoir lieu que par 5 impairs, ou 3 impairs et 2 pairs, ou enfin par 1 impair et 4 pairs.

Soient sur une des lignes de la bordure un angle pair et un impair : on ne pourra avoir 5 impairs sur aucune ligne, puisqu'il y aura 1 pair, par supposition. Donc les angles ne peuvent être de nature différente dans le cas où une ligne aurait 5 impairs. D'ailleurs, si une ligne avait 5 impairs, l'opposée en aurait aussi 5, ce qui ferait 10, et il n'en reste que 8 : ainsi une ligne ne peut avoir 5 impairs dans ce cas.

Si l'une des lignes comprend 4 pairs et 1 impair, l'opposée aura aussi 4 pairs et 1 impair, il restera 6 impairs ; il en faudra 3 à chacune des deux autres lignes ; et, si les angles sont de nature différente, comme chaque ligne aurait déjà 1 impair et 1 pair, il y aurait 4 impairs et 1 pair dans ces lignes, qui ne seraient plus impaires : donc les angles ne peuvent être de nature différente pour le cas que l'on considère ; d'un autre côté, ils ne peuvent être impairs tous quatre, puisqu'on suppose qu'une ligne contient 4 pairs et 1 impair : ils seront donc pairs tous les quatre.

Enfin, qu'une ligne ait 3 impairs, y compris un angle, et 2 pairs, ce sera emploi de 4 pairs et 6 impairs, à raison de la ligne opposée ; resteront 4 pairs et 2 impairs. On ne pourrait mettre que 1 impair dans chacune des lignes restantes ; elle aurait alors 2 impairs et 3 pairs, dont la somme est paire ; ainsi, dans toutes les suppositions, lorsque le carré central comprend 4 pairs et 4 impairs, non compris le moyen, les angles sont nécessairement de même espèce.

Venons au cas où l'on a employé 6 pairs et 2 impairs : il reste 6 pairs et 10 impairs pour la bordure. On ne peut d'abord mettre 5 impairs dans une ligne : car l'opposée en aurait aussi 5, et les deux lignes restantes seraient paires. On ne peut pas davantage mettre 3 impairs dans une ligne, dont deux aux angles : car on aurait employé 6 impairs et 4 pairs; il ne resterait que 1 pair à chacune des autres lignes, lesquelles seraient paires. Si une ligne comprend 2 pairs aux angles, ils sont pairs tous les quatre, et il reste 2 pairs et 4 impairs : il y aurait donc 2 impairs seulement à chacune des autres lignes, ce qui ne peut la rendre impaire; il faudra donc que les angles soient de nature différente; alors les 4 pairs restans sont, dans chaque ligne, entre les angles.

Enfin, si le carré central comprend 8 impairs, il reste 12 pairs et 4 impairs : alors les quatre angles sont pairs.

Récapitulant :

Le carré central comprend :	La bordure aura :
4 pairs, 4 impairs.	Angles de même espèce.
6 pairs, 2 impairs.	Angles d'espèce différente.
8 impairs.	Angles tous pairs.

Il convient d'observer que, si les progressions étaient autres que celle des nombres naturels commençant par l'unité, les combinaisons du carré de 5 seraient encore les mêmes : car il n'y aurait qu'à placer au dessus des nombres de ces progressions ceux de la progression que l'on considère ici, et substituer; l'on obtiendrait soit le carré central, soit la bordure.

D'après ces données il faut chercher les bordures du carré de 5 pour la progression naturelle, et toutes les combinaisons pour les 26 carrés centraux.

Le premier carré central est
$$\begin{cases} 24 & 1 & 14 \\ 3 & 19 & 23 \\ 12 & 25 & 2 \end{cases}$$

Les nombres restans sont
$$\begin{cases} 4 & 5 & 6 & 7 & 8 & 9 & 10 & 11 \\ 22 & 21 & 20 & 19 & 18 & 17 & 16 & 15 \end{cases}$$

Puisque le carré central contient 4 pairs et 4 impairs, la bordure aura ses angles de même espèce.

Soient aux angles

$$\begin{matrix} 4 & . & . & . & 6 & . \\ . & & & & . & \\ . & & & & . & \\ . & & & & . & \\ 20 & . & . & . & 22 & \end{matrix}$$

Puisque la première verticale a déjà 24, il lui faut encore 41 pour faire 65; et, la dernière horizontale ayant 42, il faut lui ajouter 23; or on ne peut faire 23 avec un grand et deux petits nombres : car le plus petit des grands est 15, et les plus petits parmi les petits sont 5 et 7; or $5+7+15=27$, plus grand que 23 : il faut donc prendre trois petits; il n'y a que 5, 7, 11 et 5, 8, 10 qui aient 23 pour somme. Si l'on choisit 5, 7, 11, les nombres restans sont $\begin{cases} 8 & 9 & 10 \\ 18 & 17 & 16 \end{cases}$; il faut prendre dans ces nombres deux grands et un petit pour avoir 41 : car 18, le plus grand parmi les grands nombres, et $9+10$, les plus grands des petits, ne donnent que 37; mais $8+16+17=41$. Maintenant, si l'on prend 5, 8, 10 pour l'horizontale, il reste $\begin{cases} 5 & 9 & 11 \\ 19 & 17 & 15 \end{cases}$; mais on ne peut faire 41 avec trois de ces nombres; il suit que, pour les angles 4, 6, il n'y a qu'une seule bordure; mais, les angles étant fixes, les trois nombres du milieu donnent 6 combinaisons pour une verticale, et 6 pour l'horizontale partant de l'angle commun, ce qui fait 36 combinaisons. Maintenant, le carré total prend 8 positions, le carré central en a aussi 8 : ce seront donc 64·36 = 2304 combinaisons pour chaque bordure. Ce dernier nombre doit être multiplié par celui des bordures correspondantes à chaque carré central.

Voici les bordures : les deux premiers nombres sont les angles, dont le supérieur de gauche précède le supérieur de droite; les trois nombres suivans sont ceux de la dernière horizontale entre les complémens des angles; enfin les trois derniers sont ceux de la première verticale entre l'angle commun et le complément de l'autre angle. La bordure s'achève par les complémens de ces 8 nombres.

$$\text{Premier carré central.} \begin{cases} 24 & 1 & 14 \\ 3 & 13 & 23 \\ 12 & 25 & 2 \end{cases}$$

$$\text{Nombres restans.} \begin{cases} 4 & 5 & 6 & 7 & 8 & 9 & 10 & 11 \\ 22 & 21 & 20 & 19 & 18 & 17 & 16 & 15 \end{cases}$$

BORDURES.

ANGLES.		HORIZONTALE.			VERTICALE.		
4	6	5	7	11	8	16	17
4	8	5	9	11	7	16	20
		6	9	10	7	15	21
4	10	5	7	15	8	17	20
		7	9	11	6	18	21

ANGLES.	HORIZONTALE.	VERTICALE.
5 7	4 6 15	8 16 17
	4 10 11	6 17 18
	6 8 11	9 10 22
	6 9 10	8 11 22
5 9	4 8 15	7 16 20
	4 7 16	8 15 20
5 11	4 9 16	7 18 20
	4 6 19	10 17 18
	4 7 18	9 16 20
6 8	5 7 15	9 10 22
	4 7 16	9 11 21
	7 9 11	4 16 21
6 10	4 8 17	7 15 21
7 9	6 8 15	4 16 21
7 11	4 10 17	5 18 20
	6 8 17	5 16 22
	6 9 16	4 18 21
	4 9 18	6 16 21
	4 6 21	9 16 18
8 10	4 7 20	9 11 21
9 11	6 8 19	4 16 21
	4 8 21	6 16 19
	5 6 22	7 16 18

En tout 28 bordures. On aura donc 2304·28=64512 combinaisons pour le premier carré central.

Deuxième carré. $\begin{cases} 23 \quad 2 \ 14 \\ \ 4 \ 13 \ 22 \\ 12 \ 24 \quad 3 \end{cases}$

Nombres restans. $\begin{cases} \ 1 \quad 5 \quad 6 \quad 7 \quad 8 \quad 9 \ 10 \ 11 \\ 25 \ 21 \ 20 \ 19 \ 18 \ 17 \ 16 \ 15 \end{cases}$

BORDURES.

Le carré central comprenant 6 pairs et 2 impairs, les angles seront d'espèce différente.

ANGLES.		HORIZONTALE.			VERTICALE.		
1	6	5	7	8	11	16	17
1	8	5	6	11	10	17	19
		6	7	9	10	15	21
1	10	5	8	11	9	19	20
		6	7	11	9	18	21
5	6	1	8	15	7	16	17
		1	7	16	8	15	17
5	8	1	10	15	6	17	19
		1	9	16	7	15	20
		1	6	19	10	15	17
		6	9	11	7	10	25
		7	9	10	6	11	25
5	10	1	8	19	9	15	20
6	7	1	10	15	5	17	18
		1	9	16	8	11	21

ANGLES.	HORIZONTALE.			VERTICALE.		
6 9	5	8	15	7	10	25
	1	11	16	5	18	19
	1	8	19	10	11	21
6 11	5	7	18	9	15	20
	1	8	21	9	16	19
7 8	1	10	17	5	15	20
	1	6	21	9	15	16
7 10	1	11	18	5	17	20
	5	8	17	6	11	25
8 9	5	10	15	1	19	20
	1	10	19	5	15	20
8 11	7	9	16	1	20	21
	1	10	21	6	17	19
10 11	6	9	19	1	18	21
	5	9	20	7	8	25

En tout 30 bordures : on a donc pour ce deuxième carré central 2304 · 30 = 69120 combinaisons.

Troisième carré central.	22	3	14
	5	13	21
	12	23	4

Nombres restans.	1	2	6	7	8	9	10	11
	25	24	20	19	18	17	16	15

Le carré central contient 4 pairs et 4 impairs : donc les angles sont de même espèce.

ANGLES.	HORIZONTALE.	VERTICALE.
1 7	2 8 11	9 16 20
1 9 {	2 6 15	10 18 19
	2 10 11	8 19 20
	6 7 10	8 15 24
1 11	6 9 10	7 18 24
2 6	1 9 11	8 16 19
2 8 {	1 7 15	9 16 20
	6 7 10	9 11 25
2 10	1 6 18	11 17 19
6 8 {	2 10 15	7 9 25
	7 9 11	1 16 24
6 10 {	2 9 18	7 11 25
	1 9 19	8 11 24
7 9 {	6 8 15	1 16 24
	1 10 18	6 11 24
7 11 {	6 8 17	2 16 25
	6 9 16	1 18 24
	2 9 20	8 10 25
	1 6 24	9 16 18
9 11 {	6 8 19	1 16 24
	1 8 24	6 16 19
	2 6 25	7 16 18

En tout 22 bordures : donc les combinaisons pour ce troisième carré central sont $2304 \cdot 22 = 50688$. On peut remarquer que 8, 10 aux angles ne donnent pas de bordure : car il faut pour l'horizontale 31, et pour la verticale 41. On trouve bien parmi les nombres restans les 4 horizontales 1, 6, 24 ;... 2, 9, 20 ;... 1, 11, 19 ;... 7, 9, 15 ;

mais on ne peut former 41 pour la verticale. Il arrive souvent qu'après avoir composé une des deux lignes, on ne peut obtenir l'autre.

$$\text{Quatrième carré central.} \begin{cases} 21 & 4 & 14 \\ 6 & 13 & 20 \\ 12 & 22 & 5 \end{cases}$$

$$\text{Nombres restans.} \begin{cases} 1 & 2 & 3 & 7 & 8 & 9 & 10 & 11 \\ 25 & 24 & 23 & 19 & 18 & 17 & 16 & 15 \end{cases}$$

Le carré central comprend 6 pairs et 2 impairs. Les angles sont d'espèce différente.

ANGLES.		HORIZONTALE.			VERTICALE.		
1	8	2	3	17	11	16	19
		2	9	11	7	16	23
		3	9	10	7	15	24
1	10	2	7	15	8	17	23
2	3	1	7	10	8	15	17
		1	8	9	10	11	19
2	7	1	3	18	11	16	17
		3	8	11	9	10	25
		3	9	10	8	11	25
2	9	1	8	15	7	16	23
		1	7	16	8	15	23
2	11	1	9	16	7	18	23
		1	7	18	9	16	23
3	8	2	7	15	9	10	25
		1	7	16	9	11	24
3	10	1	8	17	7	15	24

ANGLES.	HORIZONTALE.	VERTICALE.
7 8	3 9 16	1 15 24
	1 10 17	2 15 23
	1 3 24	9 15 16
7 10	1 11 18	2 17 23
	3 9 18	2 15 25
	2 3 25	9 15 18
8 9	1 10 19	2 15 23
	2 3 25	10 11 19
8 11	3 10 19	1 17 24
	1 7 24	9 10 23
10 11	2 9 23	1 18 19
	1 9 24	7 8 23
	2 7 25	3 17 18

En tout 29 bordures : donc le quatrième carré central donne $29 \cdot 2304 = 66816$ combinaisons.

Le cinquième carré central est
$$\begin{cases} 20 & 5 & 14 \\ 7 & 13 & 19 \\ 12 & 21 & 6 \end{cases}$$

Nombres restans.
$$\begin{cases} 1 & 2 & 3 & 4 & 8 & 9 & 10 & 11 \\ 25 & 24 & 23 & 22 & 18 & 17 & 16 & 15 \end{cases}$$

Comme on a 4 pairs et 4 impairs au carré central, les angles sont de même espèce.

ANGLES.	HORIZONTALE.	VERTICALE.
1 3	2 4 11	8 16 17
1 9	3 4 16	8 15 24
	2 3 18	10 15 22

ANGLES.	HORIZONTALE.			VERTICALE.		
1 11	3	4	18	9	16	24
2 4	1	3	15	8	16	17
2 8 {	3	4	16	9	11	25
	3	9	11	4	16	25
3 9 {	2	8	15	4	16	25
	1	2	22	11	16	18
	4	10	11	2	18	25
3 11 {	2	9	16	4	18	25
	8	9	10	1	22	24
4 8	1	9	15	3	16	24
4 10	3	9	15	2	18	25
9 11 {	3	8	22	1	16	24
	1	8	24	3	16	22

En tout 16 bordures : donc, pour ce cinquième carré, l'on a $2304 \cdot 16 = 36864$ combinaisons.

Le sixième carré central est
$$\begin{cases} 19 & 6 & 14 \\ 8 & 13 & 18 \\ 12 & 20 & 7 \end{cases}$$

Nombres restans.
$$\begin{cases} 1 & 2 & 3 & 4 & 5 & 9 & 10 & 11 \\ 25 & 24 & 23 & 22 & 21 & 17 & 16 & 15 \end{cases}$$

Ici, le carré central ayant 6 pairs et 2 impairs, les angles sont de nature différente.

ANGLES.	HORIZONTALE.			VERTICALE.		
1 4	2	5	11	9	13	23
1 10	4	9	11	3	21	24

ANGLES.		HORIZONTALE.			VERTICALE.		
2 5		1	4	15	9	10	23
		1	3	16	9	11	22
		1	9	10	4	15	23
2 11		1	9	16	4	21	23
		1	4	21	9	16	23
		1	3	22	10	17	21
3 4		1	9	10	5	11	24
4 5		2	9	11	1	16	23
		3	9	10	1	15	24
4 11		1	10	17	2	21	23
		3	9	16	1	21	24
		1	3	24	9	16	21
5 10		1	4	23	9	11	24
9 10		4	5	23	1	15	24
		3	5	24	4	11	25
		3	4	25	5	11	24
		2	5	25	3	15	22

En tout 19 bordures : donc 2304·19 = 43776 combinaisons pour ce sixième carré.

Le septième carré central est
$$\begin{cases} 18 & 7 & 14 \\ 9 & 13 & 17 \\ 12 & 19 & 8 \end{cases}$$

Nombres restans.
$$\begin{cases} 1 & 2 & 3 & 4 & 5 & 6 & 10 & 11 \\ 25 & 24 & 23 & 22 & 21 & 20 & 16 & 15 \end{cases}$$

Le carré central ayant 4 pairs et 4 impairs, les angles sont de même espèce.

ANGLES.		HORIZONTALE.			VERTICALE.		
1	3	2	4	11	5	16	20
1	5	2	6	11	4	16	23
		3	6	10	4	15	24
1	11	3	6	16	4	21	24
2	4	1	3	15	5	16	20
		3	5	11	6	10	25
		3	6	10	5	11	25
2	6	1	5	15	4	16	23
		1	4	16	5	15	23
3	5	2	4	15	6	10	25
		1	4	16	6	11	24
		4	6	11	1	16	24
3	11	5	6	16	1	22	24
		2	4	21	6	16	25
4	6	3	5	15	1	16	24
5	11	1	4	24	6	16	23
6	10	2	5	22	3	15	25
		1	5	23	4	13	24
		1	4	24	5	15	23

Donc, pour ce septième carré, l'on a 19 bordures, et $19 \cdot 2304 = 43776$ combinaisons.

Le huitième carré central est
$$\begin{cases} 17 & 8 & 14 \\ 10 & 13 & 16 \\ 12 & 18 & 9 \end{cases}$$

Nombres restans.
$$\begin{cases} 1 & 2 & 3 & 4 & 5 & 6 & 7 & 11 \\ 25 & 24 & 23 & 22 & 21 & 20 & 19 & 15 \end{cases}$$

Attendu qu'il y a 6 pairs et 2 impairs au carré central, les angles sont d'espèce différente.

ANGLES.		HORIZONTALE.			VERTICALE.		
1	2	3	6	7	4	15	21
		4	5	7	6	11	23
1	4	2	5	11	3	19	20
		5	6	9	3	15	24
1	6	2	3	15	4	19	21
		4	5	11	2	19	23
2	3	5	6	7	4	11	25
2	5	1	4	15	3	19	20
		3	6	11	1	19	22
2	11	1	6	19	4	21	23
		1	4	21	6	19	23
		1	3	22	7	20	21
3	6	2	5	15	1	19	22
		1	2	19	5	15	22
4	5	1	2	19	6	11	23
4	11	3	6	19	1	21	24
		3	5	20	2	19	25
		1	7	20	2	21	23
		1	6	21	3	19	24
		1	3	24	6	19	21
5	6	1	4	19	2	15	23
		2	3	19	4	11	25
6	7	1	4	21	2	15	23
		2	3	21	4	11	25
		1	3	22	5	11	24
		1	2	23	4	15	21

ANGLES.	HORIZONTALE.	VERTICALE.
	3 5 22	1 19 24
6 11	1 5 24	3 19 22
	2 3 25	4 19 21

En tout 29 bordures pour ce huitième carré, et par conséquent $29 \cdot 2304 = 66816$ combinaisons.

Le neuvième carré central est
$$\begin{cases} 16 & 9 & 14 \\ 11 & 13 & 15 \\ 12 & 17 & 10 \end{cases}$$

Nombres restans.
$$\begin{cases} 1 & 2 & 3 & 4 & 5 & 6 & 7 & 8 \\ 25 & 24 & 23 & 22 & 21 & 20 & 19 & 18 \end{cases}$$

Le carré central ayant 4 pairs et 4 impairs, les angles sont de même espèce.

ANGLES.	HORIZONTALE.	VERTICALE.
1 3	4 5 8	2 19 20
	4 6 7	2 18 21
2 8	1 3 19	4 20 21
3 7	1 4 18	2 20 21
	1 2 20	4 18 21
5 7	2 3 20	1 18 22
	1 2 22	3 18 20
4 6	2 3 18	1 19 21
	1 3 19	2 18 21
6 8	2 3 22	1 19 21

L'on n'a ici que 10 bordures pour ce neuvième carré : donc $2304 \cdot 10 = 23040$ combinaisons.

Le dixième carré central est $\begin{cases} 23 \quad 1 \quad 15 \\ 5 \quad 13 \quad 21 \\ 11 \quad 25 \quad 3 \end{cases}$

Nombres restans. $\begin{cases} 2 \quad 4 \quad 6 \quad 7 \quad 8 \quad 9 \quad 10 \quad 12 \\ 24 \quad 22 \quad 20 \quad 19 \quad 18 \quad 17 \quad 16 \quad 14 \end{cases}$

Le carré central ayant tout impair, les angles sont pairs.

ANGLES.	HORIZONTALE.	VERTICALE.
2 6	4 8 9	10 14 19
2 8	4 7 12	9 16 20
	6 7 10	9 14 22
2 10	4 7 14	9 18 20
	4 9 12	8 19 20
	6 7 12	8 17 22
2 12	8 9 10	7 20 22
4 6	2 7 14	8 16 17
	2 9 12	7 16 18
4 8	2 9 14	7 16 20
	2 7 16	9 14 20
	2 6 17	10 14 19
	6 7 12	9 10 24
	6 9 10	7 12 24
4 12	2 10 17	8 19 20
	2 8 19	10 17 20
6 8	4 9 14	7 10 24
	2 9 16	7 12 22
6 10	2 9 18	7 14 22
	4 8 17	7 12 24
	2 8 19	9 12 22
	8 9 12	2 19 22

ANGLES.	HORIZONTALE.	VERTICALE.
6 12	7 8 16	4 17 24
	2 7 22	10 17 18
8 10	2 9 20	7 12 22
	2 7 22	9 12 20
8 12	6 10 17	2 19 22
	2 9 22	7 16 20
10 12	7 8 20	2 17 22
	6 7 22	8 9 24
	4 7 24	6 17 18

En tout 31 bordures pour ce dixième carré, ou 31·2304 = 71424 combinaisons.

———

Le onzième carré central est
$$\begin{cases} 22 & 2 & 15 \\ 6 & 13 & 20 \\ 11 & 24 & 4 \end{cases}$$

Nombres restans.
$$\begin{cases} 1 & 3 & 5 & 7 & 8 & 9 & 10 & 12 \\ 25 & 23 & 21 & 19 & 18 & 17 & 16 & 14 \end{cases}$$

Le carré central ayant 6 pairs et 2 impairs, les angles sont d'espèce différente.

ANGLES.	HORIZONTALE.	VERTICALE.
1 8	3 5 14	10 17 19
	3 7 12	9 16 21
	5 7 10	9 14 23
1 10	3 7 14	9 18 21
	3 9 12	8 19 21
	5 7 12	8 17 23

ANGLES.	HORIZONTALE.	VERTICALE.
3　8	1　9　14	7　16　21
	1　7　16	9　14　21
	5　7　12	9　10　25
	5　9　10	7　12　25
3　12	1　10　17	8　19　21
	1　8　19	10　17　21
5　8	3　9　14	7　10　25
	1　9　16	7　12　23
	7　9　10	3　14　25
5　10	1　9　18	7　14　23
	3　8　17	7　12　25
	1　8　19	9　12　23
7　8	5　9　14	1　16　23
	1　10　17	5　12　23
7　10	1　12　17	3　18　21
	5　8　17	3　14　25
	3　9　18	5　12　25
7　12	5　9　18	3　16　25
	3　8　21	9　10　25
8　9	1　10　19	5　12　23
9　10	5　8　19	1　14　23
	1　8　23	5　14　19
9　12	5　10　19	1　18　23
	1　10　23	5　18　19

En tout 30 bordures pour ce onzième carré : donc 30·2304 = 69120 combinaisons.

Le douzième carré central est $\left\{\begin{array}{ccc} 21 & 3 & 15 \\ 7 & 13 & 19 \\ 11 & 23 & 5 \end{array}\right.$

Nombres restans. $\left\{\begin{array}{cccccccc} 1 & 2 & 4 & 6 & 8 & 9 & 10 & 12 \\ 25 & 24 & 22 & 20 & 18 & 17 & 16 & 14 \end{array}\right.$

Le carré central ayant tous ses nombres impairs, les angles sont pairs.

ANGLES.	HORIZONTALE.	VERTICALE.
2 4	1 6 12	8 16 17
	1 8 10	9 12 20
2 8	1 6 16	9 14 22
	1 10 12	6 17 22
	4 9 10	6 14 25
2 10	1 4 10	12 17 18
2 12	4 6 17	8 16 25
	8 9 10	4 20 25
4 6	1 10 12	8 9 24
4 10	2 8 17	6 14 25
	6 9 12	2 18 25
4 12	2 9 18	6 16 25
6 8	4 9 14	1 16 24
	2 9 16	4 12 25
6 10	2 9 18	4 14 25
6 12	4 10 17	2 18 25
	2 4 25	10 17 18
8 10	2 9 20	4 12 25
	2 4 25	9 12 20
8 12	4 9 20	2 16 25

ANGLES.	HORIZONTALE.	VERTICALE.
10 12	2 8 25	4 17 20
	4 6 25	8 9 24

Le douzième carré ayant 22 bordures, on aura 2304.22 = 50688 combinaisons.

Le treizième carré est
$$\begin{cases} 20 & 4 & 15 \\ 8 & 13 & 18 \\ 11 & 22 & 6 \end{cases}$$

Nombres restans.
$$\begin{cases} 1 & 2 & 3 & 5 & 7 & 9 & 10 & 12 \\ 25 & 24 & 23 & 21 & 19 & 17 & 16 & 14 \end{cases}$$

Comme il y a 6 pairs et 2 impairs au carré central, les angles sont d'espèce différente.

ANGLES.	HORIZONTALE.	VERTICALE.
1 10	3 9 12	5 19 24
1 12	2 5 19	10 17 23
2 3	1 5 12	7 16 17
2 5	1 3 16	9 14 19
	1 7 12	9 10 23
	1 9 10	7 12 23
2 7	1 5 16	9 12 23
	3 5 14	9 10 25
	1 9 12	5 16 23
	3 9 10	5 14 25
2 9	3 7 14	5 16 25
	3 5 16	7 14 25
3 10	2 5 19	9 12 25
	5 9 12	2 19 25

ANGLES.	HORIZONTALE.	VERTICALE.
3 12	1 10 17	5 19 24
5 12 {	3 10 17	2 19 25
	2 3 25	10 17 19
7 10	2 3 25	9 12 21
7 12 {	1 10 21	3 17 24
	2 9 21	3 16 25
	3 5 24	9 10 25
9 10	1 7 24	5 12 23
9 12	1 10 23	2 19 21

En tout 23 bordures pour le treizième carré : ce qui donne $23 \cdot 2304 = 52992$ combinaisons.

Le quatorzième carré est $\begin{cases} 19 & 5 & 15 \\ 9 & 13 & 17 \\ 11 & 21 & 7 \end{cases}$

Nombres restans. $\begin{cases} 1 & 2 & 3 & 4 & 6 & 8 & 10 & 12 \\ 25 & 24 & 23 & 22 & 20 & 18 & 16 & 14 \end{cases}$

Le carré central étant tout composé d'impairs, les angles sont pairs.

ANGLES.	HORIZONTALE.	VERTICALE.
2 4 {	1 6 12	8 10 23
	1 8 10	6 12 23
2 6 {	1 8 12	4 16 23
	3 4 14	8 10 25
	1 4 16	8 12 23

ANGLES.	HORIZONTALE.	VERTICALE.
2 8	1 10 12	3 20 22
	3 6 14	4 16 25
	3 4 16	6 14 25
2 12	3 8 16	4 20 25
	3 4 20	8 16 25
4 6	3 8 12	1 16 24
	1 8 14	2 16 23
4 12	1 10 18	3 20 24
6 10	1 4 24	12 18 23
8 12	4 6 23	2 16 25
	2 6 25	4 16 23
8 10	3 6 22	2 14 25
	2 6 23	4 12 25
	1 6 24	4 14 23
	2 4 25	6 12 23

En tout 20 bordures pour le quatorzième carré, et par conséquent 20·2304 $=$ 46080 combinaisons.

Le quinzième carré est
$$\begin{cases} 18 & 6 & 15 \\ 10 & 13 & 16 \\ 11 & 20 & 8 \end{cases}$$

Nombres restans.
$$\begin{cases} 1 & 2 & 3 & 4 & 5 & 7 & 9 & 12 \\ 25 & 24 & 23 & 22 & 21 & 19 & 17 & 14 \end{cases}$$

Le carré central ayant 6 pairs et 2 impairs, les angles sont d'espèce différente.

ANGLES.	HORIZONTALE.	VERTICALE.
1 2	3 4 9	7 12 21
1 4	2 7 9	5 14 23

ANGLES.	HORIZONTALE.	VERTICALE.
1 12 {	2 7 17	5 22 23
	2 3 21	9 19 22
2 3	1 5 12	4 17 19
2 5 {	1 7 12	3 17 22
	4 7 9	3 14 25
2 9	5 7 12	1 22 23
3 4 {	1 7 12	2 17 21
	1 5 14	7 19 24
	1 2 17	7 12 21
3 12 {	1 5 22	7 17 24
	4 7 17	2 21 25
4 9	2 3 21	7 12 25
5 12 {	2 9 19	1 22 23
	2 3 25	7 17 22
7 12 {	4 5 23	2 17 25
	2 5 25	4 17 23

En tout, pour le quinzième carré, 18 bordures : donc $18 \cdot 2304 = 41472$ combinaisons.

Le seizième carré central est $\begin{cases} 16 \ \ 8 \ 15 \\ 12 \ 13 \ 14 \\ 11 \ 18 \ 10 \end{cases}$

Nombres restans. $\begin{cases} 1 \ \ 2 \ \ 3 \ \ 4 \ \ 5 \ \ 6 \ \ 7 \ \ 9 \\ 25 \ 24 \ 23 \ 22 \ 21 \ 20 \ 19 \ 17 \end{cases}$

Le carré central ayant 6 pairs et 2 impairs, les angles sont d'espèce différente.

ANGLES.	HORIZONTALE.	VERTICALE.
1 2	4 5 7	3 17 20
1 4	3 6 9 5 6 7	2 19 21 2 17 23
2 3	4 5 9 5 6 7	1 19 20 1 17 22
2 9	1 3 20	5 19 22
3 6	1 4 17 1 2 19	2 19 21 4 17 21
4 5	2 3 17 1 2 19	1 19 20 3 17 20
4 9	2 5 19 1 5 20	1 20 23 2 19 23
5 6	2 3 19	4 9 25
6 7	2 3 21 1 3 22	1 17 22 2 17 21
6 9	1 4 23	2 19 21

En tout 16 bordures pour ce seizième carré : ainsi
16·2304 = 36864 combinaisons.

Le dix-septième carré étant
$$\begin{cases} 22 & 1 & 16 \\ 7 & 13 & 19 \\ 10 & 25 & 4 \end{cases}$$

Les nombres restans seront
$$\begin{cases} 2 & 3 & 5 & 6 & 8 & 9 & 11 & 12 \\ 24 & 23 & 21 & 20 & 18 & 17 & 15 & 14 \end{cases}$$

Le carré central ayant 4 pairs et 4 impairs, les angles
sont de même espèce.

ANGLES.	HORIZONTALE.			VERTICALE.		
2 8	3	6	14	9	15	21
2 12	3	9	15	8	20	21
	3	6	18	11	17	21
3 5	2	8	11	9	12	20
3 9	2	5	18	11	14	20
	2	11	12	6	18	21
	5	8	12	6	15	24
3 11	5	8	14	6	17	24
	2	5	20	12	17	18
	6	9	12	5	18	24
5 11	6	9	14	3	18	24
	8	9	12	2	20	23
6 8	2	11	14	3	17	21
	3	9	15	5	12	24
6 12	2	11	18	5	17	23
9 11	5	8	20	3	14	24
	2	8	23	6	14	21
	3	6	24	8	12	21

En tout 18 bordures pour ce dix-septième carré, et par conséquent $18 \cdot 2304 = 41472$ combinaisons.

L'on a pour le dix-huitième carré

21	2	16
8	13	18
10	24	5

Nombres restans.

1	3	4	6	7	9	11	12
25	23	22	20	19	17	15	14

Comme le carré central a 6 pairs et 2 impairs, les angles sont de différente espèce.

ANGLES.	HORIZONTALE.	VERTICALE.
3 6	1 7 14	9 11 22
4 7	1 3 20	11 14 17
	3 9 12	6 11 25
4 11	3 6 19	9 12 25
	1 7 20	9 14 23
6 7	3 9 14	4 11 25
	1 3 22	11 12 17
	3 11 12	1 17 22
6 9	3 11 14	1 19 22
6 11	1 12 17	3 19 22
	1 7 22	9 12 23
7 12	4 11 17	1 20 23
	1 11 20	4 17 23
	3 9 20	4 15 25
	3 4 25	9 15 20
	1 9 22	6 15 23
9 12	3 11 20	1 19 22
	1 11 22	3 19 20
	4 7 23	6 11 25
11 12	4 9 23	1 19 20
	6 7 23	1 17 22
	4 7 25	3 17 20
1 4	3 6 9	11 12 19

En tout 23 bordures pour le dix-huitième carré, et par
conséquent 23·2304=52992 combinaisons.

Le dix-neuvième carré central est $\begin{cases} 20 & 3 & 16 \\ 9 & 13 & 17 \\ 10 & 23 & 6 \end{cases}$

Nombres restans. $\begin{cases} 1 & 2 & 4 & 5 & 7 & 8 & 11 & 12 \\ 25 & 24 & 22 & 21 & 19 & 18 & 15 & 14 \end{cases}$

Comme il y a 4 pairs et 4 impairs au carré central, les angles sont de même espèce.

ANGLES.	HORIZONTALE.	VERTICALE.
1 7	2 5 14	8 15 22
2 4	1 7 11	8 12 21
2 8	4 7 12	5 15 25
2 12	4 8 15	5 19 25
4 12	1 7 21	8 15 24
5 7	2 8 15	4 12 25
	1 2 22	11 12 18
	2 11 12	1 18 22
7 11	2 8 21	4 14 25
	1 8 22	5 14 24
	2 4 25	8 14 21
8 12	1 11 21	2 19 22
	4 5 24	7 11 25

En tout 13 bordures pour le dix-neuvième carré central : donc 13·2304 = 29952 combinaisons.

Le vingtième carré est $\begin{cases} 18 & 5 & 16 \\ 11 & 13 & 15 \\ 10 & 21 & 8 \end{cases}$

$$\text{Nombres restans.} \begin{cases} 1 & 2 & 3 & 4 & 6 & 7 & 9 & 12 \\ 25 & 24 & 23 & 22 & 20 & 19 & 17 & 14 \end{cases}$$

Le carré central ayant 4 pairs et 4 impairs, les angles sont de même nature.

ANGLES.		HORIZONTALE.			VERTICALE.		
1	3	2	9	6	7	12	22
1	7	3	6	12	4	17	24
1	9	4	7	12	3	20	24
		2	7	14	4	20	23
		3	6	14	4	19	24
2	6	1	3	17	7	14	22
2	12	3	4	20	7	17	25
		7	7	17	4	20	25
3	7	2	9	12	1	20	22
		2	4	17	6	12	25
		1	2	20	9	12	22
3	9	4	7	14	1	20	24
		2	4	19	6	14	25
		1	4	20	7	14	24
4	6	2	7	14	1	17	23
4	12	1	9	19	3	20	24
6	12	2	7	22	3	17	25
		1	7	23	4	17	24
7	9	1	6	22	3	14	24
		1	4	24	6	12	23

En tout 20 bordures pour le vingtième carré central : donc $20 \cdot 2304 = 46080$ combinaisons.

Le vingt-unième carré est $\begin{cases} 17 & 6 & 16 \\ 12 & 13 & 14 \\ 10 & 20 & 9 \end{cases}$

Nombres restans. $\begin{cases} 1 & 2 & 3 & 4 & 5 & 7 & 8 & 11 \\ 25 & 24 & 23 & 22 & 21 & 19 & 18 & 15 \end{cases}$

Le carré central ayant 6 pairs et 2 impairs, les angles sont de différente espèce.

ANGLES.	HORIZONTALE.			VERTICALE.		
1 2	3	5	8	7	12	22
1 8	2	5	15	4	19	23
	4	7	11	2	21	23
2 7	3	4	15	8	11	25
	3	8	11	1	21	22
2 11	1	7	18	4	21	23
	3	5	18	4	19	25
	3	4	19	5	18	25
	1	4	21	7	18	23
	1	3	22	8	19	21
3 4	2	7	11	1	18	21
	5	7	8	1	15	24
3 8	4	5	15	1	19	24
	1	4	19	5	15	24
	1	2	21	7	15	22
4 7	1	5	18	3	15	24
	1	2	21	8	11	23
4 11	3	7	18	1	21	24
	1	8	19	2	21	23
	1	3	24	7	18	21

ANGLES.	HORIZONTALE.			VERTICALE.		
5 8	3	4	19	2	15	25
	1	3	22	7	11	24
7 8	3	4	21	1	15	24
	1	5	22	2	15	23
	1	4	23	5	11	24
	1	3	24	4	15	21
8 11	3	5	24	1	19	22
	3	4	25	2	19	21

En tout 28 bordures pour le vingt-unième carré ; et par conséquent $28 \cdot 2304 = 64512$ combinaisons

---

Le vingt-deuxième carré central est
$$\begin{cases} 20 & 2 & 17 \\ 10 & 13 & 16 \\ 9 & 24 & 6 \end{cases}$$

Nombres restans.
$$\begin{cases} 1 & 3 & 4 & 5 & 7 & 8 & 11 & 12 \\ 25 & 23 & 22 & 21 & 19 & 18 & 15 & 14 \end{cases}$$

Le carré central ayant 6 pairs et 2 impairs, les angles sont de différente espèce.

ANGLES.	HORIZONTALE.			VERTICALE.		
1 12	3	8	15	7	21	22
	3	4	19	11	18	21
	7	8	11	5	22	23
3 4	1	5	14	7	15	18
	1	7	12	8	11	21
	1	8	11	7	12	21

ANGLES.	HORIZONTALE.			VERTICALE.		
3 8	4	5	15	7	12	25
	1	4	19	11	12	21
	1	11	12	4	19	21
	5	7	12	4	15	25
3 12	5	8	15	4	19	25
	4	5	19	8	15	25
	1	5	22	11	18	19
4 7	1	8	15	5	14	23
	1	11	12	3	18	21
	5	8	11	3	14	25
5 8	4	7	15	3	14	25
	1	3	22	11	12	19
	3	11	12	1	19	22
5 12	7	8	15	1	22	23
	1	11	18	4	19	23
	1	7	22	8	15	23
7 12	3	11	18	1	21	22
	3	8	21	4	15	25
	5	4	23	8	11	25
	3	4	25	8	15	21
8 11	4	7	21	3	14	25
	3	7	22	5	12	25
	3	4	25	7	14	21

En tout 29 bordures pour le vingt-deuxième carré : donc
29 . 2304 = 66816 combinaisons.

Le vingt-troisième carré central est $\begin{cases} 19 & 3 & 17 \\ 11 & 13 & 15 \\ 9 & 23 & 7 \end{cases}$

Les nombres restans. $\begin{cases} 1 & 2 & 4 & 5 & 6 & 8 & 10 & 12 \\ 25 & 24 & 22 & 21 & 20 & 18 & 16 & 14 \end{cases}$

Le carré central ne contenant que des impairs, les angles sont pairs.

ANGLES.	HORIZONTALE.	VERTICALE.
2 4	1 8 10	6 14 21
2 6	1 4 16	8 14 21
	1 8 12	5 16 22
	4 5 12	8 10 25
2 8	1 10 12	4 20 21
	5 6 12	4 16 25
2 10	5 6 14	4 18 25
4 6	1 10 12	2 18 21
	5 8 10	2 14 25
4 8	5 6 14	2 16 25
	4 10 14	2 20 21
4 10	5 8 14	1 20 24
	2 5 20	8 12 25
4 12	5 8 16	2 20 25
6 10	1 4 24	8 14 21
6 12	2 8 21	4 16 25
	1 8 22	5 16 24
	2 4 25	8 16 21
8 10	4 6 21	2 14 25
	1 6 24	5 14 22
	2 4 25	6 14 21

ANGLES.	HORIZONTALE.	VERTICALE.
8 12	2 10 21	1 20 22
	1 10 22	2 20 21
	5 6 22	2 16 25
	2 6 25	5 16 22
10 12	5 6 24	1 18 22
	4 6 25	2 18 21

En tout 27 bordures pour le vingt-troisième carré : donc $27 \cdot 2304 = 62208$ combinaisons.

———

Le vingt-quatrième carré central est
$$\begin{matrix} 18 & 4 & 17 \\ 12 & 13 & 14 \\ 9 & 22 & 8 \end{matrix}$$

Nombres restans.
$$\begin{matrix} 1 & 2 & 3 & 5 & 6 & 7 & 10 & 11 \\ 25 & 24 & 23 & 21 & 20 & 19 & 16 & 15 \end{matrix}$$

Le carré central ayant 6 pairs et 2 impairs, les angles sont de différente espèce.

ANGLES.	HORIZONTALE.	VERTICALE.
1 6	2 3 15	7 16 21
	2 7 11	5 16 23
	3 7 10	5 15 24
1 10	2 7 15	5 20 23
	3 6 15	5 19 24
	6 7 11	3 21 24
2 3	1 6 11	5 16 19
	1 7 10	5 15 20

ANGLES.		HORIZONTALE.			VERTICALE.		
2	5	1	3	16	7	15	20
		3	6	11	7	10	25
		3	7	10	6	11	25
2	7	1	6	15	5	16	23
		1	5	16	6	15	23
		1	10	11	3	20	21
		5	6	11	3	16	25
3	6	2	5	15	7	10	25
		1	5	16	7	11	24
		1	2	19	10	11	21
		1	10	11	2	19	21
		5	7	10	2	15	25
3	10	5	6	15	2	19	25
		2	5	19	6	15	25
		1	5	20	7	15	24
5	6	2	7	15	1	16	23
		1	7	16	2	15	23
6	11	2	7	21	3	16	25
		2	3	25	7	16	21
7	10	3	6	21	2	15	25
		2	5	23	6	11	25
		2	3	25	6	15	21

En tout, pour le vingt-quatrième carré, 30 bordures:
donc $30 \cdot 2304 = 69120$ combinaisons.

Le vingt-cinquième carré étant $\begin{cases} 20 & 1 & 18 \\ 11 & 13 & 15 \\ 8 & 25 & 6 \end{cases}$

Les nombres restans sont $\begin{cases} 2 & 3 & 4 & 5 & 7 & 9 & 10 & 12 \\ 24 & 23 & 22 & 21 & 19 & 17 & 16 & 14 \end{cases}$

Le carré central a 4 pairs et 4 impairs; les angles sont donc de même espèce.

ANGLES.	HORIZONTALE.	VERTICALE.
2 10	4 9 12	5 19 23
2 12	3 5 19	10 17 22
3 5	{ 2 7 12	9 10 22
	2 9 10	7 12 22
3 7	{ 4 5 14	9 10 24
	2 5 16	9 12 22
	2 4 17	10 12 21
	2 9 12	5 16 22
	4 9 10	5 14 24
3 9	{ 4 7 14	5 16 24
	4 5 16	7 14 24
	2 4 19	10 14 21
4 10	3 5 19	9 12 24
4 12	2 10 17	5 19 23
5 7	{ 2 9 14	3 16 22
	3 10 12	2 17 22
	4 9 12	2 16 23
5 9	{ 3 10 14	2 19 22
	2 3 22	10 14 19
10 12	{ 5 7 23	2 17 22
	4 7 24	3 17 21

En tout 21 bordures pour le vingt - cinquième carré :
donc $2304 \cdot 21 = 48384$ combinaisons.

Le vingt-sixième carré est $\left\{\begin{array}{ccc} 19 & 2 & 18 \\ 12 & 13 & 14 \\ 8 & 24 & 7 \end{array}\right.$

Les nombres restans $\left\{\begin{array}{cccccccc} 1 & 3 & 4 & 5 & 6 & 9 & 10 & 11 \\ 25 & 23 & 22 & 21 & 20 & 17 & 16 & 15 \end{array}\right.$

Le carré central ayant 6 pairs et 2 impairs, les angles
sont d'espèce différente.

ANGLES.	HORIZONTALE.	VERTICALE.
1 4	3 6 9	10 11 21
1 10	4 9 11	5 20 23
3 6	1 4 17	10 11 21
	1 5 16	9 11 22
	1 10 11	4 17 21
3 10	5 6 15	4 17 25
	4 5 17	6 15 25
	1 5 20	9 15 22
4 5	1 10 11	3 17 20
4 9	1 10 15	3 20 21
	5 6 15	3 16 25
	1 5 20	10 11 23
	5 10 11	1 20 23
5 6	3 10 11	1 17 22
	4 9 11	1 16 23

ANGLES.	HORIZONTALE.	VERTICALE.
5 10 {	4 9 15	1 20 23
	1 4 23	9 15 20
6 9	1 4 23	10 11 21
6 11 {	3 10 17	1 21 22
	3 5 22	9 10 25
9 10	3 4 25	5 15 20
10 11 {	5 6 23	1 17 22
	4 5 25	3 17 20

En tout 23 bordures pour ce vingt-sixième carré, et $23 \cdot 2304 = 52992$ combinaisons.

Réunissant toutes les combinaisons de bordures, on aura 1,368,576 combinaisons pour un carré de 25 cases avec bordures, à quoi il faudrait ajouter 52992 combinaisons simples. On voit que le carré à bordures donne plus de 25 fois autant de combinaisons que le carré simple formé au moyen des tableaux.

L'on doit observer que, d'après la méthode qui vient d'être suivie, il n'y aura pas de nombres à faire passer des horizontales aux verticales, et réciproquement, dans le cas où ces nombres formeraient des sommes égales, attendu que cette transformation, lorsqu'elle peut s'effectuer, fait partie des combinaisons obtenues, et que le nombre de ces combinaisons ne doit pas être augmenté; mais on peut très-bien opérer cette transformation sur une bordure donnée, afin d'obtenir les variations dont elle est susceptible.

On observera encore, si l'on est curieux de lire les anciens auteurs, qu'ils n'ont pas, à beaucoup près, atteint le nombre de combinaisons que l'on vient de développer, même en divisant leur nombre par 8, pour obtenir celles qui sont réellement différentes. Cette division par 8 doit être effectuée toutes les fois qu'un carré se trouve seul, attendu qu'il y a, dans ce cas, huit positions qui ne donnent qu'une combinaison, et qu'on a fait entrer ici ces positions différentes comme faisant partie des combinaisons. L'on a, en effet, multiplié par 2304, et il ne fallait multiplier que par le 8.e de 2304. Mais le carré de 5 peut entrer dans d'autres carrés, et il est alors nécessaire de considérer la différence de position comme une véritable combinaison. Ce n'est jamais, on le répète, que sur le carré total que la division par 8 doit être effectuée.

On pourrait désirer connaître les tableaux qui résulteraient de l'un des carrés de 5 avec bordure. Que l'on choisisse la dernière combinaison du dernier carré, par exemple (*planche* I, *figure* 10), on aura les tableaux suivans.

1.er TABLEAU.

5	2	1	1	1
3	4	2	3	3
2	2	3	4	4
5	3	4	2	1
5	4	5	5	1

2.e TABLEAU.

5	20	20	0	10
0	15	0	15	20
15	10	10	10	5
15	5	20	5	5
10	0	0	20	15

Il est évident qu'il est impossible de prévoir de semblables formes de tableaux, et il n'existe aucune règle pour les obtenir. Il se présenterait bien d'autres difficultés si la racine était plus grande. Au reste on verra qu'au moyen des différences on peut toujours facilement et rapidement former un carré avec bordures ; et, de plus, la bordure est d'autant moins difficile que la racine est plus grande.

Il y a encore d'autres manières d'obtenir le carré de 5, indépendamment du carré simple et du carré à bordures. Les auteurs n'ont pas soupçonné l'existence de ces formes, que l'on examinera en leur lieu.

ARTICLE II.

CARRÉ DE 7 AVEC BORDURE.

Ce carré peut avoir une ou deux bordures. L'on va d'abord examiner le premier cas.

S'il n'y a qu'une bordure, il faut former le carré simple de 5, et il restera 24 nombres pour la bordure, puisque chacune $= 4 (n - 1)$, n étant le côté de la bordure que l'on considère. Ici $n = 7$: donc $4 (n - 1) = 24$.

Dans le carré de 5 le moyen n'est pas nécessairement au milieu, mais il fait partie nécessaire de ce carré. De plus ce carré ne peut se former arbitrairement de nombres pris au hasard sur les 49 qui composent celui de 7. Il faut que ces nombres soient en progression continue ou discontinue, tellement que le moyen des 49 nombres soit celui de la progression continue, ou de la progression moyenne s'il y en a plusieurs.

On ne pourrait choisir tous les impairs pour le carré central : car il resterait les pairs pour bordure, et l'on ne pourrait obtenir le nombre impair 175, valeur de chaque ligne de la bordure. On ne pourrait pas davantage prendre tous les pairs et le moyen : car le carré de 5 n'aurait plus 125 à chaque ligne, comme il est nécessaire.

Il suit de là qu'on aura ou 12 pairs et 12 impairs pour le carré de 5, auquel cas la progression sera continue ; ou 10 pairs et 14 impairs, le moyen non compris, ce qui donnera progression discontinue : il restera alors, dans cette hypothèse, 14 pairs et 10 impairs pour la bordure. Reste à voir comment les angles de la bordure doivent être composés dans l'un et l'autre cas.

Qu'il reste, d'abord, 12 pairs et 12 impairs pour la bordure.

Soient les deux angles de la première horizontale pairs : ils le seront tous, étant de même espèce, puisqu'un couple vaut 50. Il restera 8 pairs et 12 impairs ; or chaque ligne doit être impaire, et il reste 5 cases à remplir ; elles comprendront donc 1, ou 3, ou 5 impairs. Si la première verticale en contient 1 ou 5, la première horizontale en aura 5 ou 1, ce qui est possible. Ces lignes peuvent aussi en avoir chacune 3.

Si les nombres des angles sont tous deux impairs, ils le seront aux quatre angles, et il restera 8 impairs et 12 pairs. Que l'horizontale ait 1 impair, la verticale en aura 3, et *vice versâ*, ce qui est encore possible.

Soient maintenant un angle pair et un impair : il restera 10 pairs et 10 impairs, et il faudra que les 5 cases restantes donnent une somme paire : il faudra donc qu'elles contiennent 2 ou 4 impairs. Qu'il y en ait 2 en horizontale : il s'en trouverait 3 en verticale, et la ligne serait paire, ce qui ne se peut. Il en serait de même si l'horizontale en avait 4 : la verticale n'en aurait qu'un, et elle serait paire : donc, si le carré central est composé de 12 pairs et 12 impairs, les angles de la bordure sont de même espèce.

Si le carré central se compose de 10 pairs et 14 impairs, il reste pour la bordure 14 pairs et 10 impairs.

Soient les angles de la bordure pair et impair : il restera 12 pairs et 8 impairs, et les cinq cases intermédiaires doivent donner une somme paire ; elles doivent donc comprendre 2 ou 4 impairs. Qu'elles en contiennent 2 en horizontale : la verticale en aura aussi 2, ce qui est possible. Que l'une des lignes en ait 4 : l'autre n'en aura pas, ce qui est encore possible : donc les angles peuvent être de nature différente. Reste à voir s'ils le sont nécessairement. Soient, en conséquence, les angles pairs : il restera 10 pairs et 10 impairs ; et, pour que la ligne soit impaire, il faut que les 5 cases restantes comprennent 1, ou 3, ou 5 impairs. S'il n'y en a qu'un, l'autre ligne en aura 4, ce qui ne se peut, puisqu'elle serait paire, et réciproquement. Si elle en contient 3, l'autre ligne en aura 2, ce qui est encore impossible. Enfin, si elle en renferme 5, l'autre ligne n'en aura pas, et elle sera paire.

Soient maintenant les angles impairs : il faudra toujours que les 5 cases aient une somme impaire ; or il restera 14 pairs et 6 impairs : il faudra donc qu'il y ait 1 ou 3 impairs. S'il n'y en a qu'un, l'autre ligne en aura 2, et elle sera paire. S'il y en a 3, l'autre ligne n'en aura pas, et elle sera encore paire : donc, non-seulement on pourra, mais on devra avoir des angles de nature différente.

Récapitulant :

S'il reste autant de pairs que d'impairs pour bordure.} Angles de même espèce.

S'il reste moins d'impairs que de pairs............} Angles d'espèce différente.

On ne prétend pas donner ici les différentes combinaisons de bordure, comme pour le carré de 5. Dans celui-ci l'on n'avait que 26 carrés simples, ayant chacun 8 variations. Ici l'on aurait 52992 carrés simples, comprises les 8 variations pour chacun, dont il faudrait tenir compte, et seulement pour 25 cases : ainsi, autant l'on pourrait former de progressions simples, ou de groupes de cinq progressions avec les 49 nombres du carré de 7, autant l'on aurait de fois 52992 pour le carré central. Il faudrait donc, pour obtenir toutes les combinaisons, chercher, pour chaque progression choisie, interrompue ou continue, toutes les variations de la bordure correspondante, et multiplier le nombre de ces variations par le précédent produit. Soit pris un exemple.

Qu'on ait choisi les 5 premiers et les 5 derniers nombres, les 5 qui suivent le onzième, et leurs complémens, enfin les 5 du milieu : on aura les cinq progressions 1·2·3·4·5... 12·13·14·15·16....23·24·25·26·27... 34·35·36·37·38.... 45·46·47·48·49, et il restera pour la bordure

  6 7 8 9 10 11.... 17 18 19 20 21 22

 44 43 42 41 40 39.... 33 32 31 30 29 28

On forme facilement les tableaux pour le carré central : le premier se compose à l'ordinaire par la première progression 1.2.3.4.5. Le second aura les multiples de 11, différence entre les premiers termes des progressions.

Que les tableaux soient ceux ci-après :

<table>
<tr><td rowspan="5">1.er TABLEAU.</td><td>1</td><td>2</td><td>3</td><td>4</td><td>5</td><td rowspan="5">2.e TABLEAU.</td><td>0</td><td>11</td><td>22</td><td>33</td><td>44</td></tr>
<tr><td>3</td><td>4</td><td>5</td><td>1</td><td>2</td><td>33</td><td>44</td><td>0</td><td>11</td><td>22</td></tr>
<tr><td>5</td><td>1</td><td>2</td><td>3</td><td>4</td><td>11</td><td>22</td><td>33</td><td>44</td><td>0</td></tr>
<tr><td>2</td><td>3</td><td>4</td><td>5</td><td>1</td><td>44</td><td>0</td><td>11</td><td>22</td><td>33</td></tr>
<tr><td>4</td><td>5</td><td>1</td><td>2</td><td>3</td><td>22</td><td>33</td><td>44</td><td>0</td><td>11</td></tr>
</table>

Il résulte de l'addition, par ordre, des termes le carré central suivant, lequel ne donne que l'une des 52992 combinaisons du carré de 5.

$$
\begin{array}{ccccc}
1 & 13 & 25 & 37 & 49 \\
36 & 48 & 5 & 12 & 24 \\
16 & 23 & 35 & 47 & 4 \\
46 & 3 & 15 & 27 & 34 \\
26 & 38 & 45 & 2 & 14
\end{array}
$$

Comme on a employé 12 pairs et 12 impairs, il en reste autant : d'où il suit que les angles de la bordure sont de même espèce.

Soient 6, 8 aux angles : les complémens seront 44, 42; leur somme $= 86$; et, comme chaque ligne doit être de 175, il faut encore 89 à la dernière horizontale; d'un autre côté, $6 + 42 = 48$, pour la somme des angles de la première verticale : il faut donc encore 127 pour compléter cette ligne. Or on peut faire 89 par 7, 9, 18, 22, 33, et avec les nombres restans, 127 peut se composer par 10, 19, 29, 30, 39. Les complémens achèvent la bordure, comme on le voit (*planche* I, *figure* 11).

Les 5 nombres du milieu des premières horizontale

et verticale sont susceptibles de 120 combinaisons chacune, pour des angles constans : ce qui donne $120^2 = 14400$.
Mais, après avoir formé les horizontale et verticale de
toutes les manières possibles, avec les 24 nombres restans, soit p' le nombre qui exprime ces manières : il faudra choisir d'autres progressions, soit continues, soit
interrompues, pour le carré central ; soit p'' le nombre
représentant toutes les manières de former l'horizontale et
la verticale pour ce nouveau système de progressions ;
p''' le nombre représentant les manières relatives à un
troisième système, etc. : on aura, pour toutes les combinaisons, $(14400 \cdot 52992)\ (p' + p'' + p''' + \text{etc.})$.

Dans ce nombre de combinaisons, la position étant comprise, il n'y aurait plus à multiplier par 8, ni à faire aucune
transposition de nombres. Celui qui résulterait du produit
indiqué, tout considérable qu'il est, n'atteindrait pas le
billionième des combinaisons qui résultent de la multiplication successive des 49 premiers nombres. Ce dernier
produit exprimant toutes les combinaisons possibles de
ces 49 nombres.

Lorsqu'on a choisi un système de bordure pour un carré
central fixe, on peut, sans toucher aux angles, faire passer
des nombres de la verticale dans l'horizontale, et réciproquement, lorsque les sommes sont égales. Il est clair qu'il
faut faire correspondre les complémens dans les lignes
opposées.

Il est également possible de faire passer des nombres
d'une horizontale dans une autre, et de même en verticale.
Il faut avoir attention seulement, dans ce dernier cas, de
ne pas prendre des nombres qui seraient complémens de

ceux choisis dans une ligne. Ainsi, que la première horizontale soit 20, 33, 40, 41, 11, 8, 22, et la dernière 28, 17, 10, 9, 39, 42, 30 : les angles de la première sont 20 et 22, et par conséquent ceux de la dernière 28 et 30. Comme $41 + 8 = 39 + 10$, on peut substituer les uns aux autres. On agirait de même dans tous les cas semblables. Quelquefois, après avoir substitué deux nombres, l'on a la facilité d'en faire passer d'autres d'une ligne dans l'autre, soit de même nom, soit de nom contraire.

Mais ces moyens sont loin d'atteindre le but qu'on s'est proposé, étant trop bornés.

Si les nombres donnés en progression arithmétique étaient autres que la suite des nombres naturels, il n'y aurait pas plus de difficulté; mais la distinction de pairs et d'impairs devrait s'entendre autrement. L'on a déjà fait cette observation. Les pairs seront censés non les pairs absolus, mais relatifs, c'est-à-dire occupant les rangs pairs; il en est de même des impairs. Au reste, dans ce cas, l'on substitue les nombres dont il s'agit à ceux de la suite naturelle commençant par l'unité, comme plus simple et plus facile à construire. En effet on pourrait n'avoir que des pairs ou des impairs, ou bien les impairs pourraient être à la place des pairs, et réciproquement. Soient, par exemple, les 49 nombres, 6, 10, 14, etc., à placer magiquement dans un carré de 7 à simple bordure : il n'y aurait qu'à substituer au carré donné figure 11 les nombres de cette progression par ordre, en mettant 6 au lieu de 1, 10 au lieu de 2, etc. (*voir fig.* 12); mais un peu de réflexion suffit pour faire aisément cette substitution. La raison de la série donnée étant 4, et le premier terme $4 + 2$, il suit que le second $=2\cdot4+2$; le troisième $=3\cdot4+2$; et un terme quelconque $t=t\cdot4+2$. Il suffira donc de multiplier chaque terme de la progression naturelle par 4, et d'ajouter 2 au produit, et l'on aura le correspondant de la série donnée. Ainsi au lieu de 27, par exemple, on mettra $4\cdot27+2=110$, et l'on agira de même pour les autres nombres : donc, quoiqu'on puisse traiter directement la progression donnée, on est obligé d'en connaître et d'en écrire tous les termes, de composer les tableaux, etc. ; or tout cela se fait plus facilement si la série est celle des nombres naturels, puisqu'on aura toujours une formule pour faire les substitutions dont il s'agit.

Voici de quelle manière on peut rechercher les bordures de 7 pour les progressions du carré central ci-devant choisies; et en supposant 6, 8, aux angles de la première horizontale, il restera les couples suivans :

7   9 10 11 17 18 19 20 21 22 petits nombres.

43 41 40 39 33 32 31 30 29 28 grands nombres.

Les complémens de 6 et de 8 étant 44 et 42, la somme est 86, laquelle soustraite de 175, reste 89, qu'il faut encore à la dernière horizontale. De même $6+42=48$, qui, soustraits de 175, donnent pour reste 127 à la première verticale. Mais, pour faire 89, on ne peut prendre 3 grands nombres et 2 petits : car la somme serait >89; on ne peut donc employer plus de 2 grands nombres. Ainsi 89 s'obtiendra par 2 grands et 3 petits nombres, par 1 grand et 4 petits, ou enfin par 5 petits nombres.

Pour ne point oublier de valeurs, on procèdera par ordre, en considérant celles où il entre 2 grands nombres, puis 1 seul, puis aucun.

Il est d'abord évident qu'on ne peut, en horizontale, prendre 43, 41, 40 ou 39 avec un autre grand nombre : car la somme, avec trois petits, serait > 89. On ne peut pas davantage mettre dans une ligne un nombre et son complément, pas plus qu'un nombre dans une des lignes, et son complément dans une autre de différente dénomination. On peut obtenir 89 en horizontale, sans pouvoir faire 127 en verticale; on peut aussi, pour une même horizontale, avoir deux verticales. Voici, au reste, les bordures :

ANGLES 6 8.

HORIZONTALE.					VERTICALE.				
33	30	7	9	10	18	19	22	29	39
33	28	7	10	11	18	19	20	29	41
32	31	7	9	10	17	20	22	29	39
32	30	7	9	11	17	19	22	29	40
31	30	7	10	11	17	18	22	29	41
31	28	9	10	11	17	18	20	29	43
41	7	10	11	20	18	19	28	29	33
40	7	9	11	22	17	19	32	30	29
33	7	9	18	22	10	19	29	30	39
33	7	9	19	21	11	18	28	30	40
33	7	10	18	21	9	20	28	31	39
33	7	10	19	20	11	21	22	32	41
33	7	11	18	20	10	19	28	29	41
33	9	10	18	19	7	22	29	30	39
					11	21	22	30	43
32	7	9	19	22	11	17	29	30	40
32	7	9	20	21	11	17	28	31	40

HORIZONTALE.	VERTICALE.
32 7 10 19 21	11 20 22 33 41
32 7 11 17 22	9 19 29 30 40
32 7 11 19 20	10 21 22 33 41
32 9 10 17 21	11 20 22 31 43
32 9 11 17 20	7 21 28 31 40 10 21 22 31 43
31 7 9 20 22	10 17 29 32 39
31 7 10 20 21	9 18 28 33 39
31 7 11 18 22	10 17 29 33 41
31 9 10 18 21	7 20 28 33 39
31 9 10 17 22	11 20 21 32 43 7 20 29 32 39
31 9 11 17 21	7 20 28 32 40 10 20 22 32 43
31 9 11 18 20	10 17 28 29 43
31 10 11 17 20	7 21 28 30 41
30 7 11 19 22	9 17 29 32 40
30 9 10 18 22	11 19 21 33 43 7 19 29 33 39
30 9 10 19 21	11 18 22 33 43
30 9 11 17 22	7 19 29 32 40
30 9 11 18 21	10 19 22 33 43 7 19 28 33 40
30 10 11 17 21	7 19 28 32 41
29 9 10 19 22	7 18 30 33 39
29 10 11 17 22	7 18 30 31 41
29 10 11 19 20	7 18 28 33 41
28 9 11 20 21	7 17 31 32 40

	HORIZONTALE.					VERTICALE.			
28	10	11	19	21	7	17	30	32	41
7	19	20	21	22	11	17	18	40	41
9	17	20	21	22	10	11	31	32	43
9	18	19	21	22	10	11	30	33	43
11	17	18	21	22	7	19	20	40	41
11	17	19	20	22	7	18	21	40	41
11	18	19	20	21	7	17	22	40	41

En tout 52 bordures pour les angles 6, 8. Mais ici la bordure peut prendre 8 positions : on aura donc

$$8 \cdot 52 \cdot 14400 \cdot 52992 = 317{,}443{,}276{,}800$$ combinaisons pour ce seul cas.

Si l'on voulait deux bordures, le carré central serait de 9 cases, et le moyen au milieu du carré; on pourrait avoir les progressions suivantes :

Si 1 est la raison des progressions, celle du milieu sera $24 \cdot 25 \cdot 26$; l'une des deux autres $1 \cdot 2 \cdot 3 \ldots 2 \cdot 3 \cdot 4 \ldots 3 \cdot 4 \cdot 5$, etc., en tout 21 séries de progressions. Il est inutile de dire que la troisième progression de la série est toujours composée des complémens de la première : ainsi $47 \cdot 48 \cdot 49$ est la troisième progression, la première étant $1 \cdot 2 \cdot 3$, et celle du centre invariable.

Soit 2 la raison des progressions : celle du centre sera $23 \cdot 25 \cdot 27$, et l'on aura 19 séries.

La raison est 3, la progression centrale $22 \cdot 25 \cdot 28$, et 17 séries.

La raison est 4, la progression centrale $21 \cdot 25 \cdot 29$, et 15 séries.

La raison est 5, la progression centrale 20.25.30, et 13 séries.

La raison est 6, la progression centrale 19.25.31, et 11 séries.

La raison est 7, la progression centrale 18.25.32, et 9 séries.

La raison est 8, la progression centrale 17.25.33, et 7 séries.

La raison est 9, la progression centrale 16.25.34, et 6 séries.

La raison est 10, la progression centrale 15.25.35, et 4 séries.

La raison est 11, la progression centrale 14.25.36, et 2 séries.

En tout 124 séries, et, à cause des 8 positions du carré central, on aura 992 carrés centraux.

Il faudra chercher toutes les premières bordures qui ont 5 de côté, et, celles-ci calculées, rechercher à part toutes celles de 7 de côté qui peuvent se former avec les nombres restans. Ce nombre de combinaisons sera prodigieux. Voici l'une d'elles : l'on a choisi les progressions du carré central 3.6.9..... 22.25.28.....41.44.47 ; or, supposant les angles de chaque bordure fixes, et ne considérant que les permutations des nombres intermédiaires de chaque ligne de bordure, il y aura 6 combinaisons pour les 3 nombres du milieu de la première verticale de la première bordure, et autant en horizontale, ce qui donnera 6.6 ; et, comme il y a 8 positions du carré central, et 8 à la première bordure, ce sera 36.64 ; ensuite, les 5 cases du milieu de la seconde bordure donnent 120

variations, ce qui fera 120², et en tout 36.64.14400 =
265,420,800, qu'il faudrait multiplier par 8 si le carré de
7 n'est pas seul. Mais les angles de chaque bordure peuvent
varier; les nombres mêmes entre les angles fixes peuvent
être différemment combinés; et surtout les nombres d'une
bordure peuvent faire partie de l'autre, et réciproquement:
ce qui donne, pour un même carré central, des billions de
combinaisons; et, comme l'on a 124 carrés centraux, ce
sera une addition à faire de ces billions lorsqu'on aura
épuisé les recherches; il faut ensuite ajouter les combinaisons que l'on aura trouvées pour une seule bordure au carré
de 7; et enfin les combinaisons du carré simple de 7: on
verra qu'il y a encore d'autres formes à donner à ce carré.

On aura soin de ne pas employer plus de 20 impairs pour
le carré de 5; il en restera 4 pour la seconde bordure, et
ces 4 impairs ne pourront être aux angles; mais il y en
aura 1 à chaque ligne, et les angles seront pairs. S'il en
reste 6 pour la seconde bordure, il faudra que les angles
soient d'espèce différente : alors l'une des lignes aura 2 impairs sur les 4 restans, et l'autre n'en aura point. (Voir, pour
le carré à double bordure du nombre 7, *planche I, figure* 13.)

ARTICLE III.

CARRÉ DE 9 AVEC BORDURE.

Le carré de 9 peut avoir une, ou deux, ou trois bordures.

S'il n'y en a qu'une, les sept progressions pour le carré de
7 peuvent avoir l'unité pour différence: alors la progression
centrale est 38.39.40.41.42.43.44. Il suffit de cher-

cher les trois progressions qui peuvent se former avec les 37 premiers nombres : car les trois dernières comprennent les complémens par ordre des trois premières. Or l'unité ne peut faire partie de la première progression : car il faut 21 nombres pour les trois progressions, il en reste 16, nombre qui ne peut se diviser par 3, et il faut que les intervalles soient égaux. Mais si le premier nombre est 2, on aura $38 - 2 = 36$; ôtant 21, reste 15, qui se divise par 3, et donne 5; or $5 + 7 = 12$. C'est ce dernier nombre qu'il faut ajouter à 2, et l'on a 14 pour premier nombre de la seconde progression; puis $14 + 12 = 26$, premier nombre de la troisième; enfin $26 + 12 = 38$, comme cela doit être.

On ne pourrait commencer par 3 ou 4, mais bien par 5, et l'on a $38 - 5 = 33$, et $33 - 21 = 12$, dont le tiers est 4 : donc $7 + 4 = 11$ est le nombre constant à ajouter aux premiers des progressions, et ces premiers seront 5, 16, 27, 38. On ne peut prendre 6 et 7 pour premiers nombres de la première progression, mais bien 8, et l'on aura $38 - 8 = 30$, et $30 - 21 = 9$, dont le tiers est 3; et, comme $7 + 3 = 10$, on aura 8, 18, 28, 38 pour les premiers nombres des progressions. De même $38 - 11 = 27$, et $27 - 21 = 6$, dont le tiers est 2 : donc $7 + 2 = 9$, et l'on aura 11, 20, 29, 38 pour premiers termes; pour 14 on a $38 - 14 = 24$, et $24 - 21 = 3$, dont le tiers étant 1, il vient $7 + 1 = 8$, et l'on obtient 14, 22, 30, 38. Si 17 est le premier terme, l'intervalle étant nul, il n'y a qu'une progression.

Soit maintenant 2 la raison des progressions : la centrale sera $35 \cdot 37 \cdot 39 \cdot 41 \cdot 43 \cdot 45 \cdot 47$. On voit encore que l'unité ne peut faire partie de la première; mais si 2 est le premier terme, on aura $35 - 2 = 33$, et ôtant 21, reste 12, dont le tiers est 4 : donc $7 + 4 = 11$ est le nombre constant pour obtenir les premiers termes 2, 13, 24, 35. On ne peut prendre 3 ou 4; mais pour 5 on aurait $35 - 5 = 30$; ôtant 21, reste 9, dont le tiers est 3 : donc $7 + 3 = 10$ est le nombre à ajouter, et l'on aura 5, 15, 25, 35 pour premiers termes; or 15 fait partie de la première progression, on ne peut donc commencer par 5. Passant à 8, on aura $35 - 8 = 27$, ce qui donne 6; après avoir soustrait 21, le tiers de 6 est 2 : donc $7 + 2 = 9$ sera le nombre constant, et il vient 8, 17, 26, 35; pour 11 il vient $35 - 11 = 24 \dots$ $24 - 21 = 3$; le tiers de $3 = 1$, et $7 + 1 = 8$: on aurait 11, 19, 27, 35; mais, comme 19 fait partie de la première progression, il suit que 11 ne peut servir. Pour 14 il vient $35 - 14 = 21$, et $21 - 21 = 0$. Ainsi 7 est le nombre commun, et l'on aurait 14, 21, 28, 35.

On doit remarquer qu'on n'a pu commencer par un impair : car, ou la progression centrale serait paire, ce qui n'est pas possible, puisque le moyen en fait partie; ou tout serait impair, ce qui ne se peut pas davantage, puisque tous les impairs ne suffiraient pas pour les sept progressions.

Soit 3 la raison des progressions : on aura, progression centrale, $32 \cdot 35 \cdot 38 \cdot 41 \cdot 44 \cdot 47 \cdot 50 \dots 32 - 2 = 30 \dots 30 - 21 = 9 \dots \frac{9}{3} = 3 \dots 3 + 7 = 10 \dots$ 2, 12, 22, 32, et ainsi du reste.

Il est assez ordinaire de réserver les premiers nombres, et par conséquent les derniers, pour les bordures : ici l'on prendrait les seize premiers pour la troisième bordure, les douze suivans pour la seconde, et les huit qui viennent après pour la première. Si l'on ne veut qu'une bordure, comme il

restera autant de pairs que d'impairs, les angles de la bordure seront de même nature. Voici les tableaux pour le carré de 7, dont le premier terme sera 17, la progression continue, et la raison l'unité (*pl.* I, *fig.* 14), Chaque ligne du premier tableau vaut $7 \cdot 20 = 140$; chaque ligne du second $= 7 \cdot 21 = 147$; chaque ligne du carré, 287.

1.er TABLEAU.	19	20	21	22	17	18	23	2.e TABLEAU.	14	21	7	0	28	42	35
	22	17	18	23	19	20	21		28	42	35	14	21	7	0
	23	19	20	21	22	17	18		21	7	0	28	42	35	14
	21	22	17	18	23	19	20		42	35	14	21	7	0	28
	18	23	19	20	21	22	17		7	0	28	42	35	14	21
	20	21	22	17	18	23	19		35	14	21	7	0	28	42
	17	18	23	19	20	21	22		0	28	42	35	14	21	7

Ayant choisi 2, 10 pour les angles, il faut encore 217 à l'horizontale inférieure, et 295 à la première verticale; et, pour ce seul cas, laissant dans chacune de ces lignes les mêmes nombres entre les angles, et ne considérant que leurs combinaisons et celles du carré de 7 simples, qui sont 363,916,800, on aura, pour les sept nombres entre les angles, 5040 combinaisons. Il faut élever ce dernier nombre au carré, multiplier par 8 et par 363,916,800, ce qui donne 73,952,551,895,040,000 combinaisons; mais ce nombre, tout prodigieux qu'il est, ne représente pas, à beaucoup près, tous les changemens du carré de 9, avec une seule bordure, et les mêmes nombres pour cette bordure : car, d'abord, puisqu'il y a autant de pairs que d'impairs, l'on a seize pairs et seize impairs; et, comme la moitié est complément de l'autre moitié, l'on aura huit pairs à combiner deux à deux $= \frac{7 \cdot 8}{2} = 28$, et autant pour les impairs : donc 56 systèmes d'angles pour chacun desquels on aurait une grande quantité de bordures. Que serait-ce si l'on formait les autres progressions, les angles y correspondant, les bordures qui s'y rapportent? et l'on n'aura encore examiné que le cas du carré de 9 avec une bordure. Il y aurait à voir ceux où l'on exige deux ou trois bordures; il faudrait ajouter tous les produits, et après cela l'on n'aurait qu'une partie des combinaisons du carré de 9, ainsi qu'on le verra par la suite.

Dans le carré de la figure 14 on peut faire passer des nombres d'une ligne à l'autre, comme $66 + 6 = 71 + 1\ldots 67 + 4 = 70 + 1\ldots 73 + 5 = 75 + 3\ldots 74 + 4 = 75 + 3\ldots 67 + 5 = 71 + 1\ldots 67 + 6 = 70 + 3$, etc. Ces transformations peuvent servir de nouvelles combinaisons lorsqu'on en a adopté une première, quoiqu'elles rentrent dans le nombre total; elles indiquent qu'entre des angles fixes et avec des nombres déterminés il y a plusieurs manières de remplir les lignes horizontale et verticale, ce qu'on a fait voir.

Qu'on examine le cas où le carré de 9 a deux bordures, et qu'on suive l'ordre adopté pour le cas d'une bordure, c'est-à-dire qu'on prenne les douze nombres qui suivent les seize premiers, et leurs complémens : on aura les mêmes combinaisons que si l'on prenait les douze premiers et les douze derniers; il n'y aura qu'à substituer, ou, ce qui revient au même, ajouter 16 à chacun des nombres de la deuxième bordure.

D'abord, d'après ce qui a été dit, puisqu'il y a autant de pairs que d'impairs, les angles seront de même nature; de plus, mettant toujours deux petits nombres aux angles de la première horizontale, on en a déjà un grand en verticale; et, faisant abstraction des angles, on n'en peut prendre quatre pour les cases intermédiaires : car on en aurait cinq. Or les cinq plus petits des grands sont 38, 39, 40, 41, 42 = 200 > 175. Il faut voir si deux grands suffisent : le cas le plus favorable est celui de deux pairs ou de deux impairs se suivant immédiatement aux angles. Si 1, 3, par exemple, sont les angles de la première horizontale, on aura 1 + 47 = 48 pour les angles de la verticale; les deux plus grands restans sont 46 et 48; or 48 + 46 + 48 = 142. Il faut encore 33 pour faire 175, et il n'y a que les trois petits 10, 11, 12, qui donnent 33. Maintenant la dernière horizontale a déjà aux angles 47 et 49 = 96; il faut encore 79, qui ne peut se faire avec deux grands : car les deux plus petits des grands restans sont 41 et 42 = 83. On ne peut donc mettre deux grands à la verticale. Soit pris 45, qui est le plus grand restant : on aura 96 + 45 = 141. Il faut encore 34; mais les quatre plus grands des petits restans sont 6, 7, 8, 9, dont la somme est 30. Donc, dans le cas actuel, on ne pourrait former l'horizontale ; on ne peut donc pas prendre deux grands nombres pour la verticale. On a vu qu'on n'en peut employer quatre : donc il en faudra trois. Reste à voir, dans cette hypothèse, ce qu'il en faut en horizontale. Le cas le plus favorable est celui des angles les plus petits qu'il est possible à cette dernière horizontale, et par conséquent les plus grands possibles à l'horizontale supérieure. Soient donc ces derniers angles 10 et 12 : la dernière horizontale aura 40 et 38 = 78 aux angles, il faut encore 97. Si l'on prend 39 et 41 = 80, comme étant les plus petits des grands restans, il faut encore 17, qu'on peut faire par trois petits, 2, 7, 8, et il restera les petits 1, 3, 4, 5, 6. On a déjà 48 en verticale, savoir : 10 et 38, complément de 12 à l'angle; il faut encore 127. Or trois grands sont trop forts, et deux grands avec trois petits, trop faibles : on ne pourrait donc former la verticale. Le résultat de cette discussion est qu'il faut trois grands nombres en verticale, et un seulement à l'horizontale inférieure. Il est déjà dit que les angles n'entrent pour rien dans ce calcul, et que ce seront toujours deux petits nombres qui rempliront les angles de la première horizontale. Cela posé, on va chercher les combinaisons de la bordure de 7 formée avec les douze premiers et les douze derniers nombres, et, en même temps, le moyen d'éviter des calculs inutiles.

Soient d'abord $\begin{Bmatrix} 1 & 3 \\ 47 & 49 \end{Bmatrix}$ les angles : il faut $\begin{cases} \text{horizontale } 79 \\ \text{verticale... } 127 \end{cases}$

La somme de tous les petits nombres $= (1 + 12)\frac{12}{2} = 13 \cdot 6 = 78$. Si l'on soustrait les angles, il reste 74, nombre fixe pour les angles 1, 3 $= 4$ constans. Soit d'abord pris 48 pour le grand nombre de l'horizontale. Il faut encore 31, valeur de quatre petits nombres. Les deux plus petits restans sont 4 et 5 (car 1 et 3 sont les angles, et 2 est le complément de 48). Otant ces deux nombres $4 + 5 = 9$ de la verticale 127, reste 118 pour les trois grands en verticale. Ces 118, ôtés de trois couples ou de 150, donnent 32 pour les trois petits nombres correspondans aux trois grands; mais 31 vaut les quatre petits nombres de l'horizontale. Ajoutant 32 et 31, on aura 63 pour la somme des sept petits nombres; or 74 est la somme des dix petits nombres, après défalcation de ceux des angles. D'un autre côté, on connaît 2, petit nombre complément de 48 : donc $63 + 2 = 65$ représente les huit petits nombres. Si l'on retranche 65 de 74, il restera la valeur des deux plus petits, ou une valeur plus grande, ou enfin une valeur plus petite. Dans ce dernier cas il ne peut y avoir de combinaison : car alors on aurait soustrait un nombre trop grand pour les complémens des trois de la verticale. Il faudrait donc que ce nombre fût plus petit, ou, ce qui revient au même, que la somme des trois grands nombres fût plus forte; mais elle est, par supposition, la plus grande possible (en effet parmi les cinq nombres de la verticale on a fait entrer les deux plus petits restans : donc la somme des trois grands est la plus grande possible). Ainsi il ne pourrait y avoir combinaison, et l'on aurait pris un nombre trop grand pour celui de l'horizoutale.

Si le résultat de la soustraction des huit petits nombres de 74 donne une valeur égale à la somme des deux plus petits nombres, la combinaison subsiste.

S'il venait un nombre plus grand que la somme des deux plus petits, ce serait la preuve qu'on aurait soustrait un complément trop petit. Il faudrait donc que les trois plus grands fussent diminués, ou la somme des deux plus petits augmentée; et pour qu'il y ait combinaison dans ce cas, il faut que la différence entre la somme des deux plus petits et le résultat de la soustraction faite comme on l'a indiqué ci-dessus, soit paire, et que sa moitié, ajoutée à la somme des deux plus petits, puisse convenir.

Résumant :

De la somme de tous les petits nombres (ici c'est 78) on soustrait celle des angles : on aura un reste constant pour les mêmes angles. De ce reste on ôte le complément du grand nombre choisi pour l'horizontale, en commençant par le plus grand de tous ceux qui restent, après les complémens des angles; il vient un deuxième reste r. Soient h et v ce qu'il faut encore ajouter à l'horizontale et à la verticale, d'après les angles, pour avoir la valeur d'une ligne de la bordure. h et v sont donc toujours connus. Soit p la somme des deux plus petits nombres; soit soustrait de h le grand nombre choisi a : il restera la valeur des quatre petits de l'horizontale. Et soit q cette valeur; qu'on soustraie également p de v : l'on aura $v - p$ pour les trois grands nombres de la verticale. Otant $v - p$ de trois couples ou de $3c$, l'on aura $3c + p - v$ pour les trois petits nombres correspondans. Ajoutant q, il viendra $3c + p + q - v$ pour les sept petits nombres, savoir : les quatre de l'horizontale, et les trois correspondans aux trois grands de la verticale; et, puisque r représente les neuf petits nombres, savoir : les sept ci-dessus et les deux plus petits, l'on aura $r - (3c + p + q - v)$, ou bien $r + v - (3c + q + p) = p$ ou $> p$. Si l'on avait $r + v - (3c + q + p) < p$, il ne pourrait y avoir combinaison.

Cette valeur $r + v - (3c + p + q) =$ ou $> p$, revient à $r + v - (3c + q) =$ ou $> 2p$. Dans le premier cas il y a combinaison; dans le second il faut voir si la différence entre $r + v - (3c + p + q)$ et p, ou si $r + v - (3c + 2p + q)$ est pair, et si sa moitié, ajoutée à p, peut convenir. Cela va s'éclaircir par des exemples.

Soient donc les angles 1, 3 (le premier angle écrit est toujours celui de gauche. et le second celui de droite de la première horizontale) : on aura, pour l'horizontale inférieure, les complémens de 1 et 3, lesquels sont 49 et 47 : donc $h = 175 - 47 - 49 = 79$; la verticale de gauche aura déjà $1 + 47 = 48$: donc $v = 175 - 48 = 127$. Soit pris a, le plus grand des nombres restans, qui est 48 : on aura $h - a = 79 - 48 = 31 = q$. Les deux plus petits restans sont $4 + 5 = p$. Soustrayant de 78, valeur des douze petits nombres, les angles et le complément de a, ou $1, 2, 3, = 6$, il reste $72 = r$, valeur des neuf petits nombres restans, savoir : les quatre de la dernière horizontale, les deux de la première verticale, et les trois de la dernière, ou les trois complémens des trois grands nombres de la première. Otant p de v, il restera $v - p$ pour les trois grands de la verticale, et $3c - (v - p)$ ou $3c + p - v$ pour les trois petits correspondans. Or $v - p = 118$, et $3c - v + p = 150 - 118 = 32$, lesquels, ajoutés à q, donnent 63 ; mais r ou $72 - 63 = 9 = p$: donc il y a combinaison (n.º 1).

Soit $a = 46$ (c'est le plus grand après 48, puisque 49 et 47 répondent aux angles fixes) : on aura toujours $h = 79$, et $v = 127$. Ces valeurs sont invariables pour les mêmes angles ; les deux plus petits sont 2 et $5 = 7 = p$. Or $h - a = 79 - 46 = 33$; de 78 ôtant $1 + 3 + 4 = 8$, valeur des angles et du complément de 46, il reste $70 = r$. Maintenant, soustrayant p de v ou 7 de 127, il vient $v - p = 120$, et $3c - (v - p) = 150 - 120 = 30$, lesquels, ajoutés à 33, donnent 63. Ce dernier nombre ôté de 70, il vient $7 = p$: donc il y a combinaison (n.º 2).

Soit $a = 45 \dots 2 + 4 = p = 6 \dots 79 - 45 = 34 \dots 74 = 5 = 69 = r \dots 127 - 6 = 121$, et le complément à trois couples $= 29$; mais $29 + 34 = 63$; et, comme $69 - 63 = 6 = p$, il y aura combinaison (n.º 3).

On voit que l'on a fait les calculs successivement, ce qui est plus prompt. On aurait ici $r + v = 69 + 127 = 196 \ldots 3c + p + q = 150 + 34 + 6 = 190$; et $r + v - (3c + p + q) = 196 - 190 = 6 = p$.

Soit $a = 44$: on aura toujours $p = 2 + 4 = 6 \ldots 79 - 44 = 35 \ldots 74 - 6 = 68 \ldots 127 - 6 = 121$, dont le complément est 29. Or $29 + 35 = 64$, et $68 - 64 = 4 < 6$; et, comme $p = 6$ sera constant pour tout nombre plus petit que 44, on aura toujours $r + v - (3c + q) < 2p$. Ici $r = 68 \ldots v = 127 \ldots 68 + 127 = 195 \ldots q = 79 - 44 = 35$, et $3c + q = 150 + 35 = 185$. Or $195 - 185 = 10$, et 10 est plus petit que $2p = 2 \cdot 6 = 12$. Donc il n'y a point de combinaison pour 44 à l'horizontale, ni pour tout autre nombre plus petit que 44. Donc pour les angles 1, 3 il y a trois combinaisons.

Angles 1, 5 . . . . . . Somme $= 6$.

Horizontale, $49 + 45 = 94$, et $175 - 94 = 81 = h \ldots$ Verticale, $1 + 45 = 46$, et $175 - 46 = 129 = v$. Petits nombres restans, $78 - 1 - 5 = 78 - 6 = 72$.

Soit $a = 48 \ldots 3 + 4 = 7 = p \ldots h - a = 33 = q \ldots 72 - 2 = 70 = r \ldots v - p = 129 - 7 = 122 \ldots$ Complément $= 150 - 122 = 28 = 3c + p - v \ldots 28 + 33 = 61 = 3c + p - v + q \ldots 70 - 61 = 9 = r + v - (3c + p + q)$. Or 9 est plus grand que 7 : il faut donc ajouter à 7 la moitié de la différence, et il viendrait $7 + 1 = 8$, pour les deux petits nombres de la verticale. Or on ne peut faire 8 avec deux petits nombres : car il reste 3, 4, 6, 7, etc. : ainsi point de combinaisons pour 48 à l'horizontale.

Soit $a=47\ldots p=2+4=6\ldots 72-3=69=r\ldots$ $h-a=34=q\ldots v-p=123\ldots$ Le complément $=150$ $-123=3$ $c-v+p=27$. Or $27+34=61$, et $69-61$ $=8>6$. La différence est 2. Il faudrait donc faire $6+1$ $=7$, avec deux des petits nombres restans 2, 4, 6, 7, ce qui n'est pas possible.

Soit $a=46$. Alors $p=2+3=5\ldots r=72-4=68\ldots$ $h-a=35=q\ldots v-p=124\ldots$ Le complément $=26$, et $26+35=61$. Puis $68-61=7>5$. Il faudrait 6, qu'on ne peut faire avec 2, 3, 6.

Pour $a=44$ on a toujours $p=5\ldots r=72-6=66\ldots q=37\ldots v-p=124\ldots$ Complément $=26\ldots 37+26=63\ldots 66-63=3<5$: ainsi point de combinaisons, et il est inutile de pousser plus loin la supposition de nombres plus petits que 44, et par conséquent les angles 1 et 5 ne donnent point de combinaisons.

Angles 1 , 7 ... Somme $=8$.

Complémens des angles, 49 et 43. . Somme, 92 ... $175-92=83=h\ldots 1+43=44\ldots 175-44=131=v\ldots$ Petits nombres $=70\ldots h$, v et 70 sont constans pour les mêmes angles.

Soit $a=48\ldots 3+4=7=p\ldots 70-2=68=r\ldots h$ $-a=35=q\ldots v-p=124\ldots\ldots$ Complément à trois couples $=26\ldots\ldots 35+26=61\ldots 68-61=7=p$: donc combinaison (n.º 4).

$a=47\ldots 2+4=6=p\ldots 70-3=67=r\ldots q$ $=36\ldots v-p=125\ldots$ Complément $=25\ldots 25+36$ $=61\ldots 67-61=6=p$: donc combinaison (n.º 5).

$a=46\ldots p=5\ldots r=66\ldots q=37\ldots v-p=126\ldots$

Complément $= 24\ldots 24 + 37 = 61\ldots 66 - 61 = 5 = p$: donc combinaison (n.º 6).

Si $a = 45$, il n'y a plus de combinaisons, pas plus que pour les angles $(1, 9)$, $(1, 11)$.

Angles 3, 5... Somme $= 8$. Petits nombres $= 70\ldots h = 83\ldots v = 127$.

Soit $a = 49\ldots 2 + 4 = 6 = p\ldots r = 69\ldots q = 34\ldots v - p = 121\ldots$ Complément $= 29\ldots 34 + 29 = 63\ldots 69 - 63 = 6 = p$: donc combinaison (n.º 7).

$a = 48\ldots 1 + 4 = 5 = p\ldots 70 - 2 = 68 = r\ldots h - a = 35 = q\ldots v - p = 122\ldots$ Complément $= 28\ldots 35 + 28 = 63\ldots 68 - 63 = 5 = p$: donc combinaison (8).

$a = 46\ldots p = 1 + 2 = 3\ldots r = 66\ldots q = 37\ldots v - p = 124\ldots$ Complément $= 26\ldots 37 + 26 = 63\ldots 66 - 63 = 3 = p$: donc il y a combinaison (n.º 9).

$a = 44\ldots p = 3\ldots r = 64\ldots q = 39\ldots v - p = 124\ldots$ Complément $= 26\ldots 39 + 26 = 65\ldots 64 - 65$ ne se peut: donc plus de combinaisons pour les angles 3, 5.

Angles 3, 7... Somme, 10... Petits nombres $= 68\ldots h = 85\ldots v = 129$.

$a = 49\ldots p = 2 + 4 = 6\ldots r = 67\ldots q = 36\ldots v - p = 123\ldots$ Complément $= 27\ldots 36 + 27 = 63\ldots 66 - 63 = 3 < p$: ainsi point de combinaisons, ni pour 49, ni pour les nombres plus petits; ainsi $a = 48\ldots p = 1 + 4 = 5\ldots r = 66\ldots q = 37\ldots v - p = 124\ldots$ Complément, $26\ldots 37 + 26 = 63\ldots 66 - 63 = 3 < 5$.

Angles 3, 9... Somme, 12... Petits nombres, $66\ldots h = 87\ldots v = 131$.

$a = 49\ldots 2 + 4 = 6 = p\ldots r = 65\ldots q = 38\ldots v - p = 125\ldots$ Complément, $25\ldots 38 + 25 = 63\ldots 65 - 63 =$

$2 < 6$: ainsi point de combinaisons pour les angles 3, 9, pas plus que pour 3, 11.

Angles 5, 7... Somme, 12... Petits nombres, 66... $h = 87$... $v = 127$.

$a = 49$... $p = 5$... $r = 65$... $q = 38$... $v - p = 122$... Complément $= 28$... $38 + 28 = 66$... $65 - 66$ est impossible : donc point de combinaison, pas plus que pour les autres angles impairs.

Angles 2, 4... Somme, 6... Petits nombres, 72... $h = 81$... $v = 127$.

$a = 49$... $p = 8$... $r = 71$... $q = 32$ } 63... $71 - 63 = 8 = p$
$v - p = 119$... Complément $= 31$ }

Donc combinaison (n.° 10).

$a = 47$... $p = 6$... $r = 69$... $q = 34$ } 63... $69 - 63 = 6 = p$
$v - p = 121$... Complément $= 29$ }

Donc combinaison (n.° 11).

$a = 45$... $p = 4$... $r = 67$... $q = 36$ } 63... $67 - 63 = 4 = p$
$v - p = 123$... Complément $= 27$ }

Donc combinaison (n.° 12). Il n'y en a plus pour les angles 2, 4, parce que $p = 4$ serait constant.

Angles 2, 6... Somme, 8... Petits nombres, 70... $h = 83$... $v = 129$.

$a = 49$... $p = 7$... $r = 69$... $q = 34$ } 62... $69 - 62 = 7 = p$
$v - p = 122$... Complément $= 28$ }

Donc combinaison (n.° 13).

$a = 47$... $p = 5$... $r = 67$... $q = 36$ } 62... $67 - 62 = 5 = p$
$v - p = 124$... Complément $= 26$ }

Ainsi combinaison (n.° 14).

$a=46\ldots p=4\ldots r=66\ldots q=37$
$v-p=125\ldots$ Complément $=25$ $\Big\}$ $62\ldots 66-62=4=p$

Donc combinaison (n.º 15).

$a=45\ldots p=4\ldots r=65\ldots q=38$
$v-p=125\ldots$ Complément $=25$ $\Big\}$ $63\ldots 65-63=2<p$

Ainsi point de combinaison : en général, aussitôt qu'on trouve deux valeurs de p égales, il n'y a plus de combinaisons pour les angles choisis, et cela fait éviter des calculs inutiles.

Angles 2, 8.... Somme 10.... Petits nombres, 68....
$h=85\ldots v=131$.

$a=49\ldots p=7\ldots r=67\ldots q=36$
$v-p=124\ldots$ Complément $=26$ $\Big\}$ $62\ldots 67-62=5<7$

Donc point de combinaisons pour 2, 8, ni pour les autres angles où entre 2.

Angles 4, 6... Somme $=10$... Petits nombres, 68...
$h=85\ldots v=127$.

$a=49\ldots p=5\ldots r=67\ldots q=36$
$v-p=122\ldots$ Complément $=28$ $\Big\}$ $64\ldots 67-64=3<p$

Il n'y a plus de combinaisons pour aucun angle : car p conservera toujours la valeur 5.

Voici toutes les bordures pour le cas que l'on considère.

ANGLES 1 3.

	HORIZONTALE.				VERTICALE.				
48	6	7	8	10	38	39	41	4 5....n.º	1.
46	6	8	9	10	38	39	43		
	6	7	9	11	38	40	42	2 5....n.º	2.
	6	7	8	12	39	40	41		

 CARRÉ DE 9

	HORIZONTALE.			VERTICALE.			
45	7	8	9	10	38	39	44
	6	8	9	11	38	40	43
	6	7	10	11	38	41	42
	6	7	9	12	39	40	42

2 4....n.o 3.

ANGLES 1 7.

	HORIZONTALE.			VERTICALE.			
48	6	8	10	11	38	41	45
	6	8	9	12	39	40	45
	5	9	10	11	38	42	44
	5	8	10	12	39	41	44

3 4....n.o 4.

47	6	9	10	11	38	42	45
	6	8	10	12	39	41	45
	5	9	10	12	39	42	44
	5	8	11	12	40	41	44

2 4....n.o 5.

46	6	9	10	12	39	42	45
	6	8	11	12	40	41	45
	5	9	11	12	40	42	44

2 3....n.o 6.

ANGLES 3 5.

49	7	8	9	10	38	39	44
	6	8	9	11	38	40	43
	6	7	9	12	39	40	42
	6	7	10	11	38	41	42

2 4....n.o 7.

48	7	8	9	11	40	38	44
	6	8	10	11	38	41	43
	6	8	9	12	39	40	43
	6	7	10	12	39	41	42

1 4....n.o 8.

	HORIZONTALE.				VERTICALE.			
46	7	9	10	11	38	42	44	1 2.... n.º 9.
	7	8	10	12	39	41	44	
	6	9	10	12	39	42	43	
	6	7	11	12	40	41	43	

ANGLES 2 4.

49	6	7	9	10	38	39	42	3 5.... n.º 10.
	6	7	8	11	38	40	41	
47	7	8	9	10	38	39	44	1 5.... n.º 11.
	6	8	9	11	38	40	43	
	6	7	10	11	38	41	42	
	6	7	9	12	39	40	42	
45	7	8	10	11	38	41	44	1 3.... n.º 12.
	7	8	9	12	39	40	44	
	6	9	10	11	38	42	43	
	6	8	10	12	39	41	43	
	6	7	11	12	40	41	42	
49	7	8	9	10	38	39	45	3 4.... n.º 13.
	5	8	10	11	38	41	43	
	5	8	9	12	39	40	43	
	5	7	10	12	39	41	42	
47	7	8	10	11	38	41	45	1 4.... n.º 14.
	7	8	9	12	39	40	45	
	5	9	10	12	39	42	43	
	5	8	11	12	40	41	43	
46	7	9	10	11	38	41	45	1 3.... n.º 15.
	7	8	10	12	39	41	45	
	5	9	11	12	40	42	43	

En tout 53 bordures pour le carré de 7, lorsqu'on emploie les 12 premiers et les 12 derniers nombres; et, comme les 5 du milieu de chaque ligne s'arrangent de 120 manières, l'on aura $120^2 \cdot 8 \cdot 53 \cdot 52992$, ce dernier nombre désignant les arrangemens du carré de 5 sans bordure; et l'on obtient 322,547,955,200 combinaisons.

On trouvera (*pl.* II, *fig.* 15) le carré de 9 avec deux bordures; et, pour celle de 7, on a pris la première combinaison du n.º 13, en ajoutant 16 à chaque nombre.

En suivant la même marche, on prendra pour la bordure de 5 les 8 nombres qui suivent les 28 premiers, et pour le carré de 3 les 9 nombres du milieu; or on a vu au neuvième carré de 5 avec bordure qu'il y avait pour ce cas 23040 combinaisons qu'il faut multiplier par celles de la bordure de 7 : on aura donc $8 \cdot 53 \cdot 120^2 \cdot 23040 = 140,673,024,000$; ce dernier nombre, ajouté à celui qui exprime les combinaisons de bordures de 7 pour le carré simple de 5, donne pour somme 464,220,979,200 pour le carré de 7 avec bordure, et d'après le choix des nombres pour chaque bordure, à savoir : les 16 premiers pour la bordure de 9, les 12 suivans pour celle de 7, les 8 encore suivans pour celle de 5.

Reste à connaître les combinaisons de la bordure de 9 : l'on continuera à prendre les 16 premiers et les 16 derniers nombres, qui, par supposition, sont ceux qui doivent fournir cette bordure.

Il faut d'abord connaître combien on peut prendre de grands nombres en verticale et en horizontale. Supposé qu'on en prenne 5, soient les angles les plus petits possibles : on aura en verticale $1 +$ complément de 15, qui est 67, en tout 68 en verticale : car ces angles doivent être de même espèce ; et 15, étant le plus grand impair, aura le plus petit complément. Or les 5 plus petits parmi les grands sont 66, 68, 69, 70, 71 = 344 ; et, ajoutant 68, l'on aura 412, nombre plus grand que 369, valeur de chaque ligne. Qu'on prenne 3 grands, et soit la somme des angles en verticale la plus grande possible, ce qui arrive lorsqu'on prend 2 angles de même espèce et consécutifs en horizontale première : elle sera 80. Qu'on prenne ensuite les 3 plus grands nombres 79, 80, 81 = 240 : il faudrait encore 49 pour les 4 petits ; par exemple, on peut avoir 5, 13, 15, 16. Soient donc 4, 6, les angles : l'horizontale aura pour les complémens 76 + 78 = 154 ; il faut encore 215 ; or on ne pourrait prendre 3 grands nombres : car les 3 plus petits 68, 70, 71 = 209. Il faudrait seulement 6, et la somme des 4 petits est beaucoup plus forte. Si l'on prend 2 grands, les 2 plus grands sont 74 et 75 = 149. Il faudrait encore 66, et les petits restans ne donnent que 56.

Soient les angles 12, 14, lesquels sont les plus grands que l'on puisse prendre d'après la formation de la verticale : les complémens seront 138 ; il faut encore 231. Soient pris 3 grands nombres, les plus petits sont 71, 72, 73 = 216 ; il manque 15, et il reste 25 en petits nombres. Si l'on prend les 2 plus grands 76, 78 = 154, il faut que 5 petits fassent 62, et l'on n'a que 45. Il est donc évident qu'en prenant 3 grands nombres en verticale, on ne pourrait composer l'horizontale ; d'autre part, on ne peut en prendre 5 : donc il faudra 4 grands nombres en verticale.

Cela connu, il faut voir si l'on en peut prendre 3 en horizontale ; et pour cela soient les angles 14, 16, les plus grands, et par conséquent les complémens les plus petits 66 et 68 : la somme est 134; la verticale aura aux angles 80; il faudra encore 289 en 4 grands et 3 petits ; or les 3 plus petits parmi les grands sont 67, 69, 70=206, ce qui, ajouté à 134, donne 340; reste 29 pour 4 petits, par exemple, 2, 6, 10, 11; or les nombres restans donnent pour les 4 plus petits des grands 73, 74, 75, 77=299, qui est plus grand que 289 : on ne pourrait donc former la verticale; donc on ne peut faire entrer 3 grands nombres en horizontale.

Conclusion. Il faut 4 grands nombres en verticale avec 3 petits, et seulement 2 grands et 5 petits (abstraction faite des angles) en horizontale.

Cela posé, voici comment on obtiendra les combinaisons pour le cas dont il est question. Il faut suivre une marche analogue à celle adoptée pour la bordure de 7. Soient, par exemple, les angles 1, 3; h ce qui manque en horizontale, en soustrayant de 369 les complémens des angles; et v ce qui manque en verticale, défalcation faite du premier angle et du complément du second. Ici $h=369-(81+79)=209$; et $v=369-(1+79)=289$. La somme des petits nombres de 1 à 16 est en tout 136. Soustrayant $1+3=4$, somme des angles, restera 132. Soit a la somme des 2 grands nombres de l'horizontale, et $h-a=q=$ la valeur des 5 petits nombres de cette horizontale. Soit r la somme de tous les petits nombres, sauf ceux des angles et les complémens des 2 grands de l'horizontale. Ces deux complémens valent 2 couples moins a, ou $164-a$: donc $r=132-(164-a)=a-32$. Ce nombre 32 est invariable tant que les angles restent les mêmes; mais *a* varie. Soit *p* la somme des 3 plus petits nombres de la verticale : ce sont les plus· petits parmi ceux qui ne sont ni les angles, ni les complémens des grands de *a*. Les 4 petits correspondans aux 4 grands de la verticale valent 4 couples moins la verticale *h* diminuée de *p*, ou $328 - (289 - p) = 39 + p$. Le nombre 39 est invariable pour les mêmes angles; *p* seul varie lorsque les grands de l'horizontale éprouvent eux-mêmes des variations.

Si maintenant l'on ajoute $39 + p = t$ à *q*, on aura $t + q = $ tous les petits nombres moins ceux des angles, les complémens des grands de l'horizontale et ceux qui répondent à *p*. Si donc on retranche $t + q$ de *r*, il doit rester *p*, ou un nombre plus grand, ou un plus petit. Dans ce dernier cas il n'y aura pas de combinaison, puisque *p* est supposé égal à la somme des 3 plus petits nombres, et qu'en conséquence on ne peut avoir une valeur plus petite. Si le reste $= p$, il y a combinaison; s'il est plus grand, on prend la moyenne entre *p* et ce reste, et il y aura encore combinaison, à moins que, parmi les 3 petits nombres qui composeraient cette moyenne, il ne s'en trouve déjà employés soit aux angles, soit aux complémens des deux grands de l'horizontale.

Revenant aux angles et aux combinaisons cherchées, les angles seront de même espèce, puisqu'il y a autant de pairs que d'impairs par supposition.

ANGLES 1 3.

$$h = 209 \ldots v = 289 \ldots r = a - 32 \ldots t = 39 + p$$

Ces quatre valeurs restent les mêmes pour les angles 1, 3

constans; mais a et p seuls varient, comme on le verra, dans ce qui suit. Les complémens des angles ne comptent pas comme grands nombres.

Grands nombres 80 78$=$158$=a$...$q=$51...$p=$5 6 7$=$18

$$32 \qquad t=57$$

$$126=r \; - \; 108 = 18 = p$$

Donc il y a combinaison.

Puisque les 5 petits de l'horizontale $=q=51$, et qu'il reste 8, 9, 10, 11, 12, 13, 14, 15, 16, il faut voir quels nombres ajoutés font cette somme 51. Il n'y a que 8, 9, 10, 11, 13. Les 4 grands de la verticale sont les complémens des 4 petits restans 12, 14, 15, 16. Ainsi l'on aura l'unique combinaison :

HORIZONTALE.   VERTICALE.

8 9 10 11 13—78 80....66 67 68 70—5 6 7...(1)

Sans un procédé simple et certain le travail serait long : ainsi, pour obtenir 51, par exemple, avec les 12 petits nombres restans, on aurait trouvé grand nombre de combinaisons, et une seule cependant est convenable ; on l'obtient au contraire sur le champ ; et s'il n'y 'en a point, le procédé l'indique. On observera de plus qu'il suffit d'obtenir la première combinaison pour en déduire les autres. Cette première doit se faire avec les plus petits nombres par ordre : ici, par exemple, l'on a pris 8, 9, 10, 11 ; on voit qu'il n'y a que 13 qui puisse faire 51 avec les 4 plus petits. Il est clair aussi que, lorsque deux nombres ne diffèrent que de deux unités, on ne peut diminuer l'un et augmenter l'autre d'une unité sans les rendre égaux.

Avec un peu d'habitude on voit sur le champ comment d'une première combinaison on peut faire sortir les autres. Le trait qui vient après r est signe de soustraction.

————————

Grands nombres 80 77$=$157$=a$...$q=$52...$p=$4 6 7$=$17

32       $t=$56

————   ————

125$=r$ — 108$=$17$=p$

Il y a donc combinaison.

HORIZONTALE.   VERTICALE.

8 9 10 11 14$\Big\}$80 77   66 67 69 70$\Big\}$4 6 7... (2)
8 9 10 12 13   66 67 68 71

————————

Grands nombres 80 76$=$156$=a$...$q=$53...$p=$4 5 7$=$16

32       $t=$55

————   ————

124$=r$ — 108$=$16$=p$

Il y a donc combinaison.

HORIZONTALE.   VERTICALE.

8 9 10 11 15$\Big\}$ 66 68 69 70$\Big\}$
8 9 10 12 14$\Big\}$76 80   66 67 69 71$\Big\}$4 5 7... (3)
8 9 11 12 13   66 67 68 72

————————

Grands nombres 80 75$=$155$=a$...$q=$54...$p=$4 5 6$=$15

32       $t=$54

————   ————

123$=r$ — 108$=$15$=p$

Il y a donc combinaison.

HORIZONTALE.   VERTICALE.

$$
\left.\begin{array}{l}
8 \quad 9 \quad 10 \quad 11 \quad 16 \\
8 \quad 9 \quad 10 \quad 12 \quad 15 \\
8 \quad 9 \quad 10 \quad 13 \quad 14 \\
8 \quad 9 \quad 11 \quad 12 \quad 14 \\
8 \quad 10 \quad 11 \quad 12 \quad 13
\end{array}\right\} 75 \; 80
\qquad
\left.\begin{array}{l}
67 \quad 68 \quad 69 \quad 70 \\
66 \quad 68 \quad 69 \quad 71 \\
66 \quad 67 \quad 70 \quad 71 \\
66 \quad 67 \quad 69 \quad 72 \\
66 \quad 67 \quad 68 \quad 73
\end{array}\right\} 4 \; 5 \; 6 \ldots (5)
$$

Grands nombres 80 74.

Comme p sera toujours $= 4, 5, 6$, il n'y aura plus de combinaisons : car alors $r-(t+q)$ sera plus petit que p ; et toutes les fois que p sera constant, les combinaisons cesseront pour les grands nombres choisis, à moins que le reste précédent n'ait été plus grand que p.

Grands nombres $78 \; 77 = 155 = a \ldots q = 54 \ldots p = 2 \; 6 \; 7 = 15$

$$
\begin{array}{cc}
32 & t = 54 \\
\hline
123 = r \;-\; 108 = 15 = p
\end{array}
$$

Et par conséquent combinaison.

HORIZONTALE.   VERTICALE.

$$
\left.\begin{array}{l}
8 \quad 9 \quad 10 \quad 11 \quad 16 \\
8 \quad 9 \quad 10 \quad 12 \quad 15 \\
8 \quad 9 \quad 10 \quad 13 \quad 14 \\
8 \quad 9 \quad 11 \quad 12 \quad 14 \\
8 \quad 10 \quad 11 \quad 12 \quad 13
\end{array}\right\} 77 \; 78
\qquad
\left.\begin{array}{l}
67 \quad 68 \quad 69 \quad 70 \\
66 \quad 68 \quad 69 \quad 71 \\
66 \quad 67 \quad 70 \quad 71 \\
66 \quad 67 \quad 69 \quad 72 \\
66 \quad 67 \quad 68 \quad 73
\end{array}\right\} 2 \; 6 \; 7 \ldots (5)
$$

On voit ici qu'ayant pour reste les mêmes 9 petits nombres pour 75, 80 que pour 77, 78, dont la somme est la même, les combinaisons, sauf les 2 grands de l'horizontale et les 9 petits de la verticale, sont les mêmes.

Grands nombres 78 76$=$154$=a$...$q=$55...$p=$2 5 7$=$14

$$32 \qquad t=53$$

$$122=r \; - \; 108=14=p$$

Donc combinaison.

HORIZONTALE.   **VERTICALE.**

8	9	10	12	16
8	9	10	13	15
8	9	11	12	15
8	9	11	13	14
8	10	11	12	14
9	10	11	12	13

$\Big\}$ 76 78

67	68	69	71
66	68	70	71
66	68	69	72
66	67	70	72
66	67	69	73
66	67	68	74

$\Big\}$ 2 5 7... (6)

Grands nombres 78 75$=$153$=a$...$q=$56...$p=$2 5 6$=$13

$$32 \qquad t=52$$

$$121=r \; - \; 108=13=p$$

Donc combinaison.

HORIZONTALE.

$$\left.\begin{array}{lllll} 8 & 9 & 10 & 13 & 16 \\ 8 & 9 & 10 & 14 & 15 \\ 8 & 9 & 11 & 12 & 16 \\ 8 & 9 & 11 & 13 & 15 \\ 8 & 9 & 12 & 13 & 14 \\ 8 & 10 & 11 & 12 & 15 \\ 8 & 10 & 11 & 13 & 14 \\ 9 & 10 & 11 & 12 & 14 \end{array}\right\} 75\ 78$$

VERTICALE.

$$\left.\begin{array}{llll} 67 & 68 & 70 & 71 \\ 66 & 69 & 70 & 71 \\ 67 & 68 & 69 & 72 \\ 66 & 68 & 70 & 72 \\ 66 & 67 & 71 & 72 \\ 66 & 68 & 69 & 73 \\ 66 & 67 & 70 & 73 \\ 66 & 67 & 69 & 74 \end{array}\right\} 2\ 5\ 6\dots (8)$$

Comme p serait constant, il n'y a plus de combinaisons pour 78 premier nombre.

———

Grands nombres 77 76$=$153$=a\dots q=$56$\dots p=$2 4 7$=$13

$$\frac{32 \qquad\qquad t=52}{121=r\ -\ 108=13=p}$$

Donc il y a combinaison.

HORIZONTALE.

Petits nombres comme pour 78 75.

Grands nombres 77 76

VERTICALE.

$$\left.\begin{array}{l}\text{Grands nombres comme}\\ \quad\text{pour 78 75.}\\ \text{Petits nombres 2 4 7}\end{array}\right\}\dots(8)$$

———

Grands nombres 77 75$=$152$=a\dots q=$57$\dots p=$2 4 6$=$12

$$\frac{32 \qquad\qquad t=51}{120=r\ -\ 108=12=p}$$

Donc combinaison.

HORIZONTALE.   VERTICALE.

8	9	10	14	16			
8	9	11	13	16			
8	9	11	14	15			
8	9	12	13	15			
8	10	11	12	16	} 75 77		
8	10	11	13	15			
8	10	12	13	14			
9	10	11	12	15			
9	10	11	13	14			

67	69	70	71	
67	68	70	72	
66	69	70	72	
66	68	71	72	
67	68	69	73	} 2 4 6... (9)
66	68	70	73	
66	67	71	73	
66	68	69	74	
66	67	70	74	

Grands nombres $76 \ 75 = 151 = a \dots q = 58 \dots p = 2 \ 4 \ 5 = 11$

$$32 \qquad t = 50$$

$$119 = r - 108 = 11 = p$$

Donc combinaison.

HORIZONTALE.   VERTICALE.

8	9	10	15	16			
8	9	11	14	16			
8	9	12	13	16			
8	9	12	14	15			
8	10	11	13	16			
8	10	11	14	15	} 75 76		
8	10	12	13	15			
8	11	12	13	14			
9	10	11	12	16			
9	10	11	13	15			
9	10	12	13	14			

68	69	70	71	
67	69	70	72	
67	68	71	72	
66	69	71	72	
67	68	70	73	
66	69	70	73	} 2 4 5...(11)
66	68	71	73	
66	67	72	73	
67	68	69	74	
66	68	70	74	
66	67	71	74	

Comme p est constant non-seulement pour le premier nombre 76, mais pour tout autre, il suit qu'il n'y a plus de combinaisons pour les angles 1, 3. Donc, si l'on ajoute les nombres entre parenthèses, l'on aura 58 bordures [58].

ANGLES 1 5.

$h=211... v=291... r=130-(164-a)=a-34... t=328-(291-p)=p+37.$

Les valeurs de h, v, r, t, restent les mêmes pour les angles 1, 5; mais a et p varient.

Grands nombres 80 79$=159=a... q=52... p=$4 6 7$=17$

$$34 \qquad t=54$$
$$\overline{}$$
$$125=r- \quad 106=19>p$$

Or $19+17=36$, dont la moitié est 18. Ainsi on aura $p=$4 6 8, pour les trois petits de la verticale; les petits restans seront 7, 9, 10, 11, 12, 13, 14, 15, 16, avec lesquels on doit faire 52.

HORIZONTALE.		VERTICALE.	
7　9 10 11 15)		66 68 69 70)	
7　9 10 12 14 } 79 80		66 67 69 71 } 4 6 8... (3)	
7　9 11 12 13)		66 67 68 72)	

Grands nombres 80 78$=158=a... q=53... p=$3 6 7$=16$

$$34 \qquad t=53$$
$$\overline{}$$
$$124=r- \quad 106=18>p$$

Il faudrait donc faire $p=17$ par 3 6 8, et il y aura combinaison; il reste les mêmes petits nombres.

HORIZONTALE.   VERTICALE.

$$
\left.\begin{array}{lllll}
7 & 9 & 10 & 11 & 16\\
7 & 9 & 10 & 12 & 15\\
7 & 9 & 10 & 13 & 14\\
7 & 9 & 11 & 12 & 14\\
7 & 10 & 11 & 12 & 13
\end{array}\right\}78\ 80
\qquad
\left.\begin{array}{llll}
67 & 68 & 69 & 70\\
66 & 68 & 69 & 71\\
66 & 67 & 70 & 71\\
66 & 67 & 69 & 72\\
66 & 67 & 68 & 73
\end{array}\right\}3\ 6\ 8\ldots\ (5)
$$

Grands nombres $80\ 76 = 156 = a\ldots q = 55\ldots p = 3\ 4\ 7 = 14$

$\qquad\qquad\qquad 34\qquad\quad t = 51$

$$122 = r\ -\ 106 = 16 > p$$

Donc p doit être 15, qui peut se faire par 3 4 8 : il y a donc combinaison ; l'on a toujours les mêmes petits nombres.

HORIZONTALE.   VERTICALE.

$$
\left.\begin{array}{lllll}
7 & 9 & 10 & 13 & 16\\
7 & 9 & 10 & 14 & 15\\
7 & 9 & 11 & 12 & 16\\
7 & 9 & 11 & 13 & 15\\
7 & 9 & 12 & 13 & 14\\
7 & 10 & 11 & 12 & 15\\
7 & 10 & 11 & 13 & 14\\
9 & 10 & 11 & 12 & 13
\end{array}\right\}76\ 80
\qquad
\left.\begin{array}{llll}
67 & 68 & 70 & 71\\
66 & 69 & 70 & 71\\
67 & 68 & 69 & 72\\
66 & 68 & 70 & 72\\
66 & 67 & 71 & 72\\
66 & 68 & 69 & 73\\
66 & 67 & 70 & 73\\
66 & 67 & 68 & 75
\end{array}\right\}3\ 4\ 8\ldots\ (8)
$$

Grands nombres $80\ 75 = 155 = a\ldots q = 56\ldots p = 3\ 4\ 6 = 13$

$\qquad\qquad\qquad 34\qquad\quad t = 50$

$$121 = r\ -\ 106 = 15 > p$$

Il faudrait 14; or on ne peut faire 14 avec les restans 3, 4, 6, 8, etc. Donc point de combinaisons.

Grands nombres 80 74$=$154$=a\ldots q=$57$\ldots p=$3 4 6$=$13

$$34 \qquad t=50$$

$$120=r - 107=13=p$$

Donc combinaison.

<table>
<tr><td>HORIZONTALE.</td><td>VERTICALE.</td></tr>
</table>

7 9 10 15 16	68 69 70 71
7 9 11 14 16	67 69 70 72
7 9 12 13 16	67 68 71 72
7 9 12 14 15	66 69 71 72
7 10 11 13 16	67 68 70 73
7 10 11 14 15	66 69 70 73
7 10 12 13 15	66 68 71 73
7 11 12 13 14	66 67 72 73
9 10 11 12 15	66 68 69 75
9 10 11 13 14	66 67 70 75

74 80 } (horizontale) 3 4 6…(10) } (verticale)

Comme p serait constant, il n'y aura plus de combinaisons pour le grand nombre 80.

Grands nombres 79 78$=$157$=a\ldots q=$54$\ldots p=$2 6 7$=$15

$$34 \qquad t=52$$

$$123=r - 106=17>p$$

Donc p doit être 16, qu'on peut faire par 2, 6, 8; il reste les mêmes petits nombres.

HORIZONTALE.		VERTICALE.	

$$
\left.\begin{array}{lllll}
7 & 9 & 10 & 12 & 16 \\
7 & 9 & 10 & 13 & 15 \\
7 & 9 & 11 & 12 & 15 \\
7 & 9 & 11 & 13 & 14 \\
7 & 10 & 11 & 12 & 14
\end{array}\right\} 78\ 79
\qquad
\left.\begin{array}{llll}
67 & 68 & 69 & 71 \\
66 & 68 & 70 & 71 \\
66 & 68 & 69 & 72 \\
66 & 67 & 70 & 72 \\
66 & 67 & 69 & 73
\end{array}\right\} 2\ 6\ 8 \ldots (5)
$$

Grands nombres $79\ 76 = 155 = a \ldots q = 56 \ldots p = 2\ 4\ 7 = 13$

$$34 \qquad t = 50$$

$$121 = r \ — \ 106 = 15 > p$$

Donc p doit être 14, qu'on peut faire par 2, 4, 8, et il reste les mêmes petits nombres.

HORIZONTALE.		VERTICALE.	

$$
\left.\begin{array}{lllll}
7 & 9 & 10 & 14 & 16 \\
7 & 9 & 11 & 13 & 16 \\
7 & 9 & 11 & 14 & 15 \\
7 & 9 & 12 & 13 & 15 \\
7 & 10 & 11 & 12 & 16 \\
7 & 10 & 11 & 13 & 15 \\
7 & 10 & 12 & 13 & 14 \\
9 & 10 & 11 & 12 & 14
\end{array}\right\} 76\ 79
\qquad
\left.\begin{array}{llll}
67 & 69 & 70 & 71 \\
67 & 68 & 70 & 72 \\
66 & 69 & 70 & 72 \\
66 & 68 & 71 & 72 \\
67 & 68 & 69 & 73 \\
66 & 68 & 70 & 73 \\
66 & 67 & 71 & 73 \\
66 & 67 & 69 & 75
\end{array}\right\} 2\ 4\ 8 \ldots (8)
$$

Grands nombres $79\ 75 = 154 = a \ldots q = 57 \ldots p = 2\ 4\ 6 = 12$

$$34 \qquad t = 49$$

$$120 = r \ — \ 106 = 14 > p$$

Il faudrait que p fût $= 13$, ce qui ne se peut : ainsi point de combinaison.

Grands nombres 79 74$=$153$=a…q=$58$…p=$2 4 6$=$12
                                34          $t=$49
                              ——————————————
                              119$=r$ — 107$=$12$=p$

Donc combinaisons.

HORIZONTALE.   VERTICALE.

7	9	11	15	16		68	69	70	72
7	9	12	14	16		67	69	71	72
7	9	13	14	15		66	70	71	72
7	10	11	14	16		67	69	70	73
7	10	12	13	16		67	68	71	73
7	10	12	14	15		66	69	71	73
7	11	12	13	15		66	68	72	73
9	10	11	12	16		67	68	69	75
9	10	11	13	15		66	68	70	75
9	10	12	13	14		66	67	71	75

79 74 } (horizontale)   2 4 6…(10) (verticale)

p devenant constant, il n'y a plus de combinaisons pour
79 grand nombre.

————————————

Grands nombres 78 76$=$154$=a…q=$57$…p=$2 3 7$=$12
                                34          $t=$49
                              ——————————————
                              120$=r$ — 106$=$14$>p$

Donc p serait $=$13, qu'on peut faire par 2, 3, 8.

HORIZONTALE.   VERTICALE.

Petits nombres comme   Grands nombres comme
   pour 80 74   pour 80 74   } …(10)
Grands nombres 78 76   Petits nombres 2 3 8

Grands nombres 78 75$=153=a\ldots q=58\ldots p=2\ 3\ 6=11$
$$34 \qquad t=48$$
$$119=r \ - \ 106=13 > p$$

Il faudrait $p=12$; or on ne peut faire 12 avec 2, 3, 6, 8, 9, etc. : donc point de combinaison.

Grands nombres 78 74$=152=a\ldots q=59\ldots p=2\ 3\ 6=11$
$$34 \qquad t=48$$
$$118=r \ - \ 107=11=p$$

Ici, quoique p soit constant; comme dans la supposition 78, 75, le reste était plus grand que p, rien ne s'opposait à ce que p devînt égal au reste par une autre supposition; mais après celle-ci il serait plus grand que le reste, et il n'y aura plus de combinaison pour 78 grand nombre.

HORIZONTALE.						VERTICALE.				
7	9	12	15	16		68	69	71	72	
7	9	13	14	16		67	70	71	72	
7	10	11	15	16		68	69	70	73	
7	10	12	14	16		67	69	71	73	
7	10	13	14	15		66	70	71	73	
7	11	12	13	16	78 74	67	68	72	73	2 3 6…(11)
7	11	12	14	15		66	69	72	73	
9	10	11	13	16		67	68	70	75	
9	10	11	14	15		66	69	70	75	
9	10	12	13	15		66	68	71	75	
9	11	12	13	14		66	67	72	75	

Grands nombres 76 75$=151=a\ldots q=60\ldots p=2\ 3\ 4=9$

$$34 \qquad t=46$$

$$117=r \quad - \quad 106=11 > p$$

Il faudrait que p **fût** $=9$; or on ne peut le former : donc point de combinaison.

————————

Grands nombres 76 74$=150=a\ldots q=61\ldots p=2\ 3\ 4=9$

$$34 \qquad t=46$$

$$116=r \quad - \quad 107=9=p$$

HORIZONTALE.		VERTICALE.	
7 9 14 15 16		69 70 71 72	
7 10 13 15 16		68 70 71 73	
7 11 12 15 16		68 69 72 73	
7 11 13 14 16		67 70 72 73	
7 12 13 14 15		66 71 72 73	
9 10 11 15 16	76 74	68 69 70 75	2 3 4…(11)
9 10 12 14 16		67 69 71 75	
9 10 13 14 15		66 70 71 75	
9 11 12 13 16		67 68 72 75	
9 11 12 14 15		66 69 72 75	
10 11 12 13 15		66 68 73 75	

————————

Pour tous nombres après 76, 74, comme p sera non-seulement constant, mais composé des 3 plus petits nombres 2, 3, 4, après ceux des angles, il ne peut plus y avoir de combinaisons; et les angles 1, 5, auront donné, en tout, 81 bordures...[81]

ANGLES 1 7.

$$h = 213 \ldots v = 293 \ldots r = a - 36 \ldots t = 35 + p$$

Grands nombres 80 79 $= 159 = a \ldots q = 54 \ldots p = 4\ 5\ 6 = 15$

$$36 \qquad t = 50$$

$$123 = r \quad - \quad 104 = 19 > p$$

p doit donc être $= 17$, qu'on peut faire par 4, 5, 8, et il reste les petits nombres 6, 9, 10, 11, 12, 13, 14, 15, 16.

HORIZONTALE.					VERTICALE.				
6	9	10	13	16	67	68	70	71	
6	9	10	14	15	66	69	70	71	
6	9	11	12	16	67	68	69	72	
6	9	11	13	15	66	68	70	72	
6	9	12	13	14	66	67	71	72	
6	10	11	12	15	66	68	69	73	
6	10	11	13	14	66	67	70	73	

Horizontale : $\}\ 80\ 79$; Verticale : $\}\ 4\ 5\ 8 \ldots$ (7)

Grands nombres 80 78 $= 158 = a \ldots q = 55 \ldots p = 3\ 5\ 6 = 14$

$$36 \qquad t = 49$$

$$122 = r \quad - \quad 104 = 18 > p$$

Donc p doit être $= 16$, que l'on peut obtenir par 3, 5, 8.

HORIZONTALE.   VERTICALE.

$$
\left.
\begin{array}{lllll}
6 & 9 & 10 & 14 & 16 \\
6 & 9 & 11 & 13 & 16 \\
6 & 9 & 11 & 14 & 15 \\
6 & 9 & 12 & 13 & 15 \\
6 & 10 & 11 & 12 & 16 \\
6 & 10 & 11 & 13 & 15 \\
6 & 10 & 12 & 13 & 14 \\
9 & 10 & 11 & 12 & 13
\end{array}
\right\} 80\ 78
\qquad
\left.
\begin{array}{llll}
67 & 69 & 70 & 71 \\
67 & 68 & 70 & 72 \\
66 & 69 & 70 & 72 \\
66 & 68 & 71 & 72 \\
67 & 68 & 69 & 73 \\
66 & 68 & 70 & 73 \\
66 & 67 & 71 & 73 \\
66 & 67 & 68 & 76
\end{array}
\right\} 3\ 5\ 8\ldots(8)
$$

Grands nombres $80\ 77 = 157 = a \ldots q = 56 \ldots p = 3\ 4\ 6 = 13$

$$
\begin{array}{cc}
36 & t = 48 \\
\hline
121 = r & -\quad 104 = 17 > p
\end{array}
$$

Donc p doit être $= 15$, que l'on obtient par 3, 4, 8.

HORIZONTALE.   VERTICALE.

$$
\left.
\begin{array}{lllll}
6 & 9 & 10 & 15 & 16 \\
6 & 9 & 11 & 14 & 16 \\
6 & 9 & 12 & 13 & 16 \\
6 & 9 & 12 & 14 & 15 \\
6 & 10 & 11 & 13 & 16 \\
6 & 10 & 11 & 14 & 15 \\
6 & 10 & 12 & 13 & 15 \\
6 & 11 & 12 & 13 & 14 \\
9 & 10 & 11 & 12 & 14
\end{array}
\right\} 80\ 77
\qquad
\left.
\begin{array}{llll}
68 & 69 & 70 & 71 \\
67 & 69 & 70 & 72 \\
67 & 68 & 71 & 72 \\
66 & 69 & 71 & 72 \\
67 & 68 & 70 & 73 \\
66 & 69 & 70 & 73 \\
66 & 68 & 71 & 73 \\
66 & 67 & 72 & 73 \\
66 & 67 & 69 & 76
\end{array}
\right\} 3\ 4\ 8\ldots(9)
$$

Grands nombres $80\ 76 = 156 \ldots\ldots q = 57 \ldots p = 3\ 4\ 5 = 12$

$$
\begin{array}{cc}
36 & t = 47 \\
\hline
120 = r & -\quad 104 = 16 > 12
\end{array}
$$

Il faudrait donc que $p=14$; or on ne peut faire 14 avec 3, 4, 5, 8, 9, etc.

Grands nombres 80 74$=$154 ... $q=59$...$p=3\ 4\ 5=12$

36 $\qquad t=47$

$118=r-106=12=p$

HORIZONTALE.	VERTICALE.
6 9 13 15 16	68 70 71 72
6 10 12 15 16	68 69 71 73
6 10 13 14 16	67 70 71 73
6 11 12 14 16	67 69 72 73
6 11 13 14 15	66 70 72 73
9 10 11 13 16	67 68 70 76
9 10 11 14 15	66 69 70 76
9 10 12 13 15	66 68 71 76
9 11 12 13 14	66 67 72 76

80 74 .... 3 4 5... (9)

Comme p est constant, composé des plus petits nombres, il n'y a plus de combinaisons pour 80.

Grands nombres 79 78$=$157$=a$...$q=56$...$p=2\ 5\ 6=13$

36 $\qquad t=48$

$121=r-104=17>p$

p doit donc être 15, qu'on peut faire par 2, 5, 8.

HORIZONTALE.	VERTICALE.
Petits nombres comme pour 80 77	Grands nombres comme pour 80 77
Grands nombres 79 78	Petits nombres 2 5 8

...(9)

Grands nombres 79 77=156=a...q=57...p=2 4 6=12

$$36 \qquad t=47$$

$$120=r - 104=16 > 12$$

Donc p doit être =14, qu'on peut faire avec 2, 4, 8.

<table>
<tr><td colspan="5" align="center">HORIZONTALE.</td><td></td><td colspan="4" align="center">VERTICALE.</td></tr>
<tr><td>6</td><td>9</td><td>11</td><td>15</td><td>16</td><td rowspan="9">79 77</td><td>68</td><td>69</td><td>70</td><td>72</td><td rowspan="9">2 4 8... (9)</td></tr>
<tr><td>6</td><td>9</td><td>12</td><td>14</td><td>16</td><td>67</td><td>69</td><td>71</td><td>72</td></tr>
<tr><td>6</td><td>9</td><td>13</td><td>14</td><td>15</td><td>66</td><td>70</td><td>71</td><td>72</td></tr>
<tr><td>6</td><td>10</td><td>11</td><td>14</td><td>16</td><td>67</td><td>69</td><td>70</td><td>73</td></tr>
<tr><td>6</td><td>10</td><td>12</td><td>13</td><td>16</td><td>67</td><td>68</td><td>71</td><td>73</td></tr>
<tr><td>6</td><td>10</td><td>12</td><td>14</td><td>15</td><td>66</td><td>69</td><td>71</td><td>73</td></tr>
<tr><td>6</td><td>11</td><td>12</td><td>13</td><td>15</td><td>66</td><td>68</td><td>72</td><td>73</td></tr>
<tr><td>9</td><td>10</td><td>11</td><td>12</td><td>15</td><td>66</td><td>68</td><td>69</td><td>76</td></tr>
<tr><td>9</td><td>10</td><td>11</td><td>13</td><td>14</td><td>66</td><td>67</td><td>70</td><td>76</td></tr>
</table>

Grands nombres 79 76=155=a...q=58...p=2 4 5=11

$$36 \qquad t=46$$

$$119=r - 104=15 > p$$

Donc p doit être=13, qu'on ne peut faire avec 2,4,5,8, etc.

Grands nombres 79 74=153...q=60...p=2 4 5=11

$$36 \qquad t=46$$

$$117=r - 106=11=p$$

Donc il y a combinaison.

HORIZONTALE.						
6	9	14	15	16		
6	10	13	15	16		
6	11	12	15	16		
6	11	13	14	16		
6	12	13	14	15		79 74
9	10	11	14	16		
9	10	12	13	16		
9	10	12	14	15		
9	11	12	13	15		
10	11	12	13	14		

VERTICALE.				
69	70	71	72	
68	70	71	73	
68	69	72	73	
67	70	72	73	
66	71	72	73	2 4 5…(10)
67	69	70	76	
67	68	71	76	
66	69	71	76	
66	68	72	76	
66	67	73	76	

Comme p comprend les 3 plus petits, après 1, 3, il n'y a plus de combinaisons pour 79.

$$\text{Grands nombres } 78\ 77 = 155 = a \ldots q = 58 \ldots p = 2\ 3\ 6 = 11$$
$$36 \qquad t = 46$$
$$119 = r - \quad 104 = 15 > 11$$

Donc $p = 13$, qu'on peut faire par 2, 3, 8.

HORIZONTALE.						
6	9	12	15	16		
6	9	13	14	16		
6	10	11	15	16		
6	10	12	14	16		
6	10	13	14	15		78 77
6	11	12	13	16		
6	11	12	14	15		
9	10	11	12	16		
9	10	11	13	15		
9	10	12	13	14		

VERTICALE.				
68	69	71	72	
67	70	71	72	
68	69	70	73	
67	69	71	73	
66	70	71	73	
67	68	72	73	2 3 8…(10)
66	69	72	73	
67	68	69	76	
66	68	70	76	
66	67	71	76	

Grands nombres 78 76$=$154...$q=$59...$p=$2 3 5$=$10.
　　　　　　36　　$t=$45
　　　　　　$\overline{}$　$\overline{}$
　　　　118$=r-$104$=$14 $>$ 10.

Donc p doit être$=$12, qu'on ne peut faire avec 2, 3, 5, 8, etc.

Grands nombres 78 74$=$152$=a$...$q=$61...$p=$2 3 5$=$10
　　　　　　36　　　　$t=$45
　　　　　　$\overline{}$　$\overline{}$
　　　　116$=r-$106$=$10$=p$

HORIZONTALE.	VERTICALE.
6 10 14 15 16	69 70 71 73
6 11 13 15 16	68 70 72 73
6 12 13 14 16	67 71 72 73
9 10 11 15 16	68 69 70 76
9 10 12 14 16 ⟩78 74	67 69 71 76 ⟩2 3 5... (9)
9 10 13 14 15	66 70 71 76
9 11 12 13 16	67 68 72 76
9 11 12 14 15	66 69 72 76
10 11 12 13 15	66 68 73 76

Comme p est composé des trois plus petits, il n'y a plus de combinaison pour 78.

Grands nombres 77 76$=$153$=a$...$q=$60...$p=$2 3 4$=$9
　　　　　　36　　　　$t=$44
　　　　　　$\overline{}$　$\overline{}$
　　　　117$=r-$104$=$13$>p$

Donc p doit être $=$ 11, qu'on ne peut faire avec 2, 3, 4, 8, etc.

Grands nombres 77 74$=$151$=a$... $q=$62... $p=$2 3 4$=$9

$$36 \qquad t=44$$

$$115 = r \quad - \quad 106 = 9 = p$$

HORIZONTALE.	VERTICALE.

6 11 14 15 16
6 12 13 15 16
9 10 12 15 16
9 10 13 14 16
9 11 12 14 16 } 77 74
9 11 13 14 15
10 11 12 13 16
10 11 12 14 15

69 70 72 73
68 71 72 73
68 69 71 76
67 70 71 76
67 69 72 76 } 2 3 4... (8)
66 70 72 76
67 68 73 76
66 69 73 76

Comme p est constant, et qu'il est parvenu aux trois plus petits nombres entre les angles, il n'y a plus de combinaison pour les angles 1, 7; et, réunissant les nombres qui sont entre parenthèses, on aura 88 bordures, ci.................................... [88]

ANGLES 1 9.

$$h=215... \quad v=295... \quad r=a-38... \quad t=33+p$$

Grands nombres 80 79$=$159$=a$... $q=$56... $p=$4 5 6$=$15

$$38 \qquad t=48$$

$$121 = r \quad - \quad 104 = 17 > p$$

Donc p doit être $=$16, qu'on peut avoir par 4, 5, 7; il reste 6, 8, 10, 11, 12, 13, 14, 15, 16.

HORIZONTALE.						VERTICALE.				
6	8	11	15	16		68	69	70	72	
6	8	12	14	16		67	69	71	72	
6	8	13	14	15		66	70	71	72	
6	10	11	13	16		67	68	70	74	
6	10	11	14	15	80 79	66	69	70	74	4 5 7... (9)
6	10	12	13	15		66	68	71	74	
6	11	12	13	14		66	67	72	74	
8	10	11	12	15		66	68	69	76	
8	10	11	13	14		66	67	70	76	

Grands nombres $80\ 78 = 158 = a\ldots q = 57\ldots p = 3\ 5\ 6 = 14$

$$38 \qquad t = 47$$

$$120 = r - 104 = 16 > 14$$

Donc p doit être $= 15$, qu'on peut faire par 3, 5, 7.

HORIZONTALE.						VERTICALE.				
6	8	12	15	16		68	69	71	72	
6	8	13	14	16		67	70	71	72	
6	10	11	14	16		67	69	70	74	
6	10	12	13	16		67	68	71	74	
6	10	12	14	15	80 78	66	69	71	74	3 5 7... (9)
6	11	12	13	15		66	68	72	74	
8	10	11	12	16		67	68	69	76	
8	10	11	13	15		66	68	70	76	
8	10	12	13	14		66	67	71	76	

Grands nombres 80 77$=$157$=a$...$q=$58...$p=$3 4 6$=$13

$$38 \qquad t=46$$

$$119=r \,-\, 104=15>13$$

Donc p serait $=$ 14, qu'on peut avoir par 3, 4, 7.

HORIZONTALE.						VERTICALE.			
6	8	13	15	16		68	70	71	72
6	10	11	15	16		68	69	70	74
6	10	12	14	16		67	69	71	74
5	10	13	14	15		66	70	71	74
6	11	12	13	16		67	68	72	74
6	11	12	14	15		66	69	72	74
8	10	11	13	16		67	68	70	76
8	10	11	14	15		66	69	70	76
8	10	12	13	15		66	68	71	76
8	11	12	13	14		66	67	72	76

Horizontale } 80 77 — Verticale } 3 4 7...(10)

Grands nombres 80 76$=$156... $q=$59... $p=$3 4 5$=$12

$$38 \qquad t=45$$

$$118=r-104=14>12$$

Il faudrait que $p=$13, qu'on ne peut faire avec 3, 4, 5, 7, 8, etc.

Grands nombres 80 75$=$155... $q=$60... $p=$3 4 5$=$12

$$38 \qquad t=45$$

$$117=r-105=12=p$$

HORIZONTALE.	VERTICALE.
6 10 13 15 16	68 70 71 74
6 11 12 15 16	68 69 72 74
6 11 13 14 16	67 70 72 74
6 12 13 14 15	66 71 72 74
8 10 11 15 16	68 69 70 76
8 10 12 14 16	67 69 71 76
8 10 13 14 15	66 70 71 76
8 11 12 13 16	67 68 72 76
8 11 12 14 15	66 69 72 76
10 11 12 13 14	66 67 74 76

$\}$ 80 75 $\}$ 3 4 5...(10)

Comme p est composé des trois plus petits, il n'y a
plus de combinaisons pour 80.

Grands nombres 79 78$=$157$=a$...$q=$58...$p=$2 5 6$=$13

$$38 \qquad t=46$$

$$119=r - 104=15>p$$

Donc p doit être égal à 14, qu'on peut faire par 2, 5, 7.

HORIZONTALE.	VERTICALE.
Les mêmes petits nombres que pour 80 77	Les mêmes grands nombres que pour 80 77
Grands nombres 79 78	Petits nombres 2 5 7

$\}$ ....(10)

Grands nombres 79 77$=156=a...q=59...p=2$ 4 6$=12$

$$38 \qquad t=45$$

$$118 = r \ — \ 104 = 14$$

Donc p doit être $=13$, qu'on peut faire par 2, 4, 7.

HORIZONTALE.		VERTICALE.	
6 8 14 15 16		69 79 71 72	
6 10 12 15 16		68 69 71 74	
6 10 13 14 16		67 70 71 74	
6 11 12 14 16		67 69 72 74	
6 11 13 14 15	79 77	66 70 72 74	2 4 7... (9)
8 10 11 14 16		67 69 70 76	
8 10 12 13 16		67 68 71 76	
8 10 12 14 15		66 69 71 76	
8 11 12 13 15		66 68 72 76	

Grands nombres 79 76$=155=a...q=60...p=2$ 4 5$=11$

$$38 \qquad t=44$$

$$117 = r \ — \ 104 = 13 > p$$

Donc p serait $=12$, qu'on ne peut faire par 2, 4, 5, 7, etc.

Il faut remarquer que les mêmes petits nombres subsistent depuis la première supposition des grands nombres de l'horizontale. En conséquence, toutes les fois que, pour des angles déterminés, il se fait une supposition de grands nombres parmi les complémens desquels se trouverait l'un de ces petits nombres, il n'y aura pas de combinaison. Ainsi, les petits nombres, après la supposition 80, 79, étant 6, 8, 10, 11, 12, 13, 14, 15, 16, comme ici l'on suppose 76 pour grand nombre, et que son complément 6 fait partie des petits nombres constans pour les angles 1, 9, il est inutile de chercher s'il y aura combinaison, puisqu'elle ne peut avoir lieu. En conséquence l'on supprimera cette recherche.

Grands nombres 79 75$=154=a\ldots q=61\ldots p=2\ 4\ 5=11$

$38 \qquad t=44$

$116=r\ -\ 105=11=p$

HORIZONTALE.	VERTICALE.

$$
\left.\begin{array}{l}
6\ 10\ 14\ 15\ 16 \\
6\ 11\ 13\ 15\ 16 \\
6\ 12\ 13\ 14\ 16 \\
8\ 10\ 12\ 15\ 16 \\
8\ 10\ 13\ 14\ 16 \\
8\ 11\ 12\ 14\ 16 \\
8\ 11\ 13\ 14\ 15 \\
10\ 11\ 12\ 13\ 15
\end{array}\right\}79\ 75
\qquad
\left.\begin{array}{l}
69\ 70\ 71\ 74 \\
68\ 70\ 72\ 74 \\
67\ 71\ 72\ 74 \\
68\ 69\ 71\ 76 \\
67\ 70\ 71\ 76 \\
67\ 69\ 72\ 76 \\
66\ 70\ 72\ 76 \\
66\ 68\ 74\ 76
\end{array}\right\}2\ 4\ 5\ldots (8)
$$

Comme 2 4 5 sont les 3 plus petits, il n'y a plus de combinaison pour 79.

Grands nombres 78 77$=155=a\ldots q=60\ldots p=2\ 3\ 6=11$

$38 \qquad t=44$

$117=r\ -\ 104=13>p$

p sera donc $=12$, qu'on obtient par 2, 3, 7.

HORIZONTALE.	VERTICALE.

Petits nombres comme   Grands nombres comme
    pour 80 75   pour 80 75   }...(10)
Grands nombres 78 77   Petits nombres 2 3 7 }

Grands nombres 78 $75=153=a\ldots q=62\ldots p=2\ 3\ 5=10$
$38 t=43$
$115=r \ — \ 105=10=p$

HORIZONTALE.	VERTICALE.

$$\left.\begin{array}{l}
6\ 11\ 14\ 15\ 16\\
6\ 12\ 13\ 15\ 16\\
8\ 10\ 13\ 15\ 16\\
8\ 11\ 12\ 15\ 16\\
8\ 11\ 13\ 14\ 16\\
8\ 12\ 13\ 14\ 15\\
10\ 11\ 12\ 13\ 16\\
10\ 11\ 12\ 14\ 15
\end{array}\right\}78\ 75
\qquad
\left.\begin{array}{l}
69\ 70\ 72\ 74\\
68\ 71\ 72\ 74\\
68\ 70\ 71\ 76\\
68\ 69\ 72\ 76\\
67\ 70\ 72\ 76\\
66\ 71\ 72\ 76\\
67\ 68\ 74\ 76\\
66\ 69\ 74\ 76
\end{array}\right\}2\ 3\ 5\ldots (8)$$

Il n'y a plus de combinaison pour 78, parce que 2, 3, 5, sont les 3 plus petits.

Grands nombres 77 $75=152=a\ldots q=63\ldots p=2\ 3\ 4=9$
$38 t=42$
$114=r \ — \ 105=9=p$

HORIZONTALE.

$$
\left.\begin{array}{ccccc}
6 & 12 & 14 & 15 & 16 \\
8 & 10 & 14 & 15 & 16 \\
8 & 11 & 13 & 15 & 16 \\
8 & 12 & 13 & 14 & 16 \\
10 & 11 & 12 & 14 & 16 \\
10 & 11 & 13 & 14 & 15
\end{array}\right\}77 \;\; 75
$$

VERTICALE.

$$
\left.\begin{array}{cccc}
69 & 71 & 72 & 74 \\
69 & 70 & 71 & 76 \\
68 & 70 & 72 & 76 \\
67 & 71 & 72 & 76 \\
67 & 69 & 74 & 76 \\
66 & 70 & 74 & 76
\end{array}\right\}2 \; 3 \; 4 \ldots (6)
$$

Comme 2, 3, 4, sont les plus petits nombres entre les angles, c'est le signe qu'il n'y a plus de combinaisons pour ces angles. On aura donc en tout pour 1, 9........[89]

ANGLES 1 11.

$$h = 217\ldots\; v = 297\ldots\; r = a - 40\ldots\; t = 31 + p$$

Grands nombres 80 79 $= 159 = a \ldots q = 58 \ldots p = 4\;5\;6 = 15$

$$
\begin{array}{cc}
40 & t = 46 \\
\hline
119 = r - & 104 = 15 = p
\end{array}
$$

Petits restans 7 8 9 10 12 13 14 15 16

HORIZONTALE.

$$
\left.\begin{array}{ccccc}
7 & 8 & 12 & 15 & 16 \\
7 & 8 & 13 & 14 & 16 \\
7 & 9 & 12 & 14 & 16 \\
7 & 9 & 13 & 14 & 15 \\
7 & 10 & 12 & 13 & 16 \\
7 & 10 & 12 & 14 & 15 \\
8 & 9 & 10 & 15 & 16 \\
8 & 9 & 12 & 13 & 16 \\
8 & 9 & 12 & 14 & 15 \\
8 & 10 & 12 & 13 & 15 \\
9 & 10 & 12 & 13 & 14
\end{array}\right\}80 \;\; 79
$$

VERTICALE.

$$
\left.\begin{array}{cccc}
68 & 69 & 72 & 73 \\
67 & 70 & 72 & 73 \\
67 & 69 & 72 & 74 \\
66 & 70 & 72 & 74 \\
67 & 68 & 73 & 74 \\
66 & 69 & 73 & 74 \\
68 & 69 & 70 & 75 \\
67 & 68 & 72 & 75 \\
66 & 69 & 72 & 75 \\
66 & 68 & 73 & 75 \\
66 & 67 & 74 & 75
\end{array}\right\}4 \; 5 \; 6 \ldots (11)
$$

Grands nombres 80 78=158 ... $q=59...p=3\ 5\ 6=14$

$$40 \qquad t=45$$

$$118=r\ -\ 104=14=p$$

HORIZONTALE.

7	8	13	15	16
7	9	12	15	16
7	9	13	14	16
7	10	12	14	16
7	10	13	14	15
8	9	12	14	16
8	9	13	14	15
8	10	12	13	16
8	10	12	14	15
9	10	12	13	15

80 78

VERTICALE.

68	70	72	73
68	69	72	74
67	70	72	74
67	69	73	74
66	70	73	74
67	69	72	75
66	70	72	75
67	68	73	75
66	69	73	75
66	68	74	75

3 5 6...(10)

Grands nombres 80 77=157=a...$q=60...p=3\ 4\ 6=13$

$$40 \qquad t=44$$

$$117=r\ -\ 104=13=p$$

HORIZONTALE.

7	8	14	15	16
7	9	13	15	16
7	10	12	15	16
7	10	13	14	16
8	9	12	15	16
8	9	13	14	16
8	10	12	14	16
8	10	13	14	15
9	10	12	13	16
9	10	12	14	15

80 77

VERTICALE.

69	70	72	73
68	70	72	74
68	69	73	74
67	70	73	74
68	69	72	75
67	70	72	75
67	69	73	75
66	70	73	75
67	68	74	75
66	69	74	75

3 4 6...(10)

Grands nombres 80 76$=$156$=a\ldots q=$61$\ldots p=$3 4 5$=$12

$$40\qquad t=43$$

$$116=r\ \text{---}\ 104=12=p$$

HORIZONTALE.	VERTICALE.
7 9 14 15 16	69 70 72 74
7 10 13 15 16	68 70 73 74
7 12 13 14 15	66 72 73 74
8 9 13 15 16	68 70 72 75
8 10 12 15 16	68 69 73 75
8 10 13 14 16	67 70 73 75
9 10 12 14 16	67 69 74 75
9 10 13 14 15	66 70 74 75

$$\left.\text{(horizontale)}\right\}80\ 76\qquad\left.\text{(verticale)}\right\}3\ 4\ 5\ldots(8)$$

Comme p est composé des 3 plus petits, il n'y a plus de combinaisons pour 80.

Grands nombres 79 78$=$157$\ldots\ q=$60$\ldots p=$2 5 6$=$13

$$40\qquad t=44$$

$$117=r\ \text{---}\ 104=13=p$$

HORIZONTALE.	VERTICALE.
Comme pour 80 77 en petits nombres.	Comme pour 80 77 en grands nombres.
Grands nombres 79 78	Petits nombres 2 5 6

$$\left.\right\}\ldots(10)$$

Grands nombres 79 77$=$156$\ldots\ q=$61$\ldots p=$2 4 6$=$12

$$40\qquad t=43$$

$$116=r\ \text{---}\ 104=12=p$$

HORIZONTALE.   VERTICALE.

Pour les petits nombres   Comme pour 80 76 en⎫
   comme 80 76   grands nombres. ⎬ .... (8)
Grands nombres 79 77   Petits nombres 2 4 6⎭

Grands nombres 79 76$=155=a...q=62...p=2\ 4\ 5=11$
             40$\qquad t=42$
           $115=r — 104=11=p$

HORIZONTALE.   VERTICALE.

7	10	14	15	16		69	70	73	74
7	12	13	14	16		67	72	73	74
8	9	14	15	16		69	70	72	75
8	10	13	15	16	79 76	68	70	73	75
8	12	13	14	15		66	72	73	75
9	10	12	15	16		68	69	74	75
9	10	13	14	16		67	70	74	75

$\}$ 79 76 $\}$ 2 4 5.... (7)

p contenant les 3 plus petits, il n'y a plus de combinaison pour 79.

Grands nombres 78 77$=155=a...q=62...p=2\ 3\ 6=11$
             40$\qquad t=42$
           $115=r — 104=11=p$

HORIZONTALE.   VERTICALE.

Petits nombres comme   Les grands nombres⎫
   pour 79 76   comme pour 79 76⎬ .... (7)
Grands nombres 78 77   Petits nombres 2 3 6⎭

Lorsque, pour les mêmes angles, la somme des deux grands nombres est égale à une première somme de deux autres grands nombres, on a aussi r égal ainsi que q. Si, de plus, p est égal, les combinaisons sont les mêmes, à l'exception des grands nombres en horizontale et des petits en verticale.

Grands nombres 78 76$=$154 . . . $q=$63...$p=$2 3 5$=$10
$$40 \qquad t=41$$
$$114=r \; - \; 104=10=p$$

HORIZONTALE.   VERTICALE.

7 12 13 15 16		68 72 73 74	
8 10 14 15 16		69 70 73 75	
8 12 13 14 16	78 76	67 72 73 75	2 3 5... (5)
9 10 13 15 16		68 70 74 75	
9 12 13 14 15		66 72 74 75	

Comme p contient les trois plus petits nombres, il n'y a plus de combinaison pour 78.

Il y a cette différence entre les plus petits relatifs et les trois plus petits absolus, pour des angles déterminés, qu'on entend par les derniers les plus petits nombres, à l'exception des angles ; et par relatifs les plus petits, à l'exception des angles, et du complément du plus grand nombre de l'horizontale. Lorsqu'ils sont absolus, alors il faut changer les angles ; s'ils sont relatifs, on change le plus grand des nombres de l'horizontale. C'est ce qui a été fait et se fera par la suite.

Grands nombres 77 76$=$153 . . . . $q=$64... $p=$2 3 4$=$9

$$40 \qquad t=40$$

$$113=r \quad - \quad 104=9=p$$

HORIZONTALE.	VERTICALE.

7 12 14 15 16 ⎞
8 12 13 15 16 ⎟
9 10 14 15 16 ⎬ 77 76
9 12 13 14 16 ⎟
10 12 13 14 15 ⎠

69 72 73 74 ⎞
68 72 73 75 ⎟
69 70 74 75 ⎬ 2 3 4... (5)
67 72 74 75 ⎟
66 73 74 75 ⎠

Comme on est arrivé à la valeur de p, contenant les plus petits absolus, il n'y a plus de combinaisons pour les angles 1, 11, et l'on aura 81 bordures. . . . . [81]

Si l'on supposait 1, 13 ou 1, 15 aux angles, il n'y aurait pas de combinaison. Par exemple, soient 1, 13 : on aura $h=$219. . . . $v=$299 . . . . $r=a-$42 . . . . $t=$29$+p$. Maintenant pour 80 79$=$159$=a$... $q=$60... $p=$4 5 6$=$15

$$42 \qquad t=44$$

$$117=r \quad - \quad 104=13 < p$$

Et ainsi des autres, comme on peut s'en convaincre.

ANGLES 2 4.

$h=$211 . . . . $v=$289. . . . $r=a-$34 . . . . $t=$39$+p$

Grands nombres 81 79$=$160$=a$... $q=$51... $p=$5 6 7$=$18

$$34 \qquad t=57$$

$$126=r \quad - \quad 108=18=p$$

Petits nombres restans 8 9 10 11 12 13 14 15 16

HORIZONTALE.

8 9 10 11 13—81 79

VERTICALE.

66 67 68 70—5 6 7...(1)

———

Grands nombres 81 77$=$158$=a$... $q=$53...$p=$3 6 7$=$16

34 $t=$55

$124=r$ — $108=16=p$

HORIZONTALE.

8   9 10 11 15$\rbrace$

8   9 10 12 14$\rbrace$81 77

8   9 11 12 13$\rbrace$

VERTICALE.

66 68 69 70$\rbrace$

66 67 69 71$\rbrace$3 6 7...(3)

66 67 68 72$\rbrace$

———

Grands nombres 81 76$=$157$=a$...$q=$54...$p=$3 5 7$=$15

34 $t=$54

$123=r$ — $108=15=p$

HORIZONTALE.

8   9 10 11 16$\rbrace$

8   9 10 12 15$\rbrace$

8   9 10 13 14$\rbrace$81 76

8   9 11 12 14$\rbrace$

8 10 11 12 13$\rbrace$

VERTICALE.

67 68 69 70$\rbrace$

66 68 69 71$\rbrace$

66 67 70 71$\rbrace$3 5 7... (5)

66 67 69 72$\rbrace$

66 67 68 73$\rbrace$

———

Grands nombres 81 75$=$156$=a$...$q=$55...$p=$3 5 6$=$14

34 $t=$53

$122=r$ — $108=14=p$

HORIZONTALE.	VERTICALE.

$$
\left.\begin{array}{ccccc}
8 & 9 & 10 & 12 & 16 \\
8 & 9 & 10 & 13 & 15 \\
8 & 9 & 11 & 12 & 15 \\
8 & 9 & 11 & 13 & 14 \\
8 & 10 & 11 & 12 & 14 \\
9 & 10 & 11 & 12 & 13
\end{array}\right\} 81\ 75
\qquad
\left.\begin{array}{cccc}
67 & 68 & 69 & 71 \\
66 & 68 & 70 & 71 \\
66 & 68 & 69 & 72 \\
66 & 67 & 70 & 72 \\
66 & 67 & 69 & 73 \\
66 & 67 & 68 & 74
\end{array}\right\} 3\ 5\ 6\dots(6)
$$

$$\text{Grands nombres } 79\ 77 = 156\dots q = 55\dots p = 1\ 6\ 7 = 14$$
$$34 \qquad t = 53$$
$$122 = r - 108 = 14 = p$$

HORIZONTALE.	VERTICALE.

$$
\begin{array}{ll}
\text{Petits nombres comme} & \left.\begin{array}{l}\text{Grands nombres comme}\\ \qquad 81\ 75\\ \text{Petits nombres } 1\ 6\ 7\end{array}\right\}\dots(6)\\
\qquad 81\ 75 & \\
\text{Grands nombres } 79\ 77 &
\end{array}
$$

$$\text{Grands nombres } 79\ 76 = 155 = a\dots q = 56\dots p = 1\ 5\ 7 = 13$$
$$34 \qquad t = 52$$
$$121 = r - 108 = 13 = p$$

HORIZONTALE.	VERTICALE.

$$
\left.\begin{array}{ccccc}
8 & 9 & 10 & 13 & 16 \\
8 & 9 & 10 & 14 & 15 \\
8 & 9 & 11 & 12 & 16 \\
8 & 9 & 11 & 13 & 15 \\
8 & 9 & 12 & 13 & 14 \\
8 & 10 & 11 & 12 & 15 \\
8 & 10 & 11 & 13 & 14 \\
9 & 10 & 11 & 12 & 14
\end{array}\right\} 79\ 76
\qquad
\left.\begin{array}{cccc}
67 & 68 & 70 & 71 \\
66 & 69 & 70 & 71 \\
67 & 68 & 69 & 72 \\
66 & 68 & 70 & 72 \\
66 & 67 & 71 & 72 \\
66 & 68 & 69 & 73 \\
66 & 67 & 70 & 73 \\
66 & 67 & 69 & 74
\end{array}\right\} 1\ 5\ 7\dots(8)
$$

Grands nombres 79 75$=$154$=a$... $q=$57...$p=$1 5 6$=$12

34        $t=$51

120$=r$ — 108$=$12$=p$

<table>
<tr><th>HORIZONTALE.</th><th>VERTICALE.</th></tr>
</table>

8	9	10	14	16		67	69	70	71
8	9	11	13	16		67	68	70	72
8	9	11	14	15		66	69	70	72
8	9	12	13	15		66	68	71	72
8	10	11	12	16		67	68	69	73
8	10	11	13	15		66	68	70	73
8	10	12	13	14		66	67	71	73
9	10	11	12	15		66	68	69	74
9	10	11	13	14		66	67	70	74

Horizontale }79 75 — Verticale }1 5 6...(9)

Comme 74 a 8 pour complément, il n'y a plus de combinaison pour 79.

Grands nombres 77 76$=$153...$q=$58... $p=$1 3 7$=$11

34      $t=$50

119$=r$—108$=$11$=p$

Donc combinaison.

HORIZONTALE.						VERTICALE.				
8	9	10	15	16		68	69	70	71	
8	9	11	14	16		67	69	70	72	
8	9	12	13	16		67	68	71	72	
8	9	12	14	15		66	69	71	72	
8	10	11	13	16		67	68	70	73	
8	10	11	14	15	77 76	66	69	70	73	1 3 7.. (11)
8	10	12	13	15		66	68	71	73	
8	11	12	13	14		66	67	72	73	
9	10	11	12	16		67	68	69	74	
9	10	11	13	15		66	68	70	74	
9	10	12	13	14		66	67	71	74	

$$\text{Grands nombres } 77\ 75 = 152 \ldots q = 59 \ldots p = 1\ 3\ 6 = 10$$
$$34 \qquad t = 49$$
$$118 = r - 108 = 10 = p$$

HORIZONTALE.						VERTICALE.				
8	9	11	15	16		68	69	70	72	
8	9	12	14	16		67	69	71	72	
8	9	13	14	15		66	70	71	72	
8	10	11	14	16		67	69	70	73	
8	10	12	13	16		67	68	71	73	
8	10	12	14	15	77 75	66	69	71	73	1 3 6...(11)
8	11	12	13	15		66	68	72	73	
9	10	11	13	16		67	68	70	74	
9	10	11	14	15		66	69	70	74	
9	10	12	13	15		66	68	71	74	
9	11	12	13	14		66	67	72	74	

Comme 74 a 8 pour complément, il n'y a plus de combinaison pour 77.

Grands nombres 76 75$=$151$=a\ldots q=$60$\ldots p=$1 3 5$=$9

$$34 \qquad t=48$$

$$117=r \ — \ 108=9=p$$

HORIZONTALE.

```
 8   9 12 15 16
 8   9 13 14 16
 8  10 11 15 16
 8  10 12 14 16
 8  10 13 14 15
 8  11 12 13 16
 8  11 12 14 15
 9  10 11 14 16
 9  10 12 13 16
 9  10 12 14 15
 9  11 12 13 15
10  11 12 13 14
```

76 75

VERTICALE.

```
68 69 71 72
67 70 71 72
68 69 70 73
67 69 71 73
66 70 71 73
67 68 72 73
66 69 72 73
67 69 70 74
67 68 71 74
66 69 71 74
66 68 72 74
66 67 73 74
```

1 3 5... (12)

Comme 1, 3, 5, sont les plus petits absolus, il n'y a plus de combinaison pour les angles 2, 4, et il vient pour ces angles 72 combinaisons. . . . . [72]

ANGLES 2 6.

$$h = 213 \ldots v = 291 \ldots r = a - 36 \ldots t = p + 37$$

Grands nombres 81 79 = 160 ..... $q = 53 \ldots p = 4\ 5\ 7 = 16$

$$36 \qquad t = 53$$

$$124 = r \quad - \quad 106 = 18 > 16$$

Donc p doit être = 17, qu'on fait par 4, 5, 8.

Petits restans 7 9 10 11 12 13 14 15 16

HORIZONTALE.	VERTICALE.

<table>
<tr><td>7 9 10 11 16</td><td rowspan="5">} 81 79</td><td>67 68 69 70</td><td rowspan="5">} 4 5 8 … (5)</td></tr>
<tr><td>7 9 10 12 15</td><td>66 68 69 71</td></tr>
<tr><td>7 9 10 13 14</td><td>66 67 70 71</td></tr>
<tr><td>7 9 11 12 14</td><td>66 67 69 72</td></tr>
<tr><td>7 10 11 12 13</td><td>66 67 68 73</td></tr>
</table>

Grands nombres 81 78 = 159 .... $q = 54 \ldots p = 3\ 5\ 7 = 15$

$$36 \qquad t = 52$$

$$123 = r - 106 = 17 > 15$$

p doit être = 16, par 3, 5, 8.

HORIZONTALE.	VERTICALE.

<table>
<tr><td>7 9 10 12 16</td><td rowspan="5">} 81 78</td><td>67 68 69 71</td><td rowspan="5">} 3 5 8 … (5)</td></tr>
<tr><td>7 9 10 13 15</td><td>66 68 70 71</td></tr>
<tr><td>7 9 11 12 15</td><td>66 68 69 72</td></tr>
<tr><td>7 9 11 13 14</td><td>66 67 70 72</td></tr>
<tr><td>7 10 11 12 14</td><td>66 67 69 73</td></tr>
</table>

Grands nombres 81 77$=$158... $q=$55...$p=$3 4 7$=$14
$$ 36 \qquad t=51$$
$$122=r-106=16 > 14$$

p doit être $=15$ par 3, 4, 8.

HORIZONTALE.		VERTICALE.	
7 9 10 13 16		67 68 70 71	
7 9 10 14 15		66 69 70 71	
7 9 11 12 16		67 68 69 72	
7 9 11 13 15	81 77	66 68 70 72	3 4 8... (8)
7 9 12 13 14		66 67 71 72	
7 10 11 12 15		66 68 69 73	
7 10 11 13 14		66 67 70 73	
9 10 11 12 13		66 67 68 75	

On ne peut prendre 75 pour grand nombre : car il est complément de 7, nombre restant.

Grands nombres 81 74$=$155 .... $q=$58...$p=$3 4 5$=$12
$$ 36 \qquad t=49$$
$$119=r-107=12=p$$

HORIZONTALE.	VERTICALE.

$$
\begin{array}{l}
7\ \ 9\ 11\ 15\ 16 \\
7\ \ 9\ 12\ 14\ 16 \\
7\ \ 9\ 13\ 14\ 15 \\
7\ 10\ 11\ 14\ 16 \\
7\ 10\ 12\ 13\ 16 \\
7\ 10\ 12\ 14\ 15 \\
7\ 11\ 12\ 13\ 15 \\
9\ 10\ 11\ 12\ 16 \\
9\ 10\ 11\ 13\ 15 \\
9\ 10\ 12\ 13\ 14
\end{array}
\Bigg\}\ 81\ \ 74
\qquad
\begin{array}{l}
68\ 69\ 70\ 72 \\
67\ 69\ 71\ 72 \\
66\ 70\ 71\ 72 \\
67\ 69\ 70\ 73 \\
67\ 68\ 71\ 73 \\
66\ 69\ 71\ 73 \\
66\ 68\ 72\ 73 \\
67\ 68\ 69\ 75 \\
66\ 68\ 70\ 75 \\
66\ 67\ 71\ 75
\end{array}
\Bigg\}\ 3\ 4\ 5\ldots(10)
$$

Il n'y a plus de combinaisons pour 81.

Grands nombres $79\ 78 = 157\ \ldots\ q = 56 \ldots p = 1\ 5\ 7 = 13$

$$
\begin{array}{ccc}
& 36 & t = 50 \\
\hline
& 121 = r\ - & 106 = 15 > 13
\end{array}
$$

p doit être $= 14$ par 1, 5, 8.

HORIZONTALE.	VERTICALE.

$$
\begin{array}{l}
7\ \ 9\ 10\ 14\ 16 \\
7\ \ 9\ 11\ 13\ 16 \\
7\ \ 9\ 11\ 14\ 15 \\
7\ \ 9\ 12\ 13\ 15 \\
7\ 10\ 11\ 12\ 16 \\
7\ 10\ 11\ 13\ 15 \\
7\ 10\ 12\ 13\ 14 \\
9\ 10\ 11\ 12\ 14
\end{array}
\Bigg\}\ 79\ \ 78
\qquad
\begin{array}{l}
67\ 69\ 70\ 71 \\
67\ 68\ 70\ 72 \\
66\ 69\ 70\ 72 \\
66\ 68\ 71\ 72 \\
67\ 68\ 69\ 73 \\
66\ 68\ 70\ 73 \\
66\ 67\ 71\ 73 \\
66\ 67\ 69\ 75
\end{array}
\Bigg\}\ 1\ 5\ 8\ldots(8)
$$

Grands nombres 79 77$=$156 . . . . $q=$57... $p=$1 4 7$=$12

$$36 \qquad t=49$$

$$120=r \; - \; 106=14 > p$$

p sera $=13$ par 1, 4, 8.

HORIZONTALE.						VERTICALE.				
7	9	10	15	16		68	69	70	71	
7	9	11	14	16		67	69	70	72	
7	9	12	13	16		67	68	71	72	
7	9	12	14	15		66	69	71	72	
7	10	11	13	16		67	68	70	73	
7	10	11	14	15	79 77	66	69	70	73	1 4 8...(10)
7	10	12	13	15		66	68	71	73	
7	11	12	13	14		66	67	72	73	
9	10	11	12	15		66	68	69	75	
9	10	11	13	14		66	67	70	75	

Il n'y a rien pour 79, 76 : car 76 est complément de 6 à l'angle ; il n'y a pas davantage pour 79, 75 : car 75 est complément du petit nombre restant 7.

———

Grands nombres 79 74$=$153$=a$...$q=$60...$p=$1 4 5$=$10

$$36 \qquad t=47$$

$$117=r \; - \; 107=10=p$$

<table>
<tr><td colspan="2" align="center">HORIZONTALE.</td><td colspan="2" align="center">VERTICALE.</td></tr>
<tr><td>7 9 13 15 16</td><td rowspan="10">} 79 74</td><td>68 70 71 72</td><td rowspan="10">} 1 4 5...(10)</td></tr>
<tr><td>7 10 12 15 16</td><td>68 69 71 73</td></tr>
<tr><td>7 10 13 14 16</td><td>67 70 71 73</td></tr>
<tr><td>7 11 12 14 16</td><td>67 69 72 73</td></tr>
<tr><td>7 11 13 14 15</td><td>66 70 72 73</td></tr>
<tr><td>9 10 11 14 16</td><td>67 69 70 75</td></tr>
<tr><td>9 10 12 13 16</td><td>67 68 71 75</td></tr>
<tr><td>9 10 12 14 15</td><td>66 69 71 75</td></tr>
<tr><td>9 11 12 13 15</td><td>66 68 72 75</td></tr>
<tr><td>10 11 12 13 14</td><td>66 67 73 75</td></tr>
</table>

Comme p est le plus petit relatif, il n'y a plus de combinaison pour 79.

———

Grands nombres 78 77 $=$ 155.... $q=$ 58... $p=$ 1 3 7 $=$ 11... $t=$ 48.., $r=$ 119... $r-(q+t)=$ 119 — 106 $=$ 13 $>p$: donc p sera $=$ 12, par 1 3 8.

<table>
<tr><td colspan="2" align="center">HORIZONTALE.</td><td colspan="2" align="center">VERTICALE.</td></tr>
<tr><td>7 9 11 15 16</td><td rowspan="10">} 78 77</td><td>68 69 70 72</td><td rowspan="10">} 1 3 8...(10)</td></tr>
<tr><td>7 9 12 14 16</td><td>67 69 71 72</td></tr>
<tr><td>7 9 13 14 15</td><td>66 70 71 72</td></tr>
<tr><td>7 10 11 14 16</td><td>67 69 70 73</td></tr>
<tr><td>7 10 12 13 16</td><td>67 68 71 73</td></tr>
<tr><td>7 10 12 14 15</td><td>66 69 71 73</td></tr>
<tr><td>7 11 12 13 15</td><td>66 68 72 73</td></tr>
<tr><td>9 10 11 12 16</td><td>67 68 69 75</td></tr>
<tr><td>9 10 11 13 15</td><td>66 68 70 75</td></tr>
<tr><td>9 10 12 13 14</td><td>66 67 71 75</td></tr>
</table>

Il n'y aura toujours rien pour 78, 76 et 78, 75, par les raisons ci-dessus données.

Grands nombres 78 74$=$152. ... $r=$116. ... $q=$61. ... $p=$1 3 5$=$9. ... $t=$46. ... $r-(q+t)=$9$=p$

HORIZONTALE.	VERTICALE.
7 9 14 15 16	69 70 71 72
7 10 13 15 16	68 70 71 73
7 11 12 15 16	68 69 72 73
7 11 13 14 16	67 70 72 73
7 12 13 14 15	66 71 72 73
9 10 11 15 16	68 69 70 75
9 10 12 14 16	67 69 71 75
9 10 13 14 15	66 70 71 75
9 11 12 13 16	67 68 72 75
9 11 12 14 15	66 69 72 75
10 11 12 13 15	66 68 73 75

Horizontale $\rangle$ 78 74 ; Verticale $\rangle$ 1 3 5...(11)

Il n'y a plus de combinaison pour 78. Il n'y en a point pour 77, 76, ni pour 77, 75.

Grands nombres 77 74$=$151. ... $r=$115. ... $q=$62. .. $p=$1 3 4$=$8. ... $t=$45. ... $r-(q+t)=$8$=p$

<table>
<tr><td colspan="5" align="center">HORIZONTALE.</td><td colspan="4" align="center">VERTICALE.</td></tr>
<tr><td>7</td><td>10</td><td>14</td><td>15</td><td>16</td><td>69</td><td>70</td><td>71</td><td>73</td></tr>
<tr><td>7</td><td>11</td><td>13</td><td>15</td><td>16</td><td>68</td><td>70</td><td>72</td><td>73</td></tr>
<tr><td>7</td><td>12</td><td>13</td><td>14</td><td>16</td><td>67</td><td>71</td><td>72</td><td>73</td></tr>
<tr><td>9</td><td>10</td><td>12</td><td>15</td><td>16</td><td>68</td><td>69</td><td>71</td><td>75</td></tr>
<tr><td>9</td><td>10</td><td>13</td><td>14</td><td>16</td><td>67</td><td>70</td><td>71</td><td>75</td></tr>
<tr><td>9</td><td>11</td><td>12</td><td>14</td><td>16</td><td>67</td><td>69</td><td>72</td><td>75</td></tr>
<tr><td>9</td><td>11</td><td>13</td><td>14</td><td>15</td><td>66</td><td>70</td><td>72</td><td>75</td></tr>
<tr><td>10</td><td>11</td><td>12</td><td>13</td><td>16</td><td>67</td><td>68</td><td>73</td><td>75</td></tr>
<tr><td>10</td><td>11</td><td>12</td><td>14</td><td>15</td><td>66</td><td>69</td><td>73</td><td>75</td></tr>
</table>

Horizontale : $\}$ 77 74 — Verticale : $\}$ 1 3 4... (9)

Comme p est le plus petit absolu, il n'y a plus de combinaison pour les angles 2, 6, qui donnent en tout 86 bordures. . . . . [86]

ANGLES 2 8.

$$h = 215. \ldots v = 293. \ldots . r = a - 38. \ldots t = p + 35$$

Petits nombres 6 9 10 11 12 13 14 15 16

On ne pourra employer 74 ni 76 : le premier parce qu'il est complément de 8 ; le second parce qu'il fait partie des petits nombres restans par son complément 6. Les petits nombres se déterminent par la première supposition des grands nombres, comme on va le voir.

Grands nombres 81 79 $= 160. \ldots r = 122. \ldots q = 55. \ldots$
$p = 4\ 5\ 6 = 15. \ldots t = 50. \ldots r - (q + t) = 17 > p$:
donc $p = 16 = 4\ 5\ 7$, et il reste les petits nombres ci-dessus.

HORIZONTALE.   VERTICALE.

6	9	10	14	16		67	69	70	71
6	9	11	13	16		67	68	70	72
6	9	11	14	15		66	69	70	72
6	9	12	13	15		66	68	71	72
6	10	11	12	16		67	68	69	73
6	10	11	13	15		66	68	70	73
6	10	12	13	14		66	67	71	73
9	10	11	12	13		66	67	68	76

$81\ 79$ $4\ 5\ 7\ldots (8)$

Grands nombres $81\ 78 = 159\ldots r = 121\ldots q = 56\ldots$ $p = 3\ 5\ 6 = 14\ldots t = 49\ldots r - (q+t) = 16 > p$: donc $p = 3\ 5\ 7.$

HORIZONTALE.   VERTICALE.

6	9	10	15	16		68	69	70	71
6	9	11	14	16		67	69	70	72
6	9	12	13	16		67	68	71	72
6	9	12	14	15		66	69	71	72
6	10	11	13	16		67	68	70	73
6	10	11	14	15		66	69	70	73
6	10	12	13	15		66	68	71	73
6	11	12	13	14		66	67	72	73
9	10	11	12	14		66	67	69	76

$81\ 78$ $3\ 5\ 7\ldots (9)$

Grands nombres $81\ 77 = 158\ldots r = 120\ldots q = 57\ldots$ $p = 3\ 4\ 6 = 13\ldots t = 48\ldots r - (q+t) = 120 - 105 = 15$: donc $p = 14 = 3\ 4\ 7.$

HORIZONTALE.

$$\left.\begin{array}{ccccc}
6 & 9 & 11 & 15 & 16 \\
6 & 9 & 12 & 14 & 16 \\
6 & 9 & 13 & 14 & 15 \\
6 & 10 & 11 & 14 & 16 \\
6 & 10 & 12 & 13 & 16 \\
6 & 10 & 12 & 14 & 15 \\
6 & 11 & 12 & 13 & 15 \\
9 & 10 & 11 & 12 & 15 \\
9 & 10 & 11 & 13 & 14
\end{array}\right\}81\ 77$$

VERTICALE.

$$\left.\begin{array}{cccc}
68 & 69 & 70 & 72 \\
67 & 69 & 71 & 72 \\
66 & 70 & 71 & 72 \\
67 & 69 & 70 & 73 \\
67 & 68 & 71 & 73 \\
66 & 69 & 71 & 73 \\
66 & 68 & 72 & 73 \\
66 & 68 & 69 & 76 \\
66 & 67 & 70 & 76
\end{array}\right\}3\ 4\ 7\ldots(9)$$

Grands nombres $81\ 75 = 156 = a\ldots r = 118\ldots q = 59\ldots$
$p = 3\ 4\ 5 = 12\ldots t = 47\ldots r-(q+t) = 12 = p$

HORIZONTALE.

$$\left.\begin{array}{ccccc}
6 & 9 & 13 & 15 & 16 \\
6 & 10 & 12 & 15 & 16 \\
6 & 10 & 13 & 14 & 16 \\
6 & 11 & 12 & 14 & 16 \\
6 & 11 & 13 & 14 & 15 \\
9 & 10 & 11 & 13 & 16 \\
9 & 10 & 11 & 14 & 15 \\
9 & 10 & 12 & 13 & 15 \\
9 & 11 & 12 & 13 & 14
\end{array}\right\}81\ 75$$

VERTICALE.

$$\left.\begin{array}{cccc}
68 & 70 & 71 & 72 \\
68 & 69 & 71 & 73 \\
67 & 70 & 71 & 73 \\
67 & 69 & 72 & 73 \\
66 & 70 & 72 & 73 \\
67 & 68 & 70 & 76 \\
66 & 69 & 70 & 76 \\
66 & 68 & 71 & 76 \\
66 & 67 & 72 & 76
\end{array}\right\}3\ 4\ 5\ldots(9)$$

Comme p contient les trois plus petits nombres relatifs, il n'y a plus de combinaisons pour 81.

Grands nombres 79 78$=157=a\ldots r=119\ldots q=58\ldots$
$p=1\ 5\ 6=12\ldots t=47\ldots r-(q+t)=119-105=$
$14>p$: donc $p=13=1\ 5\ 7.$

HORIZONTALE.		VERTICALE.	
6 9 12 15 16		68 69 71 72	
6 9 13 14 16		67 70 71 72	
6 10 11 15 16		68 69 70 73	
6 10 12 14 16		67 69 71 73	
6 10 13 14 15		66 70 71 73	
6 11 12 13 16	79 78	67 68 72 73	1 5 7…(10)
6 11 12 14 15		66 69 72 73	
9 10 11 12 16		67 68 69 76	
9 10 11 13 15		66 08 70 76	
9 10 12 13 14		66 67 71 76	

Grands nombres 79 77$=156=a\ldots r=118\ldots q=59\ldots$
$p=1\ 4\ 6=11\ldots t=46\ldots r-(q+t)=19>p$: donc
$p=12=1\ 4\ 7.$

HORIZONTALE.	VERTICALE.	
Petits nombres comme	Grands nombres comme	
pour 81 75	pour 81 75	…(9)
Grands nombres 79 77	Petits nombres 1 4 7	

Grands nombres 79 75$=154=a\ldots r=116\ldots q=61\ldots$
$p=1\ 4\ 5=10\ldots\ t=45\ldots\ r-(q+t)=10=p$

HORIZONTALE.			VERTICALE.		
6 10 14 15 16			70 69 71 73		
6 11 13 15 16			68 70 72 73		
6 12 13 14 16			67 71 72 73		
9 10 11 15 16			68 69 70 76		
9 10 12 14 16	79 75		67 69 71 76	1 4 5... (9)	
9 10 13 14 15			66 70 71 76		
9 11 12 13 16			67 68 72 76		
9 11 12 14 15			66 69 72 76		
10 11 12 13 15			66 68 73 76		

p ayant les plus petits nombres relatifs, il n'y a plus de combinaisons pour 79.

Grands nombres 78 77$=155=a\ldots r=117\ldots q=60\ldots$
$p=1\ 3\ 6=10\ldots\ t=45\ldots\ r-(t+q)=12>p$:
donc $p=11=1\ 3\ 7$.

HORIZONTALE.			VERTICALE.		
6 9 14 15 16			69 70 71 72		
6 10 13 15 16			68 70 71 73		
6 11 12 15 16			68 69 72 73		
6 11 13 14 16			67 70 72 73		
6 12 13 14 15			66 71 72 73		
9 10 11 14 16	78 77		67 69 70 76	1 3 7...(10)	
9 10 12 13 16			67 68 71 76		
9 10 12 14 15			66 69 71 76		
9 11 12 13 15			66 68 72 76		
10 11 12 13 14			66 67 73 76		

Grands nombres 78 75$=$153$=a$... $r=$115... $q=$62...
$p=$1 3 5$=$9.... $t=$44.... $r-(t+q)=$9$=p$

HORIZONTALE.	VERTICALE.

6	11	14	15	16		69	70	72	73
6	12	13	15	16		68	71	72	73
9	10	12	15	16		68	69	71	76
9	10	13	14	16		67	70	71	76
9	11	12	14	16		67	69	72	76
9	11	13	14	15		66	70	72	76
10	11	12	13	16		67	68	73	76
10	11	12	14	15		66	69	73	76

Les accolades : horizontale } 78 75 ; verticale } 1 3 5... (8)

Il n'y a plus de combinaisons pour 78.

Grands nombres 77 75$=$152$=a$... $r=$114... $q=$63...
$p=$1 3 4$=$8.... $t=$43.... $r-(t+q)=$8$=p$

HORIZONTALE.	VERTICALE.

6	12	14	15	16		69	71	72	73
9	10	13	15	16		66	70	71	76
9	11	12	15	16		68	69	72	76
9	11	13	14	16		67	70	72	76
9	12	13	14	15		66	71	72	76
10	11	12	14	16		67	69	73	76
10	11	13	14	15		66	70	73	76

Les accolades : horizontale } 77 75 ; verticale } 1 3 4... (7)

Comme p est composé des trois plus petits nombres absolus, il faut changer d'angles, et l'on a 88 bordures... [88]

ANGLES 2 10.

$$h = 217 \ldots v = 295 \ldots r = a - 40 \ldots t = p + 33$$

Grands nombres 81 79 = 160 = a.. r = 120... q = 57...
p = 4 5 6 = 15... t = 48... $r - (t + q)$ = 15 = p....

Petits nombres restans 7 8 9 11 12 13 14 15 16

HORIZONTALE.		VERTICALE.	
7 8 11 15 16		68 69 70 73	
7 8 12 14 16		67 69 71 73	
7 8 13 14 15		66 70 71 73	
7 9 11 14 16		67 69 70 74	
7 9 12 13 16		67 68 71 74	
7 9 12 14 15	81 79	66 69 71 74	4 5 6...(10)
7 11 12 13 14		66 67 73 74	
8 9 11 13 16		67 68 70 75	
8 9 11 14 15		66 69 70 75	
8 9 12 13 15		66 68 71 75	

Grands nombres 81 78 = 159 = a.. r = 119... q = 58...
p = 3 5 6 = 14... t = 47... $r - (t + q)$ = 14 = p

HORIZONTALE.	VERTICALE.

$$
\left.\begin{array}{lllll}
7 & 8 & 12 & 15 & 16\\
7 & 8 & 13 & 14 & 16\\
7 & 9 & 11 & 15 & 16\\
7 & 9 & 12 & 14 & 16\\
7 & 9 & 13 & 14 & 15\\
7 & 11 & 12 & 13 & 15\\
8 & 9 & 11 & 14 & 16\\
8 & 9 & 12 & 13 & 16\\
8 & 9 & 12 & 14 & 15\\
8 & 11 & 12 & 13 & 14
\end{array}\right\} 81\ 78
\qquad
\left.\begin{array}{llll}
68 & 69 & 71 & 73\\
67 & 70 & 71 & 73\\
68 & 69 & 70 & 74\\
67 & 69 & 71 & 74\\
66 & 70 & 71 & 74\\
66 & 68 & 73 & 74\\
67 & 69 & 70 & 75\\
67 & 68 & 71 & 75\\
66 & 69 & 71 & 75\\
66 & 67 & 73 & 75
\end{array}\right\} 3\ 5\ 6\ldots(10)
$$

Grands nombres $81\ 77 = 158 = a \ldots r = 118 \ldots q = 59 \ldots$
$p = 3\ 4\ 6 = 13 \ldots t = 46 \ldots r - (t+q) = 13 = p$

HORIZONTALE.	VERTICALE.

$$
\left.\begin{array}{lllll}
7 & 8 & 13 & 15 & 16\\
7 & 9 & 12 & 15 & 16\\
7 & 9 & 13 & 14 & 16\\
7 & 11 & 12 & 13 & 16\\
7 & 11 & 12 & 14 & 15\\
8 & 9 & 11 & 15 & 16\\
8 & 9 & 12 & 14 & 16\\
8 & 9 & 13 & 14 & 15\\
8 & 11 & 12 & 13 & 15\\
9 & 11 & 12 & 13 & 14
\end{array}\right\} 81\ 77
\qquad
\left.\begin{array}{llll}
68 & 70 & 71 & 73\\
68 & 69 & 71 & 74\\
67 & 70 & 71 & 74\\
67 & 68 & 73 & 74\\
66 & 69 & 73 & 74\\
68 & 69 & 70 & 75\\
67 & 69 & 71 & 75\\
66 & 70 & 71 & 75\\
66 & 68 & 73 & 75\\
66 & 67 & 74 & 75
\end{array}\right\} 3\ 4\ 6\ldots(10)
$$

Grands nombres 81 76 $=157=a\ldots r=117\ldots q=60\ldots$
$p=3\ 4\ 5=12\ldots t=45\ldots r-(t+q)=12=p$

HORIZONTALE.	VERTICALE.
7 8 14 15 16	69 70 71 73
7 9 13 15 16	68 70 71 74
7 11 12 14 15	67 69 73 74
7 11 13 14 15	66 70 73 74
8 9 12 15 16 $\Big\}$81 76	68 69 71 75 $\Big\}$3 4 5... (9)
8 9 13 14 16	67 70 71 75
8 11 12 13 16	67 68 73 75
8 11 12 14 15	66 69 73 75
9 11 12 13 15	66 68 74 75

Comme 3 4 5 sont les plus petits relatifs, il n'y a plus
de combinaisons pour 81.

Grands nombres 79 78 $=157=a\ldots r=117\ldots q=60\ldots$
$p=1\ 5\ 6=12\ldots t=45\ldots r-(t+q)=12=p$

HORIZONTALE.	VERTICALE.
Grands nombres 79 78	Petits nombres 1 5 6
Petits nombres comme	Grands nombres comme
à 81 76	à 81 76

$\Big\}\ldots(9)$

Grands nombres 79 77 $=156=a\ldots r=116\ldots q=61\ldots$
$p=1\ 4\ 6=11\ldots t=44\ldots r-(t+q)=11=p$

HORIZONTALE.

```
 7  9 14 15 16
 7 11 12 15 16
 7 11 13 14 16
 7 12 13 14 15
 8  9 13 15 16 ⎫ 79 77
 8 11 12 14 16 ⎬
 8 11 13 14 15
 9 11 12 13 16
 9 11 12 14 15
```

VERTICALE.

```
69 70 71 74
68 69 73 74
67 70 73 74
66 71 73 74
68 70 71 75 ⎫ 1 4 6... (9)
67 69 73 75 ⎬
66 70 73 75
67 68 74 75
66 69 74 75
```

Grands nombres $79\ 76 = 155 = a \ldots r = 115 \ldots q = 62 \ldots$
$p = 1\ 4\ 5 = 10 \ldots t = 43 \ldots r - (t + q) = 10 = p$

HORIZONTALE.

```
 7 11 13 15 16
 7 12 13 14 16
 8  9 14 15 16
 8 11 12 15 16 ⎫ 79 76
 8 11 13 14 16 ⎬
 8 12 13 14 15
 9 11 12 14 16
 9 11 13 14 15
```

VERTICALE.

```
68 70 73 74
67 71 73 74
69 70 71 75
68 69 73 75 ⎫ 1 4 5... (8)
67 70 73 75 ⎬
66 71 73 75
67 69 74 75
66 70 74 75
```

Comme 1, 4, 5 sont premiers relatifs, ou comme 75 est complément de 7, l'un des petits nombres restans, il n'y a plus de combinaisons pour 79.

Grands nombres 78 77$=$155$=a\ldots r=$115$\ldots q=$62$\ldots$
$p=$1 3 6$=$10$\ldots t=$43$\ldots r-(t+q)=$10

HORIZONTALE.	**VERTICALE.**

Petits nombres comme   Grands nombres comme
    à 79 76   à 79 76 $\Big\}\ldots(8)$
Grands nombres 78 77   Petits nombres 1 3 6

Grands nombres 78 76$=$154$=a\ldots r=$114$\ldots q=$63$\ldots$
$p=$1 3 5$=$9$\ldots t=$42$\ldots r-(t+q)=$9$=p$

HORIZONTALE.	**VERTICALE.**

```
7 11 14 15 16\            69 70 73 74\
7 12 13 15 16 |           68 71 73 74 |
8 11 13 15 16 |           68 70 73 75 |
8 12 13 14 16 }78 76      67 71 73 75 }1 3 5...(7)
9 11 12 15 16 |           68 69 74 75 |
9 11 13 14 16 |           67 70 74 75 |
9 12 13 14 15/            66 71 74 75/
```

Grands nombres 77 76$=$153$=a\ldots r=$113$\ldots q=$64$\ldots$
$p=$1 3 4$=$8$\ldots t=$41$\ldots r-(t+q)=$8$=p$

HORIZONTALE.	**VERTICALE.**

```
7 12 14 15 16\            69 71 73 74\
8 11 14 15 16 |           69 70 73 75 |
8 12 13 15 16 }77 76      68 71 73 75 }1 3 4...(5)
9 11 13 15 16 |           68 70 74 75 |
9 12 13 14 16/            67 71 74 75/
```

Comme 1, 3, 4 sont premiers absolus, il n'y a plus de combinaisons pour les angles 2 10. Il y aura donc en tout, pour ces angles, 85 bordures, ci. . . . .[85]

ANGLES 3 5.

$$h = 213 \ldots v = 289 \ldots r = a - 36 \ldots t = p + 39$$

Petits nombres 8 9 10 11 12 13 14 15 16

Grands nombres 81 80 $= 161 = a \ldots r = 125 \ldots q = 52 \ldots$
$p = 4$ 6 7 $= 17 \ldots t = 36 \ldots r - (q + t) = 17 = p$

HORIZONTALE.		VERTICALE.	
8 9 10 11 14 } 81 80		66 67 69 70 } 4 6 7… (2)	
8 9 10 12 13 }		66 67 68 71 }	

Grands nombres 81 78 $= 159 \ldots r = 123 \ldots q = 54 \ldots$
$p = 2$ 6 7 $= 15 \ldots t = 54 \ldots r - (t + q) = 15 = p$

HORIZONTALE.		VERTICALE.	
8 9 10 11 16 }		67 68 69 70 }	
8 9 10 12 15 }		66 68 69 71 }	
8 9 10 13 14 } 81 78		66 67 70 71 } 2 6 7… (5)	
8 9 11 12 14 }		66 67 69 72 }	
8 10 11 12 13 }		66 67 68 73 }	

Grands nombres 81 76$=$157$=a\ldots r=$121$\ldots q=$56$\ldots$
$p=$2 4 7$=$13$\ldots t=$52$\ldots r-(t+q)=$13$=p$

HORIZONTALE.	VERTICALE.

8	9	10	13	16		67	68	70	71	
8	9	10	14	15		66	69	70	71	
8	9	11	12	16		67	68	69	72	
8	9	11	13	15		66	68	70	72	
8	9	12	13	14	81 76	66	67	71	72	2 4 7… (8)
8	10	11	12	15		66	68	69	73	
8	10	11	13	14		66	67	70	73	
9	10	11	12	14		66	67	69	74	

Grands nombres 81 75$=$156$=a\ldots r=$120$\ldots q=$57$\ldots$
$p=$2 4 6$=$12$\ldots t=$51$\ldots r-(t+q)=$12

HORIZONTALE.	VERTICALE.

8	9	10	14	16		67	69	70	71	
8	9	11	13	16		67	68	70	72	
8	9	11	14	15		66	69	70	72	
8	9	12	13	15		66	68	71	72	
8	10	11	12	16	81 75	67	68	69	73	2 4 6… (9)
8	10	11	13	15		66	68	70	73	
8	10	12	13	14		66	67	71	73	
9	10	11	12	15		66	68	69	74	
9	10	11	13	14		66	67	70	74	

Comme 2, 4, 6, sont les plus petits relatifs, il n'y a plus de combinaison pour 81.

Grands nombres 80 78$=$158$=a$...$r=$122...$q=$55...
$p=$1 6 7$=$14...$t=$53...$r-(t+q)=$14$=p$

<table>
<tr><td align="center">HORIZONTALE.</td><td align="center">VERTICALE.</td></tr>
</table>

HORIZONTALE	VERTICALE
8 9 10 12 16	67 68 69 71
8 9 10 13 15	66 68 70 71
8 9 11 12 15	66 68 69 72
8 9 11 13 14	66 67 70 72
8 10 11 12 14	66 67 69 73
9 10 11 12 13	66 67 68 74

80 78   1 6 7... (6)

Grands nombres 80 76$=$156$=a$...$r=$120...$q=$57...
$p=$1 4 7$=$12...$t=$51...$r-(t+q)=$12$=p$

HORIZONTALE.	VERTICALE.
Petits nombres comme pour 81 75	Grands nombres comme pour 81 75
Grands nombres 80 76	Petits nombres 1 4 7

...(9)

Grands nombres 80 75$=$155$=a$...$r=$119....$q=$58...
$p=$1 4 6$=$11...$t=$50...$r-(t+q)=$11$=p$

HORIZONTALE.

8	9	10	15	16
8	9	11	14	16
8	9	12	13	16
8	9	12	14	15
8	10	11	13	16
8	10	11	14	15
8	10	12	13	15
8	11	12	13	14
9	10	11	12	16
9	10	11	13	15
9	10	12	13	14

$\rbrace$ 80 75

VERTICALE.

68	69	70	71
67	69	70	72
67	68	71	72
66	69	71	72
67	68	70	73
66	69	70	73
66	68	71	73
66	67	72	73
67	68	69	74
66	68	70	74
66	67	71	74

$\rbrace$ 1 4 6…(11)

Comme 1, 4, 6, sont les plus petits relatifs, il n'y a plus de combinaison pour 80.

Grands nombres $78\ 76 = 154 = a \ldots r = 118 \ldots q = 59 \ldots$ $p = 1\ 2\ 7 = 10 \ldots t = 49 \ldots r - (q + t) = 10 = p$

HORIZONTALE.

8	9	11	15	16
8	9	12	14	16
8	9	13	14	15
8	10	11	14	16
8	10	12	13	16
8	10	12	14	15
8	11	12	13	15
9	10	11	13	16
9	10	11	14	15
9	10	12	13	15
9	11	12	13	14

$\rbrace$ 78 76

VERTICALE.

68	69	70	72
67	69	71	72
66	70	71	72
67	69	70	73
67	68	71	73
66	69	71	73
66	68	72	73
67	68	70	74
66	69	70	74
66	68	71	74
66	67	72	74

$\rbrace$ 1 2 7…(11)

Grands nombres $78\ 75 = 153 = a \ldots r = 117 \ldots q = 60 \ldots$
$p = 1\ 2\ 6 = 9 \ldots t = 48 \ldots r - (t + q) = 9 = p$

HORIZONTALE.	VERTICALE.
8 9 12 15 16	68 69 71 72
8 9 13 14 16	67 70 71 72
8 10 11 15 16	68 69 70 73
8 10 12 14 16	67 69 71 73
8 10 13 14 15	66 70 71 73
8 11 12 13 16	67 68 72 73
8 11 12 14 15	66 69 72 73
9 10 11 14 16	67 69 70 74
9 10 12 13 16	67 68 71 74
9 10 12 14 15	66 69 71 74
9 11 12 13 15	66 68 72 74
10 11 12 13 14	66 67 73 74

$78\ 75 \qquad\qquad 1\ 2\ 6 \ldots (12)$

Comme 1, 2, 6, sont les plus petits nombres relatifs,
il n'y a plus de combinaison pour 78.

Il ne peut y avoir de combinaison pour 77, puisque son
complément est celui de 5, lequel fait partie des angles.

Grands nombres $76\ 75 = 151 = a \ldots r = 115 \ldots q = 62 \ldots$
$p = 1\ 2\ 4 = 7 \ldots t = 46 \ldots r - (t + q) = 7 = p$

HORIZONTALE.					VERTICALE.			
8	9	14	15	16	69	70	71	72
8	10	13	15	16	68	70	71	73
8	11	12	15	16	68	69	72	73
8	11	13	14	16	67	70	72	73
8	12	13	14	15	66	71	72	73
9	10	12	15	16	68	69	71	74
9	10	13	14	16	67	70	71	74
9	11	12	14	16	67	69	72	74
9	11	13	14	15	66	70	72	74
10	11	12	13	16	67	68	73	74
10	11	12	14	15	66	69	73	74

Horizontale $\}$ 76 75 ; Verticale $\}$ 1 2 4...(11)

Comme 1, 2, 4, sont les plus petits absolus, il n'y a plus de combinaison pour les angles 3, 5. On aura donc pour ces angles 84 bordures.. ....[84]

ANGLES 3 7.

$$h = 215 \ldots v = 291 \ldots r = a - 38 \ldots t = p + 37$$

Grands nombres 81 80 $= 161 \ldots r = 123 \ldots q = 54 \ldots$
$p = 4\ 5\ 6 = 15 \ldots t = 52 \ldots r - (t + q) = 17 > 15$: donc p doit être $= 16$, qu'on ne peut faire avec 4, 5, 6, 8.

Grands nombres 81 78 $= 159 \ldots r = 121 \ldots q = 56 \ldots$
$p = 2\ 5\ 6 = 13 \ldots t = 50 \ldots r - (t + q) = 15 > p$: donc p serait $= 14$, qu'on ne peut faire avec 2, 5, 6, 8.

Il est facile de voir qu'on n'aura pas de bordure pour les angles 3, 7.

ANGLES 3 9.

$$h = 217 \ldots v = 293 \ldots r = a - 40 \ldots t = p + 35$$

Grands nombres 81 80 = 161 ... $r = 121$ ... $q = 56$ ...

$$p = 4\ 5\ 6 = 15 \ldots t = 50 \ldots r - (t+q) = 15 = p$$

Petits nombres restans 7 8 10 11 12 13 14 15 16

HORIZONTALE.					VERTICALE.			
7	8	10	15	16	68	69	70	71
7	8	11	14	16	67	69	70	72
7	8	12	13	16	67	68	71	72
7	8	12	14	15	66	69	71	72
7	10	11	12	16	67	68	69	74
7	10	11	13	15	66	68	70	74
7	10	12	13	14	66	67	71	74
8	10	11	12	15	66	68	69	75
8	10	11	13	14	66	67	70	75

Horizontale: } 81 80   Verticale: } 4 5 6 ... (9)

Grands nombres 81 78 = 159 ... $r = 119$ ... $q = 58$ ...

$$p = 2\ 5\ 6 = 13 \ldots t = 48 \ldots r - (t+q) = 13 = p$$

HORIZONTALE.					VERTICALE.			
7	8	12	15	16	68	69	71	72
7	8	13	14	16	67	70	71	72
7	10	11	14	16	67	69	70	74
7	10	12	13	16	67	68	71	74
7	10	12	14	15	66	69	71	74
7	11	12	13	15	66	68	72	74
8	10	11	13	16	67	68	70	75
8	10	11	14	15	66	69	70	75
8	10	12	13	15	66	68	71	75
8	11	12	13	14	66	67	72	75

Horizontale: } 81 78   Verticale: } 2 5 6 ... (10)

Grands nombres $81\ 77 = 158\dots r = 118\dots q = 59\dots$
$p = 2\ 4\ 6 = 12\dots t = 47\dots r-(q+t)=12=p$

HORIZONTALE.	VERTICALE.
7 8 13 15 16	68 70 71 72
7 10 11 15 16	68 69 70 74
7 10 12 14 16	67 69 71 74
7 10 13 14 15	66 70 71 74
7 11 12 13 16	67 68 72 74
7 11 12 14 15	66 69 72 74
8 10 11 14 16	67 69 70 75
8 10 12 13 16	67 68 71 75
8 10 12 14 15	66 69 71 75
8 11 12 13 15	66 68 72 75

Horizontale : 81 77 — Verticale : 2 4 6...(10)

Grands nombres $81\ 76 = 157 = a\dots r = 117\dots q = 60\dots$
$p = 2\ 4\ 5 = 11\dots t = 46\dots r-(q+t)=11=p$

HORIZONTALE.	VERTICALE.
7 8 14 15 16	69 70 71 72
7 10 12 15 16	68 69 71 74
7 10 13 14 16	67 70 71 74
7 11 12 14 16	67 69 72 74
7 11 13 14 15	66 70 72 74
8 10 11 15 16	68 69 70 75
8 10 12 14 16	67 69 71 75
8 10 13 14 15	66 70 71 75
8 11 12 13 16	67 68 72 75
8 11 12 14 15	66 69 72 75
10 11 12 13 14	66 67 74 75

Horizontale : 81 76 — Verticale : 2 4 5...(11)

Comme 2, 4, 5, sont les plus petits relatifs, il n'y a plus de combinaison pour 81.

Grands nombres 80 78 $=$ 158. . . . $r=$ 118. . . . $q=$ 59. . . .
$p=$ 1 5 6 $=$ 12. . . . $t=$ 47. . . . $r-(t+q)=$ 12

HORIZONTALE.	VERTICALE.	
Petits nombres comme	Grands nombres comme	
pour 81 77	pour 81 77	...(10)
Grands nombres 80 78	Petits nombres 1 5 6	

Grands nombres 80 77 $=$ 157. . . . $r=$ 117. . . . $q=$ 60. . .
$p=$ 1 4 6 $=$ 11. . . . $t=$ 46. . . . $r-(t+q)=$ 11

HORIZONTALE.	VERTICALE.	
Petits nombres comme	Grands nombres comme	
à 81 76	pour 81 76	...(11)
Grands nombres 80 77	Petits nombres 1 4 6	

Grands nombres 80 76 $=$ 156 $= a$. . . $r=$ 116. . . $q=$ 61. . .
$p=$ 1 4 5 $=$ 10. . . . $t=$ 45. . . . $r-(t+q)=$ 10

HORIZONTALE.					VERTICALE.				
7	10	13	15	16	68	70	71	74	
7	11	12	15	16	68	69	72	74	
7	11	13	14	16	67	70	72	74	
7	12	13	14	15	66	71	72	74	
8	10	12	15	16	68	69	71	75	
8	10	13	14	16	67	70	71	75	
8	11	12	14	16	67	69	72	75	
8	11	13	14	15	66	70	72	75	
10	11	12	13	15	66	68	74	75	

Horizontale : } 80 76   Verticale : } 1 4 5. . . (9)

1, 4, 5, étant les plus petits relatifs, il n'y a plus de combinaison pour 80.

———

Grands nombres 78 77$=155=a\ldots r=115\ldots q=62\ldots$
$p=1\ 2\ 6=9\ldots t=44\ldots r-(t+q)=9$

HORIZONTALE.		VERTICALE.	
7 10 14 15 16		69 70 71 74	
7 11 13 15 16		68 70 72 74	
7 12 13 14 16		67 71 72 74	
8 10 13 15 16		68 70 71 75	
8 11 12 15 16	78 77	68 69 72 75	1 2 6... (9)
8 11 13 14 16		67 70 72 75	
8 12 13 14 15		66 71 72 75	
10 11 12 13 16		67 68 74 75	
10 11 12 14 15		66 69 74 75	

———

Grands nombres 78 76$=154=a\ldots r=114\ldots q=63\ldots$
$p=1\ 2\ 5=8\ldots t=43\ldots r-(t+q)=8$

HORIZONTALE.		VERTICALE.	
7 11 14 15 16		69 70 72 74	
7 12 13 15 16		68 71 72 74	
8 10 14 15 16		69 70 71 75	
8 11 13 15 16	78 76	68 70 72 75	1 2 5... (7)
8 12 13 14 16		67 71 72 75	
10 11 12 14 16		67 69 74 75	
10 11 13 14 15		66 70 74 75	

Comme 1, 2, 5, sont les plus petits relatifs, il n'y a plus de combinaison pour 78.

———

Grands nombres 77 76$=$153$=a$... $r=$113... $q=$64...

$p=$1 2 4$=$7.... $t=$42... $r-(t+q)=$7

HORIZONTALE.						VERTICALE.					
7	12	14	15	16		69	71	72	74		
8	11	14	15	16		69	70	72	75		
8	12	13	15	16		68	71	72	75		
10	11	12	15	16	77 76	68	69	74	75	1 2 4... (6)	
10	11	13	14	16		67	70	74	75		
10	12	13	14	15		66	71	74	75		

Comme 1, 2, 4, sont les plus petits absolus, il n'y a plus de combinaison pour les angles 3, 9. On aura donc, pour ces angles, 92 bordures.......................[92]

Si l'on supposait les angles 3, 11, on aurait $r-(t+q) < p$, et de même pour 3, 13, etc. : donc il n'y a plus de combinaison pour 3 à un angle.

ANGLES 4 6.

$h=$215... $v=$289... $r=a-$38... $t=p+$39

Grands nombres 81 80$=$161$=a$... $r=$123... $q=$54...

$p=$3 5 7$=$15... $t=$54... $r-(t+q)=$15$=p$

Petits nombres 8 9 10 11 12 13 14 15 16

HORIZONTALE.						VERTICALE.				
8	9	10	11	16		67	68	69	70	
8	9	10	12	15		66	68	69	71	
8	9	10	13	14	81 80	66	67	70	71	3 5 7... (5)
8	9	11	12	14		66	67	69	72	
8	10	11	12	13		66	67	68	73	

Grands nombres 81 79$=160=a\ldots r=122\ldots q=55\ldots$
$p=2\ 5\ 7=14\ldots t=53\ldots r-(t+q)=14$

HORIZONTALE.   **VERTICALE.**

8	9	10	12	16		67	68	69	71	
8	9	10	13	15		66	68	70	71	
8	9	11	12	15		66	68	69	72	
8	9	11	13	14	81 79	66	67	70	72	2 5 7… (6)
8	10	11	12	14		66	67	69	73	
9	10	11	12	13		66	67	68	74	

—————

Grands nombres 81 77$=158=a\ldots r=120\ldots q=57\ldots$
$p=2\ 3\ 7=12\ldots t=51\ldots r-(t+q)=12=p$

HORIZONTALE.   **VERTICALE.**

8	9	10	14	16		67	69	70	71	
8	9	11	13	16		67	68	70	72	
8	9	11	14	15		66	69	70	72	
8	9	12	13	15		66	68	71	72	
8	10	11	12	16	81 77	67	68	69	73	2 3 7… (9)
8	10	11	13	15		66	68	70	73	
8	10	12	13	14		66	67	71	73	
9	10	11	12	15		66	68	69	74	
9	10	11	13	14		66	67	70	74	

—————

Grands nombres 81 75$=156=a\ldots r=118\ldots q=59\ldots$
$p=2\ 3\ 5=10\ldots t=49\ldots r-(t+q)=10=p$

HORIZONTALE. **VERTICALE.**

$$
\left.\begin{array}{lllll}
8 & 9 & 11 & 15 & 16 \\
8 & 9 & 12 & 14 & 16 \\
8 & 9 & 13 & 14 & 15 \\
8 & 10 & 11 & 14 & 16 \\
8 & 10 & 12 & 13 & 16 \\
8 & 10 & 12 & 14 & 15 \\
8 & 11 & 12 & 13 & 15 \\
9 & 10 & 11 & 13 & 16 \\
9 & 10 & 11 & 14 & 15 \\
9 & 10 & 12 & 13 & 15 \\
9 & 11 & 12 & 13 & 14
\end{array}\right\} 81 \ 75
\qquad
\left.\begin{array}{llll}
68 & 69 & 70 & 72 \\
67 & 69 & 71 & 72 \\
66 & 70 & 71 & 72 \\
67 & 69 & 70 & 73 \\
67 & 68 & 71 & 73 \\
66 & 69 & 71 & 73 \\
66 & 68 & 72 & 73 \\
67 & 68 & 70 & 74 \\
66 & 69 & 70 & 74 \\
66 & 68 & 71 & 74 \\
66 & 67 & 72 & 74
\end{array}\right\} 2 \ 3 \ 5 \dots (11)
$$

Comme 2, 3, 5, sont les plus petits relatifs, il n'y a plus de combinaison pour 81.

Grands nombres $80 \ 79 = 159 = a \dots r = 121 \dots q = 56 \dots$
$p = 1 \ 5 \ 7 = 13 \dots t = 52 \dots r - (t+q) = 13$

HORIZONTALE. **VERTICALE.**

$$
\left.\begin{array}{lllll}
8 & 9 & 10 & 13 & 16 \\
8 & 9 & 10 & 14 & 15 \\
8 & 9 & 11 & 12 & 16 \\
8 & 9 & 11 & 13 & 15 \\
8 & 9 & 12 & 13 & 14 \\
8 & 10 & 11 & 12 & 15 \\
8 & 10 & 11 & 13 & 14 \\
9 & 10 & 11 & 12 & 14
\end{array}\right\} 80 \ 79
\qquad
\left.\begin{array}{llll}
67 & 68 & 70 & 71 \\
66 & 69 & 70 & 71 \\
67 & 68 & 69 & 72 \\
66 & 68 & 70 & 72 \\
66 & 67 & 71 & 72 \\
66 & 68 & 69 & 73 \\
66 & 67 & 70 & 73 \\
66 & 67 & 69 & 74
\end{array}\right\} 1 \ 5 \ 7 \dots (8)
$$

Grands nombres 80 77$=$157$=a$... $r=$119... $q=$58...
$p=$1 3 7$=$11 .... $t=$50.... $r-(t+q)=$11$=p$

HORIZONTALE.		VERTICALE.	
8 9 10 15 16		68 69 70 71	
8 9 11 14 16		67 69 70 72	
8 9 12 13 16		67 68 71 72	
8 9 12 14 15		66 69 71 72	
8 10 11 13 16		67 68 70 73	
8 10 11 14 15	$\}$ 80 77	66 69 70 73	$\}$ 1 3 7...(11)
8 10 12 13 15		66 68 71 73	
8 11 12 13 14		66 67 72 73	
9 10 11 12 16		67 68 69 74	
9 10 11 13 15		66 68 70 74	
9 10 12 13 14		66 67 71 74	

Grands nombres 80 75$=$155$=a$... $r=$117... $q=$60...
$p=$1 3 5$=$9... $t=$48... $r-(t+q)=$9$=p$

HORIZONTALE.		VERTICALE.	
8 9 12 15 16		68 69 71 72	
8 9 13 14 16		67 70 71 72	
8 10 11 15 16		68 69 70 73	
8 10 12 14 16		67 69 71 73	
8 10 13 14 15		66 70 71 73	
8 11 12 13 16		67 68 72 73	
8 11 12 14 15	$\}$ 80 75	66 69 72 73	$\}$ 1 3 5...(12)
9 10 11 14 16		67 69 70 74	
9 10 12 13 16		67 68 71 74	
9 10 12 14 15		66 69 71 74	
9 11 12 13 15		66 68 72 74	
10 11 12 13 14		66 67 73 74	

Comme 1, 3, 5, sont les plus petits relatifs, il n'y a plus de combinaison pour 80.

Grands nombres 79 77$=156=a\ldots r=118\ldots q=59\ldots$
$p=1$ 2 7$=10\ldots t=49\ldots r-(t+q)=10=p$

HORIZONTALE.	VERTICALE.	
Petits nombres comme	Grands nombres comme	
pour 81 75	pour 81 75	$\Big\}\ldots(11)$
Grands nombres 79 77	Petits nombres 1 2 7	

Grands nombres 79 75$=154=a\ldots r=116\ldots q=61\ldots$
$p=1$ 2 5$=8\ldots t=47\ldots r-(t+q)=8=p$

HORIZONTALE.		VERTICALE.	
8 9 13 15 16		68 70 71 72	
8 10 12 15 16		68 69 71 73	
8 10 13 14 16		67 70 71 73	
8 11 12 14 16		67 69 72 73	
8 11 13 14 15		66 70 72 73	
9 10 11 15 16	79 75	68 69 70 74	1 2 5…(11)
9 10 12 14 16		67 69 71 74	
9 10 13 14 15		66 70 71 74	
9 11 12 13 16		67 68 72 74	
9 11 12 14 15		66 69 72 74	
10 11 12 13 15		66 68 73 74	

Comme 1, 2, 5, sont les plus petits relatifs, il n'y a plus de combinaison pour 79.

Grands nombres 77 75$=$152$=a$...$r=$114...$q=$63...
$p=$1 2 3$=$6....$t=$45....$r-(t+q)=$6$=p$

HORIZONTALE.	VERTICALE.
8 10 14 15 16	69 70 71 73
8 11 13 15 16	68 70 72 73
8 12 13 14 16	67 71 72 73
9 10 13 15 16	68 70 71 74
9 11 12 15 16 }77 75	68 69 72 74 }1 2 3... (9)
9 11 13 14 16	67 70 72 74
9 12 13 14 15	66 71 72 74
10 11 12 14 16	67 69 73 74
10 11 13 14 15	66 70 73 74

Comme 1, 2, 3, sont les plus petits nombres absolus, il
n'y a plus de combinaison pour les angles 4, 6, qui donnent en conséquence 93 bordures, ci............[93]

ANGLES 4 8.

$h=$217...$v=$291...$r=a-$40...$t=p+$37

Grands nombres 81 80$=$161$=a$...$r=$121...$q=$56...
$p=$3 5 6$=$14$=$51...$r-(t+q)=$14$=p$

Petits nombres restans 7 9 10 11 12 13 14 15 16

HORIZONTALE.   VERTICALE.

HORIZONTALE.						VERTICALE.			
7	9	10	14	16		67	69	70	71
7	9	11	13	16		67	68	70	72
7	9	11	14	15		66	69	70	72
7	9	12	13	15		66	68	71	72
7	10	11	12	16		67	68	69	73
7	10	11	13	15		66	68	70	73
7	10	12	13	14		66	67	71	73
9	10	11	12	14		66	67	69	75

81 80   3 5 6... (8).

Grands nombres $81\ 79 = 160 = a \ldots r = 120 \ldots q = 57 \ldots$
$p = 2\ 5\ 6 = 13 \ldots t = 50 \ldots r - (t+q) = 13 = p$

HORIZONTALE.						VERTICALE.			
7	9	10	15	16		68	69	70	71
7	9	11	14	16		67	69	70	72
7	9	12	13	16		67	68	71	72
7	9	12	14	15		66	69	71	72
7	10	11	13	16		67	68	70	73
7	10	11	14	15		66	69	70	73
7	10	12	13	15		66	68	71	73
7	11	12	13	14		66	67	72	73
9	10	11	12	15		66	68	69	75
9	10	11	13	14		66	67	70	75

81 79   2 5 6...(10)

Grands nombres $81\ 77 = 158 = a \ldots r = 118 \ldots q = 59 \ldots$
$p = 2\ 3\ 6 = 11 \ldots t = 48 \ldots r - (t+q) = 11 = p$

HORIZONTALE.

7	9	12	15	16
7	9	13	14	16
7	10	11	15	16
7	10	12	14	16
7	10	13	14	15
7	11	12	13	16
7	11	12	14	15
9	10	11	13	16
9	10	11	14	15
9	10	12	13	15
9	11	12	13	14

} 81 77

VERTICALE.

68	69	71	72
67	70	71	72
68	69	70	73
67	69	71	73
66	70	71	73
67	68	72	73
66	69	72	73
67	68	70	75
66	69	70	75
66	68	71	75
66	67	72	75

} 2 3 6...(11)

Grands nombres $81\ 76 = 157 = a\ldots r = 117 \ldots q = 60 \ldots$
$p = 2\ 3\ 5 = 10 \ldots t = 47 \ldots r - (t + q) = 10 = p$

HORIZONTALE.

7	9	13	15	16
7	10	12	15	16
7	10	13	14	16
7	11	12	14	16
7	11	13	14	15
9	10	11	14	16
9	10	12	13	16
9	10	12	14	15
9	11	12	13	15
10	11	12	13	14

} 81 76

VERTICALE.

68	70	71	72
68	69	71	73
67	70	71	73
67	69	72	73
66	70	72	73
67	69	70	75
67	68	71	75
66	69	71	75
66	68	72	75
66	67	73	75

} 2 3 5...(10)

Comme 2, 3, 5, sont les plus petits relatifs, il n'y a plus de combinaison pour 81.

Grands nombres $80\ 79 = 159 = a \dots r = 119 \dots q = 58 \dots$
$p = 1\ 5\ 6 = 12 \dots t = 49 \dots r - (t + q) = 12$

HORIZONTALE.					VERTICALE.			
7	9	11	15	16	68	69	70	72
7	9	12	14	16	67	69	71	72
7	9	13	14	15	66	70	71	72
7	10	11	14	16	67	69	70	73
7	10	12	13	16	67	68	71	73
7	10	12	14	15	66	69	71	73
7	11	12	13	15	66	68	72	73
9	10	11	12	16	67	68	69	75
9	10	11	13	15	66	68	70	75
9	10	12	13	14	66	67	71	75

Horizontale : } 80 79   Verticale : } 1 5 6 …(10)

Grands nombres $80\ 77 = 157 = a \dots r = 117 \dots q = 60 \dots$
$p = 1\ 3\ 6 = 10 \dots t = 47 \dots r - (t + q) = 10 = p$

HORIZONTALE.	VERTICALE.	
Petits nombres comme pour 81 76	Grands nombres comme pour 81 76	}…(10)
Grands nombres 80 77	Petits nombres 1 3 6	

Grands nombres $80\ 76 = 156 = a \dots r = 116 \dots q = 61 \dots$
$p = 1\ 3\ 5 = 9 \dots t = 46 \dots r - (t + q) = 9 = p$

HORIZONTALE.		VERTICALE.	
7 9 14 15 16		69 70 71 72	
7 10 13 15 16		68 70 71 73	
7 11 12 15 16		68 69 72 73	
7 11 13 14 16		67 70 72 73	
7 12 13 14 15		66 71 72 73	
9 10 11 15 16	80 76	68 69 70 75	1 3 5…(11)
9 10 12 14 16		67 69 71 75	
9 10 13 14 15		66 70 71 75	
9 11 12 13 16		67 68 72 75	
9 11 12 14 15		66 69 72 75	
10 11 12 13 15		66 68 73 75	

Puisque 1, 3, 5, sont les plus petits relatifs, il n'y a plus de combinaison pour 80.

$$\text{Grands nombres} \; 79 \; 77 = 156 = a \ldots r = 116 \ldots q = 61 \ldots$$
$$p = 1 \; 2 \; 6 = 9 \ldots t = 46 \ldots r - (t + q) = 9$$

HORIZONTALE.	VERTICALE.	
Petits nombres comme	Grands nombres comme	
pour 80 76	pour 80 76	…(11)
Grands nombres 79 77	Petits nombres 1 2 6	

$$\text{Grands nombres} \; 79 \; 76 = 155 = a \ldots r = 115 \ldots q = 62 \ldots$$
$$p = 1 \; 2 \; 5 = 8 \ldots t = 45 \ldots r - (t + q) = 8$$

HORIZONTALE.			VERTICALE.

7 10 14 15 16	69 70 71 73	
7 11 13 15 16	68 70 72 73	
7 12 13 14 16	67 71 72 73	
9 10 12 15 16	68 69 71 75	
9 10 13 14 16 } 79 76	67 70 71 75 } 1 2 5...(9)	
9 11 12 14 16	67 69 72 75	
9 11 13 14 15	66 70 72 75	
10 11 12 13 16	67 68 73 75	
10 11 12 14 15	66 69 73 75	

Comme 1, 2, 5, sont les plus petits relatifs, il n'y a plus de combinaison pour 79.

Grands nombres 77 76 $=$ 153 $=a$... $r=$ 113... $q=$ 64...
$p=$ 1 2 3 $=6$.... $t=$ 43.... $r-(t+q)=6$

HORIZONTALE.			VERTICALE.

7 12 14 15 16	69 71 72 73
9 10 14 15 16	69 70 71 75
9 11 13 15 16	68 70 72 75
9 12 13 14 16 } 77 76	67 71 72 75 } 1 2 3... (7)
10 11 12 15 16	68 69 73 75
10 11 13 14 16	67 70 73 75
10 12 13 14 15	66 71 73 75

Comme 1, 2, 3, sont les plus petits absolus, il n'y a plus de combinaison pour les angles 4, 8, qui donnent 97 bordures......................................[97]

ANGLES 4 10.

$$h = 219 \ldots v = 293 \ldots r = a - 42 \ldots t = p + 35$$

Grands nombres 81 80 $= 161 = a \ldots r = 119 \ldots q = 58 \ldots$

$$p = 3 \ 5 \ 6 = 14 \ldots t = 49 \ldots r - (t + q) = 12 < p$$

Comme $r - (t + q)$ est $< p$, il n'y a point de combinaison pour 4, 10, et pas davantage pour 4, 12... 4, 14... 4, 16. Il n'y a donc plus de bordure pour 4 au premier angle.

ANGLES 5 7.

$$h = 217 \ldots v = 289 \ldots r = a - 40 \ldots t = p + 39$$

Grands nombres 81 80 $= 161 = a \ldots r = 121 \ldots q = 56 \ldots$

$$p = 3 \ 4 \ 6 = 13 \ldots t = 52 \ldots r - (t + q) = 13 = p$$

Petits nombres restans 8 9 10 11 12 13 14 15 16

HORIZONTALE.	VERTICALE.
8 9 10 13 16	67 68 70 71
8 9 10 14 15	66 69 70 71
8 9 11 12 16	67 68 69 72
8 9 11 13 15	66 68 70 72
8 9 12 13 14	66 67 71 72
8 10 11 12 15	66 68 69 73
8 10 11 13 14	66 67 70 73
9 10 11 12 14	66 67 69 74

$\left.\right\}$ 81 80 $\left.\right\}$ 3 4 6... (8)

Grands nombres 81 79$=$160$=a$. . .$r=$120. . .$q=$57. . .
$p=$2 4 6$=$12. . .$t=$51. . .$r-(t+q)=$12$=p$

HORIZONTALE.		VERTICALE.	
8 9 10 14 16		67 69 70 71	
8 9 11 13 16		67 68 70 72	
8 9 11 14 15		66 69 70 72	
8 9 12 13 15		66 68 71 72	
8 10 11 12 16	81 79	67 68 69 73	2 4 6. . . (9)
8 10 11 13 15		66 68 70 73	
8 10 12 13 14		66 67 71 73	
9 10 11 12 15		66 68 69 74	
9 10 11 13 14		66 67 70 74	

Grands nombres 81 78$=$159$=a$. . .$r=$119. . .$q=$58. . .
$p=$2 3 6$=$11. . .$t=$50. . .$r-(t+q)=$11$=p$

HORIZONTALE.		VERTICALE.	
8 9 10 15 16		68 69 70 71	
8 9 11 14 16		67 69 70 72	
8 9 12 13 16		67 68 71 72	
8 9 12 14 15		66 69 71 72	
8 10 11 13 16		67 68 70 73	
8 10 11 14 15	81 78	66 69 70 73	2 3 6. . .(11)
8 10 12 13 15		66 68 71 73	
8 11 12 13 14		66 67 72 73	
9 10 11 12 16		67 68 69 74	
9 10 11 13 15		66 68 70 74	
9 10 12 13 14		66 67 71 74	

Grands nombres 81 76$=$157$=a\ldots r=$117$\ldots q=$60$\ldots$
$p=$2 3 4$=$9$\ldots t=$48$\ldots r-(t+q)=$9$=p$

HORIZONTALE.	VERTICALE.
8 9 12 15 16	68 69 71 72
8 9 13 14 16	67 70 71 72
8 10 11 15 16	68 69 70 73
8 10 12 14 16	67 69 71 73
8 10 13 14 15	66 70 71 73
8 11 12 13 16	67 68 72 73
8 11 12 14 15	66 69 72 73
9 10 11 14 16	67 69 70 74
9 10 12 13 16	67 68 71 74
9 10 12 14 15	66 69 71 74
9 11 12 13 15	66 68 72 74
10 11 12 13 14	66 67 73 74

81 76 } ... 2 3 4...(12)

Comme 2, 3, 4, sont les plus petits relatifs, il n'y a plus de combinaison pour 81.

———

Grands nombres 80 79$=$159$=a\ldots r=$119$\ldots q=$58$\ldots$
$p=$1 4 6$=$11$\ldots t=$50$\ldots r-(t+q)=$11$=p$

HORIZONTALE.	VERTICALE.
Petits nombres comme pour 81 78	Grands nombres comme pour 81 78
Grands nombres 80 79	Petits nombres 1 4 6

} ...(11)

———

Grands nombres $80\ 78 = 158 = a\ldots r = 118\ldots q = 59\ldots$
$p = 1\ 3\ 6 = 10\ldots t = 49\ldots r - (t+q) = 10 = p$

HORIZONTALE.	VERTICALE.
8 9 11 15 16	68 69 70 72
8 9 12 14 16	67 69 71 72
8 9 13 14 15	66 70 71 72
8 10 11 14 16	67 69 70 73
8 10 12 13 16	67 68 71 73
8 10 12 14 15 } 80 78	66 69 71 73 } 1 3 6…(11)
8 11 12 13 15	66 68 72 73
9 10 11 13 16	67 68 70 74
9 10 11 14 15	66 69 70 74
9 10 12 13 15	66 68 71 74
9 11 12 13 14	66 67 72 74

Grands nombres $80\ 76 = 156 = a\ldots r = 116\ldots q = 61\ldots$
$p = 1\ 3\ 4 = 8\ldots t = 47\ldots r - (t+q) = 8 = p$

HORIZONTALE.	VERTICALE.
8 9 13 15 16	68 70 71 72
8 10 12 15 16	68 69 71 73
8 10 13 14 16	67 70 71 73
8 11 12 14 16	67 69 72 73
8 11 13 14 15	66 70 72 73
9 10 11 15 16 } 80 76	68 69 70 74 } 1 3 4…(11)
9 10 12 14 16	67 69 71 74
9 10 13 14 15	66 70 71 74
9 11 12 13 16	67 68 72 74
9 11 12 14 15	66 69 72 74
10 11 12 13 15	66 68 73 74

Comme 1, 3, 4, sont les plus petits nombres relatifs, il n'y a plus de combinaison pour 80.

Grands nombres 79 78$=157=a\ldots r=117\ldots q=60\ldots$
$p=1\ 2\ 6=9\ldots t=48\ldots r-(t+q)=9=p$

HORIZONTALE.	VERTICALE.	
Petits nombres comme	Grands nombres comme	
pour 81 76	pour 81 76	...(12)
Grands nombres 79 78	Petits nombres 1 2 6	

Grands nombres 79 76$=155\ldots r=115\ldots q=62\ldots$
$p=1\ 2\ 4=7\ldots t=46\ldots r-(t+q)=7=p$

HORIZONTALE.	VERTICALE.	
8 9 14 15 16	69 70 71 72	
8 10 13 15 16	68 70 71 73	
8 11 12 15 16	68 69 72 73	
8 11 13 14 16	67 70 72 73	
8 12 13 14 15	66 71 72 73	
9 10 12 15 16 } 79 76	68 69 71 74 } 1 2 4...(11)	
9 10 13 14 16	67 70 71 74	
9 11 12 14 16	67 69 72 74	
9 11 13 14 15	66 70 72 74	
10 11 12 13 16	67 68 73 74	
10 11 12 14 15	66 69 73 74	

Comme 1, 2, 4, sont les plus petits nombres relatifs, il n'y a plus de combinaison pour 79.

Grands nombres 78 76$=$154$=a$...$r=$114...$q=$63...
$p=$1 2 3$=$6.... $t=$45....$r-(t+q)=$6$=p$

<table>
<tr><td colspan="2" align="center">HORIZONTALE.</td><td colspan="2" align="center">VERTICALE.</td></tr>
<tr><td>8 10 14 15 16</td><td rowspan="9">78 76</td><td>69 70 71 73</td><td rowspan="9">1 2 3... (9)</td></tr>
<tr><td>8 11 13 15 16</td><td>68 70 72 73</td></tr>
<tr><td>8 12 13 14 16</td><td>67 71 72 73</td></tr>
<tr><td>9 10 13 15 16</td><td>68 70 71 74</td></tr>
<tr><td>9 11 12 15 16</td><td>68 69 72 74</td></tr>
<tr><td>9 11 13 14 16</td><td>67 70 72 74</td></tr>
<tr><td>9 12 13 14 15</td><td>66 71 72 74</td></tr>
<tr><td>10 11 12 14 16</td><td>67 69 73 74</td></tr>
<tr><td>10 11 13 14 15</td><td>66 70 73 74</td></tr>
</table>

Comme 1, 2, 3, sont les plus petits de tous les nombres, il n'y a plus de combinaison pour les angles 5, 7, qui donneront 105 bordures.. ....[105]

On ne trouvera plus de combinaison pour les autres angles; et, réunissant toutes les sommes entre parenthèses, l'on aura en tout, pour le cas en question, 1199 bordures.

Comme chacune, angles restant fixes, contient 7 nombres, qui peuvent se combiner de 1, 2, 3, 4, 5, 6, 7 manières, ou qui ont 5040 variations, et que l'on en a autant dans une des lignes de dénomination différente, c'est-à-dire tant en horizontale qu'en verticale; il viendra $(5040)^2$, qu'il faut multiplier par 8 et par 1199, ce qui donne 243,652,147,200 combinaisons pour la troisième bordure du carré de 9. Soit m ce produit.

S'il n'y a qu'une bordure, et qu'elle soit formée avec

les 16 premiers et les 16 derniers nombres (ce qui est le cas que l'on considère), il faut multiplier m par $363,916,800=n$, qui représente les combinaisons de 7 sans bordure.

S'il y en a deux, il faut multiplier m par $323,547,955,200=p$, et qui représente le carré de 7 avec une bordure, en prenant toujours les nombres suivans et ceux qui précèdent les 16 derniers pour cette bordure.

S'il y a 3 bordures, il faut multiplier m par $6,105,600$, qui est la somme des combinaisons de 7 avec une bordure, et par 23040, qui représente le carré de 5 avec bordure, ou par $140,673,024,000=q$. Ce nombre 23040 est celui des combinaisons des bordures de 5 pour le 9.e carré de 3, qui est celui que l'on considère.

Le premier produit de m
par n donne........   88,669,109,722,152,960,000
Le second produit de m
par p est.   78,893,154,006,649,405,440,000
Le troisième produit de
m par q donne.....   34,275,284,350,717,132,800,000

Total.....   113,197,107,467,088,691,200,000

Cette énorme somme de combinaisons, pour le carré de 9 avec bordures, n'est cependant que pour le seul cas choisi, savoir : dans une progression de 81 termes, on prend, pour la bordure de 9, les 16 premiers nombres et leurs complémens ; les 12 nombres suivans et leurs complémens, pour la bordure de 7 ; les 8 nombres qui suivent, et leurs complémens, pour celle de 5, et enfin les 9 du milieu pour le carré de 3. Mais combien d'autres suppositions à faire ! On pourrait choisir les 12 premiers et leurs complémens pour la 2.e bordure, et les suiv... s pour la 3.e, ou bien les 8 premiers et complémens pour la bordure de 5, et les 12 intermédiaires avec leurs complémens pour celle de 7; choisir d'autres carrés centraux de 3, de 5 et de 7, etc., etc. L'on reviendra sur les bordures en traitant des différences.

L'on s'est arrêté long-temps, et trop long-temps peut-être, sur la bordure de 9; mais l'on désirait faire voir comment on devait procéder dans tous les autres cas, et déduire d'une supposition d'angles et d'une première combinaison, toutes les autres pour ces mêmes angles : car on a h et v constans, ainsi que les petits nombres restans. Les valeurs de r et de t varient avec a et p, mais ont une forme constante pour les mêmes angles.

On verra (*planche* II, *figure* 17) le carré de 9 avec bordures; l'on a formé la deuxième et la troisième avec les 28 premiers et les 28 derniers nombres indistinctement, et le carré central de 5 avec les 25 nombres du milieu de la progression, par la méthode expéditive.

ARTICLE IV.

CARRÉ DE 11 AVEC BORDURE.

On verra (*planche* II, *figure* 18) le carré de 11 avec bordure. On 'a suivi, pour sa formation, l'ordre des 121 premiers nombres, en prenant les 20 premiers pour la quatrième bordure, les 16 suivans pour la troisième, les 12 qui viennent ensuite pour la deuxième, et enfin les 8 qui précèdent les 9 du milieu de la progression, pour la première.

Puisqu'on a les bordures de 5, de 7 et de 9, il n'y aurait

qu'à chercher celles de 11 ; les autres se construiraient, d'après ce qui a été dit, en substituant aux progressions choisies dans l'ordre naturel, et commençant par l'unité, les progressions dont le premier terme serait 21 pour la bordure de 9, 37 pour celle de 7, et 49 pour celle de 5 : ainsi point de difficulté à cet égard. Il reste la quatrième bordure, ou celle de 11, à construire avec les 20 premiers nombres et leurs complémens : c'est le seul cas que l'on examine ici.

On aurait 3 grands nombres et 6 petits à la dernière horizontale, 5 grands et 4 petits à la première verticale ; les angles sont de même espèce, puisqu'il y a autant de pairs que d'impairs à la bordure ; l'une ou l'autre de ces lignes se forme aisément, mais l'autre pourrait ne pas se construire d'après les nombres choisis pour la précédente. Supposons donc qu'on ait la verticale achevée, et que parmi les 9 nombres restans on ait pris 3 grands et 6 petits nombres pour l'horizontale. Si la somme est telle qu'il existe entre elle et celle qu'on doit avoir, une différence paire (si elle était impaire, on ne pourrait conserver les angles choisis), on en prend la moitié, et l'on voit sur le champ si, parmi ces 9 nombres, on en peut remplacer un ou plusieurs par un ou plusieurs autres, de manière que ces derniers soient moindres ou plus grands que les premiers, de la moitié de la différence. Ainsi, la verticale étant telle que le porte la figure 18, qu'on ait pris 111, 114, 116, pour les 3 grands nombres de l'horizontale, chaque ligne devant avoir $11 \cdot 61 = 671$, et les angles 3, 5, donnant 119 et $117 = 236$ pour complémens, il faut encore $671 - 236 = 435$ pour compléter l'horizontale. Or les 3 grands choisis donnent 341, lesquels soustraits de 435, reste 94 pour les 6 petits. Mais ces 6 petits sont 7, 10, 15, 17, 18, 19, dont la somme est 86, il manque 8; dont la moitié est 4 : il faut donc prendre un grand dont la valeur surpasse de 4 l'un des nombres choisis; or 115 surpasse 111 de 4. On prendra donc 114, 115, 116, pour les 3 grands; les petits seront alors 10, 11, 15, 17, 18, 19, dont la somme est 90. Les 3 grands donnent 345; le tout vaut 435, somme exigée d'après les angles.

On voit aisément pourquoi on prend moitié de la différence. En effet, si, comme ici, l'un des grands augmente de 4, celui qu'il remplace donne un petit nombre qui augmente aussi de 4, ce qui complète la différence 8. Il en est de même des autres cas.

Cette remarque est importante pour toutes les bordures.

On facilite souvent la formation d'une des lignes, l'autre étant construite, en faisant quelque changement à celle-ci.

Si l'on ne peut, d'après ce qui a été dit ci-dessus, former la deuxième ligne, c'est une preuve que les angles ont été mal choisis, et on les change.

Pour obtenir les combinaisons de la bordure de 11, il faudrait, comme on a fait pour celle de 9, calculer le nombre de bordures pour chaque cas. Se bornant à un seul, celui de la figure 18, soit a le nombre de bordures, b le nombre des combinaisons du carré de 9 sans bordures; soit $c = (1, 2, 3, 4, 5, 6, 7, 8, 9)^2 = 362880^2$: c'est le nombre de variations des 9 cases intermédiaires de l'horizontale et de la verticale. On aura, si le carré de 9 est simple, pour les combinaisons du carré de 11 à une bordure, $8abc$.

S'il y en a deux, on multipliera $8ac$ par les combinaisons du carré de 9 à une bordure.

S'il y en a trois, alors $8ac$ sera multiplié par les combinaisons du carré de 9 avec deux bordures.

Enfin, s'il y a 4 bordures, le produit de $8ac$ par les combinaisons du carré de 9 avec trois bordures, donnera les combinaisons dans ce cas.

On voit quel nombre prodigieux résulterait de la somme de ces produits; le plus long calcul serait celui de a : encore est-il restreint ici, puisqu'on se borne aux angles 3, 5. La valeur de b est très-difficile à trouver, à raison de la multitude de formes dont il est susceptible.

Quant à la méthode pour trouver les bordures de 11, elle est la même que celle suivie pour 5, 7 et 9. On se contentera de présenter cette méthode, qui suffira, avec ce qui a déjà été dit, pour mettre entièrement sur la voie. La théorie des différences, et les deux ou trois exemples que l'on va donner, achèveront ce que l'on avait à dire sur les bordures.

Soit h la valeur de l'horizontale, défalcation faite des complémens des angles;

v la valeur de la verticale, défalcation faite du plus petit angle et du complément du plus grand;

s la somme de tous les petits nombres, angles défalqués; c'est ici $s = 210$ — angles;

a la somme des trois grands nombres de l'horizontale;

$h - a = q$ la somme des 6 petits nombres de cette horizontale;

$r =$ la somme des petits nombres, moins les angles et les complémens des trois grands de l'horizontale. Comme ces complémens valent trois couples—a=366—a, on aura r=s—(366—a) =210—angles—366+a=a—(156+angles).

Soit p = somme des 4 plus petits nombres, non compris les angles et les complémens de a;

t=complément des 5 grands nombres de la verticale=5 couples moins la verticale diminuée de p=610—(v—p);

$t+q$=somme de tous les petits nombres restans, après ceux des angles et des complémens des grands de l'horizontale défalqués, et encore moins ceux de p;

r—$(t+q)$ sera égal à p, ou $>$ ou $<$ p; s'il y a égalité, l'on a combinaison; si ce reste est $<p$, il n'y a rien; s'il est $>p$, il peut y avoir combinaison, lorsque la moyenne entre ce reste et p peut avoir lieu par composition. Un exemple éclaircira cette théorie.

ANGLES 1 5.

Complémens, 117, 121; leur somme est 238, et 671—238=433=h; 1+117=118, et 671—118=553=v; ces deux valeurs de h et v ne varient pas pour les mêmes angles.

La somme des petits nombres de 1 à 20=210, la somme des angles est 6 : donc s=204, et r=a+204—366=a—162; l'on aurait plus simplement r=a—(156+6)=a—162. Ici 156 est invariable pour toutes les bordures de 11, puisqu'il résulte de la soustraction de 210, nombre constant, de 366, autre nombre constant; mais a, et 6, qui représentent les angles, varient. $q = h - a \ldots t = 610 -$ $(v - p) \ldots p$ varie ; 610 est constant ; et v est constant aussi, mais seulement pour des angles fixes. Ici $t = 610 - 553 + p = 57 + p$. On disposera les valeurs comme suit : $h = 433 \ldots v = 553 \ldots a = 120\ 119\ 118 = 357 \ldots$ $r = 195 \ldots q = 76 \ldots p = 6\ 7\ 8\ 9 = 30 \ldots t = 87 \ldots$ $t + q = 163 \ldots r - (t + q) = 32 > p$. La moyenne $= 31$ qu'on fait par 6 7 8 10.

Petits nombres restans 9 11 12 13 14 15 16 17 18 19 20

HORIZONTALE.		VERTICALE.	
9 11 12 13 14 17 9 11 12 13 15 16 } 120 119 118		107 106 104 103 102 } 6 7 8 10 108 105 104 103 102 } 2 bordur.	

ANGLES 4 8.

$h = 439 \ldots v = 553 \ldots 121\ 120\ 119 = 360 = a \ldots$ $r = 192 \ldots q = 79 \ldots p = 5\ 6\ 7\ 9 = 27 \ldots t = 84 \ldots$ $q + t = 163 \ldots r - (q + t) = 29 > p :$ donc $p = 28$ par 5 6 7 10.

Les petits nombres restans sont les mêmes que dessus.

HORIZONTALE.	VERTICALE.	
9 11 12 13 14 20 9 11 12 13 15 19 9 11 12 13 16 18 9 11 12 14 15 18 } 121 120 110 9 11 12 14 16 17 9 11 13 14 15 17 9 12 13 14 15 16	103 104 105 106 107 102 104 105 106 108 102 103 105 107 108 102 103 105 106 109 } 5 6 7 10 102 103 104 107 109 } 7 bordur. 102 103 104 106 110 102 103 104 105 111	

Encore un dernier exemple.

ANGLES 3 9.

$h = 439 \ldots v = 555 \ldots$ grands nombres 121 118 115 $=$

$354 = a \ldots r = 186 \ldots q = 85 \ldots p = 2\ 5\ 6\ 8 = 21 \ldots t = 76 \ldots t + q = 161 \ldots r - (t + q) = 25 > p.$ Donc p doit être $= 23$, par $2\ 5\ 6\ 10$.

Les nombres restans après les angles, les complémens de a, et après p, seront donc 8, 11, 12, 13, 14, 15, 16, 17, 18, 19, 20, avec lesquels on doit faire $85 = q$.

HORIZONTALE.

8 11 13 15 19 20
8 11 12 16 18 20
8 11 12 17 18 19
8 11 13 14 19 20
8 11 13 15 18 20
8 11 13 16 17 20
8 11 13 16 18 19
8 11 14 15 17 20
8 11 14 15 18 19
8 11 14 16 17 19
8 11 15 16 17 18
8 12 13 14 18 20
8 12 13 15 17 20
8 12 13 15 18 19
8 12 13 16 17 19
8 12 14 15 16 20
8 12 14 15 17 19
8 12 14 16 17 18
8 13 14 15 16 19
8 13 14 15 17 18
11 12 13 14 15 20
11 12 13 14 16 19
11 12 13 14 17 18
11 12 13 15 16 18
11 12 14 15 16 17

} 121 118 115

VERTICALE.

104 105 106 108 109
103 105 107 108 109
102 106 107 108 109
104 105 106 107 110
103 105 106 108 110
103 104 107 108 110
102 105 107 108 110
103 104 106 109 110
102 105 106 109 110
102 104 107 109 110
102 103 108 109 110
103 105 106 107 111
103 104 106 108 111
102 105 106 108 111
102 104 107 108 111
103 104 105 109 111
102 104 106 109 111
102 103 107 109 111
102 104 105 110 111
102 103 106 110 111
103 104 105 106 114
102 104 105 107 114
102 103 106 107 114
102 103 105 108 114
102 103 104 109 114

} 2 5 6 10
25 bordur.

On voit avec quelle rapidité croissent les bordures pour une seule supposition de 3 nombres en horizontale.

On va terminer ce qui concerne la recherche des bordures par un dernier exemple sur 13.

ARTICLE V.

CARRÉ DE 13 AVEC BORDURE.

On ne s'occupe ici que de la bordure la plus extérieure formée avec les 24 premiers nombres; chaque ligne doit avoir $13 \cdot 85 = 1105$. Il faut ici 4 grands et 7 petits en horizontale 6 grands et 5 petits en verticale.

Soient toujours h l'horizontale moins les complémens des angles;

v la verticale moins le petit angle et le complément du grand;

s la somme des petits nombres moins les angles. Ici $s = 300$ moins les angles;

$a = $ la somme des 4 grands nombres de l'horizontale;

$q = h - a = $ la somme des 7 petits de l'horizontale;

$r = $ somme des petits nombres, moins les angles et les complémens de a. Ces complémens valent 4 couples moins a; le couple vaut 170 : donc $r = s - (680 - a) = a - (680 - s) = a - (680 - 300 + \text{angles}) = a - (380 + \text{angles})$;

$p = $ somme des 5 plus petits, sauf les angles et les complémens des 4 grands de a;

$t = $ complément des 6 grands de la verticale $= 6$ couples moins la verticale diminuée de $p = 1020 - (v - p) = p + 1020 - v$;

$t + q = $ somme des petits nombres restans après ceux des

angles et les complémens des grands de l'horizontale, et moins p;

$r-(t+q) = <> p$. Si $= p$, il y a combinaison; si $<$ p, il n'y a point de combinaison; si, enfin, $> p$, il peut y avoir combinaisons, et elles ont lieu si la moyenne entre p et $r-(t+q)$ est composable.

Soient choisis les angles 3, 7.

Les complémens sont 163, 167 $= 330$. Or $1105 - 330$ $= 775 = h$. De même $3 + 163 = 166$, et $1105 - 166$ $= 939 = v$. La somme des 24 petits nombres $= 300$: donc $s = 300 - 10 = 290$.

Soient les 4 grands nombres de l'horizontale $= 161$, 162, 165, 168 $= 656 = a$: on aura $h - a = q = 119\ldots$ $r = 656 - 390 = 266\ldots p = 1, 4, 6, 10, 11 = 32\ldots$ $t = 1020 - 939 + p = 81 + p = 113\ldots t + q = 232\ldots$ $r-(t+q) = 34 > p$: donc p doit être $= 33$, qu'on peut faire par 1, 4, 6, 10, 12.

Les petits nombres restans sont 11, 13, 14, 15, 16, 17, 18, 19, 20, 21, 22, 23, 24, et il faut faire $119 = q$ avec 7 de ces petits nombres; on a les 4 grands, ce qui complète l'horizontale. Quant à la verticale, on a déjà les 5 petits de p; et en prenant les complémens des petits restans, on aura cette verticale. Les valeurs des lettres ci-dessus s'arrangent comme ci-après :

$h = 775\ldots v = 939\ldots 161\ 162\ 165\ 168 = 656 = a\ldots$ $r = 266\ldots q = 119\ldots p = 1\ 4\ 6\ 10\ 11 = 32\ldots t$ $= 113\ldots t + q = 232\ldots r - (t+q) = 34 > p =$ $1\ 4\ 6\ 10\ 12 = 33$.

Voici toutes les combinaisons pour le cas dont il s'agit.

HORIZONTALE.

11	13	14	15	19	23	24
11	13	14	15	20	22	24
11	13	14	15	21	22	23
11	13	14	16	18	23	24
11	13	14	16	19	22	24
11	13	14	16	20	21	24
11	13	14	16	20	22	23
11	13	14	17	18	22	24
11	13	14	17	19	21	24
11	13	14	17	19	22	23
11	13	14	17	20	21	23
11	13	14	18	19	20	24
11	13	14	18	19	21	23
11	13	14	18	20	21	22
11	13	15	16	17	23	24
11	13	15	16	18	22	24
11	13	15	16	19	21	24
11	13	15	16	20	21	23
11	13	15	17	18	21	24
11	13	15	17	19	20	24
11	13	15	17	19	21	23
11	13	15	17	20	21	22
11	13	15	18	19	20	23
11	13	15	18	19	21	22
11	13	16	17	18	20	24
11	13	16	17	18	21	23
11	13	16	17	19	20	23
11	13	16	17	19	21	22
11	13	16	18	19	20	22
11	13	17	18	19	20	21

VERTICALE.

148	149	150	152	153	154
147	149	151	152	153	154
146	150	151	152	153	154
148	149	150	151	153	155
147	149	150	152	153	155
147	148	151	152	153	155
146	149	151	152	153	155
147	149	150	151	154	155
147	148	150	152	154	155
146	149	150	152	154	155
146	148	151	152	154	155
147	148	149	153	154	155
146	148	150	153	154	155
146	147	151	153	154	155
148	149	150	151	152	156
147	149	150	151	153	156
147	148	150	152	153	156
146	148	151	152	153	156
147	148	150	151	154	156
147	148	149	152	154	156
146	148	150	152	154	156
146	147	151	152	154	156
146	148	149	153	154	156
146	147	150	153	154	156
147	148	149	151	155	156
146	148	150	151	155	156
146	148	149	152	155	156
146	147	150	152	155	156
146	147	149	153	155	156
146	147	148	154	155	156

161 162 165 168 grands nombres.

1 4 6 10 12 petits nombres.

HORIZONTALE.

11	14	15	16	17	22	24
11	14	15	16	18	21	24
11	14	15	16	19	20	24
11	14	15	16	19	21	23
11	14	15	16	20	21	22
11	14	15	17	18	20	24
11	14	15	17	18	21	23
11	14	15	17	19	20	23
11	14	15	17	19	21	22
11	14	15	18	19	20	22
11	14	16	17	18	19	24
11	14	16	17	18	20	23
11	14	16	17	18	21	22
11	14	16	17	19	20	22
11	14	16	18	19	20	21
11	15	16	17	18	19	23
11	15	16	17	18	20	22
11	15	16	17	19	20	21
13	14	15	16	17	20	24
13	14	15	16	18	19	24
13	14	15	16	18	20	23
13	14	15	16	18	21	22
13	14	15	16	19	20	22
13	14	15	17	18	19	23
13	14	15	17	18	20	22
13	14	15	17	19	20	21
13	14	16	17	18	19	22
13	14	16	17	18	20	21
13	15	16	17	18	19	21
14	15	16	17	18	19	20

VERTICALE.

147	149	150	151	152	157
147	148	150	151	153	157
147	148	149	152	153	157
146	148	150	152	153	157
146	147	151	152	153	157
147	148	149	151	154	157
146	148	150	151	154	157
146	148	149	152	154	157
146	147	150	152	154	157
146	147	149	153	154	157
147	148	149	150	155	157
146	148	149	151	155	157
146	147	150	151	155	157
146	147	149	152	155	157
146	147	148	153	155	157
146	148	149	150	156	157
146	147	149	151	156	157
146	147	148	152	156	157
147	148	149	151	152	159
147	148	149	150	153	159
146	148	149	151	153	159
146	147	150	151	153	159
146	147	149	152	153	159
146	148	149	150	154	159
146	147	149	151	154	159
146	147	148	152	154	159
146	147	149	150	155	159
146	147	148	151	155	159
146	147	148	150	156	159
146	147	148	149	157	159

161 162 165 168 grands nombres.

1 4 6 10 12 petits nombres.

On a donc 60 bordures pour la seule supposition de 161, 162, 165, 168 en grands nombres à l'horizontale, les angles étant 3, 7.

D'après la méthode suivie, et toujours dans la supposition de progression des nombres naturels, commençant d'ailleurs ou non commençant par l'unité, on aura en général, en faisant $2m + 1 = $ un nombre impair quelconque, la règle suivante pour les grands et petits nombres de l'horizontale et de la verticale (5 est excepté).

Les angles seront de même espèce; le plus petit nombre des deux sera placé à l'angle supérieur gauche (il pourrait l'être à un angle quelconque; mais, comme on multiplie par 8, à raison des 8 positions du carré total, on fixe mieux les idées en adoptant une position constante pour le plus petit des angles); alors m désignera le nombre des grands nombres de la verticale, et $m - 1$ celui des petits; $m + 1$ celui des petits, et $m - 2$ celui des grands de l'horizontale.

Cette règle n'est constante que dans le cas que l'on examine : car, si l'on forme les bordures arbitrairement lorsqu'il y en a plusieurs, ou si la progression est interrompue, il n'y a que les différences pour parvenir à la construction de ces bordures.

DEUXIÈME SECTION.

——

La racine est un nombre impair composé.

——

§ 1.er

LA RACINE EST UN CARRÉ.

COMME les carrés dont il s'agit dans ce paragraphe ont des périodes en diagonale ou en verticale dans les tableaux, il faut rechercher dans quel cas ces périodes se trouvent dans l'une ou l'autre ligne. On supposera toujours que la première horizontale comprend tous les nombres de la racine. On voit que, si l'on agit ainsi, c'est pour plus de facilité, et afin de suivre une marche constante : car ce que l'on dit des horizontales s'appliquerait aussi bien aux verticales, mais ce ne serait qu'un changement de position du carré : on n'altère donc pas la condition de généralité en opérant seulement sur les horizontales. Cela aura lieu dans tout le cours de ce traité.

Soit donc n^4 le nombre des termes, n^2 la racine, et n la racine de la racine.

Si la 2.e horizontale commence par le 2.e terme de la première, le moyen doit être à la fin de cette première.

Si l'on commence la 2.e horizontale par le dernier terme de la première, ce moyen sera le premier terme de la première horizontale.

Que l'on commence la 2.e horizontale par un terme de

la première dont le rang est n : il y aura période à la première diagonale, et cette période aura un nombre n de termes.

Si le rang du 1.er terme de la 2.e horizontale est le $n + 1$ de la première, c'est en verticale que se trouvera la période, qui aura toujours n termes.

Si l'on commence la 2.e horizontale par un nombre dont le rang est $n + 2$ dans la première, la période sera à la 2.e diagonale, et sera encore de n termes.

Il en sera de même des multiples de n : ainsi, la 2.e horizontale commençant par les nombres tenant les rangs $2n$, $2n + 1$, $2n + 2 \ldots 3n$, $3n + 1$, $3n + 2$, etc., dans la première, les périodes seront à la 1.re diagonale, à la verticale, ou à la 2.e diagonale.

Il suit de ces notions que, connaissant la valeur de chaque ligne d'un tableau $= n^2 m$, m étant le moyen, il faut diviser cette valeur par n, et faire en sorte que la période soit égale au quotient nm, ce qu'il est facile d'obtenir. On en verra bientôt des exemples.

Ce serait un problème intéressant à résoudre que celui de trouver, parmi les combinaisons 3 à 3, 4 à 4, n à n, toutes celles, et seulement celles qui donneraient un nombre déterminé. La solution de ce problème est indispensable pour connaître toutes les combinaisons de périodes dans les tableaux des carrés de ce paragraphe; mais elle paraît très-difficile. Il faut donc chercher à part ces combinaisons; et, si le nombre qui représente la racine est considérable, cette recherche est longue et fastidieuse. On désignera par A ce nombre de combinaisons, parmi lesquelles ne sont pas comprises les variations dont elles sont susceptibles chacune en particulier, mais seulement les combinaisons simples. Ainsi, pour le carré de 3, le plus petit de tous, on est dans le cas de rechercher les différentes manières de faire 15 avec 3 nombres de la suite naturelle de 1 à 9. Il y a 8 combinaisons, savoir : 1, 5, 9.... 1, 6, 8.... 2, 4, 9.... 2, 5, 8.... 2, 6, 7.... 3, 4, 8.... 3, 5, 7.... 4, 5, 6 : donc ici $A = 8$. Quant aux variations, elles sont connues et fixes pour chaque combinaison ou période. Ainsi, soit n le nombre de termes d'une période : les variations sont 1, 2, 3.... n pour chacune.

Voici encore les combinaisons 5 à 5 des 25 premiers nombres : ici $n = 5$... $n^2 = 25 =$ la racine... $n^4 =$ le carré de 25 ; chaque période est de 5 termes ; chaque ligne du premier tableau, comprenant les 25 nombres de la racine, est de $(25 + 1) \frac{25}{2} = 13 \cdot 25 = 325$; et la période de 5 termes $= \frac{325}{5} = 65 = nm = 5 \cdot 13$. Il s'agit donc de trouver toutes les combinaisons de 5 nombres sur les 25 premiers de la série des nombres naturels, de manière que leur somme $= 65 = A$.

Pour cela on prend d'abord l'unité, à laquelle on ajoute successivement les nombres 2, 3, 4, etc.; puis on choisit le plus grand nombre 25, auquel on ajoute également et successivement 24, 23, etc., jusqu'à ce qu'on arrive à deux nombres qui ne diffèrent que d'une ou de deux unités. A ce point, on ne peut pousser plus loin les combinaisons.

Soient donc 1, 2 fixes : on prendra ensuite 25 aussi fixe, et il faudra y ajouter 24, puis 23, puis 22, etc., ce qui donnera 24, 13.... 23, 14.... 22, 15.... 21, 16.... 20, 17.... 19, 18 ; et, comme 19, 18 ne diffèrent que de l'unité, on abandonnera 25, et l'on prendra 24 pour grand

nombre fixe, ce qui donnera 23, 15.... 22, 16.... 21,
17....20, 18; et, comme 20 et 18 ne diffèrent que de 2
unités, on ne peut augmenter l'un et diminuer l'autre d'une
unité sans les rendre égaux : on passera donc à 23 fixe,
et l'on agira comme ci-dessus. Voici ces combinaisons. Le
premier grand nombre ne sera placé qu'une fois à chaque
ligne.

1 2.

25	24 13....23 14....22 15....21 16....20 17....19 18	
24	23 15....22 16....21 17....20 18	(14) combin.
23	22 17....21 18....20 19	
22	21 19	

1 3.

25	24 12....23 13....22 14....21 15....20 16....19 17	
24	23 14....22 15....21 16....20 17....19 18	(16)
23	22 16....21 17....20 18	
22	21 18....20 19	

Avant d'aller plus loin, on observera qu'on peut abréger
les recherches par les considérations suivantes.

Si l'on examine les groupes qui précèdent, il est facile
de reconnaître 1.° qu'il suffit de comparer, dans le premier
groupe de chaque ligne, les deux derniers nombres, pour
déterminer le nombre de combinaisons de cette ligne. En
effet, si la différence était paire, la moitié de cette différence désignera ce nombre de combinaisons; si elle est
impaire, ce sera la plus grande moitié qui donnera les
combinaisons. Ainsi, pour 1, 2, les nombres qui suivent
25 sont 24, 13. Or 24 — 13 = 11, il y aura donc six combinaisons; de même pour 1, 3 et 25, l'on a, pour les deux
derniers nombres du premier groupe, 24 et 12; la diffé-

rence étant 12, il y aura 6 combinaisons pour le grand nombre 25.

On remarquera 2.º que, si les deux premiers nombres du premier groupe se suivent immédiatement, il est alors facile d'obtenir les combinaisons qui répondent à la différence des deux derniers nombres de ce premier groupe. Il en est de même si les deux premiers nombres ne diffèrent que de deux unités.

Lorsque cette différence est impaire, la ligne suivante aura deux combinaisons de moins; la troisième ligne, une de moins que la précédente; la quatrième ligne, deux de moins que la troisième, et ainsi de suite.

Si cette différence est paire, la deuxième ligne aura une combinaison de moins; la troisième ligne, deux combinaisons de moins que la seconde; la quatrième, une de moins que la troisième, et ainsi en continuant.

On verra 3.º qu'on peut toujours savoir où il faut s'arrêter, ou quelle est la dernière combinaison. Pour cela on soustraira de 65 la somme des deux petits nombres fixes, et l'on prendra le tiers de la différence. Si ce tiers est exact, ou si la différence est un multiple de 3, ce tiers donne le nombre du milieu de trois termes consécutifs, et par conséquent on connaît la dernière combinaison de la dernière ligne, qui n'en peut avoir qu'une ou deux. Si la différence surpasse d'une unité un multiple de 3, le nombre du milieu sera toujours le tiers de ce multiple, et le précédent nombre surpassera de 2 unités ce moyen, qui ne différera que d'une unité du nombre suivant : ainsi, pour 1, 3 $=$ 4 on aura 65 $-$ 4 $=$ 61 $=$ 60 $+$ 1 : donc le moyen sera 20; le nombre précédent, 22; et le suivant, 19. La dernière combinaison sera donc 22, 20, 19. Enfin, si la différence surpasse de 2 unités un multiple de 3, le nombre du milieu sera le tiers de ce multiple, plus l'unité; le nombre précédent ne surpassera que d'une unité le moyen, et le nombre suivant aura 2 unités de moins que ce moyen.

Enfin, 4.° lorsque les deux premiers nombres du premier groupe ne se suivent pas immédiatement, le troisième nombre est répété, et il le sera un nombre de fois égal à la moitié ou à la plus grande moitié de la différence entre ces deux premiers nombres, et c'est seulement à compter des deux premiers nombres qui se suivent immédiatement que l'on applique la deuxième remarque. Au reste on fera, lorsque l'occasion s'en présentera, les réflexions qui serviront à abréger les recherches.

Il est encore bon d'observer que l'on ne peut supposer pour le troisième nombre du premier groupe un nombre plus petit que le plus grand des deux petits fixes : car on retomberait dans des combinaisons déjà obtenues.

L'on va continuer la recherche des combinaisons.

1 4.

25 24 11.... (24—11)=13 : donc 7 combinaisons pour 25; mais 13 est impair : donc il y en aura 5 pour 24.... 4 pour 23....2 pour 22....1 pour 21; et en tout... (19)

1 5.

25 24 10.... (24—10)=14 : ainsi 7 combinaisons; mais 14 est pair : il y en aura donc 6 pour 24.... 4 pour 23... 3 pour 22, et 1 pour 21 : en tout............ (21)

1 6.

25 24 9..... 24—9=15, impair : donc 8 combinai-

sons, puis 6, puis 5, puis 3, puis enfin 2, et en tout 24. La dernière est 21 19 18 : car $65 - 7 = 58 = 57 + 1 = 3 . 19 + 1$ . . . . (24)

1 7.

25 24 8 . . . . . $24 - 8 = 16$: donc 8 combinaisons ; puis 7, 5, 4, 2, 1 : en tout . . . . (27)

1 8.

On ne peut supposer un nombre plus petit que 9 sans rentrer dans les précédentes combinaisons ; mais, si le premier est 25, et le dernier 9, le second sera 22 ; et, comme $25 - 22 = 3$, le nombre 9 sera répété deux fois, savoir à chaque premier groupe de chacune des deux premières lignes ; or $22 - 9 = 13$: donc 7 combinaisons à la première ligne. Les deux derniers nombres du premier groupe de la deuxième ligne devant être 23, 9, on aura $23 - 9 = 14$: donc 7 combinaisons à la deuxième ligne ; ensuite 6, 4, 3, 1, et en tout 28 combinaisons, ci. . . . . (28)

1 9.

25 20 10 sera la 1.re combinaison, puisque le 3.e nombre doit être plus grand d'une unité au moins que 9. Ainsi la 1.re ligne aura 5 combinaisons ; la 2.e aura pour les deux derniers nombres du premier groupe 21, 10 : donc 6 combinaisons ; la 3.e ligne aura 22, 10 ; or $22 - 10 = 12$: donc encore 6 combinaisons ; mais $25 - 20 = 5$; et, 10 ne devant être répété que 3 fois, on partira de la 3.e ligne ; or 12 est pair : donc les lignes suivantes auront 5, 3, 2 combinaisons : en tout 27, ci. . . . . (27)

1 10.

La 1.re combinaison sera 25 18 11; mais 25—18$=$7: donc 11 sera répété 4 fois. Maintenant 18—11$=$7: donc 4 combinaisons à la 1.^{re} ligne; la 2.^e ligne, 19—11$=$8: donc encore 4 combinaisons; à la 3.^e, 20—11$=$9, et 5 combinaisons; à la 4.^e, 21—11$=$10: donc encore 5 combinaisons; ensuite 4, 2, 1, et en tout 25 combinaisons, ci . . . . (25)

1 11.

1.re combinaison, 25 16 12; mais 25—16$=$9: donc 12 sera 5 fois répété; à la 1.^{re} ligne on aura 16—12$=$4: ainsi 2 combinaisons; à la 2.^e ligne, 17—12$=$5: ainsi 3 combinaisons; la 3.^e ligne aura 18—12$=$6: donc encore 3 combinaisons; la 4.^e ligne, ayant 19—12$=$7, aura 4 combinaisons; enfin la 5.^e ligne, portant 20—12$=$8, en aura 4; et, comme ici 8 est pair, il viendra pour les autres lignes 3 et 1 : donc en tout 20 combinaisons. . . . . (20)

1 12.

1.re combinaison, 25 14 13; mais 25—14$=$11 : donc 13 sera répété 6 fois : ainsi 1 combinaison à la 1.^{re} ligne; à la 2.^e, 15—13$=$2 : donc 1 combinaison; à la 3.^e, 16—13$=$3 : ainsi 2 combinaisons; à la 4.^e, 17—13$=$4 : ainsi encore 2 combinaisons; à la 5.^e, 18—13$=$5 : par conséquent 3 combinaisons; à la 6.^e, 19—13$=$6 : donc encore 3 combinaisons; et pour la 7.e ligne, 2 : en tout 13 combinaisons, ci . . . . (13)

1 13.

1.re combinaison, 22 15 14 : ainsi, 1.re ligne, 1 combinaison; 2.e ligne, aussi 1; 3.e ligne, 2; 4.e ligne, encore 2; 5.e ligne, une seule : en tout, 7; l'on a 14 répété 4 fois; ci.. (7)

1 14.

19 16 15 et 18 17 15 sont les deux seules combinaisons.. (2)

Réunissant tous les nombres entre parenthèses, on aura, pour les combinaisons dans lesquelles entre l'unité, 243 combinaisons, ci. .... [243]

---

2 3.

1.re combinaison, 25 24 11; or 24—11=13 : donc 7 combinaisons; ensuite 5, 4, 2, 1.............. (19)

2 4.

1.re combinaison, 25 24 10... 24—10=14 : ainsi encore 7 combinaisons, et 6, 4, 3, 1............. (21)

2 5.

L'on a 25 24 9....24—9=15 : donc 8 combinaisons; ensuite 6, 5, 3, 2............................. (24)

2 6.

25 24 8.... 24—8=16, et 8 combinaisons; puis 7, 5, 4, 2, 1.................................... (27)

2 7.

25 23 8. 1.re ligne, 8 combinaisons pour 23—8=15; et, comme 25, 23, ne diffèrent que de 2 unités, 8 ne sera pas répété. La 2.e ligne aura pour premier groupe 24, 23, 9, et 7 combinaisons; ensuite pour les autres lignes 6, 4, 3, 1 : en tout........................... (29)

2 8.

1.re combinaison, 25 21 9; 1.re ligne, 6 combinaisons; 2.e ligne, 24 22 9: donc 7 combinaisons; 3.e ligne, 23 22 10, et 6 combinaisons; ensuite 5, 3, 2: en tout.. (29)

2 9.

1.re ligne, 25 19 10, et 5 combinaisons; 2.e ligne, 24 20 10, et encore 5 combinaisons; 3.e ligne, 23 21 10, et 6 combinaisons; 4.e ligne, 22 21 11, et 5 combinaisons; puis 4, 2, 1 : en tout.................... (28)

2 10.

1.re ligne , 25 17 11, et 3 combinaisons; 2.e ligne, 24 18 11, 4 combinaisons; 3.e ligne, 23 19 11, et 4 combinaisons; 4.e ligne , 22 20 11, et 5 combinaisons; 5.e ligne, 21 20 12, et 4 combinaisons ; puis 3 et 1 : en tout............................. (24)

2 11.

1.re ligne, 25 15 12, et 2 combinaisons; 2.e ligne, 24 16 12, encore 2 combinaisons; 3.e ligne, 23 17 12, et 3 combinaisons; 4.e ligne, 22 18 12, et 3 combinaisons; 5.e ligne, 21 19 12, et 4 combinaisons; 6.e ligne, 20 19 13.... 3 combinaisons; puis 2 : en tout.......... (19)

2 12.

24 14 13... 1 combinaison pour la 1.re ligne, et 13 sera répété 5 fois; 2.e ligne, 23 15 13, encore 1 combinaison; 3.e ligne, 22 16 13.... 2 combinaisons; 4.e ligne, 21 17 13.... 2 combinaisons; 5.e ligne, 20, 18, 13....

3 combinaisons; 6.e ligne, 19 18 14...2 combinaisons; enfin, 7.e ligne, 18 17 16, 1 combinaison : en tout... (12)

2 13.

21 15 14 à la 1.re ligne : donc 1 combinaison ; 2.e ligne, 20 16 14, encore 1 combinaison ; 3.e ligne, 19 17 14, et 2 combinaisons ; 4.e ligne, 18 17 15, 1 combinaison : en tout............................ (5)

2 14.

18 16 15, seule combinaison...................... (1)

Réunissant tous les nombres entre parenthèses, on aura, pour les combinaisons dans lesquelles entre 2 comme plus petit nombre fixe, 238 combinaisons, ci........ [238]

————

3 4.

25 24 9....24—9=15 : donc 8 combinaisons; puis 6, 5, 3, 2............................... (24)

3 5.

25 24 8...24—8=16 : ainsi 8 combinaisons, et 7, 5, 4, 2, 1 : en tout........................... (27)

3 6.

25 24 7....24—7=17 : donc 9 combinaisons; puis 7, 6, 4, 3, 1............................(30)

3 7.

25 22 8, 1.re ligne; 22—8=14, et 7 combinaisons ; 2.e ligne, 24 23 8.... 23—8=15...8 combinaisons; ensuite 6, 5, 3, 2 : en tout........................(31)

3 8.

25 20 9. . . . 20 — 9 = 11, et 6 combinaisons à la 1.re ligne ; 2.e ligne, 24 21 9. . . . . 6 combinaisons ; 3.e ligne, 23 22 9. . . . 22 — 9 = 13 : donc 7 combinaisons ; ensuite 5, 4, 2, 1 : en tout. . . . .(31)

3 9.

25 18 10. . . . 18 — 10 = 8, et 4 combinaisons à la 1.re ligne ; 2.e ligne, 24 19 10. . . . 19 — 10 = 9, et 5 combinaisons ; 3.e ligne , 23 20 10. . . . 20 — 10 = 10 : donc 5 combinaisons ; 4.e ligne, 22 21 10. . . . 21 — 10 = 11, et 6 combinaisons ; ensuite 4, 3, 1 : en tout. . . . .(28)

3 10.

1.re ligne, 25 16 11. . . . 16 — 11 = 5, et 3 combinaisons ; 2.e ligne, 24 17 11, et 3 combinaisons ; 3.e ligne, 23 18 11, et 4 combinaisons ; 4.e ligne, 22 19 11. . . 4 combinaisons ; 5.e ligne , 21 20 11, et 5 combinaisons ; puis 3, 2. . . . .(24)

3 11.

25 14 12. . . . . 1 combinaison à la 1.re ligne, 24 15 12. . . . 15 — 12 = 3 : donc 2 combinaisons à la 2.e ligne ; 3.e ligne, 23 16 12. . . 2 combinaisons ; 4.e ligne, 22 17 12. . . . . 3 combinaisons ; 5.e ligne, 21 18 12, et 3 combinaisons ; 6.e ligne, 20 19 12. . . . . 4 combinaisons. Comme 19 — 12 = 7, nombre impair, il vient ensuite 2, 1, et en tout. . . . .(18)

3 12.

1.re ligne, 23 14 13. . . . . 1 combinaison ; 2.^{e} ligne, 22 15 13. . . 1 combinaison ; 3.^{e} ligne, 21 16 13. 2

combinaisons ; 4.e ligne, 20 17 13.... 2 combinaisons ; 5.e ligne, 19 18 13.... 3 combinaisons ; 6.e ligne, 18 17 15... 1 combinaison : en tout................(10)

3 13.

1.re ligne, 20 15 14....1 combinaison ; 2.e ligne, 19 16 14.... 1 combinaison ; 3.e ligne, 18 17 14....2 combinaisons : en tout.....................,......(4)

3 14.

17 16 15 sont la seule combinaison...............(1)

Réunissant les nombres entre parenthèses, on aura pour les combinaisons où 3 entre comme plus petit nombre, 228 combinaisons............................[228]

---

4 5.

25 24 7 au premier groupe de la 1.re ligne : d'où 9 combinaisons ; et ensuite 7, 6, 4, 3, 1 : ainsi en tout 30 combinaisons : car 25, 24, se suivent, et $24 - 7 = 17$ est impair...........................(30)

4 6.

1.re ligne, 25 23 7....8 combinaisons ; 2.e ligne, 24 23 8 : encore 8 combinaisons ; 3.e ligne, 6 combinaisons ; puis 5, 3, 2 : et en tout....................(32)

4 7.

25 21 8 à la 1.re ligne : donc 7 combinaisons ; 2.e ligne, 24 22 8 : encore 7 combinaisons ; 3.e ligne, 23 22 9...7 combinaisons ; puis 5, 4, 2, 1 : et en tout....(33)

4 8.

1.re ligne, 25 19 9...5 combinaisons; 2.e ligne, 24 20 9... 6 combinaisons; 3.e ligne, 23 21 9...6 combinaisons; 4.e ligne, 22 21 10....6 combinaisons; puis 4, 3, 1 : et en tout.........................(31)

4 9.

1.re ligne, 25 17 10...4 combinaisons; 2.e ligne, 24 18 10....4 combinaisons; 3.e ligne, 23 19 10...5 combinaisons; 4.e ligne, 22 20 10.......5 combinaisons; 5.e ligne, 21 20 11.. 5 combinaisons; puis 3 2 : et en tout.........................(28)

4 10.

1.re ligne, 25 15 11...2 combinaisons; 2.e ligne, 24 16 11..... 3 combinaisons; 3.e ligne, 23 17 11... 3 combinaisons; 4.e ligne, 22 18 11... 4 combinaisons; 5.e ligne, 21 19 11...4 combinaisons; 6.e ligne, 20 19 12...4 combinaisons; mais $19-12=7$ est impair : donc 2, 1 pour les lignes suivantes; et en tout..........(23)

4 11.

1.re ligne, 25 13 12...1 combinaison; 2.e ligne, 24 14 12...1 combinaison; 3.e ligne, 23 15 12....2 combinaisons; 4.e ligne, 22 16 12.....2 combinaisons; 5.e ligne, 21 17 12...3 combinaisons; 6.e ligne, 20 18 12...3 combinaisons; 7.e ligne, 19 18 13...3 combinaisons; et 1 pour la 8.e ligne : en tout............(16)

4 12.

1.re ligne, 22 14 13...1 combinaison; 2.e ligne, 21 15 13...1 combinaison; 3.e ligne, 20 16 13....2 combinaisons; 4.e ligne, 19 17 13... 2 combinaisons; 5.e ligne, 18 17 14... 2 combinaisons; et en tout............(8)

4 13.

1re ligne, 19 15 14....1 combinaison; 2.e ligne, 18 16 14...1 combinaison; 3.e ligne, 17 16 15, et 1 combinaison; en tout.................................(3)

Réunissant les nombres placés entre parenthèses, on aura pour les combinaisons dans lesquelles 4 est le plus petit des deux nombres, en tout...............[204]

---

5 6.

1.re ligne, 25 22 7; combinaisons, 8.... 2.e ligne, 24 23 7....8....3.e ligne, 23 22 9....7; puis 5, 4, 2, 1 : et en tout 27 combinaisons.....................(35)

5 7.

1.re ligne, 25 20 8; combinaisons, 6....2.e ligne, 24 21 8....7....3.e ligne, 23 22 8....7....4.e ligne, 22 21 10....6; puis 4, 3, 1 : en tout.................(34)

5 8.

1.re ligne, 25 18 9; combinaisons, 5....2.e ligne, 24 19 9....5....3.e ligne, 23 20 9....6....4.e ligne, 22 21 9....6; puis 5, 3, 2 : en tout.................(32)

5 9.

1.re ligne, 25 16 10; combinaisons, 3....2.e ligne, 24 17 10....4....3.e ligne, 23 18 10....4....4.e ligne, 22 19 10....5....5.e ligne, 21 20 10....5; puis 4, 2, 1 : en tout.................................(28)

5 10.

1.re ligne, 25 14 11; combinaisons, 2....2.^e ligne, 24 15 11....2....3.^e ligne, 23 16 11....3....4.^e ligne, 22 17 11....3....5.^e ligne, 21 18 11....4....6.^e ligne, 20 19 11....4; puis 3 1 : en tout....................(22)

5 11.

1.re ligne, 24 13 12; combinaison, 1....2.^e ligne, 23 14 12....1....3.^e ligne, 22 15 12....2....4.^e ligne, 21 16 12....2....5.^e ligne, 20 17 12....3....6.^e ligne, 19 18 12....3; puis 2 : en tout....................(14)

5 12.

1.re ligne, 21 14 13; combinaison, 1.... 2.^e ligne, 20 15 13....1....3.^e ligne, 19 16 13....2....4.^e ligne, 18 17 13....2....5.^e ligne, 17 16 15....1 : en tout...(7)

5 13.

1.re ligne, 18 15 14....1....2.^e ligne, 17 16 14.... 1 : en tout.....................................(2)

Les combinaisons pour 5, plus petit nombre, sont donc en tout..................................[174]

---

6 7.

1.re ligne, 25 19 8; combinaisons, 6....2.^e ligne, 24 20 8....6....3.^e ligne, 23 21 8....7....4.^e ligne, 22 21 9....6; puis 5, 3, 2; et en tout..............(35)

6 8.

1.re ligne, 25 17 9; combinaisons, 4....2.^e ligne, 24 18 9....5....3.^e ligne, 23 19 9....5....4.^e ligne, 22

20 9....6....5.^e ligne, 21 20 10....5; puis 4, 2, 1 :
en tout..(32)

6 9.

1.re ligne, 25 15 10; combinaisons, 3....2.^e ligne, 24
16 10....3....3.^e ligne, 23 17 10....4....4.^e ligne, 22
18 10....4....5.^e ligne, 21 19 10....5....6.^e ligne, 20
19 11....4; puis 3, 1..............................(27)

6 10.

1.re ligne, 25 13 11; combinaison, 1....2.^e ligne, 24
14 11....2....3.^e ligne, 23 15 11....2....4.^e ligne, 22
16 11....3....5.^e ligne, 21 17 11....3....6.^e ligne, 20
18 11....4.... 7.^e ligne, 19 18 12....3; puis 2 : en
tout..(20)

6 11.

1.re ligne, 23 13 12; combinaison, 1....2.^e ligne, 22
14 12....1....3.^e ligne, 21 15 12....2....4.^e ligne, 20
16 12....2....5.^e ligne, 19 17 12....3....6.^e ligne, 18
17 13....2; puis 1 : en tout.......................(12)

6 12.

1.re ligne, 20 14 13; combinaison, 1....2.^e ligne, 19
15 13....1....3.^e ligne, 18 16 13....2....4.^e ligne, 17
16 14....1; et en tout...........................(5)

6 13.

17 15 14, seule combinaison.......................(1)

On aura en tout, pour les combinaisons dont le plus
petit nombre est 6...........................[132]

7 8.

1.re ligne, 25 16 9; combinaisons, 4.... 2.e ligne, 24 17 9....4....3.e ligne, 23 18 9....5....4.e ligne, 22 19 9....5....5.e ligne, 21 20 9.... 6; puis 4, 3, 1; et en tout...(32)

7 9.

1.re ligne, 25 14 10; combinaisons, 2....2.e ligne, 24 15 10....3....3.e ligne, 23 16 10....3....4.e ligne, 22 17 10....4....5.e ligne, 21 18 10....4....6.e ligne, 20 19 10....5; puis 3, 2.................................(26)

7 10.

1.re ligne, 25 12 11; combinaison, 1....2.e ligne, 24 13 11....1....3.e ligne, 23 14 11....2....4.e ligne, 22 15 11....2....5.e ligne, 21 16 11....3....6.e ligne, 20 17 11....3....7.e ligne, 19 18 11....4; puis 2, 1 : et en tout...(19)

7 11.

1.re ligne, 22 13 12; combinaison, 1....2.e ligne, 21 14 12....1....3.e ligne, 20 15 12....2....4.e ligne, 19 16 12....2....5.e ligne, 18 17 12....3....6.e ligne, 17 16 14....1...(10)

7 12.

1.re ligne, 19 14 13; combinaison, 1....2.e ligne, 18 15 13....1....3.e ligne, 17 16 13....2..........(4)

7 13.

16 15 14, seule combinaison....................(1)

Toutes les combinaisons dans lesquelles 7 est le plus petit nombre sont. . . . . [92]

---

8 9.

1.re ligne, 25 13 10; combinaisons, 2. . . . 2.e ligne, 24 14 10. . . . 2. . . . 3.e ligne, 23 15 10. . . . 3. . . . 4.e ligne, 22 16 10. . . . 3. . . . 5.e ligne, 21 17 10. . . . 4. . . . 6.e ligne, 20 18 10. . . . 4. . . . 7.e ligne, 19 18 11. . . . 4; puis 2, 1. . . .(25)

8 10.

1.re ligne, 24 12 11; combinaison, 1. . . . 2.e ligne, 23 13 11. . . . 1. . . . 3.e ligne, 22 14 11. . . . 2. . . . 4.e ligne, 21 15 11. . . . 2. . . . 5.e ligne, 20 16 11. . . . 3. . . . 6.e ligne, 19 17 11. . . . 3. . . . 7.e ligne, 18 17 12. . . . 3; puis 1. . . .(16)

8 11.

1.re ligne, 21 13 12; combinaison, 1. . . . 2.e ligne, 20 14 12. . . . 1. . . . 3.e ligne, 19 15 12. . . . 2. . . . 4.e ligne, 18 16 12. . . . 2. . . . 5.e ligne, 17 16 13. . . . 2; et en tout. . .(8)

8 12.

1.re ligne, 18 14 13; combinaison, 1. . . . 2.e ligne, 17 15 13. . . . 1. . . . 3.e ligne, 16 15 14. . . . 1. . . . .(3)

Toutes les combinaisons dans lesquelles 8 est le plus petit nombre sont. . . . . [52]

---

9 10.

1.re ligne, 23 12 11; combinaison, 1. . . . 2.e ligne, 22 13 11. . . . 1. . . . 3.e ligne, 21 14 11. . . . 2. . . . 4.e ligne, 20

15 11....2....5.^e ligne, 19 16 11....3....6.^e ligne, 18
17 11....3....7.^e ligne, 17 16 13....2............(14)

9 11.

1.re ligne, 20 13 12; combinaison, 1....2.^e ligne, 19
14 12....1....3.^e ligne, 18 15 12....2....4.^e ligne, 17
16 12....2....5.^e ligne, 16 15 14....1 : en tout...(7)

9 12.

1.re ligne, 17 14 13; combinaison, 1...,2.^e ligne, 16
15 13....1 : en tout.......................(2)

Toutes les combinaisons dont 9 est le plus petit nombre
sont..............................[23]

---

10 11.

1.re ligne, 19 13 12; combinaison, 1....2.^e ligne, 18
14 12....1....3.^e ligne, 17 15 12....2....4.e ligne, 16
15 14....1 : en tout........................(5)

10 12.

16 14 13, seule combinaison...................(1)

Les combinaisons dont 10 est le plus petit nombre sont
en tout...........................[6]

---

11 12.

15 14 13 est la seule combinaison..............[1]

Si l'on réunit toutes les combinaisons de périodes, ou
les combinaisons 5 à 5 des 25 premiers nombres, de sorte
que la somme des nombres de ces périodes soit 65, on
aura en tout pour ces combinaisons 1393 $=$ A.

On est arrivé assez facilement à obtenir les combinaisons cherchées; mais il manque une méthode plus expéditive, ou, mieux, une formule générale. On verra à la fin de la troisième partie une formule donnée par *Euler*, et qui sera développée convenablement.

Il ne s'agit plus que de distribuer les termes de l'une de ces périodes de 5 en 5 à la première horizontale, selon que la période doit être à la 1.re ou à la 2.e diagonale, ou en verticale. Soit choisie, par exemple, 4, 12, 13, 14, 22, cette période : il faut voir comment il faut disposer ses termes dans la 1.re horizontale pour arriver au but que l'on se propose.

D'abord, on ne peut jamais commencer la 2.e horizontale d'un tableau par le 1.er terme de la 1.re, ainsi qu'on l'a fait observer. Si c'est par le 2.e ou le dernier terme, alors le moyen est le dernier ou le 1.er terme de cette 1.re horizontale. Il ne s'agit donc plus que d'examiner les termes entre le 2.e et le dernier de cette 1.re horizontale.

Si l'on commence la 2.e horizontale par les 5.e, 10.e, 15.e, 20.e termes de la 1.re, on aura période à la 1.re diagonale : il faudra donc disposer, dans ce cas, les cinq nombres 4, 12, 13, 14, 22 aux 1.er, 6.e, 11.e, 16.e et 21.e rangs de cette 1.re horizontale, et dans l'ordre qu'on voudra.

Si l'on commence la 2.e ligne par les 6.e, 11.e, 16.e et 21.e termes de la 1.re, la période sera en verticale, et les nombres de la période seront au rang de ces termes.

Enfin, si l'on commence par les 7.e, 12.e, 17.e et 22.e termes de la 1.re horizontale, il faudra que les 5.e, 10.e, 15.e, 20.e et 25.e rangs de cette horizontale comprennent les nombres de la période, qui sera à la 2.e diagonale. Quant aux 3.e, 4.e, 8.e, 9.e, 13.e, 14.e, 18.e, 19.e, 23.e et 24.e rangs de la 1.re horizontale, il n'y aura pas de période si l'on commence la 2.e horizontale par ces termes.

Il est bon d'examiner encore les périodes du carré de 49 : elles auront 7 termes, et elles vaudront 7 fois le moyen $25 = 175$. Et voici comment on opèrerait pour avoir A.

On supposerait d'abord 1, 2, 3, pour les trois petits nombres, et 49, 48, 47, pour les trois grands. Soustrayant 6, somme des trois petits, de 175, reste 169 à compléter : on laisse 49 fixe, il faut encore 120. Soit 48 constant d'abord : il faut faire 72 avec 47 et un autre nombre, qui sera 25; or $47 - 25 = 22$, dont la moitié est 11, nombre de combinaisons pour 48. On prendra ensuite, ayant toujours 49 constant, les nombres 47, 46 : il faudra 27; or $46 - 27 = 19$: donc 10 combinaisons pour 47. Ensuite, 46, 45 et 29 donnent 8 combinaisons pour 46. Puis pour 45, 44, 31, on aura 7 combinaisons, 45 étant constant. 44, 43, 33, donneront 5 combinaisons; 43, 42, 35, en fournissent 4.... 42, 41, 37, en donnent 2; et 41, 40, 39, une seule : en tout, 48 combinaisons pour 49 fixe.

On passe à 48, 47, 46; et, 48 restant fixe, il faut encore 121; et, comme $47 + 46 = 93$, le nombre à ajouter sera 28, qui doit être et est en effet de 3 unités plus grand que 25 : car 48, 47, 46 est de 3 unités plus petit que 49, 48, 47. Maintenant $46 - 28 = 18$: donc 9 combinaisons pour 47. Prenant 46, 45, 30, on aura $45 - 30 = 15$; et l'on a 8 combinaisons; pour 45, 44, 32, il en vient 6; pour 44, 43, 34... 5; pour 43, 42, 36... 3; pour 42, 41, 38... 2; et réunissant ces combinaisons, l'on a en tout 33.

Venant à 47, 46, 45, 31, et laissant 47 fixe, il vient,

pour 46, 7 combinaisons; pour 45, 44, 33...6; pour 44, 43, 35...4....pour 43, 42, 37...3....pour 42, 41, 39...1; et en tout 21 pour 47.

On prend ensuite 46, 45, 44, 34; et, laissant 46 fixe, il vient pour 45, 44, 34, les deux derniers variant seuls, 5 combinaisons; pour 44, 43, 36.....4.......pour 43, 42, 38...2; et pour 42, 41, 40...1 : ce qui donne en tout, pour 46, 12 combinaisons.

Passant à 45, 44, 43, 37, l'on a pour 44, 43, 37, 3 combinaisons; pour 43, 42, 39...2 : et en tout, pour 45 fixe, 5 combinaisons.

Enfin 44, 43, 42, 40, une seule combinaison. Les réunissant toutes, il vient $48 + 33 + 21 + 12 + 5 + 1 = 120$ combinaisons pour les petits nombres 1, 2, 3.....[120]

On passera à la supposition 1, 2, 4; puis 1, 2, 5, et ainsi de suite, jusqu'à ce qu'on arrive à des nombres qui ne peuvent plus être ajoutés à 1, 2 : alors les 3 petits seront 1, 3, 4....1, 3, 5, en conservant l'unité, etc. On prendra ensuite 1, 4, 5.....1, 4, 6, etc.; et, quand les combinaisons où entre l'unité seront épuisées, on supposera 2, 3, 4; et laissant 2, 3, constans, on fera varier 4; et en continuant de cette manière, on arrivera à 22, 23, 24, 25, 26, 27, 28, dont la somme $= 175$, et l'opération sera terminée; mais il se présentera une foule de moyens d'abréviation pour passer d'une supposition à une suivante. On va donner encore quelques-unes de ces combinaisons, laissant à ceux qui seront curieux d'achever le calcul, le plaisir de les trouver toutes, ne voulant pas grossir cet ouvrage par une recherche facile, à la vérité, mais trop longue pour trouver place ici.

On ne s'occupe que des périodes du premier tableau, parce qu'une simple substitution suffirait pour la formation du second.

On a vu que l'on obtenait aisément le nombre de combinaisons pour deux grands nombres fixes, et en ne faisant varier que les deux derniers. Si l'on voulait connaître la dernière de ces combinaisons, on ôte l'unité de ce nombre de combinaisons, et l'on soustrait le reste du plus grand de ces deux derniers nombres; on l'ajoute ensuite au plus petit, ce qui donne deux nombres consécutifs, ou différant de deux unités. Ainsi, par exemple, on a trouvé 11 combinaisons pour 49 et 48 fixes, en faisant varier 47 et 25; mais $11 - 1 = 10$: donc $47 - 10 = 37$ et $25 + 10 = 35$ sont les deux derniers nombres de la dernière combinaison.

On a dû remarquer que, les combinaisons pour un grand nombre constant étant obtenues, en faisant varier les deux dernières dans la première et seconde supposition, on connaît de suite les autres combinaisons pour ce grand nombre, sans calcul : car on a toujours alternativement pour ces combinaisons deux nombres qui se suivent, et d'autres qui diffèrent de deux unités. Ainsi, ayant eu 9 et 8 pour les combinaisons correspondantes à 48 fixe, 47, 46, 28, et 46, 45, 30, il suit qu'on aura, puisque 9 et 8 se suivent, 6 pour 45, 44, 32, puis 5 pour 44, 43, 34; ensuite 3 pour 43, 42, 36, et 2 pour 42, 41, 38; et, comme il faudrait diminuer de 2, et que $2 - 2 = 0$, il n'y a plus de combinaisons pour 48 constant.

De même, ayant eu pour 47 constant et 46, 45, 31, 7 combinaisons, et 6 pour 45, 44, 33, comme 6 et 7 se suivent, on aura 4, 3, 1 pour les autres combinaisons de 47 : en tout, 21. Cette considération abrége beaucoup les recherches.

Il y a plus : ayant obtenu 9 et 8, l'un impair, l'autre pair, on aura pour les suppositions suivantes 1 impair suivi de 2 pairs, et l'impair sera de deux unités moindre que celui de la précédente supposition : d'où il suit qu'il suffit de connaître 11 et 10 dans la supposition de 49, 48, 47, 25, laquelle est la première, et 49, 47, 46, 27, qui est la seconde, pour avoir les autres : car on a dans ce cas, et pour 49, les nombres de combinaisons 11, 10, 8, 7, 5, 4, 2, 1 $=$ 48. On aura donc, pour 47 fixe, les nombres 7, 6, 4, 3, 1; ensuite pour 46, les nombres 5, 4, 2, 1; pour 45, 3, 2; et pour 44, 1 seulement.

On vient de dire que 9 devait être le premier nombre pour 48, 47, 46, 28; et en effet, dans 49, 48, 47, 25, on a $47 - 25 = 22$, plus grand de 4 unités que $46 - 28 = 18$; et, comme on prend les moitiés, il suit que 9 est de deux unités plus petit que 11. On a dit aussi qu'après impair venaient les 2 pairs suivans; il en est de même du 2.ᵉ pair, qui est suivi de deux impairs; et le second de ceux-ci de deux pairs.

On voit de quelle importance il est d'employer les simplifications indiquées, lesquelles sont une conséquence de la méthode que l'on donne ici.

1 2 4.

Les grands nombres étant toujours 49 48 47, le nombre qui complète sera 24, plus petit d'une unité que 25, puisque $1\ 2\ 4 = 7$ surpasse d'une unité $1\ 2\ 3 = 6$.

Or 47 — 24 = 23 : donc 12 combinaisons. Prenant ensuite 47 46 26, on aura 46 — 26 = 20 : donc 10 combinaisons ; ainsi 12 10 9 7 6 4 3 1 = 52 pour 49.

48 47 46 27. Le premier terme de la série sera 12 — 2 = 10 : donc les combinaisons 10 8 7 5 4 2 1 = 37 pour 48.

47 46 45 30 donnent 8 6 5 3 2 = 24 pour 47.

46 45 44 33 donnent 6 4 3 1 = 14 pour 46.

45 44 43 36 donnent 4 2 1 = 7 pour 45.

44 43 42 39 donnent 2 : car 2 — 2 = 0 ne donne plus rien ; et en tout, pour les petits nombres 1 2 4, l'on aura 136 combinaisons. . . . . [136]

1 2 5.

49 48 47 23 donnent 47 — 23 = 24 : donc 12 combinaisons.

49 47 46 25 donnent 46 — 25 = 21 ; ainsi 11 combinaisons pour 47 : d'où la série 12 11 9 8 6 5 3 2 = 56 combinaisons pour 49 fixe.. . . . . (56)

On aura pour 48 fixe la série 10 9 7 6 4 3 1 = 40. (40)

47 donnera 8 7 5 4 2 1 = 27. . . . . (27)

46 fournit 6 5 3 2 = 16. . . . . (16)

45 produit 4 3 1 = 8. . . . . (8)

44 donne 2 1 = 3. . . . . (3)

et en tout pour 1 2 5. . . . . [150]

1 2 6.

49 48 47 22 auront 13 combinaisons.

49 47 46 24 en auront 11 : donc la série 13 11
10 8 7 5 4 2 1 = ... 61
   48 fixe donnera 11 9 8 6 5 3 2 = 44. . . . 44
   47 aura 9 7 6 4 3 1. 30
   46 produit 7 5 4 2 1. 19   . . . [169]
   45 donne 5 3 2. 10
   44 aura 3 1. 4
   43 fixe donne. 1

1 2 7.

49 48 47 21 donnent 13, et 49 47 46 23 donnent 12 :
donc on aura la série 13 12 10 9 7 6 4 3 1 = 65
      pour 48, 11 10 8 7 5 4 2 1 = ... 48
      pour 47, 9 8 6 5 3 2 = ... 32
      pour 46, 7 6 4 3 1 = ... 21   . . . [185]
      pour 45, 5 4 2 1 = ... 12
      pour 44, 3 2 = ... 5
      pour 43, 1 = ... 1

1 2 8.

47 20 donnent 14. . . 46 22 donnent 12 : donc, pour 49
fixe, l'on aura la série de combinaisons 14 12 11 9 8 6
5 3 2 = 70.

48 aura 12 10 9 7 6 4 3 1; on retombe sur les combinaisons de 1 2 4; et, comme elles sont 136, on aura
136 + 70 = 206, ci. . . . . [206]

Encore un nouveau moyen d'abréviation.

1 2 9.

47 19 donnent 14, et 46 21 donnent 13 : donc 14 13 11
10 8 7 5 4 2 1 = 75 pour 49 fixe; mais 48 aura 12 11 9

8 6 5 3 2=56, et l'on retombe sur les combinaisons de 1 2 5, dont le nombre total est 150 : on aura donc 150+75 =225, ci . . . .[225]

1 2 10.

47 18 donnent 15, et 46 20 donnent 13 : donc 15 13 12 10 9 7 6 4 3 1=80 pour 49 fixe.

48 constant donnera 13 11 10 8 7 5 4 2 1, qui est la première série pour 1 2 6 ; et, comme pour ces 3 nombres on avait 169, il vient ici 169 + 80=. . . . .[249]

1 2 11.

47 17 donnent 15 , et 46 19 donnent 14 : donc 15 14 12 11 9 8 6 5 3 2=85 pour 49 fixe. Viendront ensuite les 185 combinaisons pour 1 2 7 : donc 185 + 85 = [270]

1 2 12.

47 16 donnent 16, et 46 18 donnent 14 : donc 16 14 13 11 10 8 7 5 4 2 1=91 pour 49 fixe. Puis viennent les 206 combinaisons de 1 2 8 : donc 206+91 =. . . .[297]

1 2 13.

47 15 donnent 16, et 46 17 donnent 15 : ainsi 16 15 13 12 10 9 7 6 4 3 1=96 pour 49 fixe. Plus les 225 combinaisons de 1 2 9 : donc 225 + 96=. . . . .[321]

C'est par abréviation que l'on met, par exemple, 47 15 donnent 16 : la différence est 32, qui donne 16 combinaisons : ainsi le nombre après le mot *donnent* marque la moitié de la différence entre les deux qui le précèdent, ou la plus grande moitié lorsque la différence est impaire.

1 2 14.

47 14 donnent 17, et 46 16 donnent 15 ; mais, 14 étant déjà employé, on ne peut plus se servir des trois plus grands nombres : il faudra donc prendre 49 48 46 15. Comme les grands nombres ne se suivent plus, il faut calculer séparément les combinaisons jusqu'à ce qu'on arrive à trois nombres qui se suivent, afin de retomber sur les séries ordinaires. On aura donc ici 46 15 donnant 16 combinaisons. Pour 49 47 46 16.... 46 16 donnent 15 combinaisons.

49 46 45 18..... 45 18 donnent 14 combinaisons, et non 13, comme on aurait pu le croire d'abord. On obtiendra donc, pour 49 fixe, mais seulement à partir de 49 47 46 16, la série 15 14 12 11 9 8 6 5 3 2 = 85. Cette série a déjà été trouvée : 48 47 46 17 donnent 15 combinaisons, et 48 46 45 19 en donnent 13 ; et, comme les trois nombres 48 47 46 se suivent, on en déduira les combinaisons à l'ordinaire. Ainsi 15 13 12 10 9 7 6 4 3 1 = 80, qui est la première série de 1 2 10 ; et, comme l'on a pour ces trois nombres 249 combinaisons, il viendra 249 + 85 + 16 = ... [350]

1 2 15.

49   48 44 16 donnent 14 combinaisons.
     47 45 16........15
     46 45 17........ 14, et 45 44 19 donnent 13 : donc 14 13 11 10 8 7 5 4 2 1 = 75. Maintenant 48 47 46 16 auront 15, et 48 46 45 18 donnent 14 : donc il vient la série 15 14 12 11 9 8 6 5 3 2, qui est celle de 1 2 11, ce qui donne 270 ; et l'on aura 14 + 15 + 75 + 270 = 374. .... [374]

1 2 16.

49   48 42 17 donnent 13 combinaisons
    4743   17.......13   } 40
    46 44 17.......14
49   45 44 18...13
49   44 43 20...12

D'où la série 13 12 10 9 7 6 4 3 1 =. . . . 65 puisque 45 et 44 se suivent.

48   47 44 17 donnent. 14

    46 45 17 auront 14. . . . .45 44 19 auront 13 : d'où la série 14 13 11 10 8 7 5 4 2 1 = 75. Maintenant 47 46 45 18 donnent 14, et 47 45 44 20 donnent 12 : donc on a la série 14 12 11 9 8 6 5 3 2, qui est celle de 1 2 8, et donnent 206 combinaisons : donc on a pour 1 2 16 les nombres 40 65 14 75 206 = 400, ci [400]

1 2 17.

49   48 40 18 donnent. 11
    47 41 18. . . . . .12 } 48
    46 42 18. 12
    45 43 18. 13
    44 43 19...12
    43 42 21...11

D'où la série 12 11 9 8 6 5 3 2 = 56. 56
48   47 42 18...12 }
    46 43 18...13 } 25
48   45 44 18, comme ci-devant. 65

A reporter. 194

$$\left.\begin{array}{l}
\text{Report}\ldots\ldots\quad 194 \\
47 \quad 46\ 44\ 18\ldots\ldots\ldots\ldots\ldots\ldots\ldots\ldots 13 \\
\qquad 45\ 44\ 19\ldots 13 \\
\qquad 44\ 43\ 21\ldots 11 \\
\text{D'où la série } 13\ 11\ 10\ 8\ 7\ 5\ 4\ 2\ 1 = \ldots\ 61 \\
46 \quad 45\ 44\ 20\ldots 12 \\
\qquad 44\ 43\ 22\ldots 11 \\
\text{D'où la série } 12\ 11\ 9\ 8\ 6\ 5\ 3\ 2,\ \text{comme}
\end{array}\right\}[418]$$

1 2 5.\ldots\ldots\ldots\ldots\ldots\ldots\ldots\ldots\ldots 150

1 2 18.

$$\begin{array}{l}
49 \quad 48\ 38\ 19\ldots\ldots 10 \\
\qquad 47\ 39\ 19\ldots\ldots 10 \\
\qquad 46\ 40\ 19\ldots\ldots 11 \left.\right\}\ldots\ldots\ldots 54 \\
\qquad 45\ 41\ 19\ldots\ldots 11 \\
\qquad 44\ 42\ 19\ldots\ldots 12 \\
\qquad 43\ 42\ 20\ldots 11 \\
\qquad 42\ 41\ 22\ldots 10
\end{array}$$

D'où la série 11 10 8 7 5 4 2 1.\ldots\ldots 48

$$\begin{array}{l}
48 \quad 47\ 40\ 19\ldots\ldots 11 \\
\qquad 46\ 41\ 19\ldots\ldots 11 \left.\right\}\ldots\ldots\ldots 34 \\
\qquad 45\ 42\ 19\ldots\ldots 12 \\
\qquad 44\ 43\ 19.\ldots\ldots\ldots\ldots 56 \\
47 \quad 46\ 42\ 19\ldots\ldots 12 \left.\right\}\ldots\ldots\ldots 24 \\
\qquad 45\ 43\ 19\ldots\ldots 12 \\
\qquad 44\ 43\ 20.\ldots\ldots\ldots\ldots 52 \\
46 \quad 45\ 44\ 19\ldots\ldots\ldots\ldots 169
\end{array}$$

Comme pour 1 2 6.

1 2 19.

49 48 36 20... 8 ⎫
    47 37 20... 9 ⎪
    46 38 20... 9 ⎪ 57
    45 39 20...10 ⎬
    44 40 20...10 ⎪
    43 41 20...11 ⎭

    42 41 21...... 40 ⎰ La série est 10 9 7 6 4 3 1,
                        ⎱ et fait partie de 1 2 5.

48 47 38 20... 9 ⎫
    46 39 20...10 ⎪ 40
    45 40 20...10 ⎬
    44 41 20...11 ⎭

    43 42 20..... 48 ⎰ La série est 11 10 8 7 5 4
                       ⎱ 2 1, et fait partie de 1 2 7.

47 46 40 20...10 ⎫
    45 41 20...11 ⎬ 32
    44 42 20...11 ⎭

    43 42 21...... 44 ⎰ La série est 11 9 8 6 5 3 2,
                       ⎱ et fait partie de 1 2 6.

46 45 42 20...... 11.

    44 43 20...... 52 ⎰ La série est 12 10 9 7 6 4
                       ⎱ 3 1, et fait partie de 1 2 4.

45 44 43 21......120 ⎰ La 1.re série est 11 10 8 7 5
                       ⎨ 4 2 1. C'est le nombre des
                       ⎱ combinaisons de 1 2 3.

Faisant la somme de toutes ces combinaisons, on aura
pour 1 2 19..[444]

1 2 20.

49   48 34 21... 7 ⎫
        47 35 21... 7 ⎪
        46 36 21... 8 ⎪
        45 37 21... 8 ⎬ 58
        44 38 21... 9 ⎪
        43 39 21... 9 ⎪
        42 40 21...10 ⎭

      49 41 40 22...... 33 { La série est 9 8 6 5 3 2, et fait partie de 1 2 3.

48   47 36 21... 8 ⎫
        46 37 21... 8 ⎪
        45 38 21... 9 ⎬ 44
        44 39 21... 9 ⎪
        43 40 21...10 ⎭

        42 41 21...... 40 { La série est 10 9 7 6 4 3 1, et fait partie de 1 2 5.

47   46 38 21... 9 ⎫
        45 39 21... 9 ⎪
        44 40 21...10 ⎬ 38
        43 41 21...10 ⎭

        42 41 22...... 37 { La série est 10 8 7 5 4 2 1, et fait partie de 1 2 4.

46   45 40 21...10 ⎫ 20
        44 41 21...10 ⎭

        43 42 21...... 44 { La série est 11 9 8 6 5 3 2, et fait partie de 1 2 6.

45   44 42 21..... . 11

        43 42 22...... 40 { La série est 10 9 7 6 4 3 1, et fait partie de 1 2 5.

44 43 42 23...... 84 $\left\{\begin{array}{l}\text{La 1.}^{\text{re}}\text{ série est 10 8 7 5}\\ \text{4 2 1, pour 1 2 4, à com-}\\ \text{mencer par 48 constant.}\end{array}\right.$

La somme de toutes les combinaisons pour 1 2 20 est..[449]

1 2 21.

49 48 32 22... 5 $\left.\begin{array}{l}\\ 47\ 33\ 22...\ 6\\ 46\ 34\ 22...\ 6\\ 45\ 35\ 22...\ 7\\ 44\ 36\ 22...\ 7\\ 43\ 37\ 22...\ 8\\ 42\ 38\ 22...\ 8\\ 41\ 39\ 22...\ 9\end{array}\right\}$ 56

40 39 23...... 27 $\left\{\begin{array}{l}\text{La série est 8 7 5 4 2 1, et}\\ \text{fait partie de 1 2 5.}\end{array}\right.$

48 47 34 22... 6 $\left.\begin{array}{l}\\ 46\ 35\ 22...\ 7\\ 45\ 36\ 22...\ 7\\ 44\ 37\ 22...\ 8\end{array}\right\}$ 28

48 43 38 22... 8 $\left.\begin{array}{l}\\ 42\ 39\ 22...\ 9\end{array}\right\}$ 17

41 40 22...... 33 $\left\{\begin{array}{l}\text{La série est 9 8 6 5 3 2,}\\ \text{et fait partie de 1 2 3.}\end{array}\right.$

47 46 36 22... 7 $\left.\begin{array}{l}\\ 45\ 37\ 22...\ 8\\ 44\ 38\ 22...\ 8\\ 43\ 39\ 22...\ 9\\ 42\ 40\ 22...\ 9\end{array}\right\}$ 41

41 40 23. . . . . . 30 { La série est 9 7 6 4 3 1, et fait partie de 1 2 6.

46   45 38 22. . . 8
     44 39 22. . 9 } 26
     43 40 22. . 9

42 40 22. . . . . 37 { La série est 10 8 7 5 4 2 1, et fait partie de 1 2 4.

45   44 40 22. . 9
     43 41 22. . 10 } 19

42 41 23. . . . . 33 { La série est 9 8 6 5 3 2, et fait partie de 1 2 3.

44   43 42 22. . . . . 94 { La série est 10 9 7 6 4 3 1, et fait partie de 1 2 4 à compter de 48 fixe.

La somme des combinaisons pour 1 2 21 est. . [441]

1 2 22.

49 48 30 23. Il convient d'employer un mode d'abréviation dont on a donné des exemples pour le carré de 25 : ainsi, les deux nombres qui suivent 49 étant 48 30, on aura 48—30=18 : donc 23, qui est le dernier nombre, sera répété 9 fois, et pour la dernière il viendra 48—8=40, et 30+8=38. Maintenant, 30—23=7 : donc 4 combinaisons. Comme 30 augmente à chaque fois d'une unité, on aura 31—23=8, et par conséquent 4 combinaisons, ensuite 5 5 6 6 7 7 et 8 : on aura donc, pour 23 répété, à ajouter les nombres 4 4 5 5 6 6 7 7 8, ce qui donne 52 combinaisons ; l'on aura ensuite 49 39 38 24 ; et, comme 39 38 se suivent, la série se déterminera en prenant 38—24=14 : d'où 7 combinaisons ; et, 38 37 26

donnant 37—26=11, il y aura 6 combinaisons : ainsi la série sera 7 6 4 3 1=21, et fait partie de 1 2 3 : donc, pour 49 fixe, il vient 52+21=73 combinaisons.

48 47 32 23 donnent 47—32=15 : donc 23 sera répété 8 fois; et l'on aura 32—23=9 : donc 5 combinaisons. 33—23=10, et 5 combinaisons, ce qui donnera 5 5 6 6 7 7 8=44. On ne prend que 7 nombres : car, le dernier groupe étant 48 40 39 23, et 40 39 se suivant, il vient 39—23=16 : donc 8 combinaisons; et, comme 38—25=13, il y aura 7 combinaisons : d'où la série 8 7 5 4 2 1=27, et dépend de 1 2 5 : on aura donc 44+27=71 pour 48.

47 46 34 23 donnent 46—34=12 : donc 6 combinaisons, c'est-à-dire que 23 sera répété 6 fois; la dernière donne 41 39 23. Maintenant 34—23 donnent 6 combinaisons : donc 6 6 7 7 8 8=42 combinaisons. Vient ensuite 40 39 24....39—24=15, et 8 combinaisons; 38—26=12, et 6 combinaisons : d'où la série 8 6 5 3 2=24, et dépend de 1 2 4. On aura donc en tout, pour 47, 42+24=66 combinaisons.

46 45 36 23..... 45 36 donnent 23 répété 5 fois. 41 40 23, dernier groupe; 36—23=13, impair : donc 7 combinaisons, et 7 7 8 8=30. Le dernier groupe donne la série 9 7 6 4 3 1=30 : ainsi l'on a, pour 46, un nombre de combinaisons = 30+30=60.

45 44 38 23 aura 23 répété 3 fois; le dernier groupe sera 42 40 23, et il viendra 8 8 9=25. Le groupe suivant 41 40 24 donne la série 8 7 5 4 2 1=27 : donc, pour 45 fixe, on aura 25+27=52 combinaisons.

44 43 40 23....9 combinaisons; 42 41 23 aura la

série 9 8 6 5 3 2=33 : donc, pour 44 fixe, on obtient
9 + 33 = 42 combinaisons.

43 42 41 24 donneront pour 1.re série 9 7 6 4 3 1, faisant partie de 1 2 6 : on aura donc 64 pour les combinaisons, puisque les trois premiers nombres 43 42 41 se
suivent.

Ajoutant toutes ces combinaisons, l'on aura pour 1 2
22, en tout...[428]

1 2 23.

49 48 28 24.... 48—28=20 : donc 24 sera répété 10
fois. Le dernier groupe est 39 37 24 : on aura donc, puisque
28—24=4, pair, les nombres 2 3 3 4 4 5 5 6 6 7=45.
Le groupe suivant est 38 37 25, ce qui donne la série
6 5 3 2=16 : donc en tout, pour 49 fixe, 45+16=61.

48 47 30 24.... 47—30=17 : donc 24 sera répété 9
fois. Dernier groupe, 39 38 24 ; et, puisque 39 38 se suivent,
on ne prendra que les 8 nombres 3 4 4 5 5 6 6 7=40.
Le dernier groupe produit 7 6 4 3 1=21 : donc pour
48 on aura 40+21=61 combinaisons.

47 46 32 24... 46—32=14 : ainsi 24 sera répété 7 fois.
Dernier groupe, 40 38 24... 32—24=8, et 4 combinaisons :
donc 4 5 5 6 6 7 7=40. On aura ensuite 39 38 25, ce
qui donne la série 7 5 4 2 1=19 : ainsi pour 47 on obtient 40+19=59 combinaisons.

46 45 34 24.... 45—34=11 : donc 24 sera répété 6
fois. Dernier groupe, 40 39 24 ; mais 34—24=10, pair :
donc on aura 5 6 6 7 7=31. Le dernier groupe donne
la série 8 6 5 3 2=24 : ainsi 46 fixe produira 31+24=
55 combinaisons.

45 44 36 24.... 44—36=8 : donc 24 sera répété 4 fois. Dernier groupe, 41 39 24 : on prendra donc 6 7 7 8= 28. Le groupe suivant sera 40 39 25, qui donne la série 7 6 4 3 1=21 : d'où il suit que 45 aura 28+21=49 combinaisons.

44 43 38 24.... 43—38=5 : ainsi 24 sera répété 3 fois. Dernier groupe, 41 40 24... 38 24 donnent 7 combinaisons; 39 24 donnent 8 combinaisons : en tout, 15. Le dernier groupe donne la série 8 7 5 4 2 1=27 : donc 44 aura 15+27=42 combinaisons.

43 42 40 24 produisent 8 combinaisons par 40—24= 16. Le groupe suivant, 41 40 25, donne la série 8 6 5 3 2=24 : ainsi 43 aura 24+8=32 combinaisons.

42 41 40 26 donnent pour 1.re série 7 6 4 3 1, faisant partie de 1 2 3; et, comme les trois premiers nombres se suivent, on aura 39 combinaisons.

Réunissant toutes ces combinaisons, on en aura, pour 1 2 23..[398]

1 2 24.

49 48 26 25.... 48—26=22 : ainsi 25 sera répété 11 fois. Dernier groupe, 38 36 25.... 26—25=1 : donc 1 combinaison. 27—25=2, et encore 1 combinaison : on aura par conséquent les 11 nombres 1 1 2 2 3 3 4 4 5 5 6=36. Le groupe suivant sera 37 36 26, qui donnera la série 5 4 2 1=12 : ainsi 49 aura 36+12=48 combinaisons.

48 47 28 25.... 47—28=19 : ainsi 25 sera répété 10 fois. Dernier groupe, 38 37 25.... 28—25=3, et 2 combinaisons : donc 2 2 3 3 4 4 5 5 6=34. Le dernier

groupe donne la série 6 5 3 2 $=$ 16 : ainsi 48 aura 34 $+$ 16 $=$ 50 combinaisons.

47 46 30 25. . . . 46 $-$ 30 $=$ 16 : donc 25 sera répété 8 fois. Dernier groupe, 39 37 25. . . 30 $-$ 25 $=$ 5, impair, et 3 combinaisons : on aura donc 3 3 4 4 5 5 6 6 $=$ 36. Le groupe suivant, 38 37 26, donnera la série 6 4 3 1 $=$ 14 : ainsi 47 aura 36 $+$ 14 $=$ 50 combinaisons.

46 45 32 25. . . . 45 $-$ 32 $=$ 13 : ainsi 25 sera répété 7 fois. Dernier groupe, 39 38 25. . . . 32 $-$ 25 $=$ 7, et 4 combinaisons; et, comme 7 est impair, on prendra 4 4 5 5 6 6 $=$ 30. Le dernier groupe donne la série 7 5 4 2 1 $=$ 19 : donc 46 aura 30 $+$ 19 $=$ 49 combinaisons.

45 44 34 25. . . . 44 $-$ 34 $=$ 10, et par conséquent 25 sera répété 5 fois. Le dernier groupe est 40 38 25. . . . . 34 $-$ 25 $=$ 9, impair; et l'on prendra 5 5 6 6 7 $=$ 29. Le groupe suivant sera 39 38 26, qui donne la série 6 5 3 2 $=$ 16 : donc 45 aura 29 $+$ 16 $=$ 45 combinaisons.

44 43 36 25. . . . 43 $-$ 36 $=$ 7 : donc 25 sera répété 4 fois. Dernier groupe, 40 39 25; on prendra 6 6 7 $=$ 19. Le dernier groupe donne la série 7 6 4 3 1 $=$ 21 : donc 44 aura 19 $+$ 21 $=$ 40 combinaisons.

43 42 38 25. . . . 42 $-$ 38 $=$ 4 : ainsi 25 se répète 2 fois. Dernier groupe, 41 39. . . . 38 $-$ 25 $=$ 13 : donc on prendra 7 7 $=$ 14. Le groupe suivant, 40 39 26, donne la série 7 5 4 2 1 $=$ 19 : ainsi 43 aura 14 $+$ 19 $=$ 33 combinaisons.

42 41 40 25 donnent la 1.re série 8 6 5 3 2, faisant partie de 1 2 4, ce qui donne 47 combinaisons.

Réunissant les combinaisons, on trouve, pour 1 2 24. . . . . [362]

1 2 25.

49 45 27 26. On voit qu'on ne peut plus prendre 49 48, attendu que l'un des deux autres nombres serait égal ou inférieur à 25. Ici l'on a 45—27=18 : donc 26 sera répété 9 fois. Le dernier groupe sera 37 35 26..... 27—26=1, et 1 combinaison; 28—26=2, et 1 combinaison : on prendra donc 1 1 2 2 3 3 4 4 5=25. Le groupe suivant, 36 35 27, donnera la série 4 3 1=8 : on aura donc pour 49 les combinaisons 25+8=33.

48 46 27 26 donnent 46—27=19 : ainsi 26 sera répété 10 fois. Dernier groupe, 37 36 26. Maintenant 27—26=1, et 1 combinaison : on aura donc 1 1 2 2 3 3 4 4 5=25. Le dernier groupe donne la série 5 4 2 1=12 : donc 48 aura 25+12=37 combinaisons.

47 46 28 26.... 46—28=18 : ainsi 26 sera répété 9 fois. Dernier groupe, 38 36 26.... 28—26=2, et 1 combinaison; 29—26=3, et 2 combinaisons : donc il faut prendre 1 2 2 3 3 4 4 5 5=29. Le groupe suivant est 37 36 27, et donne la série 5 3 2=10 : on aura donc les combinaisons 29+10=39, pour 47.

46 45 30 26.... 45—30=15 : ainsi 26 sera répété 8 fois. Dernier groupe, 38 37 26.... 30—26=4, et 2 combinaisons : donc on aura 2 3 3 4 4 5 5=26. Le dernier groupe donne la série 6 4 3 1=14 : donc on aura, pour 46, 14+26=40.

45 44 32 26.... 44—32=12 : ainsi 26 sera répété 6 fois. Dernier groupe, 39 37 26; mais 32—26=6 : donc 3 combinaisons; et, comme 6 est pair, on prendra 3 4 4

5 5 6 $=$ 27. Le groupe suivant est 38 37 27, et donne la série 5 4 2 1 $=$ 12 : donc on aura 27 $+$ 12 $=$ 39, pour 45.

44 43 34 26.... 43 — 34 $=$ 9 : ainsi 26 sera répété 5 fois. Dernier groupe, 39 38 26.... 34 — 26 $=$ 8, et 4 combinaisons : ainsi 4 5 5 6 $=$ 20. Le dernier groupe donne 6 5 3 2 $=$ 16 : ainsi 20 $+$ 16 $=$ 36, sont les combinaisons pour 44.

43 42 36 26.... 42 — 36 $=$ 6 : ainsi 26 sera répété 3 fois. Le dernier groupe est 40 38 26, et l'on a 5 6 6 $=$ 17, et pour ce dernier groupe compris. Le suivant sera 39 38 27, et donnera 6 4 3 1 $=$ 14 : donc 43 aura 17 $+$ 14 $=$ 31 combinaisons.

42 41 38 26.... 41 — 38 $=$ 3, et 2 combinaisons : ainsi 26 sera répété 2 fois. Dernier groupe, 40 39 26.... 38 26 donnent 6 combinaisons. Le dernier groupe en donne 7 5 4 2 1 $=$ 19 : donc on aura 6 $+$ 19 $=$ 25 combinaisons pour 42.

41 40 39 27 aura pour 1.re série 6 5 3 2, faisant partie de 1 2 5, et 27 combinaisons.

Réunissant toutes ces combinaisons, l'on aura pour 1 2 25. . . . . [307]

On peut disposer les différens résultats de manière à former un tableau, et éviter des répétitions fatigantes.

On écrira le premier groupe, et l'on isolera le plus grand nombre : on appelle *groupe* ce qui restera, ce plus grand non compris; et ce 1.er groupe, d'où dépend l'opération, sera désigné par 1. *groupe.*

On prendra la différence entre les deux premiers nombres, non compris le plus grand; la répétition du plus

petit est la moitié ou la plus grande moitié de cette différence. On désignera par 1. *di. et rép.* cette partie.

On prendra la différence entre les deux derniers nombres,
et elle sera marquée 2. *di.*

Lorsque la 1.re différence est paire, le dernier groupe
où entre le dernier nombre, aura deux unités entre ses
deux premiers nombres, et l'on prendra autant de termes
qu'il y a d'unités dans le nombre de répétitions du dernier
nombre. Ces termes se doublent, à l'exception du premier
et du dernier, qui peuvent aussi se doubler, savoir : si la
2.e différence est paire, le premier terme ne se prend
qu'une fois; si elle est impaire, il se double. Les autres termes ont successivement, de deux en deux, une unité de
plus que les précédens. Quant au dernier, il est simple ou
double, selon qu'il faut prendre de termes. Si la 2.e différence
est impaire, le premier terme se double. Dans ce même
cas de la 1.re différence paire, il faut ajouter un autre
groupe, tel que ses deux premiers termes se suivent, et
l'on aura une série qui complètera l'opération pour le
grand nombre isolé.

Lorsque la 1.re différence est impaire, le dernier groupe,
où entre le plus petit nombre, a ses deux premiers nombres ne différant que d'une unité. Alors on prend un terme
de moins que ne marque le nombre de répétitions du plus
petit nombre; et pour le dernier nombre on aura une série qui achèvera l'opération. On désignera par *der.
gr.* le dernier groupe, et par *gr. rest.* le groupe qu'il
faut ajouter, ou qui reste à ajouter, pour compléter
l'opération. On obtient le dernier groupe où entre le plus

petit nombre, en soustrayant du 1.er nombre de ce groupe et en ajoutant au 2.e nombre autant d'unités, moins une, qu'il y a de répétitions du plus petit nombre.

On désignera par 1. *série* celle qui répond au cas où les deux premiers nombres du dernier groupe diffèrent de 2 unités; 2. *série*, celle qui répond au cas où ces deux premiers nombres se suivent; 3. *série*, celle où il y a un groupe à ajouter. Dans la 1.re série est aussi compris le cas où les deux premiers nombres d'un groupe se suivent, mais on prend un terme de moins qu'il n'y a d'unités dans le nombre de répétitions.

Il faut venir aux applications.

1 2 26.

	1. groupe.	1.di. et rép.		2.di.	der. gr.	1. série.	2. série.	gr. rest.	3. série.	TOTAL.
49	42 28 27	14	7	1	36 34 27	1 1 2 2 3 3 4=16		35 34 28	3 2= 5	16 + 5=(21)
48	43 28 27	15	8	1	36 35 27	1 1 2 2 3 3 4=16	4 3 1= 8			16 + 8=(24)
47	44 28 27	16	8	1	37 35 27	1 1 2 2 3 3 4 4=20		36 35 28	4 2 1= 7	20 + 7=(27)
46	45 28 27	17	9	1	37 36 27	1 1 2 2 3 3 4 4=20	5 3 2=10			20 +10=(30)
45	44 30 27	14	7	3	38 36 27	2 2 3 3 4 4 5=23		37 36 28	4 3 1= 8	23 + 8=(31)
44	43 32 27	11	6	5	38 37 27	3 3 4 4 5=19	5 4 2 1=12			19 +12=(31)
43	42 34 27	8	4	7	39 37 27	4 4 5 5=18		38 37 28	5 3 2=10	18 +10=(28)
42	41 36 27	5	3	9	39 38 27	5 5=10	6 4 3 1=14			10 +14=(24)
41	40 38 27	2	11		....	6= 6		39 38 28	5 4 2 1=12	12 + 6=(18)

40 39 38 29 ayant les 3 premiers nombres se suivant, il viendra pour 1.re série 5 3 2, et en tout.... (15)

Réunissant toutes les combinaisons, on aura, pour 1 2 26.............................. [249]

1 2 27.

	1. groupe.	1. di. et rép.		s. di.	der. gr.	1. série.	2. série.	gr. rest.	5. série.	TOTAL.
49	39 29 28	10	5	1	35 33 28	1 1 2 2 3 = 9..........		34 33 29	2 1 = 3	9 + 3 = (12)
48	40 29 28	11	6	1	35 34 28	1 1 2 2 3 = 9	3 2 = 5.........			9 + 5 = (14)
47	41 29 28	12	6	1	36 34 28	1 1 2 2 3 3 = 12..........		35 34 29	3 1 = 4	12 + 4 = (16)
46	42 20 28	13	7	1	36 35 28	1 1 2 2 3 3 = 12	4 2 1 = 7.........			12 + 7 = (19)
45	43 29 28	14	7	1	37 35 28	1 1 2 2 3 3 4 = 16..........		36 35 29	3 2 = 5	16 + 5 = (21)
44	43 30 28	13	7	2	37 36 28	1 2 2 3 3 4 = 15	4 3 1 = 8.........			15 + 8 = (23)
43	42 32 28	10	5	4	38 36 28	2 3 3 4 4 = 16.........		37 36 29	4 2 1 = 7	16 + 7 = (23)
42	41 34 28	7	4	6	38 37 28	3 4 4 = 11	5 3 2 = 10.........			11 + 10 = (21)
41	40 36 28	4	2	8	39 37 28	4 5 = 9.........		38 37 29	4 3 1 = 8	9 + 8 = (17)
40	39 38 28	1	1	10		1.re série 5 4 2 1, et en tout............................... (18)				

Réunissant toutes les combinaisons, on aura, pour 1 2 27............................ [184]

1 2 28.

1. groupe.			1. di. et rép.	2. di.	der. gr.	1. série.	2. série.	gr. rest.	3. série.	TOTAL.
49	36 30 29		6	3	1	34 32 29	1 1 2=4..........		33 32 30	1=1	4+1=(5)
48	37 30 29		7	4	1	34 33 29	1 1 2=4	2 1=3................			4+3=(7)
47	38 30 29		8	4	1	35 33 29	1 1 2 2=6..........		34 33 30	2=2	6+2=(8)
46	39 30 29		9	5	1	35 34 29	1 1 2 2=6	3 1=4................			6+4=(10)
45	40 30 29		10	5	1	36 34 29	1 1 2 2 3=9..........		35 34 29	3 1=4	9+4=(13)
44	41 30 29		11	6	1	36 35 29	1 1 2 2 3=9	3 2=5................			9+5=(14)
43	42 30 29		12	6	1	37 35 29	1 1 2 2 3 3=12..........		36 35 30	3 1=4	12+4=(16)
42	41 32 29		9	5	3	37 36 29	2 2 3 3=10	4 2 1=7................			10+7=(17)
41	40 34 29		6	3	5	38 36 29	3 3 4=10.........		37 36 30	3 2=5	10+5=(15)
40	39 36 29		3	2	7	38 37 29	4=4	4 3 1=8................			4+8=(12)
39	38 37 30		1	1	7	1.re série, 4 2 1 : donc ici.................................... (9)				

Réunissant toutes les combinaisons, on aura, pour 1 2 28........................ [126]

1 2 29.

	1. groupe.	1. di. et rép.	s. di.	der. gr.	1. série.	2. série.	gr. rest.	3. série.	TOTAL.
49	33 31 30								(1)
48	34 31 30	3	2	1	33 32 30	1=1	1=1			1+1= (2)
47	35 31 30	4	2	1	34 32 30	1 1=2		33 32 31	1=1	1+2= (3)
46	36 31 30	5	3	1	34 33 30	1 1=2	2=2			2+2= (4)
45	37 31 30	6	3	1	35 33 30	1 1 2=4		34 33 31	1=1	4+1= (5)
44	38 31 30	7	4	1	35 34 30	1 1 2=4	2 1=3			4+3= (7)
43	39 31 30	8	4	1	36 34 30	1 1 2 2=6		35 34 31	2=2	6+2 = (8)
42	40 31 30	9	5	1	36 35 30	1 1 2 2=6	3 1=4			6+4=(10)
41	40 32 30	8	4	2	37 35 30	1 2 2 3=8		36 35 31	2 1=3	8+3=(11)
40	39 34 30	5	3	4	37 36 30	2 3=5	3 2=5			5+5=(10)
39	38 36 30	2	1	6		3=3	37 36 31	3 1=4	4+3= (7)
38	37 36 32								(3)

Ajoutant ces combinaisons, on trouve, pour 1 2 29................................... [71]

1 2 30.

	1. groupe.	1. di. et rép.		2. di.	der. gr.	1. série.	2. série.	gr. rest.	3. série.	TOTAL.
36	33 32 31									(1)
45	34 32 31									(1)
44	35 32 31	3	2	1	34 33 31	1 = 1	2 = 2			2 + 1 = (3)
43	36 32 31	4	2	1	35 33 31°	1 1 = 2		24 33 32	1 = 1	2 + 1 = (3)
42	37 32 31	5	3	1	35 34 31	1 1 = 2	2 = 2			2 + 2 = (4)
41	38 32 31	6	3	1	36 34 31	1 1 2 = 4		35 34 32	1 = 1	4 + 1 = (5)
40	39 32 31	7	4	1	36 35 31	1 1 2 = 4	2 1 = 3			3 + 4 = (7)
39	38 34 31	4	2	3	37 35 31	2 2 = 4		36 35 31	2 1 = 3	4 + 3 = (7)
38	37 36 31. Comme les 3 premiers nombres se suivent, on a									(4)

Réunissant ces combinaisons, l'on obtient, pour 1 2 30............ [35]

$$1\ 2\ 31.$$

42	34	33	32	1
41	35	33	32	1
40	36	33	32	2
39	37	33	32	3
38	37	34	32	3
37	36	35	33	1

$$[11]$$

Il y aura 11 combinaisons pour 1 2 31.

$$1\ 2\ 32.$$

38	35	34	33
37	36	34	33

pour 1 2 32...[2]

Ajoutant toutes les combinaisons où entrent 1, 2, l'on aura 7814.

On peut désirer connaître le nombre le plus grand que l'on puisse ajouter à 1, 2. Le cas le plus favorable est celui où les autres nombres et celui que l'on cherche ne diffèrent que d'une unité les uns des autres : soit donc a le nombre cherché, et x le plus grand des 4 variables. Puisque l'on a déjà 1, 2$=$3, il faut encore 175$-$3$=$172 pour faire la somme des nombres d'une période, et l'on aurait $a+a+1+a+2+a+3+x=172$, ou $4a+x=166$: donc $x=166-4a$; mais x doit être plus grand que le plus grand des quatre autres restans : donc $x>a+3$, ou $166-4a>a+3$, ou $163>5a$. Ainsi $a<\frac{163}{5}<32+\frac{3}{5}$; et par conséquent le plus grand nombre à ajouter à 1, 2 est 32 : on agira de même pour toute autre supposition, et les opérations diminuent lorsque les trois nombres invariables sont plus grands.

On ne poussera pas plus loin la recherche des combinaisons pour la période de 7, non plus que pour toute autre période.

Il convient de trouver la formule qui représente toutes les combinaisons pour le cas de périodes.

Lorsque la 2.e ligne commence par le 2.e terme de la première, la 2.e diagonale est répétée, et le moyen doit être à la fin de cette première ligne. Si l'on commence par le dernier terme, le moyen sera le premier terme de la première ligne; et, dans ces deux cas, il restera n^2-1 nombres, dont la position est arbitraire, et qui peuvent s'arranger de $(1, 2, 3\ldots n^2-1)$ manières : ainsi le nombre de combinaisons pour les diagonales répétées sera $2(1, 2, 3\ldots n^2-1)$.

Si la 2.e ligne commence par un terme de la 1.re dont le rang soit $n, 2n, 3n (n-1)n$, la 1.re diagonale sera composée de n périodes dont chacune aura n termes; il restera n^2-n termes de cette 1.re ligne, qui peuvent s'arranger de $(1, 2, 3\ldots n^2-n)$ manières. Les n nombres de la période ont aussi $(1, 2, 3\ldots n)$ combinaisons; et, comme il y a A manières de former une période, on aura en définitif $(1, 2, 3\ldots n)(1, 2, 3\ldots n^2-n)$ A combinaisons pour ce cas particulier.

Si la 2.e ligne commence par un nombre dont le rang, dans la 1.re ligne, soit $n+2, 2n+2, 3n+2\ldots(n-1)n+2$, ce sera la 2.e diagonale qui sera périodique, et il viendra le même produit qu'au précédent cas : on aura, pour le double cas de période en diagonales, le nombre de combinaisons exprimé par $2(1, 2, 3\ldots n)(1, 2, 3\ldots n^2-n)$ A.

Si la 2.e ligne commence par un terme de l'ordre $n+1$,

$2n+1$, $3n+1$... $(n-1)n+1$, alors toutes les verticales sont périodiques. Il faudrait connaître ici toutes les combinaisons de A, prendre, parmi ces combinaisons, n d'entr'elles, ou plutôt $n-1$: car, lorsqu'on a pris ces $n-1$ combinaisons, la dernière est fixée; mais ces $n-1$ combinaisons doivent être telles qu'elles ne comprennent point les mêmes nombres. Or chacune de ces périodes de n termes se combine de $(1, 2, 3...n)$ manières; et, comme l'on a n de ces périodes, il viendra $(1, 2, 3...n)^n$; de plus les n périodes, considérées chacune comme un seul nombre se combinent de $(1, 2, 3...n)$ manières : on aura donc $(1, 2, 3...)^{n+1}$, qu'il faut multiplier par B (B représentant tous les systèmes de périodes comprises dans A, lesquelles, prises en nombre n, ne sont pas composées de mêmes nombres).

Le même produit ayant lieu, si ce sont les horizontales qui sont supposées périodiques, on aura, pour le double cas, $2B(1,2,3...n)^{n+1}$.

Quoique l'on n'ait qu'une différence de position dans le 1.ᵉʳ tableau, lorsque les périodes sont en horizontale au lieu d'être en verticale, il est nécessaire de considérer ces deux cas, parce que le 2.ᵉ tableau peut avoir les périodes dans l'une de ces lignes, lorsque le 1.ᵉʳ tableau les a dans l'autre.

S'il n'y a point de diagonales répétées, ni de périodes, il viendra d'abord, en faisant abstraction des 1.ᵉʳ, 2.ᵉ et dernier termes de la 1.ʳᵉ ligne, n^2-3 pour les nombres restans dans cette ligne; de plus, puisque pour les périodes en diagonale l'on a $n-1$ nombres par lesquels on pourrait commencer la 2.ᵉ ligne pour chaque diagonale, et autant en verticale, il faudra soustraire $3(n-1)$ de n^2-3, ce qui donne $n^2-3-3(n-1)=n^2-3n$. Cette valeur représente le nombre de termes par lesquels peut commencer la 2.e ligne, lorsqu'on ne veut ni période ni diagonale répétée. Dans ce cas la 1.re horizontale se compose à volonté; et, comme elle comprend n^2 termes, on aura pour ce cas $(1, 2, 3 \ldots n^2)(n^2-3n)$.

Ajoutant ces différens produits, on obtiendra, pour toutes les combinaisons du 1.er tableau, $2(1, 2, 3 \ldots n^2-1)$ $+2(1, 2, 3 \ldots n)(1, 2, 3 \ldots n^2-n)A+2B(1, 2, 3 \ldots n)^{n+1}$ $+(1, 2, 3 \ldots n^2)(n^2-3n)=S$.

On doit prendre garde de décomposer arbitrairement les indices, ce qui donnerait lieu à de graves erreurs : par exemple, n^2-n est un indice; mais, si on le mettait sous la forme $n \cdot (n-1)$, et si l'on écrivait $(1, 2, 3 \ldots n)$ $(1, 2, 3 \ldots n \cdot (n-1)=(1, 2, 3 \ldots n)^2(n-1)$, on serait loin d'avoir un résultat convenable : car, soit $n^2=25$, et par conséquent $n=5$, l'on a $(1, 2, 3 \ldots n)=1, 2, 3, 4, 5=120$, qu'il faut multiplier par $(1, 2, 3 \ldots n^2-n)$, ou par $(1, 2, 3 \ldots n \cdot (n-1)=1, 2, 3 \ldots 20$, ce qui donne un nombre considérable; tandis que $(1, 2, 3 \ldots n)^2(n-1)$ ne présente que le nombre $120^2 \cdot 4=57600$. Ainsi, de ce que n^2-n peut se mettre, dans la parenthèse, sous la forme $n \cdot (n-1)$, il ne s'ensuivrait pas qu'on pût séparer ces facteurs, quoique cela parût conforme à la règle des produits algébriques.

Le 2.e tableau aura la même formule que le premier; mais il ne faut pas que les périodes soient dans le même sens, ou que les mêmes diagonales soient répétées. On examinera donc, pour chaque cas, ce que l'on doit modifier. Ainsi, par exemple, si le 1.er tableau a la 1.re diagonale répétée, le 2.e tableau aura toutes les combinaisons de 5, moins celles qui se rapportent à cette 1.re diagonale : d'où il suit qu'on prendrait, pour ce cas, et pour le 2.e tableau, $S' = (1, 2, 3 \ldots n^2 - 1) + 2(1, 2, 3 \ldots n)(1, 2, 3 \ldots n \cdot (n-1)A + 2B(1, 2, 3 \ldots n)^{n+1} + (1, 2, 3 \ldots n^2)(n^3 - 3n)$. Cette valeur de S' serait, dans la présente supposition, et pour avoir toutes les combinaisons du carré magique simple, à multiplier par $(1, 2, 3 \ldots n^2 - 1)$. On agirait de même dans tous les autres cas.

Il est facile d'obtenir une des combinaisons de B, ou l'un de ses systèmes : ainsi, pour les périodes de 5 termes, ayant pris au hasard 1, 2, 24, 22, 16, on pourra choisir 3, 4, 25, 13, 20... 5, 6, 23, 10, 21... 7, 8, 19, 14, 17. Les 5 nombres restans complèteront le système, et donnent 9, 11, 12, 15, 18 = 65, valeur de chaque période.

ARTICLE PREMIER.

CARRÉ DE 9 SIMPLE.

Soit supposé le 1.er tableau à périodes en verticale, et par conséquent que la 2.e horizontale commence par le 4.e ou 7.e terme de la première ; soit aussi supposé le 2.e tableau avec la 2.e diagonale répétée : il faut, dans ce cas, que le 1.er, le 4.e et le 7.e termes de la 1.re horizontale aient pour somme 15 ; il en doit être de même pour les 2.e, 5.e et 8.e termes, ainsi que pour les 3.e, 6.e et 9.e. On a vu que le produit applicable au 1.er tableau, pour le cas que l'on considère, était $B(1, 2, 3 \ldots n)^{n+1}$; ici $n = 3 \ldots n + 1 = 4 \ldots (1, 2, 3 \ldots n) = 1, 2, 3 = 6$: on aura donc $6^4 = 1296$, et pour le produit, 1296B. Il s'agit de déterminer B; or on a vu que A, pour 9 de racine, avait 8 combinaisons, savoir: 1, 5, 9... 1, 6, 8... 2, 4, 9... 2, 5, 8... 2, 6, 7... 3, 4, 8... 3, 5, 7... 4, 5, 6. Pour avoir B, il faut, sur ces 8 périodes, en trouver 3 dans lesquelles ne se rencontrent pas les mêmes nombres; et même il suffit de deux, puisque la 3.e suit nécessairement.

Soit 1, 5, 9, l'une d'elles : on voit sur le champ que 1, 6, 8... 2, 4, 9... 2, 5, 8, ne peuvent faire partie des deux autres, puisqu'il y a nombres répétés avec la première. Soit 2, 6, 7 la seconde période : il ne restera, comme cela doit être, que 3, 4, 8 pour la 3.e Si l'on suppose 1, 6, 8 pour la 1.re période, la seconde ne sera ni 1, 5, 9, ni toute autre où entrent les nombres 1, 6 et 8. Il ne reste que 2, 4, 9 et 3, 5, 7. Il ne peut y avoir que ces deux systèmes, puisque l'unité doit en faire partie, et qu'il n'y a que deux combinaisons où entre l'unité : donc B=2. Ainsi le 1.er tableau aura pour le cas particulier de période en verticale, $2 \cdot 1296 = 2592$.

Quant au 2.e tableau, comme il y aura 8 nombres qui peuvent s'arranger à volonté, et que le moyen a sa place déterminée, l'on peut combiner ces 8 nombres de (1, 2, 3.... 8) manières $= 40320$, nombre qui, multiplié par 2592, produit 104,509,440 combinaisons pour le cas particulier dont il s'agit.

On pourra toujours considérer la 2.e horizontale du 1.er tableau comme commençant par le terme de rang $n + 1$ de la première : car il n'y aurait pas plus de combinaisons en commençant par le terme des rangs $2n + 1.... 3n + 1.....$ etc., attendu qu'elles sont toutes comprises dans la formule propre au cas que l'on considère, savoir :

$$B(1, 2, 3 \ldots n)^{n+1} (1, 2, 3 \ldots n^2 - 1).$$

La seule attention sera donc, après avoir placé les termes de l'une des périodes aux rangs $1, 1 + n \ldots \ldots 1 + (n-1)n$, de mettre les termes de la 2.e aux rangs $2, 2 + n, 2 + 2n \ldots 2 + (n-1) \cdot n$; puis les termes de la 3.e aux rangs $3, 3 + n, 3 + 2n \ldots 3 + (n-1)n$. La dernière sera aux rangs $n, 2n, 3n, \ldots n^2$. Ici $n^2 = n + (n-1) \cdot n = n + n^2 - n$, ce qui doit être en effet.

La figure 19, planche II, donne le carré de 9 de racine pour le cas dont on s'occupe ici. On voit que les périodes $3, 7, 5 \ldots 6, 8, 1 \ldots 4, 9, 2 = 15$ forment l'un des deux systèmes de B.

Ce que l'on vient de dire pour le cas où $n = 3$ s'applique à tous ceux où n est plus grand. Toute la difficulté consiste à trouver A : car B peut s'en déduire en procédant avec ordre.

Voici les tableaux du carré de 9 pour la figure 19, et en commençant la 2.e ligne par le 4.e terme de la première.

<table>
<tr><td rowspan="9">1.er TABLEAU</td><td>3</td><td>6</td><td>4</td><td>7</td><td>8</td><td>9</td><td>5</td><td>1</td><td>2</td></tr>
<tr><td>7</td><td>8</td><td>9</td><td>5</td><td>1</td><td>2</td><td>3</td><td>6</td><td>4</td></tr>
<tr><td>5</td><td>1</td><td>2</td><td>3</td><td>6</td><td>4</td><td>7</td><td>8</td><td>9</td></tr>
<tr><td>3</td><td>6</td><td>4</td><td>7</td><td>8</td><td>9</td><td>5</td><td>1</td><td>2</td></tr>
<tr><td>7</td><td>8</td><td>9</td><td>5</td><td>1</td><td>2</td><td>3</td><td>6</td><td>4</td></tr>
<tr><td>5</td><td>1</td><td>2</td><td>3</td><td>6</td><td>4</td><td>7</td><td>8</td><td>9</td></tr>
<tr><td>3</td><td>6</td><td>4</td><td>7</td><td>8</td><td>9</td><td>5</td><td>1</td><td>2</td></tr>
<tr><td>7</td><td>8</td><td>9</td><td>5</td><td>1</td><td>2</td><td>3</td><td>6</td><td>4</td></tr>
<tr><td>5</td><td>1</td><td>2</td><td>3</td><td>6</td><td>4</td><td>7</td><td>8</td><td>9</td></tr>
</table>

<table>
<tr><td rowspan="9">2.^e TABLEAU</td><td>72</td><td>27</td><td>0</td><td>18</td><td>9</td><td>45</td><td>63</td><td>54</td><td>36</td></tr>
<tr><td>27</td><td>0</td><td>18</td><td>9</td><td>45</td><td>63</td><td>54</td><td>36</td><td>72</td></tr>
<tr><td>0</td><td>18</td><td>9</td><td>45</td><td>63</td><td>54</td><td>86</td><td>72</td><td>27</td></tr>
<tr><td>18</td><td>9</td><td>45</td><td>63</td><td>54</td><td>36</td><td>72</td><td>27</td><td>0</td></tr>
<tr><td>9</td><td>45</td><td>63</td><td>54</td><td>36</td><td>72</td><td>27</td><td>0</td><td>18</td></tr>
<tr><td>45</td><td>63</td><td>54</td><td>36</td><td>72</td><td>27</td><td>0</td><td>18</td><td>9</td></tr>
<tr><td>63</td><td>54</td><td>36</td><td>72</td><td>27</td><td>0</td><td>18</td><td>9</td><td>45</td></tr>
<tr><td>54</td><td>36</td><td>72</td><td>27</td><td>0</td><td>18</td><td>9</td><td>45</td><td>63</td></tr>
<tr><td>36</td><td>72</td><td>27</td><td>0</td><td>18</td><td>9</td><td>45</td><td>63</td><td>54</td></tr>
</table>

ARTICLE II.

CARRÉ DE 25 SIMPLE.

Supposant, dans le 1.er tableau, que la 1.re diagonale soit périodique, et que le 2.e tableau ait périodicité à la 2.e diagonale, chaque période vaut 65; mais on a vu que la formule, pour le cas de périodicité ou diagonale, était $(1, 2, 3 \ldots n)\left[1, 2, 3 \ldots n \cdot (n-1)\right]$ A : on aura donc pour le carré magique, dans le cas actuel, $\left\{ (1, 2, 3 \ldots n) \left[(1, 2, 3 \ldots n \cdot (n-1)\right] A \right\}^2$; et, comme A $= 1393$, on aura ici $\left\{ (1, 2, 3, 4, 5) (1, 2, 3 \ldots 20) \ 1393 \right\}^2 =$ $(120 \cdot 720 \cdot 5040 \cdot 360 \cdot 360 \cdot 1860480 \cdot 1393)^2$, nombre prodigieux $= (2591648640 \cdot 156920924160000)^2$; et ce nombre, tout grand qu'il est, n'a lieu que pour un cas particulier du carré simple de 25.

Il faut, dans le 1.er tableau, que les 1.er, 6.e, 11.e, 16.e et 21.e termes de la 1.re horizontale donnent 65 pour somme, et l'on commencera la 2.e horizontale par le 5.e terme de la première. On pourrait aussi commencer par les 10.e, 15.e ou 20.e; mais il suffit de considérer le cas où l'on commence par le 5.e, parce qu'au moyen de toutes les combinaisons comprises dans la formule, ce nombre de combinaisons ne serait pas augmenté, en commençant par un autre terme que le 5.e

Quant au 2.e tableau, il faudra que les 5.e, 10.e, 15.e, 20.e et dernier termes de la 1.re horizontale donnent 1500 pour somme : car chaque ligne se compose de la suite des nombres 0, 25, 50 .... 600; et, à cause de 0, on ne considère que 24 termes à sommer, dont le 1.er est 25, et le dernier 600, ce qui donne 625 . 12, et pour chaque période $\frac{625 \cdot 12}{5} = 125 \cdot 12 = 1500$. Il faut de plus, d'après ce qui a été dit, que la 2.e ligne commence par les termes des 7.e, 12.e, 17.e ou 22.e rangs de la 1.re horizontale; et il suffit encore de considérer le seul cas où l'on commence par le 7.e. Si l'on choisit dans l'un ou dans l'autre, ou dans les deux tableaux des nombres d'autres rangs que le 5.e ou le 7.e, pourvu qu'ils soient de l'un des rangs convenables, il y aura toujours périodicité en diagonale : c'est ce qu'on a fait pour obtenir le carré (*figure* 20, *planche* III). Voici les deux premières lignes de chaque tableau ; les autres se composent de la précédente, comme la 2.e horizontale de la première.

1.er TABLEAU.

2 4 7 1 3 8 9 12 25 11 15 6 21 10 23 22 14 16 17 5 18 20 19 24 13
23 22 14 16 17 5 18 20 19 24 13 2 4 7 1 3 8 9 12 25 11 15 6 21 10

On voit que 2+8+15+22+18=65, et que l'on a commencé la 2.e ligne par le 15.e terme de la première.

2.me TABLEAU.

125 75 0 575 475 25 600 250 400 300 150 50 425 100 175 375 275 225 325 350 450 500 550 523 200
500 550 525 200 125 75 0 575 475 25 600 250 400 300 150 50 425 100 175 375 275 225 325 350 450

Ici 475+300+175+350+200=1500, et la 2.e horizontale commence par le 22.e terme de la première.

On n'insistera pas davantage sur les carrés simples à racine carrée : les deux exemples ci-dessus doivent suffire pour écarter toute difficulté.

§ 2.

LA RACINE EST COMPOSÉE DE DEUX OU PLUS DE FACTEURS PREMIERS.

Les carrés dont la racine est composée de plusieurs facteurs premiers peuvent avoir des diagonales répétées. Ces diagonales, aussi bien que les verticales ou les horizontales, sont aussi susceptibles de périodes; mais ces carrés diffèrent de ceux dont la racine est un carré, en ce qu'ils peuvent avoir des périodes de plusieurs espèces, dont le nombre de termes serait égal à celui de chaque facteur, et même du produit des facteurs 2 à 2, 3 à 3... $n-1$ à $n-1$, si le nombre des facteurs est n; et de plus on peut avoir période dans plusieurs lignes à la fois, en commençant la 2.e horizontale par un terme déterminé de la première. On va donner plusieurs exemples, pour ne rien laisser à désirer sur ce genre de carrés.

ARTICLE PREMIER.

CARRÉ DE 15.

Il faut examiner ce qui arrivera lors des différentes suppositions pour le commencement de la 2.e horizontale.

D'abord, si l'on commence par le 2.e ou le dernier terme de la 1.re ligne, l'une ou l'autre des diagonales sera répétée. On va supposer que la 1.re ligne comprend la série naturelle par ordre.

Si par le 3.e terme, la verticale n'aura que 2 pour différence : ainsi point de période ; la 1.re diagonale aura 4 pour 2.e terme ; et, la différence étant 3, il y aura période de 5 termes ; la 2.e diagonale n'aurait que l'unité pour différence : ainsi point de période.

Si par le 4.e, la verticale ou l'horizontale a période de 5 nombres ; les diagonales n'en ont point.

Si par le 5.e, la 1.re diagonale aura 6 pour 2.e terme, et 5 pour différence : donc période de 3 termes ; la 2.e diagonale aura 3 pour 2.e terme et pour différence : donc période de 5 termes. Il n'y en a point en verticale.

Si par le 6.e, la verticale aura 5 pour différence, et période de 3 termes. On ne parlera plus de période en horizontale : elles peuvent avoir lieu toutes les fois que les verticales en sont composées ; ce n'est que changement de lignes l'une dans l'autre. La 1.re diagonale aura période de 5, son 2.e terme étant 7, et sa différence$=$6, multiple de 3.

Si par le 7.e: verticale avec période de 5 ; 2.e diagonale avec période de 3.

Si par le 8.e: 2.e diagonale, période de 5.

Si par le 9.e: 1.re diagonale, période de 5.

Si par le 10.e: verticale, période de 5 ; 1.re diagonale, période de 3.

Si par le 11.e: verticale, période de 3 ; 2.e diagonale, période de 5.

Si par le 12.e: 1.re diagonale, période de 5 ; 2.e diagonale, période de 3.

Si par le 13.e: verticale, période de 5.

Enfin, si par le 14.e: 2.e diagonale, période de 5.

Donc, en mettant par ordre, on aura, si l'on commence la 2.e horizontale

par les 3.e et 9.e termes de la première. } 1.re diagonale,　　période de 5.

par les 4.e et 13.e... verticale,　　période de 5.

par les 8.e et 14.e...2.e diagonale,　　période de 5.

par les 5.e et 12.e..... diagonales, { période d'espèce différente.

par les 6.e et 10.e.. { verticale et 1.re diagonale, } { période d'espèce différente.

par les 7.e et 11.e. { verticale et 2.e diagonale, } { période d'espèce différente.

Il suit de ce qui précède que chacune des diagonales et la verticale, prises isolément, peuvent avoir période composée d'autant de termes qu'il y a d'unités dans le plus grand facteur; mais que, prises 2 à 2, ces lignes auront des périodes différentes.

Le 2.e tableau aura les mêmes périodes que le 1.er : il faudra donc éviter, lors de sa formation, de commencer la 2.e ligne de manière à avoir, dans celles de même dénomination des deux tableaux, les mêmes périodes : car il y aurait des nombres répétés dans le carré magique.

On voit sur le champ si les lignes peuvent avoir des périodes, et leur nature. Il suffit des deux premiers termes de l'horizontale, ou mieux de la verticale. Ainsi, par exemple, l'unité faisant partie de ces deux termes, que la 2.e horizontale commence par 7, la différence en verticale sera 6, qui est multiple de 3 : il y aura donc période de 5 termes en verticale. Dans le même cas la 1.re diagonale aurait 8 pour 2.e terme; la différence serait 7, qui n'est multiple ni de 3, ni de 5 : ainsi point de période. Quant à la 2.e diagonale, ses deux premiers termes seront 25 et 5, dont la différence est 5 : ainsi cette diagonale aura période de 3. La différence, lorsqu'on est au dernier terme, ne s'établit pas par soustraction; elle est simplement le nombre même après le dernier.

Il reste à faire en sorte que les périodes aient la somme exigée. Dans le cas de la racine 15, la période de 5 termes doit avoir 40 pour somme, et celle de 3 termes doit avoir 24. En effet 8 est le moyen : donc $5 \cdot 8 = 40$, et $3 \cdot 8 = 24$.

On verra (*fig.* 21, *pl.* II) le carré de 15. Les tableaux qui y ont donné lieu sont les suivans.

Dans le 1.er de ces tableaux l'horizontale 1.re est formée avec les 15 premiers nombres dans l'ordre 6, 2, 3, 4, 5, 1, 7, 8, 9, 10, 11, 12, 13, 14, 15. La 2.e horizontale commence par le 3.e terme; mais, la 1.re diagonale ayant période de 5, il faut que les 1.er, 4.e, 7.e, 10.e et 13.e termes de la 1.re horizontale fassent 40; et, en effet, $6 + 4 + 7 + 10 + 13 = 40$.

Le 2.e tableau a pour 1.re horizontale les nombres de 0 à 210, tous multiples de 15, dans l'ordre 0, 15, 30, 90, 60, 45, 120, 105, 75, 135, 150, 165, 180, 195, 210. La seconde horizontale commence par le 4.e terme de la 1.re, et il y a période de 5 en verticale. Il faut donc que les 1.er, 4.e, 7.e, 10.e et 13.e de la 1.re horizontale fassent 525 : car le moyen est $105 = \frac{210 + 0}{2}$ et $5 \cdot 105 = 525$: en effet $0 + 90 + 120 + 135 + 180 = 525$.

On peut avoir périodicité en horizontale au lieu des verticales; et l'un des tableaux peut avoir périodicité dans l'une de ces lignes, et l'autre dans la ligne de dénomination différente.

Il est possible de calculer les combinaisons qui se rapportent à chaque cas; mais il faut faire attention que dans la périodicité en horizontale ou en verticale il est nécessaire, non-seulement que la période ait la somme voulue, mais encore que les autres termes soient disposés de manière à former cette même somme de 5 en 5. Ainsi le 2.e, le 5.e, le 8.e, le 11.e et le 14.e doivent faire 525; et, en effet, $15 + 60 + 105 + 150 + 195 = 525$: d'où il suit que les 3.e, 6.e, 9.e, 12.e et 15.e ont cette même somme. Reste à calculer B, ou les systèmes de combinaisons tirés de A, de telle manière que 3 périodes de 5, sur les 15 premiers nombres, ne comprennent pas de termes égaux : il faut donc connaître A pour en déduire B; quant au premier tableau, il suffirait de déterminer A.

Le 1.er tableau donnera $(1, 2, 3 \ldots 10)\ (1, 2, 3, 4, 5)\,$A : car chaque période s'arrange de $(1, 2, 3, 4, 5)$ manières. Les nombres restans sont $15 - 5 = 10$, et s'arrangent de $(1, 2, 3 \ldots 10)$ façons. A est le nombre de périodes de 40 qu'on peut faire avec les 15 premiers nombres.

Le 2.e tableau, ayant période de 5 en verticale, aura d'abord $(1, 2, 3, 4, 5)$ pour les arrangemens de chaque période; et, comme il y en a 3, on aura $(1, 2, 3, 4, 5)^3$. Or ces trois périodes peuvent avoir entr'elles $1, 2, 3 = 6$ arrangemens : on aura donc pour le second tableau $6\,B\,(1, 2, 3, 4, 5)^3$; et en tout, en multipliant les combinaisons de chaque tableau, $6\,A\,B\,(1, 2, 3, 4, 5)^4\ (1, 2, 3 \ldots 10)$. Reste à calculer A et B.

Voici les combinaisons dont sont susceptibles les 15 premiers nombres 5 à 5 pour obtenir 40.

1 2	8 14 15
	9 13 15
	10 12 15
	10 13 14
	11 12 14
1 3	7 14 15
	8 13 15
	9 12 15
	9 13 14
	10 11 15
	10 12 14
	11 12 13
1 4	6 14 15
	7 13 15
	8 12 15
	8 13 14
	9 11 15
	9 12 14
	10 11 14
	10 12 13
1 5	6 13 15
	7 12 15
	7 13 14
	8 11 15
	8 12 14
	9 10 15
	9 11 14
	9 12 13
	10 11 13

1 6	7 11 15
	7 12 14
	8 10 15
	8 11 14
	8 12 13
	9 10 14
	9 11 13
	10 11 12
1 7	8 9 15
	8 10 14
	8 11 13
	9 10 13
	9 11 12
1 8	9 10 12

Combinaisons où entre l'unité. . . . . (43)

---

2 3	6 14 15
	7 13 15
	8 12 15
	8 13 14
	9 11 15
	9 12 14
	10 11 14
	10 12 13

	5	14	15
	6	13	15
	7	12	15
	7	13	14
2 4	8	11	15
	8	12	14
	9	10	15
	9	11	14
	9	12	13
	10	11	13

	6	12	15
	6	13	14
	7	11	15
	7	12	14
2 5	8	10	15
	8	11	14
	8	12	13
	9	10	14
	9	11	13
	10	11	12

	7	10	15
	7	11	14
	7	12	13
	8	9	15
2 6	8	10	14
	8	11	13
	9	10	13
	9	11	12

	8	9	14
	8	10	13
2 7	8	11	12
	9	10	12
2 8	9	10	11

Combinaisons où 2 est le plus petit nombre. . . . . . . (41)

	5	13	15
	6	12	15
	6	13	14
	7	11	15
	7	12	14
3 4	8	10	15
	8	11	14
	8	12	13
	9	10	14
	9	11	13
	10	11	12

	6	11	15
	6	12	14
	7	10	15
	7	11	14
	7	12	13
3 5	8	9	15
	8	10	14
	8	11	13
	9	10	13
	9	11	12

$$3\ 6\ \begin{cases} 7\ \ \ 9\ \ 15 \\ 7\ \ 10\ \ 14 \\ 7\ \ 11\ \ 13 \\ 8\ \ \ 9\ \ 14 \\ 8\ \ 10\ \ 13 \\ 8\ \ 11\ \ 12 \\ 9\ \ 10\ \ 12 \end{cases} \qquad 4\ 6\ \begin{cases} 7\ \ \ 8\ \ 15 \\ 7\ \ \ 9\ \ 14 \\ 7\ \ 10\ \ 13 \\ 7\ \ 11\ \ 12 \\ 8\ \ \ 9\ \ 13 \\ 8\ \ 10\ \ 12 \\ 9\ \ 10\ \ 11 \end{cases}$$

$$3\ 7\ \begin{cases} 8\ \ \ 9\ \ 13 \\ 8\ \ 10\ \ 12 \\ 9\ \ 10\ \ 11 \end{cases} \qquad 4\ 7\ \begin{cases} 8\ \ \ 9\ \ 12 \\ 8\ \ 10\ \ 11 \end{cases}$$

Combinaisons où 3 est le plus petit nombre. . . . . . . (31)

Combinaisons où 4 est le plus petit nombre. . . . . . . (19)

$$4\ 5\ \begin{cases} 6\ \ 10\ \ 15 \\ 6\ \ 11\ \ 14 \\ 6\ \ 12\ \ 13 \\ 7\ \ \ 9\ \ 15 \\ 7\ \ 10\ \ 14 \\ 7\ \ 11\ \ 13 \\ 8\ \ \ 9\ \ 14 \\ 8\ \ 10\ \ 13 \\ 8\ \ 11\ \ 12 \\ 9\ \ 10\ \ 12 \end{cases} \qquad 5\ 6\ \begin{cases} 7\ \ \ 8\ \ 14 \\ 7\ \ \ 9\ \ 13 \\ 7\ \ 10\ \ 12 \\ 8\ \ \ 9\ \ 12 \\ 8\ \ 10\ \ 11 \end{cases}$$

$$5\ 7\qquad 8\ \ \ 9\ \ 11$$

Combinaisons où 5 est le plus petit nombre. . . . . . . (6)

$$6\ 7\qquad 8\ \ \ 9\ \ 10$$

Combinaison. . . . . (1)

En tout 141 manières de former période de 40 avec 5 nombres sur les 15 premiers : donc $A = 141$; mais B est plus considérable. Pour le calculer, on agira comme il suit :

Puisque toutes les verticales sont périodiques, et que

tous les nombres doivent se trouver dans les 3 périodes, il est d'abord inutile de chercher la 3.e période lorsqu'on en connaît deux, attendu que cette 3.e période comprend les nombres qui ne font point partie des deux autres. On comparera donc les premières périodes de A avec celles qui ne contiennent pas de nombres communs, et l'on obtiendra les premiers systèmes de B. Il y a plus : il suffira de comparer les périodes qui contiennent l'unité à celles qui ne la renferment pas, sans s'occuper de la comparaison des périodes qui n'ont pas l'unité avec les autres qui en sont aussi privées, attendu que la 3.e période, renfermant nécessairement l'unité, serait une de celles qui ont d'abord servi de comparaison : il y aura donc seulement les 43 premières périodes à prendre comme l'une des 3 qui constituent un des systèmes de B. Enfin une observation abrégera encore les recherches : si la période de comparaison contient 1 et 2, il suffit d'examiner celles qui commencent par 3, sans recourir à celles dont le premier terme est 4, 5 ou 6 : car, ou ces trois derniers nombres feront partie de la 2.e période, et par conséquent ne peuvent être que rejetés, puisque cette 2.e période a été prise en considération ; ou ces trois nombres n'entrent pas dans la 2.e période, et, par suite, entrent dans la 3.e, qu'il est inutile de rechercher. Par la même raison, lorsque 2 n'entre pas dans la période de comparaison, dont l'unité fait toujours partie, il ne faut chercher la 2.e que parmi celles qui commencent par 2 : car, après avoir épuisé celles-ci, en recourant à celles dont 2 ne fait pas partie, on retomberait nécessairement sur celles où entre 2.

D'après ces considérations l'on détermine B facilement

et sans tâtonnement. On mettra toujours isolément la période qui contient l'unité, et qui est la première, ou celle de comparaison; l'on suivra l'ordre des périodes de A.

Ce qui est dit ici doit être appliqué, sauf les modifications suggérées par les différens cas, à la recherche de B. Il y aura toujours à calculer A; et, malgré les abréviations dont ce calcul est susceptible, il faut avouer qu'à défaut de formule générale on est souvent rebuté par les longueurs qu'on est obligé de supporter. Au reste il est moins intéressant de connaître la somme des combinaisons de A que de pouvoir en obtenir à volonté, et c'est ce qu'on peut toujours faire.

Passant aux valeurs de B, on aura, pour le cas dont il s'agit ici :

```
1 2  8 14 15      1 2  9 13 15      1 2 10 12 15

3 4  9 11 13      3 4  7 12 14      3 4  6 13 14
3 4 10 11 12      3 4  8 11 14      3 4  8 11 14
3 5  7 12 13      3 4 10 11 12      3 4  9 11 13
3 5  9 10 13      3 5  6 12 14      3 5  7 11 14
3 5  9 11 12      3 5  7 11 14      3 5  8 11 13
3 6  7 11 13      3 5  8 10 14      3 6  8  9 14
3 6  9 10 12      3 5  9 11 12      3 6  7 11 13
3 7  9 11 10      3 6  7 10 14      3 7  8  9 13
                  3 6  8 11 12
                  3 7  8 10 12
```

```
1  2  10  13  14        1  2  11  12  14

3  4   6  12  15        3  4   5  13  15
3  4   7  11  15        3  4   8  10  15
3  5   6  11  15        3  5   7  10  15
3  5   8   9  15        3  5   8   9  15
3  5   9  11  12        3  5   9  10  13
3  6   7   9  15        3  6   7   9  15
3  6   8  11  12        3  6   8  10  13
                        3  7   8   9  13
```

En tout 41 systèmes de périodes dans l'une desquelles se trouvent 1 2.................................... (41)

```
1  3   7  14  15      1  3   8  13  15      1  3   9  12  15

2  4   9  12  13      2  4   9  11  14      2  4   7  13  14
2  4  10  11  13      2  5   7  12  14      2  4  10  11  13
2  5   8  12  13      2  5   9  10  14      2  5   6  13  14
2  5   9  11  13      2  5  10  11  12      2  5   8  11  14
2  5  10  11  12      2  6   7  11  14      2  6   7  11  14
2  6   8  11  13      2  6   9  11  12      2  6   8  10  14
2  6   9  10  13      2  7   9  10  12      2  6   8  11  13
2  6   9  11  12                           2  7   8  10  13
2  8   9  10  11
```

```
1 3  9 13 14              1 3 10 12 14

2 4  7 12 15              2 4  6 13 15
2 4  8 11 15              2 4  8 11 15
2 5  6 12 15              2 5  7 11 15
2 5  7 11 15              2 5  9 11 13
2 5  8 10 15              2 6  8  9 15
2 5 10 11 12              2 6  8 11 13
2 6  7 10 15
2 7  8 11 12


1 3 10 11 15              1 3 11 12 13

2 4  7 13 14              2 4  5 14 15
2 4  8 12 14              2 4  9 10 15
2 4  9 12 13              2 5  8 10 15
2 5  6 13 14              2 5  9 10 14
2 5  7 12 14              2 6  7 10 15
2 5  8 12 13              2 6  8  9 15
2 6  7 12 13              2 6  8 10 14
2 7  8  9 14              2 7  8  9 14
```

En tout 54 systèmes de périodes dans l'une desquelles sont compris 1 3... (54)

1	4	6	14	15
2	3	10	12	13
2	5	8	12	13
2	5	9	11	13
2	5	10	11	12
2	7	8	10	13
2	7	8	11	12
2	7	9	10	12
2	8	9	10	11

1	4	8	13	14
2	3	9	11	15
2	5	6	12	15
2	5	7	11	15
2	5	10	11	12
2	6	7	10	15
2	6	9	11	12
2	7	9	10	12

1	4	10	11	14
2	3	7	13	15
2	3	8	12	15
2	5	6	12	15
2	5	8	10	15
2	6	8	9	15
2	6	7	12	13
2	5	8	12	13

1	4	7	13	15
2	3	9	12	14
2	3	10	11	14
2	5	8	11	14
2	5	9	10	14
2	5	10	11	12
2	6	8	10	14
2	6	9	11	12
2	8	9	10	11

1	4	9	11	15
2	3	8	13	14
2	3	10	12	13
2	5	6	13	14
2	5	7	12	14
2	5	8	12	13
2	6	8	10	14
2	6	7	12	13
2	7	8	10	13

1	4	10	12	13
2	3	6	14	15
2	3	9	11	15
2	5	7	11	15
2	5	8	11	14
2	6	8	9	15
2	6	7	11	14
2	7	8	9	14

1	4	8	12	15
2	3	10	11	14
2	5	6	13	14
2	5	9	10	14
2	5	9	11	13
2	6	7	11	14
2	6	9	10	13

1	4	9	12	14
2	3	7	13	15
2	5	7	11	15
2	5	8	10	15
2	6	7	10	15
2	6	8	11	13
2	7	8	10	13

En tout 57 systèmes de périodes dans l'une desquelles sont

1 4 ...... (57)

———

1	5		6	13	15	1	5		8	11	15	1	5		9	11	14

```
1 5   6 13 15      1 5   8 11 15      1 5   9 11 14

2 3   9 12 14      2 3   9 12 14      2 3   7 13 15
2 3 10 11 14       2 3 10 12 13       2 3   8 12 15
2 4   8 12 14      2 4   7 13 14      2 3 10 12 13
2 4   9 11 14      2 4   9 12 13      2 4   6 13 15
2 7   8  9 14      2 6   7 12 13      2 4   7 12 15
2 7   8 11 12      2 6   9 10 13      2 6   7 10 15
2 7   9 10 12      2 7   9 10 12      2 6   7 12 13
2 8   9 10 11                         2 7   8 10 13


1 5   7 12 15      1 5   8 12 14      1 5   9 12 13

2 3   8 13 14      2 3   7 13 15      2 3   6 14 15
2 3 10 11 14       2 3   9 11 15      2 3 10 11 14
2 4   9 11 14      2 4   6 13 15      2 4   8 11 15
2 4 10 11 13       2 4   9 10 15      2 6   7 10 15
2 6   8 10 14      2 4 10 11 13       2 6   7 11 14
2 6   8 11 13      2 6   7 10 15      2 6   8 10 14
2 6   9 10 13      2 6   9 10 13
2 8   9 10 11


1 5   7 13 14      1 5   9 10 15      1 5 10 11 13

2 3   8 12 15      2 3   8 13 14      2 3   6 14 16
2 3   9 11 15      2 4   7 13 14      2 3   8 12 15
2 4   8 11 15      2 4   8 12 14      2 3   9 12 14
2 4   9 10 15      2 6   7 11 14      2 4   7 12 15
2 6   8  9 15      2 6   7 12 13      2 4   8 12 14
2 6   9 11 12      2 6   8 11 13      2 6   8  9 15
2 8   9 10 11      2 7   8 11 12      2 7   8  9 14
```

En tout 65 systèmes de périodes dont l'une contient
1 5.. (65)

1	6	7	11	15
2	3	8	13	14
2	3	9	12	14
2	3	10	12	13
2	4	8	12	14
2	4	9	12	13
2	5	9	10	14
2	5	8	12	13

1	6	7	12	14
2	3	9	11	15
2	4	8	11	15
2	4	9	10	15
2	4	10	11	13
2	5	8	10	15
2	5	9	11	13
2	8	9	10	11

1	6	8	10	15
2	3	9	12	14
2	4	7	13	14
2	4	9	11	14
2	4	9	12	13
2	5	7	12	14
2	5	9	11	13

1	6	8	11	14
2	3	7	13	15
2	3	10	12	13
2	4	7	11	15
2	4	9	10	15
2	4	9	12	13
2	7	9	10	12

1	6	8	12	13
2	3	9	11	15
2	3	10	11	14
2	4	5	14	15
2	4	9	10	15
2	4	9	11	14
2	5	7	11	15
2	5	9	10	14

1	6	9	10	14
2	3	7	13	15
2	3	8	12	15
2	4	7	12	15
2	4	8	11	15
2	5	7	11	15
2	5	8	12	13
2	7	8	11	12

1	6	9	11	13
2	3	8	12	15
2	4	5	14	15
2	4	7	12	15
2	4	8	12	14
2	5	8	10	15
2	5	7	12	14

1	6	10	11	12
2	3	7	13	15
2	3	8	13	14
2	4	5	14	15
2	4	7	13	14
2	7	8	9	14

En tout 51 systèmes de périodes, 1 et 6 étant compris dans l'une d'elles....... (51)

1	7	8	9	15	1	7	8	10	14	1	7	8	11	13
2	3	10	11	14	2	3	9	11	15	2	3	6	14	15
2	3	10	12	13	2	4	6	13	15	2	3	9	12	14
2	4	10	11	13	2	4	9	12	13	2	4	5	14	15
2	5	6	13	14	2	5	6	12	15	2	4	9	10	15
2	5	10	11	12	2	5	9	11	13	2	5	6	12	15
					2	6	9	11	12	2	5	9	10	44

1	7	9	10	13	1	7	9	11	12
2	3	6	14	15	2	3	6	14	15
2	3	8	12	15	2	3	8	13	14
2	4	5	14	15	2	4	5	14	15
2	4	8	11	15	2	4	6	13	15
2	4	8	12	14	2	5	8	10	15
2	5	6	12	15	2	5	6	13	14
2	5	8	11	14	2	6	8	10	14

En tout 31 systèmes de périodes dont l'une contient
1, 7...(31)

---

1 8 9 10 12.

2	3	6	14	15	2	4	7	13	14
2	3	7	13	15	2	5	7	11	15
2	4	5	14	15	2	5	6	13	14
2	4	6	13	15	2	6	7	11	14

En tout 8 systèmes de périodes dans l'une desquelles
sont 1 , 8..(8)

Ajoutant tous les systèmes, on aura $B = 307$, et la formule $6AB(1,2,3,4,5)^4(1,2,3\ldots20)$ deviendra $6 \cdot 141 \cdot 307 \cdot 120^4 \cdot 3628800 = 259722 \cdot 207360000 \cdot 3628800$. Ce nombre prodigieux ne représente que les combinaisons relatives au seul cas que l'on considère ici.

Il est plus facile d'obtenir les combinaisons pour les périodes de 5 que pour celles de 3, non pas à raison d'un nombre moins considérable de ces combinaisons; mais il ne faut s'occuper que d'une période avec celle de comparaison, tandis que, pour celles de 3, il faut en avoir trois, indépendamment de celle qui sert de comparaison. Voici les valeurs de A et les systèmes de B, lorsque les périodes ne sont que de 3 termes. Chacune doit avoir 24 pour somme.

Et d'abord on aura pour A :

1	8	15	2	7	15	3	6	15	4	5	15
1	9	14	2	8	14	3	7	14	4	6	14
1	10	13	2	9	13	3	8	13	4	7	13
1	11	12	2	10	12	3	9	12	4	8	12
						3	10	11	4	9	11

5	6	13	6	7	11	7	8	9
5	7	12	6	8	10			
5	8	11						
5	9	10						

En tout, pour A, 25 combinaisons.

Venant aux valeurs de B, il faut comparer chaque valeur dont 1 fait partie, avec celles où entre 2, et qui n'ont point de nombres communs avec la première; puis prendre une 3.ᵉ période où entre 3; ensuite celle dont 4 fait partie, et toujours de manière à ne point avoir de nombres communs avec les périodes précédentes. On peut en conséquence arranger ces périodes comme suit :

$$1 \; 8 \; 15 \left\{ \begin{array}{l} 2 \quad 9 \; 13 \left\{ \begin{array}{l} 3 \quad 7 \; 14 \\ 3 \; 10 \; 11 \ldots 4 \; 6 \; 14 \end{array} \right. \\ 2 \; 10 \; 12 \ldots 3 \quad 7 \; 14 \ldots 4 \; 9 \; 11 \end{array} \right.$$

On voit que la 1.ʳᵉ combinaison dont 1 fait partie, ne peut se comparer qu'avec 2, 9, 13 et 2, 10, 12, puisque 2, 7, 15 et 2, 8, 14 ont 15 et 8 communs avec 1, 8, 15. On prend donc 2, 9, 13, qui ne peut avoir que 3, 7, 14 et 3, 10, 11, puisque les trois autres périodes où entre 3 ont des nombres communs soit avec 1, 8, 15, soit avec 2, 9, 13. Comparant 3, 7, 14 avec les combinaisons où entre 4, on voit sur le champ qu'il n'y en a point qui puisse convenir : il n'y aura donc point de système dans cette supposition. Quant à 3, 10, 11, il n'y a que 4, 6, 14 qui n'ait point de nombre commun avec les périodes précédentes. La 5.ᵉ période se compose des nombres restans, et doit être l'une des 7 restantes; elle est en effet 5, 7, 12.

Revenant à 2, 10, 12, il n'y a que 3, 7, 14 qui convienne; et parmi celles qui commencent par 4, il n'y a que 4, 9, 11 qui n'ait pas de nombre commun avec les 3 précédentes : la 5.ᵉ sera donc 5, 6, 13.

Passons à 1, 9, 14. On aura:

$$1 \; 9 \; 14 \left\{ \begin{array}{l} 2 \quad 7 \; 15 \left\{ \begin{array}{l} 3 \quad 8 \; 13 \ldots\ldots\ldots\ldots \\ 3 \; 10 \; 11 \ldots 4 \; 8 \; 12 \end{array} \right. \left. \begin{array}{l} \ldots\ldots\ldots \\ 5 \; 6 \; 13 \end{array} \right\} \\ 2 \; 10 \; 12 \left\{ \begin{array}{l} 3 \quad 6 \; 15 \ldots 4 \; 7 \; 13 \\ 3 \quad 8 \; 13 \ldots 4 \; 5 \; 15 \end{array} \right. \left. \begin{array}{l} 5 \; 8 \; 11 \\ 6 \; 7 \; 11 \end{array} \right\} \end{array} \right.$$

Pour 1, 10, 13 on obtiendra

$$1\ 10\ 13 \begin{cases} 2\ 7\ 15 & 3\ 9\ 12\ldots4\ 6\ 14 \\[4pt] 2\ 8\ 14 \begin{cases} 3\ 6\ 15\ldots4\ 9\ 11 \\ 3\ 9\ 12\ldots4\ 5\ 15 \end{cases} \end{cases} \left.\begin{array}{l} 5\ 8\ 11 \\ 5\ 7\ 12 \\ 6\ 7\ 11 \end{array}\right.$$

Pour 1, 11, 12 il viendra :

$$1\ 11\ 12 \begin{cases} 2\ 7\ 15\ldots3\ 8\ 13\ldots4\ 6\ 14 \\ 2\ 8\ 14\ldots3\ 6\ 15\ldots4\ 7\ 13 \end{cases} \left.\begin{array}{l} 5\ 9\ 10 \\ 5\ 9\ 10 \end{array}\right.$$

$$2\ 9\ 13 \begin{cases} 3\ 6\ 15\ldots\ldots\ldots\ldots \\ 3\ 7\ 14\ldots4\ 5\ 15 \end{cases} \left.\begin{array}{l} \ldots\ldots \\ 6\ 8\ 10 \end{array}\right.$$

Il n'y aura donc que 11 systèmes pour B. Ici B est $<$A; et pour les périodes de 5 il était $>$A.

ARTICLE II.

CARRÉ DE 21.

Sans chercher les combinaisons propres au carré de $21 = 3 \cdot 7$, il suffit d'observer qu'il y aura des périodes de 3 et de 7 termes, comme suit.

On sait que le moyen est le premier ou le dernier terme de la 1.re ligne, selon que l'on commence la 2.e par le dernier ou le 2.e terme de cette 1.re. Il faut examiner les périodes pour les autres cas.

Si par le 3.e, la différence des deux premiers termes de la 1.re diagonale est 3: donc la 1.re diagonale aura 3 périodes de 7;

par le 4.e : verticale, période de 7;

par le 5.e : 2.e diagonale, période de 7;

par le 6.e : 1.re diagonale, période de 7;

par le 7.e : verticale, période de 7; {1.^{re} diagonale, période de 3;

par le 8.e : verticale, période de 3; {2.^e diagonale, période de 7;

par le 9.e : 1.re diagonale, période de 7; {2.^e diagonale, période de 3;

par le 10.e : verticale, période de 7;
par le 11.e : 2.e diagonale, période de 7;
par le 12.e : 1.re diagonale, période de 7;
par le 13.e : verticale, periode de 7;

par le 14.e : 1.re diagonale, période de 3; {2.^e diagonale, période de 7;

par le 15.e : verticale, période de 3; {1.^{re} diagonale, période de 7;

par le 16.e : verticale, période de 7; {2.^e diagonale, période de 3;

par le 17.e : 2.e diagonale, période de 7;
par le 18.e : 1.re diagonale, période de 7;
par le 19.e : verticale, période de 7;
par le 20.e : 2.e diagonale, période de 7;

On voit donc que la 1.re diagonale aura période de 7 en commençant par les 3.e, 6.e, 9.e, 12.e, 15.e, 18.e, de 3 en 3; et période de 3 si la 2.e ligne commence par les 7.e et 14.e termes de la 1.re

La 2.e diagonale aura période de 7 en commençant la 2.e ligne par les termes de la 1.re qui sont les 5.e, 8.e, 11.e, 14.e, 17.e et 20.e, aussi de 3 en 3, et elle aura période de 3 par les 9.e et 16.^e

La verticale (ou l'horizontale, en opérant sur la verticale) aura périodé de 7 lorsqu'on commencera la 2.e ligne par les 4.e, 7.e, 10.e, 13.e, 16.e et 19.e, de 3 en 3, et elle aura période de 3 par les 8.e et 15.e de la 1.re ligne.

Il faut aussi remarquer qu'il y a période double lorsqu'on commence par les 7.e, 8.e, 9.e, 14.e, 15.e et 16.e termes, et que ces périodes sont d'espèce différente.

Il est toujours indispensable de connaître l'espèce de périodes appartenante à telle ou telle ligne des tableaux, afin de donner aux termes qui doivent les composer la somme nécessaire, et pour éviter de prendre, dans les deux tableaux, des périodes de même espèce pour des lignes de même dénomination.

On observera que l'un des tableaux peut avoir période en verticale, et l'autre en horizontale.

Que la 2.e ligne du 1.er tableau commence, par exemple, par le 7.e terme de la 1.re : comme on doit avoir verticale ou horizontale périodique, on suppose que ce soit la verticale. Il faudra que le 1.er, le 4.e, le 7.e, le 10.e, le 13.e, le 16.e et le 19.e terme de la 1.re horizontale donnent une somme $= 77 = 7 \cdot 11$, puisque 11 est le moyen; il faut de plus que les 1.er, 8.e et 15.e termes de cette 1.re ligne donnent pour somme $3 \cdot 11 = 33$, attendu que la 1.re diagonale est aussi périodique : on pourrait donc former la 1.re ligne comme suit :

5 3 1 7 9 2 10 13 8 6 4 11 14 12 15 17 16 21 18 20 19

Car $5 + 7 + 10 + 6 + 14 + 17 + 18 = 77$, et de plus $5 + 13 + 15 = 33$; les 12 autres nombres s'arrangeront de manière à ce que 6 d'entr'eux plus le nombre 13 de la diagonale donnent toujours la même somme 77; et ces nombres doivent se trouver aux rangs 2.e, 5.e, 8.e, 11.e,

14.e, 17.e et 20.e On a ici $3 + 9 + 13 + 4 + 12 + 16 + 20 = 77$. Quant aux six nombres restans et à celui 15 de la diagonale, dont la position est fixe, leur somme sera nécessairement 77; ils se trouvent aux 3.e, 6.e, 9.e, 12.e, 15.e, 18.e et 21.e rangs. En effet $1 + 2 + 8 + 11 + 15 + 21 + 19 = 77$.

Pour avoir toutes les combinaisons propres au cas que l'on considère, il faut donc chercher A, ou tous les arrangemens possibles de 7 nombres sur 21, propres à donner 77 pour somme; former ensuite tous les systèmes de deux périodes ne comprenant pas de nombres communs : la 3.e période sera nécessairement composée des 7 nombres restans, ce qui donnera B. Ce dernier trouvé, il faut chercher, pour chaque système de 3 périodes, 3 nombres dont la somme soit 33, en prenant un nombre dans chacune de ces périodes, le total de ces nouveaux systèmes étant C.

On a ici les 3 périodes, 5, 6, 7, 10, 14, 17, 18.....
3, 4, 9, 12 13, 16, 20.....1, 2, 8, 11, 15, 19, 21,
ce qui donne les périodes de 3, savoir : 5, 9, 19.....
5, 13, 15....5, 20, 8....6, 12, 15....6, 16, 11....
10, 4, 19....10, 12, 11....14, 4, 15....18, 4, 11....
18, 13, 2 : en tout 10 systèmes.

Lorsqu'on aura choisi une fois l'ordre des périodes de 7, lequel sera, par exemple, celui ci-dessus, on fixera également la période de 3 qu'on jugera convenable d'adopter, comme 5, 13, 15. On formera facilement le 1.er tableau, dont le 1.er terme sera 5, commun aux périodes de 7 et de 3; le 8.e terme sera 13; et le 15.e sera 15. Cela fait, on prendra à volonté un nombre dans chaque période de 7, et l'on écrira ces nombres arbitrairement choisis à la suite l'un de l'autre, comme 5, 3, 1... 7, 9, 2... 10, 13, 8... 6, 4, 11... 14, 12, 15... 17, 16, 21... 18, 20, 19. Il n'y a que 5, 13 et 15 dont la position est forcée, comme on le voit aux 1.er, 8.e et 15.e rangs.

Pour avoir les combinaisons dont est susceptible le système choisi ici, on remarquera d'abord que les 3 périodes de 7 peuvent s'arranger de 6 manières; ensuite, qu'à l'exception d'un seul nombre, les 6 autres se combinent de $(1, 2, 3, 4, 5, 6)$ façons, ce qui fait 720, et pour les 3 périodes, 720^3, nombre qu'il faut multiplier par 10, qui est le nombre des périodes de 3 pour le système adopté. Chacune de ces périodes de 3, restant constante pour un système, n'éprouve point de variation. On aura donc $6 \cdot 720^3 \cdot 10 = 22394880000$ manières de construire le 1.er tableau avec les trois périodes choisies, et en commençant la 2.e ligne par le 7.e terme de la première. Ce nombre doit être doublé : car les périodes peuvent être en horizontale.

Si l'on veut maintenant construire le 2.e tableau en commençant par le 8.e terme de la 1.re horizontale la seconde de ces lignes, on aura période de 3 en verticale, et période de 7 à la 2.e diagonale. Il faut donc que les 3.e, 6.e, 9.e, 12.e, 15.e, 18.e et 21.e rangs de la 1.re horizontale aient 77 pour somme; mais toutes les verticales doivent être périodiques. Il faudra donc composer, avec les 21 nombres, 7 périodes qui auront chacune 33 pour somme.

On prendra d'abord, pour plus de facilité, les 21 premiers nombres au lieu des multiples, sauf à substituer ensuite.

On peut faire d'abord les périodes de 3, et, avec un nombre pris de chacune, composer une période de 7 en valeur de 77.

Soient ces périodes de 3, les suivantes : 1, 15, 17.... 2, 13, 18....3, 10, 20....4, 8, 21....5, 9, 19.... 6, 11, 16....7, 12, 14; soient les nombres choisis 1, 18, 10, 21, 9, 11, 7 = 77. Il faudra que ces nombres soient aux 3.e, 6.e, 9.e, 12.e, 15.e, 18.e, 21.e rangs de la première horizontale. Lorsqu'ils sont placés, on met les deux autres nombres de chaque période de 3 à la 7.e case après celui de la diagonale, ou après les premiers placés, et la 1.re horizontale est formée. On peut donc faire cette 1.re horizontale comme suit :

17 2 10 4 5 11 12 15 18 3 8 9 6 14 1 13 20 21 19 16 7

Il reste à substituer les multiples, qui seront égaux à 21 multiplié par les nombres ci-dessus, diminués de l'unité, parce que le 1.er multiple est 0. On aurait donc, pour la 1.re horizontale du 2.e tableau, 336, 21, 189, 63, 84, 210, 231, 294, 357, 42, 147, 168, 105, 273, 0, 252, 399, 420, 378, 315, 126.

Le terme moyen est 210, et 7·210 = 1470, valeur d'une période de 7. Celle de 3 = 210·3 = 630. Voici les tableaux :

1.er TABLEAU.

```
 5  3  1  7  9  2 10 13  8  6  4 11 14 12 15 17 16 21 18 20 19
10 13  8  6  4 11 14 12 15 17 16 21 18 20 19  5  3  1  7  9  2
14 12 15 17 16 21 18 20 19  5  3  1  7  9  2 10 13  8  6  4 11
18 20 19  5  3  1  7  9  2 10 13  8  6  4 11 14 12 15 17 16 21
 7  9  2 10 13  8  6  4 11 14 12 15 17 16 21 18 20 19  5  3  1
 6  4 11 14 12 15 17 16 21 18 20 19  5  3  1  7  9  2 10 13  8
17 16 21 18 20 19  5  3  1  7  9  2 10 13  8  6  4 11 14 12 15
 5  3  1 etc.
```

2.me TABLEAU.

```
336  21 189  63  84 210 231 294 357  42 147 168 105 273   0 252 399 420 378 315 126
294 357  42 147 168 105 273   0 252 399 420 378 315 126 336  21 189  63  84 210 231
  0 252 399 420 378 315 126 336  21 189  63  84 210 231 294 357  42 147 168 105 273
336 etc. ...............................................  420 378 315 126
         ...............................................  189  63  84 210 231
         ...............................................  357  42 147 168 105 273
         ...............................................    0 252 399 420 378 315 126
etc. ...................................................  126 336  21 189  63  84 210 231
```

Chaque ligne du carré aura $\frac{(21^2+1)21^2}{2 \cdot 21} = 221 \cdot 21 = 4641$; mais le 2.e tableau doit avoir $210 \cdot 21 = 4410$ pour valeur de chaque ligne. Le premier a 3 périodes de 77 aussi à chaque ligne, ce qui fait 231, et $4410 + 231 = 4641$.

Ajoutant, terme à terme, les deux tableaux, on aura le carré de 21.

On a pris ici les périodes de 3 en verticale, ce qui est le cas le plus difficile, afin d'avoir le 2.e tableau. Il faudrait connaître toutes les combinaisons des 21 premiers nombres qui peuvent donner 6 périodes, dont chacune vaudrait 33; la 7.e est une conséquence de ces six.

Il n'est pas difficile de trouver toutes les périodes qui donnent 33, et, parmi celles-ci, toutes celles qui satisfont à la condition de renfermer tous les nombres.

On donne ci-après ces périodes.

Voici toutes les périodes de 3 termes avec les 21 premiers nombres.

1 11 21	2 10 21	3 9 21	4 8 21	5 7 21	6 7 20	7 8 18	8 9 16	9 10 14	10 11 12
1 12 20	2 11 20	3 10 20	4 9 20	5 8 20	6 8 19	7 9 17	8 10 15	9 11 13	
1 13 19	2 12 19	3 11 19	4 10 19	5 9 19	6 9 18	7 10 16	8 11 14		
1 14 18	2 13 18	3 12 18	4 11 18	5 10 18	6 10 17	7 11 15	8 12 13		
1 15 17	2 14 17	3 13 17	4 12 17	5 11 17	6 11 16	7 12 14			
	2 15 16	3 14 16	4 13 16	5 12 16	6 12 15				
			4 14 15	5 13 15	6 13 14				

Il ne s'agit plus que de rechercher, parmi ces périodes, 6 d'entr'elles qui renferment des nombres différens : pour cela on comparera séparément chaque combinaison dont 1 fait partie avec celles où entre 2; puis celles-ci avec les périodes qui renferment 3; et ainsi de suite, en abandonnant celles qui contiendront des nombres déjà placés.

```
                    ⎧ 3 10 20 ⎧ 4 14 15.........
                    ⎪         ⎩ 4 13 16.........
                    ⎪         ⎧ 4  9 20   5 10 18.........
          2 12 19 ⎨ 3 13 17 ⎨         ⎧ 5  8 20   6  9 18   7 10 16
                    ⎪         ⎩ 4 14 15 ⎩ 5 10 18   6  7 20   8  9 16
                    ⎪                  ⎧ 5 10 18.........
                    ⎩ 3 14 16   4  9 20 ⎩ 5 13 15   6 10 17   7  8 18

                    ⎧         ⎧ 4 12 17   5  9 19.........
                    ⎪ 3 10 20 ⎨         ⎧ 5  9 19.........
                    ⎪         ⎩ 4 14 15 ⎩ 5 12 16   6  8 19   7  9 17
          2 13 18 ⎨         ⎧ 4  9 20.........
                    ⎪         ⎪ 4 10 19   5  8 20   6 12 15   7  9 17
                    ⎪ 3 14 16 ⎨         ⎧ 5  8 20.........
                    ⎩         ⎩ 4 12 17 ⎩ 5  9 19   6  7 20   8  9 16
1 11 21 ⎨                                                              ⎬ (14)
                    ⎧ 3 10 20   4 13 16   5  9 19   6 12 15   7  8 18
                    ⎪           ⎧ 4  9 20   5 13 15   6  8 19   7 10 16
          2 14 17 ⎨           ⎪ 4 10 19 ⎧ 5  8 20.........
                    ⎪ 3 12 18 ⎨         ⎩ 5 13 15   6  7 20   8  9 16
                    ⎩           ⎪ 4 13 16 ⎧ 5  8 20.........
                                ⎩         ⎩ 5  9 19   6  7 20   8 10 15

                    ⎧ 3 10 20   4 12 17   5  9 19   6 13 14   7  8 18
                    ⎪         ⎧ 4  9 20.........
          2 15 16 ⎨ 3 12 18 ⎩ 4 10 19   5  8 20   6 13 14   7  9 17
                    ⎪         ⎧ 4  9 20   5 10 18   6  8 19   7 12 14
                    ⎩ 3 13 17 ⎩ 4 10 19   5  8 20   6  9 18   7 12 14
```

```
1 12 20 {
  2 10 21 { 3 11 19 { 4 13 16.........
                      4 14 15.........
            3 13 17 { 4 11 18  5  9 19.........
                      4 14 15  5  9 19   6 11 16   7  8 18
            3 14 16   4 11 18 { 5  9 19.........
                               5 13 15   6  8 19   7  9 17
            3  9 21 { 4 10 19  5 11 17.........
                      4 14 15  5 11 17   6  8 19   7 10 16

  2 13 18 { 3 11 19 { 4  8 21.........
                      4 14 15  5  7 21   6 10 17   8  9 16
            3 14 16 { 4  8 21 { 5  9 19   6 10 17   7 11 15
                               5 11 17.........
                      4 10 19 { 5  7 21.........
                               5 11 17.........

  2 14 17 { 3  9 21 { 4 10 19  5 13 15   6 11 16   7  8 18   )(14)
                      4 11 18  5 13 15   6  8 19   7 10 16
                      4 13 16  5 10 18   6  8 19   7 11 15
            3 11 19 { 4  8 21 { 5 10 18.........
                               5 13 15   6  9 18   7 10 16
                      4 13 16 { 5  7 21   6  9 18   8 10 15
                               5 10 18.........
            3  9 21 { 4 10 19  5 11 17   6 13 14   7  8 18
                      4 11 18.........
            3 11 19   4  8 21  5 10 18   6 13 14   7  9 17

  2 15 16 { 3 13 17 { 4  8 21 { 5  9 19.........
                               5 10 18.........
                      4 10 19  5  7 21   6  9 18   8 11 14
                      4 11 18 { 5  7 21   6  8 19   9 10 15
                               5  9 19.........
```

```
            ⎧                ⎧ 4  9 20  5 11 17.........
            ⎪ 3 12 18 ⎨            ⎧ 5  8 20   6 11 16   7  9 17
            ⎪                ⎩ 4 14 15 ⎨ 5 11 17   6  7 20   8  9 16
  2 10 21 ⎨
            ⎪                ⎧ 4  9 20  5 11 17  6 12 15  7  8 18
            ⎪ 3 14 16 ⎨ 4 11 18  5  8 20  6 12 15  7  9 17
            ⎩                ⎩ 4 12 17  5  8 20  6  9 18  7 11 15

            ⎧                ⎧ 4 14 15 ⎧ 5 10 18.........
            ⎪ 3  9 21 ⎨            ⎩ 5 12 16   6 10 17   7  8 18
            ⎪                ⎩ 4 12 17  5 10 18.........
            ⎪                ⎧ 4  8 21.........
  2 11 20 ⎨ 3 12 18 ⎨ 4 14 15  5  7 21  6 10 17  8  9 16
            ⎪                ⎧ 4  8 21  5 10 18  6 12 15  7  9 17
1 13 19 ⎨            ⎪ 3 14 16 ⎨            ⎧ 5  7 21  6  9 18  8 10 15  (19)
            ⎪                ⎩ 4 12 17 ⎨ 5 10 18.........
            ⎪
            ⎪                                   ⎧ 5  8 20  6 12 15  7 10 16
            ⎪ 3  9 21  4 11 18 ⎨ 5 12 16  6  7 20  8 10 15
            ⎪                ⎧ 4  8 21  5 12 16  6  9 18  7 11 15
  2 14 17 ⎨ 3 10 20 ⎨            ⎧ 5  7 21  6 12 15  8  9 16
            ⎪                ⎩ 4 11 18 ⎨ 5 12 16.........
            ⎪                ⎧ 4  8 21.........
            ⎩ 3 12 18 ⎨ 4  9 20  5  7 21  6 11 16  8 10 15

            ⎧                ⎧ 4 11 18  5  8 20  6 10 17  7 12 14
            ⎪ 3  9 21 ⎨            ⎧ 5  8 20.........
            ⎪                ⎩ 4 12 17 ⎨ 5 10 18  6  7 20  8 11 14
            ⎪                ⎧ 4  8 21  5 11 17  6  9 18  7 12 14
  2 15 16 ⎨ 3 10 20 ⎨ 4 11 18  5  7 21.........
            ⎪                ⎧ 4  8 21  5 11 17  6  7 20  9 10 14
            ⎩ 3 12 18 ⎨            ⎧ 5  7 21  6 10 17  8 11 14
                             ⎩ 4  9 20 ⎨ 5 11 17.........
```

```
1 14 18 {
  2 10 21 {
    3 11 19 {
      4  9 20 { 5 13 15 .........
                5 12 16   6 10 17   7  8 18 }
      4 12 17 { 5  8 20 .........
                5 13 15   6  7 20   8  9 16 }
      4 13 16   5  8 20   6 12 15   7  9 17
    }
    3 13 17   4  9 20   5 12 16   6  8 19   7 11 15
  }
  2 11 20 {
    3  9 21 {
      4 10 19 { 5 12 16 .........
                5 13 15 ......... }
      4 12 17   5 13 15   6  8 19   7 10 16
      4 13 16, .........
    }
    3 13 17 {
      4  8 21 { 5  9 19   6 12 15   7 10 16
                5 12 16 ......... }
      4 10 19 { 5  7 21   6 12 15   8  9 16
                5 12 16 ......... }
    }
    3  9 21   4 13 16 { 5  8 20   6 10 17   7 11 15
                        5 11 17   6  7 20   8 10 15 }
  }
  2 12 19 {
    3 10 20 {
      4  8 21 { 5 11 17 .........
                5 13 15   6 11 16   7  9 17 }
      4 13 16 { 5  7 21 .........
                5 11 17 ......... }
    }
    3 13 17 {
      4  8 21 .........
      4  9 20   5  7 21   6 11 16   8 10 15
    }
    3  9 21 {
      4 10 19 { 5  8 20 .........
                5 11 17   6  7 20   8 12 13 }
      4 12 17   5  8 20 .........
    }
    3 10 20 {
      4  8 21 { 5  9 19 .........
                5 11 17 ......... }
      4 12 17 { 5  7 21   6  8 19   9 11 13
                5  9 19 ......... }
    }
  }
  2 15 16 {
    3 11 19 {
      4  8 21 .........
      4  9 20   5  7 21   6 10 17   8 12 13
      4 12 17 { 5  7 21 .........
                5  8 20 ......... }
    }
    3 13 17 {
      4  8 21   5  9 19   6  7 20  10 11 12
      4  9 20   5  7 21   6  8 19  10 11 12
      4 10 19 { 5  7 21 .........
                5  8 20 ......... }
    }
  }
} (16)
```

```
1 15 17 {

  2 10 21 {
      3 11 19 { 4  9 20   5 12 16   6 13 14   7  8 18
                4 13 16   5  8 20   6  9 18   7 12 14 }
      3 12 18 { 4  9 20 . . . . . . .
                4 13 16 { 5  8 20 . . . . . . . .
                          5  9 19   6  7 20   8 11 14 } }
      3 14 16 { 4  9 20   5  9 19 . . . . . . . .
                4 11 18 { 5  8 20 . . . . . . . .
                          5  9 19   6  7 20   8 12 13 } }
  }

  2 11 20 {
      3  9 21 { 4 10 19   5 12 16   6 13 14   7  8 18
                4 13 16   5 10 18   6  8 19   7 12 14 }
      3 12 18 { 4  8 21   5  9 19   6 13 14   7 10 16
                4 10 19   5  7 21   6 13 14   8  9 16
                4 13 16 { 5  7 21   6  8 19   9 10 14
                          5  9 19 . . . . . . . . }
      3 14 16 { 4  8 21 { 5  9 19 . . . . . . . .
                          5 10 18 . . . . . . . . } }
  }

  2 12 19 {
      3  9 21 { 4 10 19   5  7 21   6  9 18   8 12 13
                4 11 18   5  8 20   6 13 14   7 10 16
                4 13 16 { 5  8 20 . . . . . . . .
                          5 10 18   6  7 20   8 11 14 } }
      3 10 20 { 4  8 21 . . . . . . . .
                4 11 18   5  7 21   6 13 14   8  9 16
                4 13 16   5  7 21   6  9 18   8 11 14 }
      3 14 16 { 4  8 21   5 10 18   6  7 20   9 11 13
                4  9 20 { 5  7 21 . . . . . . . .
                          5 10 18 . . . . . . . . }
                4 11 18 { 5  7 21 . . . . . . . .
                          5  8 20 . . . . . . . . } }
  }

  2 13 18 {
      3  9 21  4 10 19 { 5  8 20   6 11 16   7 12 14
                         5 12 16   6  7 20   8 11 14 }
      3 10 20  4  8 21 { 5  9 19   6 11 16   7 12 14
                         5 12 16 . . . . . . . . }
      3 11 19 { 4  8 21   5 12 16   6  7 20   9 10 14
                4  9 20 { 5  7 21 . . . . . . . .
                          5 12 16 . . . . . . . . } }
      3 14 16 { 4  8 21   5  9 19   6  7 20  10 11 12
                4  9 20   5  7 21   6  8 19  10 11 12
                4 10 19 { 5  7 21 . . . . . . . .
                          5  8 20 . . . . . . . . } }
  }

} (21
```

Il vient donc 84 manières d'obtenir, avec les 21 premiers nombres, des groupes de 3 dont la somme soit 33, et dont 7 comprennent tous ces 21 nombres. Si l'on choisit un des systèmes, on pourra toujours avoir une période de 7 nombres dont la somme soit 77, en ne prenant qu'un des 3 nombres dans chacun des groupes de ce système.

Soit pris, par exemple, le système 1, 15, 17....2, 12, 19....3, 10, 20....4, 11, 18....5, 7, 21....6, 13, 14...8, 9, 16, et arbitrairement 4 ou 5 nombres qui ne soient ni les plus grands, ni les plus petits, mais les uns plus petits, d'autres plus grands, et seulement un dans chaque groupe : on soustraira la somme de 77, et avec les 3 ou 2 groupes restans on fera cette-différence. Soient 15, 12, 10, 4, 7 = 48 : il reste à obtenir 77 — 48 = 29, avec deux nombres des 2 groupes restans ; or 13 + 16 = 29.

Si l'on avait pris 15, 2, 20, 11, 7 = 55, on aurait eu 77 — 55 = 22, par 14 + 8. Lorsqu'on ne peut former la différence, d'après les nombres choisis, on verra toujours ce qu'il faudrait augmenter ou diminuer, et l'on reviendrait sur l'un ou l'autre des groupes précédant les deux derniers, et même sur 2 ou 3. Ainsi, soient pris 17, 19, 20, 18, 5 : la somme est 79 ; l'excès est 2. Et, les deux plus petits des deux groupes restans étant 6 et 8 = 14, on aura, en prenant ces deux nombres, 16 de trop : il faudra diminuer ces 16 en prenant 1 au lieu de 17, ou bien 15 au lieu de 17, et 4 au lieu de 18. Il y aurait bien d'autres moyens de faire ces 77 avec un nombre pris dans chaque groupe de 3.

Il est préférable de commencer par choisir un système de groupes de 3, au lieu de partir d'un groupe de 7 pour en déduire les 7 groupes de 3. Ainsi, pour le carré dont il est question, et la diagonale choisie, 1, 7, 9, 10, 11, 18, 21 = 77, les périodes de 3 doivent être formées de manière qu'aucune d'elles ne comprenne deux nombres de la diagonale : elles seront donc 1, 12, 20... 1, 13, 19... 1, 15, 17...... 7, 6, 20... 7, 12, 14...... 9, 4, 20... 9, 5, 19... 9, 8, 16...... 10, 3, 20... 10, 4, 19... 10, 6, 17... 10, 8, 15...... 11, 2, 20... 11, 3, 19... 11, 5, 17... 11, 6, 16... 11, 8, 14...... 18, 2, 13.... 18, 3, 12....... 21, 4, 8.

Mais, d'abord, il n'y a que la dernière qui contienne 21 ; et, comme il faut que ce nombre fasse partie de l'une des périodes, il suit que 4, 8, 21 est nécessairement l'une d'elles.

Passant à 1, 12, 20, on ne pourrait employer les périodes où entre 7 : car 12 ou 20 serait répété : donc 1, 12, 20 doivent être écartés.

Venant à 1, 13, 19, et essayant 7, 6, 20, on ne pourrait prendre aucune des périodes dont 9 fait partie : car 20, ou 19, ou 8, serait répété : il faut donc écarter 7, 6, 20. Si l'on emploie 7, 12, 14, les périodes où entre 9 ne peuvent pas servir : on est donc obligé de laisser 1, 3, 19 : et il faut passer à 1, 15, 17, qui doit alors nécessairement faire partie des périodes : ainsi on a déjà les nombres 1, 4, 8, 15, 17, 21, qui ne doivent plus entrer dans les périodes restantes.

Si l'on essaie 7, 6, 20, il faudra nécessairement 9, 5, 19 ; mais alors on ne pourra prendre aucune des périodes dont 10 fait partie : il faut donc laisser 7, 6, 20, et prendre 7, 12, 14 ; on aura toujours 9, 5, 19. Encore 6 nouveaux nombres forcés, savoir : 5, 7, 9, 12, 14, 19; et, par suite, 10, 3, 20. Il ne reste que 6 nombres à employer, lesquels sont 2, 6, 11, 13, 16, 18; et, pour les périodes, 11, 6, 16....2, 13, 18. Ce sont ceux qui ont été supposés au commencement de l'article, et l'on n'obtient qu'une combinaison.

La marche qui vient d'être pratiquée est plus longue que la précédente, où l'on a commencé par choisir un système de périodes de 3.

Les 7 termes de la période de la diagonale choisie donnent 1, 2, 3, 4, 5, 6, 7 = 5040 combinaisons. Les 7 périodes verticales, considérées comme un seul nombre chacune, alternent aussi de 5040 manières; et, comme pour chaque variation il y a deux places pour les 2 nombres dont le rang n'est pas fixé, il vient $2 \cdot 5040^2 = 50,803,200$; mais ces périodes de 3 peuvent être en horizontale : il faudra donc doubler le résultat précédent, et il viendra 101,606,400, lequel nombre sera multiplié par le nombre de combinaisons du 1.er tableau, qui est 44,789,760,000; et le nombre considérable résultant de ce produit n'est que pour un seul cas du carré de 21. Que serait-ce si l'on calculait A, B, C, et que l'on multipliât par le nombre 84, représentant les systèmes de périodes de 3?

ARTICLE III.

CARRÉ SIMPLE DE 35.

Puisque 35 = 5·7, les périodes seront de 5 et de 7 termes. On verra que chacune des trois lignes, 1.re, 2.e diagonale, et verticale, peut avoir l'une ou l'autre de ces périodes;

et même que ces lignes, 2 à 2, peuvent avoir deux périodes, mais toujours d'espèce différente. Il y a aussi des nombres qui n'en donnent aucune. Comme le 2.ᵉ tableau ne présente pas plus de difficulté que le 1.ᵉʳ, on ne s'en occupera pas. Les diagonales peuvent aussi être répétées; on 'n'en fera pas mention, non plus que des périodes en horizontale : car ce n'est qu'un changement de position dans un tableau; et il n'y a qu'à former les horizontales d'après les verticales, au lieu de faire celles-ci d'après celles-là.

Pour abréger, on indiquera la verticale par v, la 1.ʳᵉ diagonale par D, et la 2.ᵉ par d.

Le premier terme de la 1.ʳᵉ horizontale ne peut commencer la 2.ᵉ.

Si donc l'on commence cette 2.ᵉ horizontale par le 2.ᵉ ou le dernier terme de la 1.ʳᵉ, le moyen sera le dernier ou le premier terme de cette 1.ʳᵉ horizontale.

Si la 2.ᵉ horizontale commence
par les 3.ᵉ et 4.ᵉ termes de la 1.ʳᵉ, il n'y a point de période;
par le   5.ᵉ, D, période de 7;
par le   6.ᵉ, v, période de 7;
par le   7.ᵉ, D, période de 5; d, période de 7;
par le   8.ᵉ, v, période de 5;
par le   9.ᵉ, d, période de 5;
par le 10.ᵉ, D, période de 7;
par le 11.ᵉ, v, période de 7;
par le 12.ᵉ, d, période de 7;
par le 13.ᵉ, rien;
par le 14.ᵉ, D, période de 5;
par le 15.ᵉ, v, période de 5; D, période de 7;

par le 16.e, v, période de 7; d, période de 5;

par le 17.e, d, période de 7;

par les 18.e et 19.e, rien;

par le 20.e, D, période de 7;

par le 21.e, v, période de 7; D, période de 5;

par le 22.e, v, période de 5; d, période de 7;

par le 23.e, d, période de 5;

par le 24.e, rien;

par le 25.e, D, période de 7;

par le 26.e, v, période de 7;

par le 27.e, d, période de 7;

par le 28.e, D, période de 5;

par le 29.e, v, période de 5;

par le 30.e, D, période de 7; d, période de 5;

par le 31.e, v, période de 7;

par le 32.e, d, période de 7;

par les 33.e et 34.e, rien.

On voit donc que les 3.e, 4.e, 13.e, 18.e, 19.e, 24.e, 33.e et 34.e rangs ne donnent point de période; que la 1.re diagonale aura période de 7 par les 5.e, 10.e, 15.e, 20.e, 25.e et 30.e termes; et période de 5 par les 7.e, 14.e, 21.e et 28.e. La 2.e diagonale aura période de 7 par les 7.e, 12.e, 17.e, 22.e, 27.e et 32.e termes; et période de 5 par les 9.e, 16.e, 23.e, 30.e. La verticale aura période de 7 par les 6.e, 11.e, 16.e, 21.e, 26.e, 31.e; et période de 5 par les 8.e, 15.e, 22.e et 29.e termes.

Le 2.e tableau aura les mêmes variations : sur quoi il faut observer,

1.º Qu'on ne peut ajouter une diagonale répétée à une

diagonale périodique, ni une diagonale périodique à une diagonale ayant même période;

2.º Qu'un tableau sans période, ni diagonale répétée, peut s'ajouter à tous les autres;

3.º Que le tableau à verticales périodiques peut s'ajouter à ceux qui ont diagonale répétée ou périodique, pourvu que ce tableau n'ait pas en même temps diagonale périodique de même espèce que celle des derniers;

4.º Que les périodes d'une espèce s'ajoutent très-bien avec celles d'une autre espèce, en supposant qu'il n'y ait que 2 facteurs.

On trouvera le carré de 35 (*fig.* 22, *pl.* IV).

Le 1.ᵉʳ tableau a la 1.ʳᵉ diagonale répétée; la 1.ʳᵉ ligne est

18 19 20 21 22 23 24 25 26 27 28 29 30 31 32 33
34 35 1 2 3 4 5 6 7 8 9 10 11 12 13 14 15 16 17

Les nombres se suivent; le moyen, 18, est le premier; la 2.ᵉ ligne commence par le dernier, 17, de la première.

Le 2.ᵉ tableau a la 2.ᵉ diagonale répétée; le moyen, 595, est à la fin; et la 2.ᵉ ligne commence par le second de la première, lequel est 665.

Chaque ligne du carré magique est $\dfrac{(35^2+1)\,35^2}{2\cdot 35} = \dfrac{1226\cdot 35}{2} = 613\cdot 35 = 21455$. La diagonale du 1.ᵉʳ tableau vaut $18\cdot 35 = 630$. Celle du 2.ᵉ tableau a pour valeur $595\cdot 35 = 20825$; la somme des deux diagonales sera donc $20825 + 630 = 21455$, comme ci-dessus.

La 1.ʳᵉ ligne du 2.ᵉ tableau est

630 665 700 735 770 805 840 875 910 945 980 1015
1050 1085 1120 1155 1190 0 35 70 105 140 175
210 245 280 315 350 385 420 455 490 525 560 595

Les nombres se suivent encore. Il est clair qu'après 1190, et au lieu de $1225 = 35^2$, il faut mettre 0, qui est le premier des multiples.

D'après la distribution ci-dessus on voit que chaque ligne horizontale du carré magique commence par un nombre qui surpasse de 34 celui qui lui est supérieur; en second lieu, que l'on doit retrancher $1225 = 35^2$, toutes les fois qu'en ajoutant 36 on aurait un nombre plus grand que 1225; on écrit alors la différence, et la loi continue.

On n'ajoute 36 qu'à raison de la composition particulière des deux tableaux, qui suivent, le 1.er, l'ordre naturel; et le 2.e, l'ordre des multiples. En effet, chaque terme du 1.er tableau augmentant d'une unité sur le précédent, et chaque terme du 2.e tableau surpassant de 35 le précédent, l'augmentation se trouve de $35 + 1 = 36$; mais, lorsqu'on est arrivé à 35 du 1.er tableau, le suivant étant l'unité, il n'y aura que cette unité à ajouter au nombre précédent : en effet, si p désigne le nombre du 2.e tableau qui est ajouté au nombre 35 du 1.er, le suivant du 2.e tableau sera $p + 35$, lequel, ajouté à l'unité, donnera $p + 35 + 1$. Ainsi l'on aura les deux nombres consécutifs $p + 35$ et $p + 35 + 1$: c'est ce qu'on remarque dans chaque horizontale.

Si l'on commence les lignes du carré par un nombre plus grand de 34 unités que le supérieur, la raison est que chaque ligne du 1.er tableau commence par un nombre plus petit d'une unité que son supérieur; mais le 2.e tableau, au contraire, commence par un nombre plus grand de 35 unités que celui de la ligne supérieure, ce qui se réduit à $35 - 1 = 34$ pour le carré.

D'après les remarques précédentes, et ce qu'on va faire observer, il n'est pas difficile de se passer de tableaux, dont la construction serait longue, et dont les additions seraient fatigantes.

Le 1.er nombre de la 1.re horizontale, étant 630 = 595 + 35 (puisque le moyen 595 est le dernier de la 1.re ligne du 2.e tableau) + 18, qui est le moyen du 1.er tableau, aura donc 648; ensuite, ajoutant toujours 36, on arrivera à 1224; le suivant serait 1224 + 36 = 1250, qui excède de 35 unités le nombre 1225, qu'on ne peut surpasser. On écrira donc 35, qui est le 18.e terme du 1.er tableau, et qui répond à 0, qui est le 18.e terme du second. Le suivant est 1 dans le 1.er tableau, et 35 dans le second, ce qui donne 36, et il vient ainsi deux termes consécutifs.

Quant à la 2.e horizontale; on verra que 105, qui vient après 69, est composé de 35 du 1.er tableau et de 70 du second; mais le suivant 36 n'augmente que de l'unité du 1.er tableau. On voit qu'après les deux nombres 35 et 36 consécutifs de la 1.re horizontale, en viennent deux autres consécutifs de la 2.e, tellement placés que le plus petit des deux est sous le second de la 1.re horizontale. Il en sera de même de la 3.e horizontale par rapport à la seconde, et ainsi de chacune des suivantes relativement à la précédente, et jusqu'à la 17.e inclusivement. La 18.e horizontale commence par 1192 + 34 = 1226 — 1225 = 1, qui répond à 1 du 1.er tableau, et à 0 du 2.e. L'horizontale inférieure aura donc 35 du 1.er tableau, et 35 du 2.e : en tout, 70; puis le nombre suivant sera composé de 70 du 2.e tableau et de l'unité du 1.er : en tout, 71. Ainsi les nombres 70 et 71 se suivront. C'est la seule observation à faire sur le commencement des horizontales. Il faudra ajouter $69 = 35 + 34$ à l'unité supérieure, et écrire une unité de plus pour le nombre suivant, et l'on retombe sur la règle : ainsi 140 sera sous 71, et 141 sous le terme 107, qui vient après 71, et ainsi de suite. Il suffit donc de considérer la 1.re horizontale et la 1.re verticale.

Dans la 1.re horizontale 35 est le 18.e terme, et 36 vient après. Dans la 1.re verticale l'unité est le 18.e terme, et 70 est dessous; puis 71 suit.

On n'éprouvera donc pas de difficulté à se passer de tableaux une fois que la 1.re horizontale et la 1.re verticale seront construites.

Voici un autre moyen de construction qui fait éviter l'addition de 34 ou de 36 successivement. Cette addition fatigue à la longue, et peut occasioner des erreurs. Ce moyen dérive de la composition même des tableaux : il consiste dans la propriété qu'ont les parallèles à la 2.e diagonale, et la 2.e diagonale elle-même , d'avoir deux unités de moins à chaque nombre inférieur en diagonale. Il n'y a d'exception que dans le cas où le nombre qui doit être diminué de deux unités se trouve sous le plus petit de deux nombres consécutifs en horizontale. Alors, au lieu de diminuer de deux unités, on diminue de 33, et l'on continue d'après la règle; lorsqu'il se trouve sous le plus grand de deux nombres consécutifs, il est lui-même le plus petit de deux nombres consécutifs. Ainsi on commence par placer, dans le carré, tous les nombres consécutifs, ce qui se fait en ajoutant au plus grand de la ligne supérieure le nombre constant 69, et l'on obtient le plus petit de la ligne inférieure. Cela fait, on agit comme il vient d'être dit.

Enfin, et par un moyen plus expéditif que les deux autres, ayant formé la 1.re horizontale et la 1.re verticale, on aura chaque parallèle à la 1.re diagonale; et, cette 1.re diagonale elle-même jouissant de la propriété d'avoir chacun de ses nombres en diagonale plus petit de 70 que celui qui le précède, cela dispense de placer les nombres consécutifs, et il suffit d'augmenter de 7 le chiffre des dizaines. Il est clair qu'il faut soustraire 1225 de tout nombre plus grand, et ne porter que la différence. Ainsi, dans la 1.re diagonale, après 1208, on aurait, pour le nombre suivant en diagonale, 1278; mais on ne peut mettre plus de 1225, carré de 35 : donc il viendra $1278 - 1225 = 53$; de même, après 1273 il viendrait $1273 + 70 = 1343$, dont soustrayant 1225, reste 118, et ainsi des autres parallèles. On voit avec quelle rapidité on arrive au carré de 35.

Il résulte de ce qui vient d'être dit, qu'on n'a qu'une seule espèce de carré sur plusieurs milliards de combinaisons; et ce carré, construit par la méthode de Sauveur, n'est donné que pour faire voir combien sa marche est circonscrite.

Il est clair que le moyen de construction qui vient d'être donné n'a plus lieu lorsque les nombres des deux tableaux, sauf le 1.er et le dernier, qui sont les moyens, ne suivent plus l'ordre naturel : car ils peuvent varier, dans chaque tableau, de $(1, 2, 3 \ldots 34)$ manières, ce qui donne $(1, 2, 3 \ldots 34)^2$ combinaisons; et ce nombre prodigieux n'est que pour le seul cas de diagonales répétées.

Il ne faut donc se servir du moyen ci-dessus que lorsqu'on voudra arriver promptement à faire un carré magique dont la racine est le produit de facteurs simples.

ARTICLE IV.

CARRÉ SIMPLE DE 105.

Comme 105 est composé des 3 facteurs 3, 5, 7, on aura des périodes de 3, de 5, de 7, de 15, de 21 et de 35, et l'on peut avoir une, ou deux, ou trois lignes périodiques.

Ne considérant que le 1.er tableau, si la différence divise exactement la racine, il y aura période ou simple, ou provenante du produit de 2 facteurs, suivant que cette différence sera elle-même le produit de deux facteurs, ou l'un d'eux seulement. Ainsi, que la 2.e horizontale commence par le 7.e terme de la première, disposée d'après l'ordre naturel des 105 premiers nombres, on aura la différence verticale $7 - 1 = 6$, multiple de 3 : donc les verticales auront période de $5 \cdot 7 = 35$. La 1.re diagonale, ayant $8 - 1 = 7$, aura période de $3 \cdot 5 = 15$; la 2.e diagonale, ayant pour différence 5, aura période de $3 \cdot 7 = 21$; mais, si l'on commence la 2.e horizontale par le 36.e terme, la verticale aura pour différence $36 - 1 = 35$: donc la période sera de 3 termes; la 1.re diagonale aura $37 - 1 = 36$, multiple de 3, et sa période sera de 35.

On vient de dire que la différence devait diviser exactement la racine; mais, si la différence est un produit contenant ou un seul, ou deux des facteurs, il en est de même que si ce facteur ou les deux étaient seuls. Ainsi, quoique 6 ne divise pas 105, comme $6 = 2 \cdot 3$, et que 3 est facteur, il y aura période, et de même pour la différence 36.

Que la 2.e ligne commence par le 100.e terme, la verticale aura 99 pour différence ; il n'y a que le facteur 3 qui divise 99 : ainsi les verticales auront période de 35 ; la 1.re diagonale aura 100 pour différence, et il n'y a que 5 pour facteur : donc la période sera de 3·7=21 ; la 2.e diagonale aura 98 pour différence ; et, comme 98 se divise par 7, cette 2.e diagonale aura 15 pour période ; et ainsi des autres nombres.

On voit donc sur le champ si telle ou telle ligne est périodique, et combien de termes aura la période : il ne s'agit plus, comme on l'a déjà dit, que d'arranger les nombres de la 1.re horizontale de manière que les périodes donnent la somme voulue. C'est ce qu'on va rechercher pour le 1.er tableau seulement, et pour le cas où l'on commence la 2.e horizontale par le 100.e terme de la 1.re.

Si l'on écrit les 105 premiers nombres dans l'ordre naturel, à commencer par l'unité, on verra que la 1.re verticale procèdera de manière à retenir les places de 3 en 3 à partir de la 1.re ; que la 2.e verticale aura sa période par d'autres nombres de 3 en 3, à commencer par le 2.e nombre, et la 3.e verticale commençant par le 3.e nombre, aussi de 3 en 3.

Quant à la 1.re diagonale, elle aura tous ses nombres de 5 en 5, à commencer par l'unité, et jusqu'à 21 termes.

La 2.e diagonale aura 15 termes de 7 en 7, à partir du 7.e, et y compris le dernier.

Voici ces différentes lignes. Les nombres qui les composent désignent les rangs.

```
1  4  7 10 13 16 19 22 25 28 31 34 37 40 43 46 49 52 55 58 61 64 67 70 73 76 79 82 85 88 91 94 97 100 103 (1.re v.)
2  5  8 11 14 17 20 23 26 29 32 35 38 41 44 47 50 53 56 59 62 65 68 71 74 77 80 83 86 89 92 95 98 101 104 (2.e v.)
3  6  9 12 15 18 21 24 27 30 33 36 39 42 45 48 51 54 57 60 63 66 69 72 75 78 81 84 87 90 93 96 99 102 105 (3.e v.)
1  6    11    16 21    26    31 36    41    46 51    56    61 66    71    76 81    86    91 96    101     (1re d.)
      7    14 21    28    35    42       49    56    63       70    77    84       91    98     105 (2e d.)
```

Cette disposition favorable met en regard les rangs communs aux diagonales et aux verticales. Ces rangs ne sont pas pour représenter les nombres qu'ils doivent comporter. Ainsi la 1.re diagonale, qui doit avoir $21 \cdot 53 = 1113$ à chacune de ses cinq périodes égales, n'a que 1071 : il manque donc 42, qu'on peut faire porter où l'on voudra. Soit ajouté ce nombre à 26, par exemple : on aura 68 pour tenir le 26.e rang dans la 1.re horizontale; mais on remplacera le 68.e rang par 26.

De même la 2.e diagonale, qui doit avoir en période 15·53=795, est de 840 : elle a par conséquent 45 de trop, que l'on peut retrancher du 7.e rang, lequel contiendra en conséquence 25 au lieu de 70, et, par contre, on mettra 70 au 25.e rang.

Passant aux verticales, on verra les rangs communs à ces verticales et aux diagonales ; on peut disposer des autres à volonté. Les communs sont de 11 pour chaque verticale.

La 1.re verticale aura 1, 7, 16, 28, 31, 46, 49, 61, 25, 76, 91=431 communs avec les diagonales ; et il faut 53·35 =1855 pour chaque période : il manque 1424 ; mais on a mis 70 au lieu de 25 : ce n'est plus que 1379 qu'il faut pour les 24 termes qui ne font point partie des diagonales ; or ces 24 termes ne donnent que 1344 : il faut donc encore 35, que l'on peut porter au 10.e rang, qui deviendra 45, et l'on mettra 10 au 45.e rang ; l'on aura ainsi la 1.re verticale, dans laquelle 25 est remplacé par 70, 70 par 25, et 10 par 45.

Venant à la 2.e verticale, les nombres communs sont 11, 14, 68, 35, 41, 56, 71, 77, 86, 98, 101 = 658 : il faut encore 1197 ; or les 24 restans, après avoir mis 26 au lieu de 68, donnent exactement 1197 : ainsi cette 2.e verticale est obtenue immédiatement en alternant les nombres 26 et 68.

On aura pour nombres communs à la 3.e verticale et aux diagonales 6, 21, 36, 42, 51, 63, 66, 81, 84, 96, 105=651. Il faut encore 1204, valeur des 24 nombres restans, après avoir mis 10 au lieu de 45 : on obtient donc encore immédiatement la 3.e verticale.

On peut maintenant former la 1.re horizontale d'après les substitutions ci-dessus dans les différens rangs, savoir :

1 2 3 4 5 6 7 8 9 45 11 12 13 14 15 16 17 18 19
20 21 22 23 24 70 68 27 28 29 30 31 92 33 34
35 36 37 38 39 40 41 42 43 44 10 46 47 48 49 50
51 52 53 54 55 56 57 58 59 60 61 62 63 64 65 66
67 26 69 25 71 72 73 74 75 76 77 78 79 80 81 82
83 84 85 86 87 88 89 90 91 92 93 94 95 96 97 98
99 100 101 102 103 104 105.

Il faudra commencer la 2.ᵉ horizontale par le 100.ᵉ terme de la 1.ʳᵉ, ou par 100, puisque le rang se confond avec le nombre, et le 1.ᵉʳ tableau sera formé.

Pour faire le 2.ᵉ tableau, il faut éviter que l'une des lignes de même dénomination ait les mêmes périodes, et même des périodes composées de facteurs d'une autre période: car il y aurait des nombres répétés. On pourrait commencer par le 17.ᵉ terme de la 1.ʳᵉ horizontale la 2.ᵉ ligne: alors les verticales auraient pour différence $17-1=16$; la 1.ʳᵉ diagonale, $18-1=17$, ce qui ne peut donner période; mais la 2.ᵉ diagonale aurait 15 pour différence, et par conséquent période de 7, tandis que la même ligne, dans le 1.ᵉʳ tableau, avait période de 15 : on formera donc facilement le 2.ᵉ tableau, après avoir composé la 2.ᵉ diagonale de manière que chaque période contienne $53 \cdot 7=371$.

Voici comment on calculerait les combinaisons du 1.ᵉʳ tableau, en supposant les rangs fixés comme ci-dessus pour les verticales et diagonales, en supposant de plus qu'on commence la 2.ᵉ ligne par le 100.ᵉ terme de la 1.ʳᵉ.

La 1.ʳᵉ diagonale a les 3 nombres 21, 56, 91 communs avec la 2.ᵉ, ce qui donne 6 combinaisons; les 18 restans de la 1.ʳᵉ donnent (1, 2, 3. . . 18) combinaisons; les 12 restans de la 2.ᵉ diagonale auront (1, 2, 3... 12). Les 5 périodes de la 1.ʳᵉ feront (1, 2, 3, 4, 5), et les 7 périodes de la 2.ᵉ (1, 2, 3... 7) combinaisons.

Chaque verticale donnera, pour les 24 nombres ne faisant pas partie des diagonales, (1, 2, 3... 24), et pour les 3 verticales, $(1, 2, 3.... 24)^3$; ce qui donnerait le nombre prodigieux $6(1,2,3,4,5)(1,2,3...7)(1, 2, 3...12)(1,2,3...18)(1,2,3...24)^3$, et il faudrait multiplier ce nombre par les combinaisons du 2.ᵉ tableau, qui seraient, pour le cas particulier $(1,2,3...7)(1, 2, 3...28)$A.

On n'en dira pas davantage sur ce genre de carré : les explications et les exemples donnés ne doivent rien laisser à désirer.

§ 3.

RACINE COMPOSÉE DE NOMBRES PARTIE CARRÉS, PARTIE FACTEURS PREMIERS.

Soit la racine $45 = 3^2 \cdot 5$: il y aura des périodes de 3, de 5, de 9 et de 15 termes, selon que la différence sera divisible par 15, par 9, par 5 ou par 3; il restera à donner aux périodes la somme voulue. Cette somme est égale au moyen terme 23 multiplié par le nombre des termes de la période. Quant au 2.ᵉ tableau, on se conformera aux règles données au paragraphe précédent, pour éviter les répétitions, et, par suite, l'omission de nombres. Il en sera de même pour toute autre racine composée. Ainsi, pour $1575 = 7 \cdot 9 \cdot 25 = 3 \cdot 3 \cdot 5 \cdot 5 \cdot 7$, on aura des périodes de 3, 5, 7, 9, 15, 21, 25, 35, 45, 63, 75, 105, 175, 225,

315, 525, et on les trouvera facilement en prenant les facteurs simples, puis ces facteurs 2 à 2, 3 à 3, 4 à 4. Il en serait de même s'il y avait des cubes ou autres puissances parmi les facteurs de la racine : qu'elle soit, par exemple, $14175 = 7 \cdot 25 \cdot 81 = 3 \cdot 3 \cdot 3 \cdot 3 \cdot 5 \cdot 5 \cdot 7$, on prendra les facteurs simples 1 à 1, 2 à 2, 3 à 3, 4 à 4, 5 à 5, 6 à 6, et en général $n-1$ à $n-1$, si le nombre des facteurs simples est n, en observant qu'on doit considérer comme facteurs simples ceux qui entrent plusieurs fois dans la racine. Ici l'on aura 3, 5, 7, facteurs simples, 1 à 1... 9, 15, 21, 25, 35, les facteurs simples 2 à 2... 27, 45, 63, 75, 105, 175, les facteurs simples 3 à 3... 81, 135, 189, 225, 315, 525, pris 4 à 4... 405, 667, 945, 1575, pris 5 à 5; enfin 2025, 2835, 4725, pris 6 à 6 : en tout, 28 espèces de périodes.

Il est inutile de s'étendre davantage sur ce genre de carrés, qui rentrent dans le paragraphe précédent.

<h2 style="text-align:center">§ 4.</h2>

<h3 style="text-align:center">CARRÉS IMPAIRS A COMPARTIMENS.</h3>

Tous les carrés dont la racine est composée, peuvent, indépendamment des constructions indiquées dans les paragraphes précédens, et de celles qui résultent des bordures, se décomposer en plusieurs carrés partiels tous magiques ainsi que le carré total. C'est ce que l'on va développer, et dont on donnera plusieurs exemples.

ARTICLE PREMIER.

CARRÉ DE 9 A COMPARTIMENS.

Il y a plusieurs manières de choisir les nombres de la progression arithmétique pour avoir les carrés partiels propres à former le carré total.

Le moyen le plus simple est de prendre les n^2 premiers termes de la progression pour le 1.er carré partiel, puis les n^2 suivans pour le 2.e carré, et ainsi de suite. Ces carrés partiels, étant considérés comme de simples nombres, s'arrangent dans le carré total comme si celui-ci n'avait que n^2 cases, et comme si la racine était n. Voir (*figure* 23, *planche* II).

Pour le carré de 9, que l'on considère ici, il est clair que le moyen 41 sera lui-même au centre du carré total : car le carré qui le contient occupera le milieu de ce carré; mais pour tout autre carré cela n'est pas forcé : car l'ordre de distribution de ces carrés partiels n'emporte pas nécessairement le moyen au centre.

Chaque carré de 3 ayant 8 positions, on aura 8^9 pour les combinaisons de ces carrés entr'eux. Ils peuvent aussi avoir, considérés comme de simples nombres, 8 positions : donc en tout 8^{10}, qu'il faudra multiplier par le nombre de systèmes de progressions que l'on peut employer. Voici ces systèmes.

$$
1.^{er}\begin{cases}
1 & 2 & 3 & 4 & 5 & 6 & 7 & 8 & 9 \\
10 & 11 & 12 & 13 & 14 & 15 & 16 & 17 & 18 \\
19 & 20 & 21 & 22 & 23 & 24 & 25 & 26 & 27 \\
28 & 29 & 30 & 31 & 32 & 33 & 34 & 35 & 36 \\
37 & 38 & 39 & 40 & 41 & 42 & 43 & 44 & 45 \\
46 & 47 & 48 & 49 & 50 & 51 & 52 & 53 & 54 \\
55 & 56 & 57 & 58 & 59 & 60 & 61 & 62 & 63 \\
64 & 65 & 66 & 67 & 68 & 69 & 70 & 71 & 72 \\
73 & 74 & 75 & 76 & 77 & 78 & 79 & 80 & 81
\end{cases}
$$

Ce 1.er carré est le carré naturel ; chaque ligne horizontale formera un carré partiel.

$$
2.^{e}\begin{cases}
1 & 10 & 19 & 28 & 37 & 46 & 55 & 64 & 73 \\
2 & 11 & 20 & 29 & 38 & 47 & 56 & 65 & 74 \\
3 & 12 & 21 & 30 & 39 & 48 & 57 & 66 & 75 \text{ etc.}
\end{cases}
$$

Dans ce carré les verticales du carré naturel composent les carrés partiels.

$$
3.^{e}\begin{cases}
1 & 2 & 3 & 10 & 11 & 12 & 19 & 20 & 21 \\
4 & 5 & 6 & 13 & 14 & 15 & 22 & 23 & 24 \\
7 & 8 & 9 & 16 & 17 & 18 & 25 & 26 & 27 \\
28 & 29 & 30 & 37 & 38 & 39 & 46 & 47 & 48 \text{ etc.}
\end{cases}
$$

En prenant les 9 nombres de l'angle gauche, les 9 suivans et les 9 restans des 3 premières lignes, ensuite les 9 du milieu à gauche, et ainsi de suite.

$$
4.^{e}\begin{cases}
1\ \ 28\ \ 55\ \ \ 2\ \ 29\ \ 56\ \ \ 3\ \ 30\ \ 57 \text{ etc.,} \\
\text{ou, ce qui est la même chose,} \\
1 & 2 & 3 & 28 & 29 & 30 & 55 & 56 & 57 \\
4 & 5 & 6 & 31 & 32 & 33 & 58 & 59 & 60 \\
7 & 8 & 9 & 34 & 35 & 36 & 61 & 62 & 63 \\
10 & 11 & 12 & 37 & 38 & 39 & 64 & 65 & 66 \text{ etc.}
\end{cases}
$$

En prenant les 3 premiers nombres des 1.re, 4.e et 7.e horizontales; puis les 3 suivans de chacune; ensuite les 3 derniers; agissant de même sur les 2.e, 5.e, 8.e, et enfin sur les 3.e, 6.e et 9.e.

$$5.e \begin{cases} 1 & 4 & 7 & 10 & 13 & 16 & 19 & 22 & 25 \\ 2 & 5 & 8 & 11 & 14 & 17 & 20 & 23 & 26 \\ 3 & 6 & 9 & 12 & 15 & 18 & 21 & 24 & 27 \\ 28 & 31 & 34 & 37 & 40 & 43 & 46 & 49 & 52 \text{ etc.} \end{cases}$$

Dans ce carré ce sont les verticales du précédent qui composent les carrés partiels.

$$6.e \begin{cases} 1 & 4 & 7 & 28 & 31 & 34 & 55 & 58 & 61 \\ 2 & 5 & 8 & 29 & 32 & 35 & 56 & 59 & 62 \\ 3 & 6 & 9 & 30 & 33 & 36 & 57 & 60 & 63 \\ 10 & 13 & 16 & 37 & 40 & 43 & 64 & 67 & 70 \text{ etc.} \end{cases}$$

Dans ce carré ce sont les verticales du 3.e carré qui servent aux carrés partiels.

En tout 6 systèmes : donc le total des combinaisons sera $6 \cdot 8^{10}$ pour le carré de 9 à compartimens. On voit qu'on ne fait pas usage de tableaux. Il est égal à 6442450944 combinaisons; mais on le diviserait par 8, à l'ordinaire, si l'on ne voulait pas faire état des 8 positions du carré total.

Voici les tableaux d'après lesquels serait construit le carré de la figure 23.

1.er TABLEAU :

6	7	2	8	1	6	4	3	8
1	5	9	3	5	7	9	5	1
8	3	4	4	9	2	2	7	6
6	7	2	6	1	8	8	1	6
1	5	9	7	5	3	3	5	7
8	3	4	2	9	4	4	9	2
4	9	2	4	9	2	4	3	8
3	5	7	3	5	7	9	5	1
8	1	6	8	1	6	2	7	6

2.e TABLEAU :

63	63	63	0	0	0	45	45	45
63	63	63	0	0	0	45	45	45
63	63	63	0	0	0	45	45	45
18	18	18	36	36	36	54	54	54
18	18	18	36	36	36	54	54	54
18	18	18	36	36	36	54	54	54
27	27	27	72	72	72	9	9	9
27	27	27	72	72	72	9	9	9
27	27	27	72	72	72	9	9	9

Si l'on peut retenir le 2.e tableau, il n'est pas facile de prévoir la forme du 1.er. On voit bien que chaque ligne de ce tableau se partage en 3 parties contiguës de 15 chacune, tant en horizontale qu'en verticale; mais il faudrait plus d'attention et de temps pour faire ce tableau que le carré même, dont la construction ne diffère pas de celle du carré de 3.

On verra que la méthode d'opérer par tableaux ne peut être employée toutes les fois que les carrés ne sont pas des carrés simples, et que par conséquent elle est loin de suffire à tous les cas.

ARTICLE II.

CARRÉ DE 25 A COMPARTIMENS.

On a trouvé pour le carré de 5 sans bordure le nombre 52992; mais il y a 25 carrés, ce qui donne 52992^{25}; et, comme les 25 carrés, considérés comme nombres simples, peuvent aussi s'arranger de 52992 manières, il viendra $52992^{26} = 52992^{n^2+1}$, en appelant n^2 la racine; on aura encore 6 systèmes de progressions : donc il viendra $6 \cdot 52992^{26}$. On trouvera ce carré (*fig.* 24, *pl.* V). On a choisi les horizontales du carré naturel, et celui de la figure a été ensuite formé d'après l'ordre des nombres du carré suivant :

$$\begin{array}{ccccc}
4 & 11 & 20 & 7 & 23 \\
6 & 25 & 2 & 13 & 19 \\
15 & 17 & 8 & 24 & 1 \\
22 & 3 & 14 & 16 & 10, \\
18 & 9 & 21 & 5 & 12
\end{array}$$

Les tableaux sont :

$$\text{1.}^{\text{er}}\text{ TABLEAU.}\begin{cases}
4 & 1 & 5 & 2 & 3 \\
1 & 5 & 2 & 3 & 4 \\
5 & 2 & 3 & 4 & 1 \\
2 & 3 & 4 & 1 & 5 \\
3 & 4 & 1 & 5 & 2
\end{cases}
\qquad
\text{2.}^{\text{e}}\text{ TABLEAU.}\begin{cases}
0 & 10 & 15 & 5 & 20 \\
5 & 20 & 0 & 10 & 15 \\
10 & 15 & 5 & 20 & 0 \\
20 & 0 & 10 & 15 & 5 \\
15 & 5 & 20 & 0 & 10
\end{cases}$$

On distribuera donc les carrés partiels comme l'indique le carré de 5 ci-dessus : ainsi le 4.ᶜ carré partiel, qui commence à 76, et finit à 100, sera le premier des carrés magiques ; le 11.ᵉ, qui commence à 251 et finit à 275, sera le second de la 1.ʳᵉ horizontale, et ainsi des autres.

ARTICLE III.

CARRÉ DE 35 A COMPARTIMENS.

Les nombres dont la racine se compose de facteurs premiers tous différens, ont la même propriété que ceux dont la racine est un carré ; mais il y a plus de diversité dans leur formation.

Qu'il y ait d'abord deux facteurs seulement, et qu'ils soient p, q, la racine sera pq, et le carré $p^2 q^2$. Soit N le nombre de manières dont on peut arranger le carré p^2, et N' celui des arrangemens de q^2 : on aura N'^2 pour la somme des arrangemens des q^2 carrés, contenant chacun p^2 cases ; et, comme ces carrés peuvent eux-mêmes s'arranger de N' manières, on aura $N'N'^2$ pour un des systèmes de progressions ; et, comme il y a 6 systèmes, il viendra $6 N'N'^2$. Si, au contraire, on forme p^2 carrés ayant chacun q^2 cases, on aura dans ce cas $6N N'^{p^2}$: donc, en tout, $6(N'N'^2 + NN'^{p^2})$; mais on a 52992 manières d'arranger le carré de 5, et 363916800 manières de former celui de 7 : donc $N=52992$, et $N'=363916800\ldots p^2= 25\ldots q^2=49$; et il viendra, pour le carré de 35 à compartimens $6(52992 \cdot 363916800^{25} + 363916800 \cdot 52992^{49})$; mais, quelque considérable que soit ce nombre, il est à peine appréciable si on le compare au produit successif des 1225 premiers nombres : car la proportion serait à peine celle de 1 à l'unité suivie de 300 zéros.

On aurait bien d'autres combinaisons si, avec les progressions choisies pour les carrés de 5 et de 7, on supposait que les carrés eussent une ou deux bordures ; que les uns n'en eussent point, et que d'autres en fussent pourvus, etc., etc.

On verra (*fig.* 25, *pl.* VI) le carré de 35 à compartimens. Il a été formé de 25 carrés de 49 cases. Ces carrés partiels ont été composés en prenant les 7 premiers nombres des 7 premières horizontales du carré naturel supposé construit ; puis les sept suivans des mêmes lignes pour le 2.ᵉ carré ; et ainsi de suite, jusqu'au 5.ᵉ carré inclusivement. Puis on a pris les 7 premiers nombres des 7 horizontales suivantes pour le 6.e carré, et l'on a continué, comme ci-dessus. Les 25 carrés partiels ont été ensuite disposés d'après la méthode expéditive. Quant aux carrés partiels en particulier, on a tantôt employé cette méthode, tantôt quelques combinaisons au moyen des tableaux.

Il était inutile de faire le carré naturel, ce qui aurait été long et fastidieux. On s'est contenté, pour obtenir les progressions des carrés partiels d'après l'ordre choisi, de les indiquer comme suit :

$$1\ldots7 \quad 36\ldots42 \quad 71\ldots77 \quad 106\ldots112\}$$
$$141\ldots147 \quad 176\ldots182 \quad 211\ldots217\} \ 1.^{er}\ carré.$$
$$8\ldots14 \quad 43\ldots49 \quad 78\ldots84 \quad 113\ldots119\}$$
$$148\ldots154 \quad 183\ldots189 \quad 218\ldots224\} \ 2.^{e}\ carré.$$

On voit que pour le 1.er carré on prend les 7 premiers nombres ; puis, ajoutant 35 à l'unité, il vient 36, premier terme de la 2.e série, dont le dernier est $36+6=42$; vient ensuite $36+35=71$ pour le 1.er terme de la 3.e série, et ainsi de suite.

Le 2.e carré se déduit immédiatement du 1.er en ajoutant 7 à chacun de ces termes. Le 3.e se tire du 2.e en ajoutant toujours 7 aux termes du 2.e ; et l'on agira de même jusqu'au 5.e, dont le 1.er terme sera 29, en ajoutant $4\cdot7=28$ au 1.er terme du 1.er carré. On obtiendra les autres en ajoutant toujours 28 à chaque terme de ce 1.er carré ; et il viendra pour le 5.e

$$29\ldots35 \quad 64\ldots70 \quad 99\ldots105 \quad 134\ldots140 \quad 169\ldots$$
$$175 \quad 204\ldots210 \quad 239\ldots245$$

Il suffit donc de connaître le 1.er terme de la 1.re série de chaque carré partiel, pour en déterminer tous les autres.

Après le 5.ᵉ carré, les 7 premières horizontales étant épuisées, on passera aux suivantes; et, comme le dernier terme du 5.ᵉ carré est 245, il suit que le premier du 6.ᵉ carré est 246; et il suffit de ce terme pour déduire les séries de ce carré et des 4 suivans. Le 10.ᵉ carré aura pour premier terme $246 + 28 = 274$; le dernier de la 1.ʳᵉ série sera 280; et, comme il faut ajouter $6 \cdot 35 = 210$ à ce 2.ᵉ terme pour avoir le dernier, il viendra 490 pour le dernier terme de ce 10.ᵉ carré: ainsi les 14 premières horizontales étant épuisées, on passera aux 7 suivantes. Le 11.ᵉ carré commencera donc par 491 : d'où l'on tirera les 12.ᵉ, 13.ᵉ, 14.ᵉ, 15.ᵉ; mais il y a progression entre les premiers termes des carrés de 5 en 5, la différence est $246 - 1 = 245$; ainsi $491 - 246 = 245$: donc le 1.ᵉʳ terme du 16.ᵉ carré sera $491 + 245 = 736$; d'où l'on déduira les 17.ᵉ, 18.ᵉ, 19.ᵉ, 20.ᵉ. Le 21.ᵉ commencera par $736 + 245 = 981$. Le 2.ᵉ terme étant 987, le dernier sera $987 + 210 = 1197$: à quoi ajoutant 28, on obtiendra $1197 + 28 = 1225$, dernier terme du 25.ᵉ carré, ainsi qu'on devait l'avoir.

Il suffit donc du 1.ᵉʳ carré pour obtenir les 24 autres; et même les deux premières séries de ce 1.ᵉʳ carré donnent tout ce qui est nécessaire pour déterminer les autres carrés. On peut n'employer que la méthode expéditive, tant pour les carrés partiels que pour le carré total. Alors l'opération est singulièrement simplifiée : il ne faut plus que de l'attention, mais aucun calcul, point de carré naturel, dont, au reste, on peut toujours se dispenser; et, comme il ne doit pas y avoir de tableaux, il suit que la construction des carrés par compartimens, lorsque la racine est composée, est la plus facile et la plus expéditive de toutes , quoique les auteurs l'aient considérée comme plus compliquée que celle des carrés simples.

ARTICLE IV.

CARRÉS A COMPARTIMENS DONT LA RACINE A PLUS DE DEUX FACTEURS PREMIERS.

Soit la racine $385 = 5 \cdot 7 \cdot 11$: le carré sera $5^2 \cdot 7^2 \cdot 11^2$, et l'on pourra avoir $(7 \cdot 11)^2 = 77^2 = 5929$ carrés de 25 cases, ou $(5 \cdot 11)^2 = 55^2 = 3025$ carrés de 49 cases, ou $(5 \cdot 7)^2 = 35^2 = 1225$ carrés de 121 cases; mais, de plus, on peut avoir doubles compartimens. En effet, indépendamment des compartimens simples ci-dessus, on peut faire 121 carrés divisés chacun en 49 carrés de 25 cases, ou en 25 carrés de 49 cases; on peut aussi avoir 49 carrés divisés chacun en 121 carrés de 25 cases, ou en 25 carrés de 121 cases; enfin on peut avoir 25 carrés dont chacun comprendrait 121 carrés de 49 cases, ou 49 carrés de 121 cases.

Il n'y aurait pas de difficulté pour avoir les progressions propres aux formations ci-dessus, d'après ce qui a été dit aux précédens articles.

Qu'on veuille obtenir 49 carrés dont chacun contiendra 25 carrés de 121 cases : on pourra prendre les $5 \cdot 11 = 55$ premiers nombres des 55 premières horizontales, puis les 55 suivans des mêmes lignes, et ainsi de suite jusqu'au 7.e carré inclusivement; ensuite les 55 premiers nombres des 55 horizontales suivantes, et ainsi de suite on aurait les 49 carrés.

Pour la division subséquente on prendra de chacun

de ces 49 carrés, ou plutôt de leurs progressions, les 11 premiers termes des 11 premières progressions; puis les 11 suivans, et ainsi de suite, comme on l'a pratiqué pour les 49 carrés. Il n'y aurait plus qu'à employer la méthode expéditive pour arriver au carré total; il ne faut, quelque compliqué que soit l'exemple, qu'un peu d'attention et d'ordre, surtout pour la décomposition des progressions; mais on se fera des règles analogues à celles du précédent article.

ARTICLE V.

CARRÉS A COMPARTIMENS DONT LA RACINE EST COMPOSÉE DE FACTEURS PREMIERS ET DE FACTEURS CARRÉS, OU DONT TOUS LES FACTEURS SONT CARRÉS.

CARRÉ DE 45.

Puisque $45 = 3 \cdot 3 \cdot 5$, le carré sera $5^2 \cdot 3^2 \cdot 3^2$; on pourra avoir 81 carrés de 25 cases, ou 25 carrés de 81 cases, ou 9 carrés de 225 cases, ou 225 carrés de 9 cases. De plus, les 81 carrés de 25 cases peuvent donner 9 carrés ayant chacun 9 carrés de 25 cases ou 25 carrés de 9 cases. Les 25 carrés de 81 cases peuvent fournir 25 carrés ayant chacun 9 carrés de 9 cases. Le nombre de combinaisons est prodigieux; mais, quoique ce carré ait 2025 cases, il n'y a pas plus de difficulté à le former que si la racine était un seul nombre premier. On verra (*figure* 26, *planche* VII) ce carré de 45. On a pris, pour le construire, 25 carrés de 81 cases; cinq de ces carrés ont été divisés en 9 carrés de 9 cases; les autres ont été construits par la méthode expéditive, ainsi que les carrés de 9 cases. Les 25 carrés ont été disposés dans l'ordre suivant :

CARRÉ.					1.er TABLEAU.					2.e TABLEAU.				
15	16	22	3	9	5	1	2	3	4	10	15	20	0	5
2	8	14	20	21	2	3	4	5	1	0	5	10	15	20
19	25	1	7	13	4	5	1	2	3	15	20	0	5	10
6	12	18	24	5	1	2	3	4	5	5	10	15	20	0
23	4	10	11	17	3	4	5	1	2	20	0	5	10	15

C'est-à-dire que, les carrés de 81 cases considérés comme un seul nombre, on a donné aux 25 carrés la distribution ci-dessus : ainsi, les 81 premiers nombres composant le premier carré se trouvent à la place de l'unité, le 15.e carré est le premier du carré total de 25 carrés, et le plus petit nombre servant à le former est 1135 : car les 14 premiers carrés de 81 cases, d'après l'ordre naturel, donnent $14 \cdot 81 = 1134$: donc le 15.e commence par 1135. Au reste le carré de la figure explique mieux encore que le raisonnement, la marche que l'on a suivie.

Si la racine était composée de carrés, comme $225 = 9 \cdot 25$, le carré serait $9^2 \cdot 25^2$, et l'on aurait 625 carrés de 81 cases, 81 carrés de 625 cases, 5625 carrés de 9 cases, 9 carrés de 5625 cases, 2025 carrés de 25 cases, 25 carrés de 2025 cases, 225 carrés de 225 cases ; mais il peut y avoir double et triple compartiment. Par exemple, les 625 carrés de 81 cases donneraient 25 carrés comprenant chacun 25 carrés de 81 cases, et l'un, quelconque de ceux-ci, peut avoir 9 carrés de 9 cases. On aurait encore 25 carrés composés chacun de 81 carrés de 25 cases, ou de 9 carrés composés chacun de 9 carrés de 25 cases, ou ayant chacun 25 carrés de 9 cases, etc., etc.

En général les compartimens de compartiment peuvent

être égaux au nombre des facteurs simples moins un, que ces facteurs soient égaux ou non : ainsi l'on aurait ici $3 \cdot 3 \cdot 5 \cdot 5$ à la racine. Il y a 4 facteurs simples : ainsi il peut y avoir jusqu'à 3 compartimens l'un dans l'autre. Pour 45 on avait $3 \cdot 3 \cdot 5$: il ne pouvait y avoir que 2 compartimens, pas plus que pour $385 = 5 \cdot 7 \cdot 11$.

§ 5.

CARRÉS AVEC BORDURES, PAR LES DIFFÉRENCES.

CHAPITRE PREMIER.

LA RACINE DU CARRÉ CENTRAL EST UN NOMBRE PREMIER.

On a donné (§ 2, section 1.re) la manière de former les bordures ; mais il y a souvent tâtonnement. Voici une méthode plus générale et plus expéditive.

Puisque dans tout carré impair il y a un terme moyen, il ne peut jamais faire partie des bordures : car il faut que les nombres opposés soient complémens l'un de l'autre, et le moyen n'a point de complément.

La valeur moyenne de chaque terme étant égale à la moitié d'un couple ou au moyen, si l'on prend les différences entre chaque terme réservé pour bordure et le moyen, et que ces différences soient en plus ou en moins, il est clair que chaque ligne des différences doit être $= 0$; mais, la ligne opposée et correspondante étant composée des complémens, il est inutile de s'en occuper : car les différences de ces complémens seraient aussi nécessairement $= 0$. Il ne faut donc composer que la 1.re horizontale

et la 1.re verticale, puisque les nombres des lignes correspondantes seront connus.

On doit remarquer que, les angles des diagonales devant
servir à deux lignes de dénomination différente, il faut que
les angles opposés d'une même diagonale soient complémens l'un de l'autre.

Plus il y a de termes pour composer une bordure, plus
il est facile de la former, attendu qu'on peut agir sur un
plus grand nombre de signes pour les changer, s'il est
nécessaire, afin d'obtenir une somme $= 0$; les exemples
suivans mettront sur la voie.

On fera observer qu'il est avantageux, d'après la remarque précédente, de commencer toujours par la bordure la plus rapprochée du carré central.

ARTICLE PREMIER.

CARRÉ DE 5 AVEC BORDURE.

On formera le tableau de toutes les différences, comme
il suit, en omettant le moyen, dont la différence est 0.

$$1 + 12 - 25 \qquad 7 + 6 - 19$$
$$2 + 11 - 24 \qquad 8 + 5 - 18$$
$$* \; 3 + 10 - 23 \qquad 9 + 4 - 17$$
$$* \; 4 + \; 9 - 22 \qquad 10 + 3 - 16$$
$$* \; 5 + \; 8 - 21 \qquad 11 + 2 - 15$$
$$6 + \; 7 - 20 \qquad * \; 12 + 1 - 14$$

Dans l'emploi des différences, ou, pour mieux dire, dans
leur tableau, le signe — n'affecte pas le nombre devant lequel
il se trouve, mais la différence qui tient le milieu : ainsi on

lirait $5 + 8 = 13$ et $21 - 8 = 13$, puisque 13 est ici le moyen, qui est toujours connu dans les nombres impairs. Cette notation est commode, pour ne pas répéter deux fois la différence, pour faciliter la composition des bordures, et mettre en regard les nombres, leurs complémens, et leur différence positive ou négative.

On choisira à volonté 3 progressions de 3 termes, dont le moyen fasse partie; on peut aussi n'en prendre qu'une seule de 9 termes, ayant toujours le moyen au milieu, attendu qu'il ne peut entrer dans les bordures. Ce que l'on dit ici du carré de 3, a lieu pour tous les carrés impairs.

Des trois progressions, celle du milieu exceptée, il y a toujours une qui aura la 3.e composée de ses complémens. S'il y en a plus de 3, sans comprendre celle du milieu, la moitié des autres a ses complémens dans l'autre moitié. Quant à celle du milieu, excepté le moyen, la moitié des nombres a aussi ses complémens dans l'autre moitié.

Soit l'une des progressions, pour le carré de 3 central avec bordure, $3 \cdot 4 \cdot 5$: l'autre sera nécessairement $21 \cdot 22 \cdot 23$; et, comme la différence des termes est l'unité, et que le moyen fait partie de la progression du milieu, elle sera aussi nécessairement $12 \cdot 13 \cdot 14$. On a marqué d'un astérisque les termes employés, pour ne pas les confondre avec ceux qui doivent composer la bordure.

Il faut, pour la bordure, commencer par les angles, et il arrive quelquefois que ceux qui ont été choisis ne conviennent pas, surtout lorsque, comme dans le cas particulier, la bordure est la plus petite possible.

Soient donc choisis pour l'horizontale les angles $+ 7 + 5$

en différences. Cette ligne pourra s'achever par $+2-11$ -3, puisque $7+5+2-11-3=0$; il ne reste, pour la verticale, que $4,6,12$, avec leurs signes $+$ ou $-$. Or on a déjà 7 commun et -5 complément de $+5$: il faut voir si avec ces nombres $4,6,12$, on peut achever cette verticale. Or $4+6-12$ convient; car on aurait $7+4+6=17$, et $5+12=17$: donc la somme des différences positives est égale à celle des différences négatives; ou, plus brièvement, la somme des différences $=0$, le mot *somme* étant pris dans l'acception qu'on lui donne en algèbre : car c'est réellement une différence. Il n'y a plus qu'à substituer les nombres aux différences, et l'on aura le carré avec bordure (*fig.* 27, *pl.* III).

Les nombres du milieu des bordures, tant en horizontale qu'en verticale, peuvent alterner à volonté; les angles seuls ne peuvent varier pour un système déterminé de bordures. Les deux lignes restantes se composent par les complémens.

ARTICLE II.

CARRÉ DE 7 AVEC BORDURE SIMPLE.

Le moyen est 25. Voici le tableau des différences :

*	$1+24-49$	*	$9+16-41$
*	$2+23-48$	*	$10+15-40$
*	$3+22-47$	*	$11+14-39$
	$4+21-46$	*	$12+13-38$
	$5+20-45$		$13+12-37$
	$6+19-44$		$14+11-36$
*	$7+18-43$		$15+10-35$
*	$8+17-42$		$16+9-34$

$$* \; 17 + 8 - 33 \qquad 21 + 4 - 29$$
$$18 + 7 - 32 \qquad 22 + 3 - 28$$
$$19 + 6 - 31 \qquad 23 + 2 - 27$$
$$* \; 20 + 5 - 30 \qquad * \; 24 + 1 - 26$$

Soient choisies pour le carré central de 5 les cinq progressions 3·5·7·9·11.... 12·14·16·18·20.... 21·23·25·27·29.... 30·32·34·36·38.... 39·41·43·45·47 : on voit que les deux dernières sont composées des complémens des deux premières. Ces complémens sont toujours dans le tableau des différences sur la même ligne que les nombres auxquels ils correspondent. On voit aussi que 27 et 29 sont, dans la progression centrale, complémens de 23 et de 21.

Il y a plus de facilité pour faire la bordure de 7, que celle de 5 : car il reste 24 nombres au lieu de 16. Les différences à employer pour la bordure, sont 1, 3, 6, 8, 10, 12, 15, 17, 19, 21, 23, 24.

On peut prendre pour les angles les différences $+21$ $+6$ en horizontale, et achever cette ligne par $8 + 24 - 17 - 19 - 23$. En effet $21 + 6 + 8 + 24 = 59$; de même $17 + 19 + 23 = 59$: donc la somme des différences $= 0$. La verticale a déjà 21 commun, et -6, complément de $+6$. Il reste les différences $1, 3, 10, 12, 15$; mais $21 - 6 = 15$: il faut donc que l'on ait -15 pour somme des 5 différences restantes prises en plus ou en moins. On peut donc prendre $12 + 1 - 3 - 10 - 15$.

Substituant les nombres aux différences, on aura le carré (*figure 28, planche* III).

Comme le carré central est 5, le moyen n'est pas nécessairement au milieu du carré, cela n'étant forcé que pour le carré de 3.

ARTICLE III.

CARRÉ DE 7 AVEC DEUX BORDURES.

Le carré central étant celui de 3, soient prises à volonté les progressions $2 \cdot 7 \cdot 12 \dots 20 \cdot 25 \cdot 30 \dots 38 \cdot 43 \cdot 48$, dont la 3.e est forcée d'après la première; il suffit même des deux premiers nombres 2, 7, pour déterminer le reste de ces progressions. D'abord, puisque $7 - 2 = 5$, on aura $7 + 5 = 12$, ce qui complète la 1.re progression; ensuite, le moyen 25 tenant le milieu de la 2.e progression, il viendra $25 \pm 5 = 20 = 30$: on a donc la 2.e progression. Enfin $50 - 12 \dots 50 - 7 \dots 50 - 2$, donnent $38 \cdot 43 \cdot 48$ pour la 3.e; ou mieux, l'intervalle $20 - 12 = 8$, entre les 2 premières progressions, étant connu, on aura de même $30 + 8 = 38$: d'où $38 + 5 = 43 \dots 43 + 5 = 48$. On agira de même dans tous les cas.

Soient supposés maintenant $+ 24$ et $+ 1$ aux angles de l'horizontale pour la première bordure : il faut que les trois différences intermédiaires aient pour somme $- 25 = - (24 + 1)$, ce que l'on peut obtenir par $8 - 16 - 17$; quant à la verticale, qui a déjà $24 - 1 = 23$, il faut que les trois différences intermédiaires aient $- 23$ pour somme, et l'on peut prendre $14 - 15 - 22 = - 23$.

On marquera d'un signe les différences employées, ainsi qu'on le voit au tableau; il reste, pour la 2.e bordure, 2, 3, 4, 6, 7, 9, 10, 11, 12, 19, 20, 21. On a donc 6 pairs et 6 impairs en différences; mais à chaque différence se trouvent deux nombres de même espèce opposée à celle de la différence, c'est-à-dire qu'à une différence paire répondent deux nombres impairs, et réciproquement : d'où il suit qu'on aura pour la 2.e bordure 12 pairs et 12 impairs ; mais chaque ligne doit être impaire $= 175 = 7 \cdot 25$. Si donc on suppose aux angles deux nombres d'espèce différente, la somme des angles à chaque ligne sera impaire : il faudra, par conséquent, que les 5 nombres intermédiaires aient une somme paire, et il reste 10 pairs et 10 impairs. Or on ne peut faire cette somme paire qu'en prenant les impairs en nombre pair, ou ils doivent être en nombre 0, 2, 4. Si l'on n'en emploie aucun dans l'une des lignes, il y en aura 5 dans la ligne de dénomination différente, et cette ligne sera paire ; si l'on en met 2 dans l'une des lignes, il en restera 6 pour l'autre et son opposée, par conséquent 3 dans une ligne qui sera encore paire. Enfin, si l'une des lignes en a 4, l'autre n'en aura qu'un, et sera encore paire : d'où la conséquence que les angles seront de même espèce.

Cette recherche de la nature des angles n'a besoin d'être faite que sur la bordure extérieure, quel que soit le nombre des bordures.

Soient choisis les angles $+ 21 + 19$ en horizontale : leur somme est 40 : donc celle des 5 nombres intermédiaires sera aussi 40, mais négativement, et l'on peut prendre $+ 9 - 20 - 12 - 11 - 6 = - 40$.

Quant à la verticale, qui a déjà $21 - 19 = 2$, il faut que la somme des 5 nombres entre les angles soit $= - 2$, et il reste les différences 2, 3, 4, 7, 10 ; et, comme $10 + 2 - 3 - 4 - 7 = - 2$, la verticale est achevée. On aurait pu faire encore $- 2$ par $2 + 3 + 7 - 10 - 4$.

Si l'on substitue les nombres aux différences. On aura le carré (*figure* 29, *planche* III).

ARTICLE IV.

CARRÉ DE 11 A TOUTES BORDURES.

On a ici $\frac{11-3}{2} = 4$ bordures; le moyen $= \frac{121+1}{2} = 61$; chaque ligne de la 1.re bordure vaut $5 \cdot 61 = 305$; de la seconde bordure, $7 \cdot 61 = 427$; de la 3.e, $9 \cdot 61 = 639$; enfin de la 4.e, $11 \cdot 61 = 671$.

Voici le tableau des différences.

1	1+60—121		21+40—101	3	41+20—81
3	2+59—120	2	22+39—100	*	42+19—80
3	3+58—119	1	23+38— 99	*	43+18—79
	4+57—118	*	24+37— 98		44+17—78
*	5+56—117	2	25+36— 97	2	45+16—77
2	6+55—116	3	26+35— 96		46+15—76
1	7+54—115		27+34— 95	3	47+14—75
	8+53—114	1	28+33— 94		48+13—74
3	9+52—113	1	29+32— 93	2	49+12—73
	10+51—112	3	30+31— 92	2	50+11—72
2	11+50—111	3	31+30— 91	3	51+10—71
3	12+49—110	2	32+29— 90		52+ 9—70
	13+48—109	2	33+28— 89	1	53+ 8—69
2	14+47—108	3	34+27— 88		54+ 7—68
3	15+46—107		35+26— 87	3	55+ 6—67
	16+45—106	1	36+25— 86	3	56+ 5—66
3	17+44—105	2	37+24— 85		57+ 4—65
3	18+43—104		38+23— 84		58+ 3—64
2	19+42—103	3	39+22— 83		59+ 2—63
1	20+41—102		40+21— 82		60+ 1—62

On a marqué par des astérisques les quatre nombres du carré central; leurs complémens et le moyen 61 sont les cinq autres. Les petits nombres à côté des différences se placent successivement au fur et à mesure des bordures, afin d'éviter l'inconvénient de prendre plusieurs fois le même nombre ou la même différence. Ces petits nombres indiquent les numéros des bordures. La dernière n'a pas d'indication.

Soient choisies, pour le carré central, les progressions 5 . 24 . 43 . . . 42 . 61 . 80 . . . 79 . 98 . 117.

Soit la 1.re bordure, pour l'horizontale, $38+60-32-25-41=0$, et pour la verticale, $38+41+8-33-54=0$: on marquera cette bordure du chiffre 1 au tableau des différences.

Il n'y a point ici de tâtonnement, tout est à la volonté de celui qui opère. Après avoir pris à fantaisie 5 différences pour l'horizontale, il y en aura 2, dont l'une avec changement de signe, qui feront partie de la verticale : car cette dernière ligne a un angle commun avec l'horizontale, et l'autre angle est complément du 2.e de cette même horizontale. Cela est général.

Les nombres substitués aux différences sont, pour l'horizontale, 23, 1, 86, 93, 102; et pour la verticale, 23, 53, 94, 115, 20. Les premiers et derniers nombres de chaque ligne sont les angles.

Soient choisies, pour la 2.e bordure, les différences, en verticale, $55+50+12-42-36-28-11$, et en horizontale, $55+42+29-47-39-24-16$. On voit que 55 et 42 sont les différences des angles de l'horizontale , et 55—42, celles des angles de la verticale, puisque 55 est commun, et —42 complément de $+42$. Les nombres correspondans sont, pour l'horizontale, 6, 32, 108, 100, 85, 77, 19; et pour la verticale, 6, 11, 49, 97, 89, 72, 103. Ces nombres sont marqués du chiffre 2 au tableau des différences; les angles sont toujours les premiers et derniers nombres des horizontale et verticale.

Pour la 3.e bordure, soient, en horizontale, $58+43+22+14-49-35-27-31+5$; et en verticale, $58-43+46+59-44-20-52-10+6$: on marque ces différences du chiffre 3. Il n'y aura qu'à substituer les nombres.

Les différences restantes sont 1, 2, 3, 4, 7, 9, 13, 15, 17, 21, 23, 26, 30, 34, 40, 45, 48, 51, 53, 57, parmi lesquelles sont 7 pairs et 13 impairs, ce qui donne 26 nombres pairs et 14 impairs : d'où la conséquence que les angles de la 4.e bordure doivent être de nature différente : car, qu'ils soient tous deux pairs ou tous deux impairs, il faudra que les 9 nombres intermédiaires aient somme impaire. Si les angles sont pairs, il reste 14 impairs et 22 pairs. Les impairs doivent être en nombre impair : ainsi il en faudra 1, 3, 5, 7; or on aurait toujours, dans une des deux lignes, des impairs en nombre pair, et la ligne serait paire, ce qui ne se peut.

Il est convenable de s'assurer d'avance de la nature des angles, pour ne pas faire de fausses suppositions.

Soit donc l'horizontale de la 4.e bordure $57+30+45+17+15-53-34-26-21-23-7$; la verticale peut être $57-30+51+13+4-40-48-9-2+3+1$: ce sont les différences restantes. On aurait encore pu faire la verticale par $57+26+40+3+1-51-48-13-9-4-2$, et de beaucoup d'autres façons. Substituant les nombres, on aura obtenu facilement et promptement les 4 bordures cherchées. On verra le carré (*figure* 30, *planche* III).

Dans tout carré impair à toutes bordures le moyen est au centre du carré : car il fait partie de la progression du milieu du carré central ; et même on peut regarder ce moyen comme un carré, et les nombres qui l'entourent comme une bordure.

L'exemple ci-dessus fait voir avec quelle promptitude on trouve les bordures au moyen des différences ; et il n'est pas à craindre qu'on ne puisse former la dernière : car il restera toujours assez de différences positives et négatives pour se compenser. Le cas le plus défavorable serait celui pour lequel il resterait les 20 plus grandes différences pour la bordure extérieure, et on pourrait la composer comme suit :

$$59-47+60+58+57+56-51-50-49-48-45 \text{ horiz.}$$
$$59+47+55+54+53-52-46-44-43-42-41 \text{ vertic.}$$

Il est bon cependant de conserver quelques petites différences pour cette dernière bordure, parce qu'on fera plus facilement cette compensation.

ARTICLE V.

CARRÉ DE 17 A TOUTES BORDURES.

Le terme moyen est 145 ; la plus grande différence est 144, correspondante à l'unité, et à 289, carré de 17. Un couple vaut $289+1=290=2\cdot145$. Comme la moyenne est au centre, on peut commencer par la bordure de 3, en considérant le moyen comme un carré ; ce qui dispense de chercher les progressions du carré de 3. On peut ensuite faire la bordure qu'on voudra, puis une autre à volonté, et continuer ainsi; et même, en prenant les différences qui se suivent, autant qu'il sera possible, on évitera de faire le tableau des différences, ce qui est souvent long et fastidieux. Cette manière d'obtenir les bordures par différences est la seule directe, la plus commode et la plus expéditive.

Soit donc la bordure autour du centre $124+20=144$, et $124-20=104$. Ici, comme dans toutes les bordures, la $1.^{re}$ différence sera toujours celle qui est commune aux deux lignes, et la $2.^e$ répondra toujours aussi au $2.^e$ angle de l'horizontale, et, avec signe contraire, au $2.^e$ angle de la verticale. Ces différences seront toujours les premières dans les séries de différences que l'on va donner pour chaque bordure. Les nombres correspondans aux différences se trouvent sur le champ; on retranche la différence du moyen si elle est positive, et on l'y ajoute si elle est négative.

Les nombres du carré central correspondans aux différences sont 21, 289, 125 à l'horizontale, et 21, 249, 165 à la verticale. On ne s'occupera pas des complémens : car, soustrayant les nombres de l'horizontale et de la verticale de 290, on obtient immédiatement ces complémens : ainsi à 21 correspond 269; à 249, 41; et à 289, 1. Le moyen a sa place au centre : les 3 progressions sont donc 1·21·41.... 125·145·165.... 249·269·289.

Soit cherchée la bordure la plus extérieure, celle de 17, et soient choisies les différences

$$143 + 140 + 139 + 136 + 135 + 132 + 131$$
$$+130 - 142 - 141 - 138 - 137 - 134 \Big\} \text{horizontale.}$$
$$-133 - 128 - 129 - 4 \dots\dots\dots\dots$$

$$143-140+127+123-126-125+122$$
$$+119-120-121+118+115-116-117 \Big\} \text{verticale.}$$
$$+114-113-3\ldots\ldots\ldots\ldots\ldots\ldots$$

Les nombres des angles seront $145-143=2$, et $145-140=5$, pour ceux de l'horizontale.

Ceux de la verticale seront 2 et $145+140=285$. Les 15 nombres entre les angles fixes donneront $(1,2,3\ldots 15)^2$ pour les combinaisons, en horizontale et en verticale.

Soient maintenant, pour la bordure de 11, prises les différences à volonté,

$$112+109-111-110+108+105-107$$
$$+106+103-101-2\ldots\ldots\ldots\ldots \Big\} \text{horizontale.}$$

$$112-109+102+100-99-98+97+96$$
$$-95-94-12\ldots\ldots\ldots\ldots\ldots \Big\} \text{verticale.}$$

Les angles sont $145-112=33$, commun; $145-109=36$, 2.e angle horizontal; et $145+109=254$, autre angle de la verticale.

Soit formée la bordure de 13 par les différences

$$93+90-91-92+86+89-87-88+85$$
$$+83-80-82-6\ldots\ldots\ldots\ldots \Big\} \text{horizontale.}$$

$$93-90+84-81+79+78-76-77+74$$
$$+75-72-73-14\ldots\ldots\ldots\ldots \Big\} \text{verticale.}$$

On aura pour les angles $145-93=52$, commun; $145-90=55$, angle horizontal; $145+90=235$, autre angle vertical.

Pour la bordure de 9, soient prises les différences

$$71+68-70-69+67+64-60-66-5\ldots \text{horizontale.}$$
$$71-68+65-63+62-61+59-58-7\ldots \text{verticale.}$$

Angle commun, $145-71=74$; angle horizontal, $145-68=77$; angle vertical, $145+68=213$.

Soit faite la bordure de 15 par les différences

$$57+54-55-56+53+50-51-52+49 \Big\} \text{horizontale.}$$
$$+46-47-48+45-37-8\ldots\ldots\ldots\Big\}$$
$$57-54+44-43+42+40-39-36+35 \Big\} \text{verticale.}$$
$$-34+33-32-41+38-10\ldots\ldots\Big\}$$

Angle commun, $145-57=88$; angle horizontal, $145-54=91$; angle vertical, $145+54=199$.

On peut former la bordure de 7 avec les différences

$$27+24-25-26+30-21-9$$
$$27-24+23-22+31-18-17$$

Angle commun, $145-27=118$; angle horizontal, $145-24=121$; angle vertical, $145+24=169$.

Reste à former la bordure de 5, et il ne reste que les différences, savoir : 1, 11, 13, 15, 16, 19, 28, 29. Soit l'horizontale $29-28+11-13+1$: il ne reste plus que 15, 16, 19, avec lesquels on doit faire la verticale, avec deux différences de l'horizontale, dont une changera son signe. Il s'agit donc de reconnaître quelles sont ces deux différences, lesquelles, avec les trois restantes, prises en plus ou en moins, donnent une somme $=0$. Il faut donc prendre les différences de l'horizontale 2 à 2, en changeant un signe, et il n'est besoin que d'avoir égard aux résultats positifs; or $29+28=57\ldots 29-11=18\ldots 29+13=42\ldots 29-1=28\ldots 28+11=39\ldots 28-13=15\ldots 28+1=29\ldots 11+13=24\ldots 11-1=10\ldots 13+1=14\ldots$ Quant aux trois différences 15, 16, 19, leur somme$=50$, et ensuite $15+16-19=12\ldots 15+19-16=18\ldots 16+19-15=20$: on trouve $29-11=15+19-16$. On aura donc en horizontale les angles $29+11$, et en verticale $29-11$;

et pour les trois autres nombres de cette dernière ligne, 16—15—19, ou bien, en changeant les signes, 11—29 +15+19—16 : c'est cette dernière combinaison qui a été adoptée. Les angles sont 145—11 $=$ 134, commun; 145—29$=$116, angle horizontal... 145+29$=$174, angle vertical.

On verra le carré de 17 avec les bordures trouvées ci-dessus (*fig.* 31, *pl.* VIII). On a, dans la composition de ces bordures, évité la fatigue de la formation du tableau des différences, en prenant ces différences par ordre, autant que possible, sans en omettre; mais, pour ne pas faire de double emploi, on met d'abord à part 20, 104 et 124, qui font partie du carré central. En construisant la bordure de 17, on y omettra 124, qui ne peut entrer dans aucune bordure, d'après la composition du carré central, et l'on effacera 124; mais on mettra à part 2 et 12, puis 6 et 14, qui font partie de la bordure de 13, ainsi que 5 et 9, qui entrent dans celle de 9; on y ajoutera 8 et 10, qui servent à composer celle de 15; et ainsi de suite : effaçant les nombres mis à part, lorsqu'on y sera arrivé; et l'on trouvera pour reste 1, 11, 13, 15, 16, 19, 28, 29, qui n'ont point été employés.

Ces 8 différences en donnent 6 impaires et 2 paires : donc il y aura 12 nombres pairs et 4 impairs.

Soient les angles d'espèce différente : il restera 10 pairs et 2 impairs, et il faut que les 3 nombres intermédiaires donnent une somme paire, ce qui est impossible, puisqu'on n'a plus que 2 impairs, et qu'il y en aurait un seul dans l'une des lignes.

Si les angles sont tous deux impairs, les lignes seraient

toutes paires, ce qui est encore absurde, puisqu'elles doivent être impaires.

Soient enfin les angles pairs : il y aura un impair dans chaque ligne, et la condition sera remplie. Il faut donc que les différences des angles soient impaires, pour que les nombres correspondans soient pairs. Il n'y a que la dernière bordure à construire, qui exige cette recherche de la nature des angles.

On est donc arrivé avec rapidité à faire 7 bordures, et l'on a évité le tableau des différences, qui aurait été composé de 144, et de 144 nombres correspondans, ainsi que de leurs 144 complémens; tandis qu'on n'a mis à part que quelques différences pour arriver à la dernière bordure.

En supposant les angles fixes pour chaque bordure, et les nombres intermédiaires tels qu'ils ont été choisis, on n'aurait pas moins les combinaisons suivantes. Comme tous les nombres entre les angles peuvent se placer à volonté, soit en horizontale, soit en verticale, la bordure de 5 donnerait $(1, 2, 3)^2$; celle de 7, $(1, 2\ldots 7)^2$; celle de 9, $(1, 2\ldots 9)^2$; celle de 11, $(1, 2\ldots 11)^2$; celle de 13, $(1, 2\ldots 13)^2$; celle de 15, $(1, 2\ldots 15)^2$; enfin celle de 17, $(1, 2, 3\ldots 17)^2$. Toutes ces combinaisons doivent être multipliées les unes par les autres; et, comme chacune peut avoir 8 positions, ainsi que le carré de 9, il faudrait encore multiplier le produit par 8^8, ou seulement par 8^7, en ne comprenant pas les 8 positions de la bordure de 17. Ainsi, pour le seul cas que l'on considère, tout restant fixe, et ne faisant varier, dans le système choisi, que les nombres intermédiaires de chaque bordure, il viendrait le produit énorme $\{(1, 2, 3)(1, 2\ldots 5)(1, 2\ldots 7)(1, 2\ldots 9)$

$(1, 2\ldots 11)$ $(1, 2\ldots 13)$ $(1, 2\ldots 15)$ $(1, 2\ldots 17)\}$ $^{2}\cdot 8^{7}$; mais il y a des millions de systèmes différens : il faudrait donc multiplier le produit ci-dessus par le nombre des systèmes.

Il faudrait un calcul considérable pour obtenir ce nombre de systèmes. Il y aurait à rechercher tous les carrés centraux qu'on peut former avec les 288 nombres du carré de 17 (moyen non compris), ou plutôt avec 144 nombres, puisque la 3.e progression de ce carré central se compose des complémens de la 1.re, et que la progression du milieu comprend un nombre et son complément. Ce nombre de carrés centraux se trouve facilement.

Si la différence des progressions est 1, on aura 141 carrés centraux; et le dernier sera 141, 142, 143...144, 145, 146...147, 148, 149.

Si la différence est 2, il en viendra 137; le dernier est 137, 139, 141...143, 145, 147, jusqu'à la différence 36, qui donnera 1, 37, 73...109, 145, 181.

Pour chaque différence de progression, la dernière sera toujours continue.

On voit que 141·137·133... 1, forment une progression. Le premier terme serait 1; le dernier, 141; la différence, 4; le nombre des termes $= \dfrac{\omega - a}{d} + 1 = \frac{140}{4} + 1 = 36$; et la somme $5 = (1 + 141)18 = 142 \cdot 18 = 2556$: il y a donc 2556 carrés centraux. Cela obtenu, il faudrait calculer pour chacun les combinaisons d'une bordure; ensuite, avec les différences restantes, une autre bordure, et continuer ainsi jusqu'à la 7.e; passer à un autre carré central, et agir de même. On voit quelle immense quantité de combinaisons, et que de calculs il y aurait à faire. Lorsqu'on aurait obtenu toutes ces combinaisons, il faudrait en multiplier le nombre par le produit obtenu pour un seul système. Mais le but que l'on se propose est toujours rempli au moyen du procédé simple et expéditif pour obtenir telle bordure qu'on voudra.

On a dit qu'on était toujours assuré de faire la dernière bordure, et qu'il y avait plusieurs manières de composer les angles : ainsi, pour le carré de 5 avec bordure, supposition faite que $6+4-10$ et $6-4-2$ soient les horizontales et verticales autour du moyen 13, les nombres correspondans seront 7, 23, 9 et 7, 15, 17; les complémens de 7, 15, 23 sont 19, 11, 3 : les progressions sont donc $3 \cdot 7 \cdot 11 \ldots 9 \cdot 13 \cdot 17 \ldots 15 \cdot 19 \cdot 23$.

Il reste les différences 1, 3, 5, 7, 8, 9, 11, 12. Puisque le carré central est composé d'impairs, les angles de la bordure seront pairs, et par conséquent les différences impaires.

Soit la 1.re horizontale, à fantaisie, $12+9-11-7-3$. Comparant ces différences 2 à 2, en changeant l'un des signes, et ne prenant que les impairs, l'on aura $9+11=20\ldots 9+7=16\ldots 9+3=12\ldots 11-7=4\ldots 11-3=8\ldots 7-3=4$; les différences restantes sont 1, 5, 8, qui donnent $1+5+8=14\ldots 8-1-5=2\ldots 8+1-5=4\ldots 8+5-1=12$: d'où il résulte trois verticales pour l'horizontale choisie; et les lignes seront :

HORIZONTALE.	VERTICALE.
$9+12-11-7-3$	$9-8-5+1+3$
$-3+12+9-11-7$	$-3-8-1+5+7$
$-7+12+9-3-11$	$-7-8-1+5+11$

Les angles de la 1.re horizontale sont les premières et dernières différences, ainsi que ceux de la 1.re verticale. Les différences communes sont les premières.

Dans la nomenclature des bordures de 5 données ailleurs on déterminait la dernière horizontale; ici l'on s'occupe de la 1.re

En composant autrement l'horizontale, on aura d'autres verticales; il faut seulement faire attention de ne pas composer l'horizontale par tous les complémens d'une précédente formation : car ce ne serait qu'un changement de position, et l'on aurait la dernière horizontale et la dernière verticale : il faut donc qu'il y ait nécessairement quelque changement parmi les différences de l'horizontale, comme $9 + 11 - 8 - 7 - 5$, etc. On changerait le carré central, et l'on obtiendrait encore de nouvelles combinaisons. L'on n'a eu d'autre dessein, en faisant l'analyse précédente, que de faire voir avec quelle promptitude on parvenait à former la bordure la plus défavorable.

CHAPITRE II.

LE CARRÉ CENTRAL A SA RACINE COMPOSÉE.

Lorsque le carré central a sa racine composée de facteurs, on peut distribuer ce carré en compartimens.

ARTICLE PREMIER.

CARRÉ DE 13 AVEC DEUX BORDURES.

On peut faire ce carré sans employer les différences. En général, lorsqu'on prend de petits nombres pour les angles, (et l'on peut toujours partir de cette supposition), il y aura deux grands nombres de plus en verticale qu'en horizontale. Il s'agit ici de la dernière horizontale, et ses angles complémens de ceux de la 1.re horizontale n'entrent pas en compte; de plus, si h désigne le rang de la bordure, l'horizontale aura $h-1$ grands nombres, et la verticale $h+1$. La bordure de 5 fait exception.

Soient pris les 24 premiers nombres et leurs complémens, pour la bordure de 13; et soient $\left\{ \begin{array}{cc} 4 & 6 \\ 164 & 166 \end{array} \right\}$ les angles, savoir : 4, 6, de la 1.re horizontale, et 164, 166, leurs complémens, de la dernière horizontale : la verticale aura 4, 164 pour les siens. Chaque ligne valant $85 \cdot 13 = 1105$, à raison du terme moyen 85; il faut encore 775 en horizontale et 937 en verticale : car $164 + 166 = 330$, et $1105 - 330 = 775$; de même, $164 + 4 = 168$, et $1105 - 168 = 937$: on formera donc la verticale par 6 grands nombres et 5 petits, car la bordure de 13 est la 5.e; et l'horizontale par 4. Soit donc la verticale 1, 3, 5, 7, 8, 147, 148, 152, 153, 156, 157 (on aurait pu en choisir d'autres à volonté) : il reste pour l'horizontale

2	9	10	11	12	15	16	19	20	21	24
168	161	160	159	158	155	154	151	150	149	146

Qu'on ait pris les 4 grands 155, 158, 159, $160 = 632$: il faut encore 143 pour faire 775; or, les petits nombres restans ne donnant que 111, il manque 32, dont la moitié est 16. Il faut donc augmenter un ou plusieurs grands nombres, de manière que cette augmentation soit égale à 16; or $161 + 168 = 329$ surpasse de 16 les nombres $155 + 158 = 313$: on peut donc prendre pour les 4 grands nombres 159, 160, 161, 168=648; les petits restans, 12, 15, 16, 19, 20, 21, 24=127; et 127+648=775. On agira de même dans tous les autres cas.

La bordure de 11 a été faite avec les 20 nombres suivant les 24 premiers et leurs complémens, d'après le principe ci-dessus (*figure* 32, *planche* V). Le carré central de 9 est à compartimens; mais il faut convenir que la manière dont les deux bordures ont été construites est très-circonscrite, puisqu'elle suppose qu'on emploie les premiers nombres pour la dernière bordure, la plus extérieure, les suivans pour l'avant-dernière, et ainsi de suite.

On verra (*figure* 33, *planche* V) le même carré de 13 formé au moyen des différences, et avec le même carré central. On a toujours employé les 44 premiers nombres pour les deux bordures; mais on ne s'est pas astreint à ne mettre que les 24 premiers dans la bordure de 13, et les 20 suivans dans celle de 11.

Les différences, pour celle de 13, sont

$$78+77+84+83+82+81-80-79 \atop -76-75-74-60-41\dots\dots\dots\dots \Big\}\text{1.}^{\text{re}}\text{ horizontale.}$$

$$78-77+69+70+71+72+73-63 \atop -64-65-66-48-50\dots\dots\dots \Big\}\text{1.}^{\text{re}}\text{ verticale.}$$

Les différences, pour la bordure de 11, sont

$$62-49+59+61+68+67-47-52 \atop -55-56-58\dots\dots\dots\dots\dots\dots \Big\}\text{1.}^{\text{re}}\text{ horizontale.}$$

$$62+49+51+54+57-42-43-44 \atop -45-46-53\dots\dots\dots\dots\dots\dots \Big\}\text{2.}^{\text{e}}\text{ verticale.}$$

ARTICLE II.

CARRÉ DE 15.

Il est moins facile de construire les bordures des nombres dont la racine est un produit, que celles des nombres qui ont pour racine des nombres premiers; mais, au moyen des différences, les difficultés disparaissent. Le *carré central* comprend les 81 nombres du milieu, et se trouve divisé en 9 carrés de 9 cases. Le carré de 15 étant 225, le moyen est 113. Chaque ligne vaut $113 \cdot 15 = 1696$: la 3.e bordure a été faite avec les 28 premiers nombres et leurs complémens; la 2.e par les 24 suivans et complémens; enfin la 1.re par les 20 nombres qui suivent les 42 premiers. Pour cette 3.e bordure il faut à l'horizontale 5 grands nombres, et 7 à la verticale, en supposant 2 petits aux angles de la 1.re horizontale, et non compris leurs complémens. Ayant choisi 4, 6 pour ces petits nombres, il faut encore 1253 à la dernière horizontale : car 4 et 6 ont pour complémens 222 et $220 = 442$; or $442 + 1253 = 1695$. Il faut encore à la verticale 1471, puisque $4 + 220 = 224$, et que $1471 + 224 = 1695$. On a ensuite choisi 32 et 34 pour les angles de la 2.e bordure, et 55, 57 pour ceux de la 1.re, et l'on a eu le carré (*figure* 34, *planche* VIII). On se dispense de donner les détails de la formation; la figure suffira pour les saisir.

ARTICLE III.

CARRÉ DE 17.

Le carré de 17 avec une seule bordure, et carré central de 15, se trouve (*figure* 35, *planche* IX). Le carré central est lui-même composé de 9 carrés de 25 cases; la bordure a été construite avec les 32 premiers nombres et leurs complémens. Quant aux carrés partiels, on en a fait quatre avec bordure. Les 9 carrés ont été distribués par la méthode expéditive; les carrés partiels à bordure ont eu pour carré central celui de 9 formé soit avec une seule, soit avec trois progressions. Chacun de ces carrés de 25 cases comprend 25 nombres qui se suivent, et en conséquence ces carrés peuvent être considérés comme de simples nombres. Il est inutile de faire observer que le moyen fait partie du carré partiel central, mais n'est pas nécessairement au centre de ce carré.

On aurait pu faire 4 bordures et 9 carrés de 9 cases.

On s'est dispensé de donner les détails, soit par la méthode ordinaire, soit par celle bien plus simple des différences, remarquant cependant que 17 est la 7.e bordure du carré de 3, et qu'il faut en conséquence 6 grands nombres à la dernière horizontale, et 8 à la 1.re verticale, non compris les complémens des 2 petits, qu'on suppose toujours à la 1.re horizontale pour ses angles.

Ayant choisi 3 et 5 pour ces angles, il faut encore 1893 à la dernière horizontale, et 2177 en verticale : car le moyen est 145; un couple, 290.

Puisqu'on a pris les 32 premiers et les 32 derniers nombres pour la bordure, le 1.er nombre du 1.er carré partiel est 33, et le dernier 57.

Ainsi 1.er carré partiel..... 33.... 57
    2.e   —   — ..... 58.... 82
    3.e   —   — ..... 83....107

En général le n.^e carré partiel aura pour 1.er nombre $33 + (n-1)\,25$, et pour dernier $32+25n$: ainsi, le 1.er carré supérieur de gauche étant le 8.e carré d'après la méthode expéditive, le plus petit nombre qui en fera partie serait 208, et le plus grand 232.

Pour abréger, on soustrairait 207 de chacun de ces nombres 208, 232, ce qui se réduirait à prendre la série naturelle de 1 à 25. On a choisi les progressions 7·8·9... 12·13·14...17·18·19; ce qui a donné le carré simple, et, en ajoutant 207, le carré convenable.

$$
\text{Carré simple.}
\begin{cases}
18 & 7 & 14 \\
9 & 13 & 17 \\
12 & 19 & 8
\end{cases}
\qquad
\text{Carré convenable.}
\begin{cases}
225 & 214 & 221 \\
216 & 220 & 224 \\
219 & 226 & 215
\end{cases}
$$

Avec les nombres simples restans on a formé le tableau ordinaire des différences :

$$
\begin{aligned}
1 + 12 - 25 \qquad & 5 + 8 - 21 \\
2 + 11 - 24 \qquad & 6 + 7 - 20 \\
3 + 10 - 23 \qquad & 10 + 3 - 16 \\
4 + 9 - 22 \qquad & 11 + 2 - 15
\end{aligned}
$$

Ayant mis 11 et 9 aux angles de la 1.re horizontale, et l'ayant construite par $11+9-3-7-10$, et la verticale par $11-9+8+2-12$, il est venu, en substituant les nombres aux différences, 2, 16, 20, 23, 4 pour l'horizontale, et 2, 5, 11, 25, 22 en verticale; et, en ajoutant 207 à chaque nombre, l'horizontale est devenue 209, 223, 227, 230, 211; et la verticale, 209, 212, 218, 232, 229.

Le nombre à ajouter est toujours le plus grand du carré précédent, ou le plus petit de ceux du carré dont on s'occupe, diminué d'une unité. Ici le plus petit est 208 : donc 208—1=207 est le nombre à ajouter.

On a agi de même pour le carré inférieur de droite, lequel est le second. On a choisi les mêmes progressions simples pour le carré central; on a ajouté ensuite 58—1= 57 à tous les nombres de ce carré central et de la bordure de 5.

Les deux autres carrés à bordure ont le carré central formé par une seule progression.

Le carré du milieu, à gauche, a été construit au moyen des tableaux

<table>
<tr><td rowspan="5">1.er TABLEAU.</td><td>1</td><td>2</td><td>4</td><td>5</td><td>3</td></tr>
<tr><td>2</td><td>4</td><td>5</td><td>3</td><td>1</td></tr>
<tr><td>4</td><td>5</td><td>3</td><td>1</td><td>2</td></tr>
<tr><td>5</td><td>3</td><td>1</td><td>2</td><td>4</td></tr>
<tr><td>3</td><td>1</td><td>2</td><td>4</td><td>5</td></tr>
</table>

1.ᵉʳ TABLEAU.						2.ᵉ TABLEAU.					
1	2	4	5	3		10	15	20	0	5	
2	4	5	3	1		5	10	15	20	0	
4	5	3	1	2		0	5	10	15	20	
5	3	1	2	4		20	0	5	10	15	
3	1	2	4	5		15	20	0	5	10	

Ajoutant :

11	17	24	5	8
7	14	20	23	1
4	10	13	16	22
25	3	6	12	19
18	21	2	9	15

Ajoutant à chaque terme du carré simple ci-dessus, lequel est le 3.ᵉ, le nombre 83—1=82; on a le carré de la figure.

Cette figure indique assez la marche suivie pour chaque carré partiel.

Il est facile de connaître la valeur de chaque ligne d'un carré partiel : il faut ajouter les deux nombres extrêmes, c'est le couple de ce carré; multipliant le demi-couple par 5, on obtiendra la valeur cherchée. Ainsi le 1.er carré, qui est celui du milieu supérieur, ayant 33 et 57 pour ses nombres extrêmes, leur somme 90 donne 45 pour demi-couple, et $5 \cdot 45 = 225$ est la valeur de chaque ligne de ce 1.er carré.

Les autres couples augmentent de $2 \cdot 25 = 50$ par chaque carré, ou de 25 par demi-couple; mais $5 \cdot 25 = 125$: donc chaque ligne du 2.e carré vaudra $225 + 125 = 350$; et, en général, un carré qui sera le n.[e], aura pour valeur de chacune de ces lignes $225 + (n-1)125$.

Lorsqu'il y aura bordure, chaque carré central n'aura que les $\frac{3}{5}$ de la valeur d'une ligne de ce carré partiel; et ces $\frac{3}{5}$ sont exprimés par $135 + (n-1)75$.

ARTICLE IV.

CONSIDÉRATIONS SUR LE CARRÉ DE 9 AVEC BORDURES.

Comme 9 est le premier carré impair, il a paru convenable d'examiner en détail les différentes manières de le former, soit simple, soit à compartimens, soit avec bordures.

On a vu quelles recherches il fallait faire pour obtenir les combinaisons du carré simple de 9.

On a aussi trouvé que pour les combinaisons à compartimens l'on obtenait $6 \cdot 8^{10}$, et seulement $6 \cdot 8^{9}$ pour les combinaisons réellement différentes.

Il s'agit ici de rechercher celles qui ont lieu en cas de bordures.

Soit d'abord une seule bordure, et le carré central de 7. Ce dernier carré est toujours composé de 7 progressions :

car, dans le cas même où il n'y en a qu'une seule, on peut la considérer comme composée de 7 autres. Parmi ces 7 progressions les 3 dernières, comprenant les complémens des 3 premières, ne sont pas à considérer, puisque, celles-ci connues, les autres le sont également. Vient ensuite la progression centrale, qui contient le moyen, et dont les 3 derniers termes sont aussi complémens des 3 premiers.

Ces progressions doivent toujours être telles que les termes aient dans toutes la même différence, et, de plus, que l'intervalle entre elles soit le même.

D'après cela, soit a le premier terme de la 1.re progression, b le premier terme de la 2.e, c le premier terme de la 3.e, et enfin p le premier terme de la centrale : on aura $b-a=c-b=p-c$: d'où $b=\dfrac{a+c}{2}\ldots c=\dfrac{p+b}{2}=\dfrac{p+\frac{a+c}{2}}{2}=\dfrac{2p+a+c}{4}$: d'où $c=\dfrac{2p+a}{3}$, et $b=\dfrac{a+\frac{2p+a}{3}}{2}=\dfrac{p+2a}{3}$. Ces valeurs de b et de c doivent être entières.

Le dernier terme de chaque progression est $a+6d\ldots b+6d\ldots c+6d\ldots p+6d$; d est la différence des termes. Il faut que $c+6d$ soit < 41, moyen terme, et, *à fortiori*, les derniers termes des autres progressions seront plus petits que ce moyen. Il faut de plus que $c+6d$ ne soit pas égal à l'un des termes de la progression centrale.

Il sera facile maintenant de reconnaître quelles progressions l'on peut prendre pour le carré de 7 sur les 81 nombres dont se compose le carré de 9.

Soit $d=1$: la progression centrale sera $38\cdot39\cdot40\cdot41\cdot42\cdot43\cdot44\ldots p=38\ldots 2p=76$.

Si $a=1$, $c=\frac{77}{8}$, nombre fractionnaire.

$a=2\ldots c=26\ldots b=14$; et comme $c+6=32<41$, et même $<p$, il y a progressions.

$a=3$ et $a=4$ donnent c fractionnaire.

$a=5\ldots c=27\ldots b=16\ldots c+6=33<41$: donc progressions.

$a=6=7\ldots c$ fractionnaire.

$a=8\ldots c=28\ldots b=18\ldots c+6=34<38$: ainsi progression.

$a=9$ et $a=10$ donnent c fractionnaire.

$a=11\ldots c=29\ldots b=20\ldots c+6=35>41$; et l'on a progressions.

$a=12=13\ldots c$ fractionnaire.

$a=14\ldots c=30\ldots b=22\ldots c+6=36<41$: ainsi progressions.

$a=15=16\ldots c$ fractionnaire.

$a=17\ldots c=31\ldots b=24\ldots c+6=37<38$: donc progressions.

$a=18=19\ldots c$ fractionnaire.

$a=20\ldots c=32\ldots b=26\ldots c+6=38=p$: donc point de progression.

Et comme la progression centrale n'a que l'unité pour différence, il est clair qu'il ne faut pas aller plus loin, puisque c serait l'un des termes de cette progression : l'on a donc, en tout, pour $d=1$, six progressions, ou plutôt six systèmes de progressions..................(6)

Soit $d=2$: comme $p=41-3d$, il sera ici 35, et $2p=70$.

Mais $a=1=3=4=6=7=9=10=12=13=15=16$, donnent des fractions pour c; et par conséquent il n'y a point de progression pour ces suppositions. La centrale est 35.37.39.41.43.45.47.

$$a = 2 \ldots c = \frac{70 + a}{3} \ldots b = \frac{a + c}{2} : \text{donc } c = 24 \ldots b = 13 \ldots c + 6d = 36 < 41,$$ mais $> p$; or 36 est pair, et la progression centrale a tous ses termes impairs : il y aura donc progressions.

$a = 5 \ldots c = 25 \ldots b = 15 \ldots c + 12 = 37 < 41$; mais 37 est un terme de la progression centrale : ainsi point de progression.

$a = 8 \ldots c = 26 \ldots b = 17 \ldots c + 12 = 38 < 41$, et pair : donc progressions.

$a = 11 \ldots c = 27 \ldots b = 19 \ldots c + 12 = 39$, terme de la progression centrale : donc point de progression.

$a = 14 \ldots c = 28 \ldots b = 21 \ldots c + 12 = 40 < 41$ et pair : donc progression.

$a = 17 \ldots c = 29 \ldots b = 23 \ldots c + 12 = 41$: donc point de progression.

Ainsi l'on aura, pour $d = 2$, trois systèmes de progressions. . . . . (3)

Soit maintenant $d = 3$: progression centrale, 32.35.38.41.44.47.50 . . . $p = 32 \ldots 2p = 64$.

$a = 1 \ldots c = \frac{65}{3}$, fractionnaire : ainsi point de progression.

$a = 2 \ldots c = 22 \ldots b = 12 \ldots c + 6d = c + 18 = 40 < 41$; et, comme 40 tombe entre deux termes de la progression centrale, il y a progressions, qui seront 2.5.8.11.14.17.20 . . . 12.15.18.21.24.27.30 . . . 22.25.28.31.34.37.40.

$a = 3 = 4$ ne donne rien.

$a = 5 \ldots c = 23 \ldots c + 6d = 41 = $ le moyen : ainsi point de combinaison.

Il est inutile d'aller plus loin : car $c + 6d$ serait toujours plus grand que 41 : donc . . . . (1)

Si $d = 4$. . . . $p = 29$. . . . $2p = 58$, progression centrale : 29 . 33 . 37 . 41 . 45 . 49 . 53.

$a = 1$ ne donne rien : car c est fractionnaire.

$a = 2$. . . $c = 20$. . . $c + 6d = 44 > 41$: il n'y a plus de progression : donc, en tout, 10 systèmes pour le carré de 7 avec 49 nombres parmi les 81 premiers, lorsque 9 a une bordure.

Venant à un exemple : soient les progressions 8 . 10 . 12 . 14 . 16 . 18 . 20. . . . 17 . 19 . 21 . 23 . 25 . 27 . 29. . . . 26 . 28 . 30 . 32 . 34 . 36 . 38. . . . 35 . 37 . 39 . 41 . 43 . 45 . 47. . . . 44 . 46 . 48 . 50 . 52 . 54 . 56. . . . 53 . 55 . 57 . 59 . 61 . 63 . 65. . . . 62 . 64 . 66 . 68 . 70 . 72 . 74.

Comme la différence de 17 à $8 = 9$, le tableau des multiples sera celui des multiples de 9, et l'on peut faire à volonté les tableaux :

1.er TABLEAU.							2.e TABLEAU.						
14	16	8	20	18	10	12	9	36	0	18	54	27	45
8	20	18	10	12	14	16	27	45	9	36	0	18	54
18	10	12	14	16	8	20	18	54	27	45	9	36	0
etc.							etc.						

Ces tableaux sont, comme on voit, arrangés à fantaisie, savoir : le premier, avec la première progression ; le second, avec les multiples de 9. La seule attention est de ne pas commencer la 2.e ligne par un nombre de la 1.re ayant même rang dans les deux tableaux.

Comme il reste 20 impairs et 12 pairs, les angles seront tous deux pairs ou tous deux impairs. Soient 3, 5 les angles : la dernière horizontale doit avoir encore 213, et la

1.re verticale 289. Si l'on prend 4 grands nombres 51, 60, 69, 78 $=258$, il manque 31; il reste 2, 7, 40 $=49$; l'excès est 18, dont la moitié $=9$; on peut substituer 42, complément de 40, à 51, et l'on aura en verticale 2, 7, 31, 42, 60, 69, 78; le nombre 31 est complément de 51. La dernière horizontale avait été construite par 1, 6, 11, 15, 49, 58, 73. On verra le carré résultant (*fig.* 36, *planche* IX).

Il faudrait maintenant multiplier 363,916,800, qui est le nombre de carrés de 7 sans bordure, par le nombre de combinaisons des bordures pour les dix systèmes de progressions ci-dessus; et de plus par $(1, 2, 3 \ldots 7)^2$, qui est le nombre de combinaisons des 7 nombres intermédiaires entre les angles, en horizontale et en verticale. On ne multiplie pas par 8, parce qu'il n'y a qu'une bordure, et qu'on fait abstraction des 8 positions du carré total. Soit donc M le nombre de bordures pour un des systèmes; N celui des bordures pour un autre système; O pour un 3.e, etc. : en tout 10 lettres pour les 10 systèmes; la somme totale sera 363,916,800 $(1, 2 \ldots 7)^2$ (M+N+O+P+Q+R+S+T+U+V), et si l'on désigne par X cette dernière parenthèse, il viendra 9,244,068,986,880,000X : resterait à chercher M, N, etc., par la méthode indiquée à la bordure de 9, et par suite X.

Si 7 a lui-même une bordure, il faut, sur les 81 nombres, connaître toutes les progressions qui peuvent donner le carré de 5. Voici les formules dont on a besoin : soit a le premier terme de la 1.re progression; b le premier terme de la 2.e, et p celui de la progression centrale : il faut que $b-a=p-b$; d'où $b=\frac{p+a}{2}$. Or p est toujours connu d'après la différence d des progressions; et, comme b est fonction de a et de p, il n'y aura que a qui puisse varier pour une même différence. Il faut de plus que $b+4d$ soit < 41, terme moyen, et ne soit pas égal à un terme de la progression centrale. p est égal à $41-2d$.

Soit d'abord $d=1$: alors $p=39$; la progression centrale est $39.40.41.42.43$.

$a=1\ldots b=20$: donc progressions.

On ne pourra supposer a pair: car, puisque p est impair, $\frac{a+p}{2}$ serait fractionnaire, et b doit être entier.

$a=3\ldots b=21$ donnent progressions; on en trouvera aussi pour $a=5=7=9=11=13=15=17=19=21=23=25=27=29$; pour $a=29$ on a $b=34$, et $b+4d=38$.

$a=31\ldots b=35$, et $b+4d=39=$ l'un des termes de la progression centrale; et, comme la différence de cette progression est l'unité, il n'y a plus de combinaison pour $d=1$. Cette supposition fournit donc en tout 15 systèmes, ci$\ldots\ldots\ldots\ldots\ldots\ldots\ldots\ldots\ldots\ldots\ldots\ldots\ldots\ldots$ (15)

Soit $d=2$, ce qui donne $p=37\ldots b=\frac{37+a}{2}\ldots b+4d=b+8<41\ldots a$ ne peut être pair. Les suppositions $a=1=3=5=7=9=11=13=15=17=19$ donnent progressions. La dernière aura $b=28$, et $28+8=36<41$. La progression centrale est $37.39.41.43.45$.

Si $a=21\ldots b=29\ldots b+4d=29+8=37$, qui est un terme de la progression centrale: ainsi point de combinaison.

$a=23\ldots b=30\ldots b+8=38<41$, et pair; or les termes de la progression centrale sont tous impairs: on ne tombe donc sur aucun d'eux, et il y a progressions.

$a=25\ldots b=31\ldots b+8=39$, qui appartient à la progression centrale.

$a = 27 \ldots b = 32 \ldots b + 8 = 40 < 41$, et pair : donc progressions.

On ne peut supposer $a > 27$: car $b + 8$ serait $=$ ou > 41; il ne peut plus y avoir de système pour $d = 2$: on aura donc en tout, pour ce cas, 12 systèmes $\ldots\ldots\ldots$ (12)

Soit $d = 3 \ldots p = 35 \ldots b = \frac{35 + a}{2} \ldots b + 4d = b + 12 < 41 \ldots$ a ne peut être pair dans aucune supposition de d : car s'il était pair, comme p est toujours impair, puisqu'il est $41 - 2d$, on aurait $\frac{p+a}{2}$ fractionnaire, attendu que $p + a$ serait impair.

La progression centrale est $35 \cdot 38 \cdot 41 \cdot 44 \cdot 47$.

$a = 1 = 3 = 5 = 7 = 9$ donnent progressions. La dernière supposition aura $b = 22 \ldots b + 12 = 34 < 35$.

$a = 11 \ldots b = 23 \ldots b + 12 = 35$: donc point de progression.

$a = 13 \ldots b = 24 \ldots b + 12 = 36$, qui ne fait pas partie de la progression centrale : donc système.

$a = 15 \ldots b = 25 \ldots b + 12 = 37$; ainsi il y a progression : car 37 et le terme précédent 34 ne font point partie de la progression centrale.

$a = 17 \ldots b = 26 \ldots b + 12 = 38$: donc point de système de progressions.

$a = 19 \ldots b = 27 \ldots b + 12 = 39$: donc progressions.

$a = 21 \ldots b = 28 \ldots b + 12 = 40$: ainsi progressions.

On ne peut plus faire de supposition pour a avec la différence 3. Ainsi dans ce cas il vient en tout 9 systèmes. $\ldots\ldots\ldots\ldots\ldots\ldots\ldots\ldots$ (9)

Soit $d = 4 \ldots p = 33 \ldots b = \frac{33 + a}{2} \ldots b + 4d = b + 16 < 41 \ldots$ progression centrale, 33, 37, 41, 45, 49.

$a=1\ldots b=17\ldots b+16=33=p$: donc point de système.

$a=3\ldots b=18\ldots 18+16=34$, nombre pair <41 : donc progressions.

$a=5$ et $a=7$ donnent aussi progressions.

$a=9\ldots b=21\ldots 21+16=37$: donc point de système.

$a=11\ldots b=22\ldots 22+16=38$: ainsi progressions.

$a=13\ldots b=23\ldots 23+16=39$, et progression.

$a=15\ldots b=24\ldots 24+16=40$: ainsi progressions.

Il n'y a plus de système pour $a>15$ et $d=4$: en tout, pour cette supposition de d........................ (6)

Venant à $d=5\ldots p=31\ldots b=\frac{21+a}{2}\ldots b+4d=b+20<41\ldots$ Progression centrale, $31\cdot36\cdot41\cdot46\cdot51$.

$a=1\ldots b=16\ldots 16+20=36$: donc point de système.

$a=3\ldots b=17\ldots 17+20=37$, et progressions.

$a=5\ldots b=18\ldots 18+20=38$: donc progressions.

$a=7\ldots b=19\ldots 19+20=39$: ainsi progressions.

$a=9\ldots b=20\ldots 20+20=40$, et progressions.

$a=11\ldots b=21\ldots 21+20=41$: donc il n'y a plus de système pour $d=5$: en tout.................... (4)

$d=6\ldots p=29\ldots b=\frac{19+a}{2}\ldots\ldots b+4d=b+24<41\ldots\ldots$ progression centrale, $29\cdot35\cdot41\cdot47\cdot53$.

$a=1\ldots b=15\ldots 15+24=39$, et progressions.

$a=3\ldots b=16\ldots 16+24=40$, et système de progression.

$a=5\ldots b=17\ldots 17+24=41$: donc plus de système pour $d=6$, et en tout. .... (2)

$d=7\ldots p=27\ldots b=\frac{27+a}{2}\ldots b+4d=b+28<41\ldots$ progression centrale, $27\cdot34\cdot41\cdot48\cdot55$.

$a = 1 \ldots \; b = 14 \ldots \; 14 + 28 = 42 > 41$: donc il n'y a plus de progression, et l'on obtient en tout 48 systèmes pour le carré de 7 avec bordures, et carré central de 5. Or le carré de 5 sans bordure se combine de 52,992 manières : on aura donc pour ces 48 systèmes $48 \cdot 52992$ combinaisons. Maintenant chaque bordure de 7 se combine de $(1, 2, 3, 4, 5)^2 \cdot 8$. On met ici le facteur 8, parce qu'il y a encore une bordure. Soit maintenant X' le nombre de bordures de 7 sur les 56 nombres restans : on aura $120^2 \cdot 8 \cdot X'$; mais chaque bordure de 9 se combine de $(1, 2, 3 \ldots 7)^2$ manières pour les angles fixes, et des nombres déterminés $= 5040^2$. On ne multiplie pas ici par 8, parce que ce sont les dernières bordures; et si X'' est le nombre de ces bordures de 9 sur les 32 nombres restans après celles de 7, il viendra $(5040)^2 \cdot X''$: donc en tout $8 \cdot 48 \cdot 120^2 \cdot 5040^2 \cdot 52992 \cdot X' \cdot X''$. Resterait à calculer X' et X''; mais, quelque considérable que soit le nombre précédent, il faut encore examiner les cas où 5 aurait lui-même bordure. Il s'agit donc de connaître d'abord toutes les progressions qui, sur les 81 premiers nombres, peuvent convenir au carré de 3.

Avant d'aller plus loin, il est bon de relever une erreur de La Hire, qui trouve 240^2 combinaisons pour le carré de 5 sans bordure. Cette erreur provient de ce qu'il a multiplié les deux manières de composer la 2.ᵉ ligne du 1.ᵉʳ tableau, par les deux manières de composer la 2.ᵉ ligne du 2.ᵉ tableau, ce qui n'est pas, puisqu'un tableau ne peut commencer par les nombres qui tiennent le même rang dans la 1.ʳᵉ ligne de chaque tableau; de plus il n'a pas fait attention aux diagonales répétées. Il faut donc s'en tenir au calcul qui a été donné, et qui est 52,992 combinaisons.

Revenant au carré de 3 central,

Soit $d=$ la différence des termes, a le 1.er terme de la 1.re progression, p le 1.er de la progression centrale : on aura $p=41-d$; il faudra aussi que $a+2d$ soit <41, et ne soit pas compris parmi les termes de la progression centrale.

$d=1$..... De $a=1$ jusqu'à $a=37$ on aura 37 systèmes. Le dernier sera la progression continue 37·38·39... 40·41·42....43·44·45......................... (37)

$d=2$..... De $a=1$ jusqu'à $a=34$ on aura 34 systèmes. La progression centrale est 39·41·43 ; mais $a=35$ donnerait 35·37·39, qui ne peut convenir, puisque 39 fait partie de la progression centrale. Au contraire, $a=36$ donne 36·38·40, et il y a progressions : donc en tout pour $d=2$ l'on aura 35 systèmes......................... (35)

$d=3$.... $p=38$, et la progression centrale est 38·41·44.

De $a=1$ jusqu'à $a=31$ l'on aura 31 systèmes. Le dernier sera 31·34·37..... 38·41·44.... 45·48·51. Il n'y en a point pour $a=32$; mais $a=33$ donne 33·36·39, et l'on a progressions. Il en est de même pour $a=34$: car il vient 34·37·40 : donc en tout pour $d=3$....... (33)

$d=4$.... $p=37$.... progression centrale, 37·41·45.

On aura d'abord 28 systèmes de $a=1$ jusqu'à $a=28$; $a=29$ n'en donne point ; mais $a=30$ produit 30·34·38... $a=31$ donne 31·35·39.... et $a=32$ offre 32·36·40 : en tout..................................... (31)

On trouve, pour $d= 5\dots 29$ systèmes.

$$
\left.
\begin{aligned}
d &= 6\dots 27\\
d &= 7\dots 25\\
d &= 8\dots 23\\
d &= 9\dots 21\\
d &= 10\dots 19\\
d &= 11\dots 17\\
d &= 12\dots 15\\
d &= 13\dots 13\\
d &= 14\dots 12\\
d &= 15\dots 10\\
d &= 16\dots 8\\
d &= 17\dots 6\\
d &= 18\dots 4\\
d &= 19\dots 2
\end{aligned}
\right\}\dots\dots(231)
$$

La totalité des systèmes de progressions est 367; et, comme chaque carré central a 8 positions qu'il faut retenir, ce sera $8\cdot367$. Les combinaisons des nombres intermédiaires d'une bordure de 5 sont $(1,2,3)^2=36$, qu'il faut multiplier par 8. On aura donc $8\cdot36$; et si l'on appelle X''' le nombre de bordures propres à 5, et faites avec les 72 nombres restans, on aura $8\cdot36\cdot X'''$. Maintenant chaque bordure de 7 a $8\cdot120^2$ pour les combinaisons des 5 nombres entre les angles, et si X^{IV} désigne ce nombre de bordures, on aura $8\cdot120^2\cdot X^{IV}$; enfin les 7 nombres intermédiaires de la bordure de 9 donnent 5040^2 variations, en omettant le facteur 8; et si X^V désigne le nombre de ces bordures, on aura $5040^2\cdot X^V$: donc il viendra, en tout, pour le cas de 3 bordures, $8^3\cdot36\cdot367\cdot120^2\cdot5040^2\cdot X'''\cdot X^{IV} X^V$.

Il ne faut pas confondre X, X', X'' avec $X''', X^{IV} X^V$: car les nombres de bordures ne sont pas les mêmes dans les différens cas, attendu qu'elles se forment avec plus ou moins de nombres. Il faudrait donc calculer à part ces facteurs en X. Ce travail serait très-long, sans être difficile. Il suffisait ici de faire connaître la forme des produits.

On a donné ailleurs un exemple de ce genre de recherches; on va encore revenir sur les calculs relatifs au carré de 9 sans bordures et sans compartimens. On a vu que les tableaux avaient des périodes ou des diagonales répétées; il est indifférent, lorsque les diagonales sont répétées, que les périodes soient en horizontale ou en verticale: car on n'obtient qu'un changement de position.

Voici les cas où les deux tableaux peuvent coïncider.

<table>
<tr><td>1.er TABLEAU.</td><td>2.e TABLEAU.</td></tr>
</table>

1.re diagonale répétée......	{ 2.e diagonale répétée. 2.e diagonale périodique. verticales ou horizontales périodiques.
2.e diagonale répétée......	{ 1.re diagonale répétée. 1.re diagonale périodique. verticales ou horizontales périodiques.
1.re diagonale périodique...	{ 2.e diagonale répétée. 2.e diagonale périodique. verticales périodiques. horizontales périodiques.

1.er TABLEAU.   2.e TABLEAU.

2.e diagonale périodique. . . . $\left\{\begin{array}{l}\text{1.re diagonale répétée.} \\ \text{1.re diagonale périodique.} \\ \text{verticales périodiques.} \\ \text{horizontales périodiques.}\end{array}\right.$

Verticales périodiques. . . . . $\left\{\begin{array}{l}\text{1.re diagonale répétée.} \\ \text{1.re diagonale périodique.} \\ \text{2.e diagonale répétée.} \\ \text{2.e diagonale périodique.} \\ \text{horizontales périodiques.}\end{array}\right.$

Horizontales périodiques. . . $\left\{\begin{array}{l}\text{1.re diagonale périodique.} \\ \text{2.e diagonale périodique.} \\ \text{verticales périodiques.}\end{array}\right.$

Dans ce dernier cas, on n'a pas mis les diagonales répétées au 2.e tableau, pour éviter double emploi : car toutes les fois qu'on aura horizontale périodique à l'un des tableaux, et diagonale répétée à l'autre, on peut supposer que la périodicité est en verticale. Il ne fallait donc, pour le calcul, porter les diagonales répétées qu'en regard des verticales.

On doit encore remarquer qu'il n'y a pas lieu à alterner les tableaux au moyen de la nomenclature ci-dessus. En effet, après avoir, par exemple, calculé le cas où le 1.er tableau aurait la 2.e diagonale périodique, et le second, la 1.re diagonale répétée, si l'on renversait la question, il y aurait double emploi, puisque cette seconde hypothèse est prévue dans la précédente nomenclature.

Enfin, lorsqu'il se présente plusieurs manières de commencer la 2.e ligne d'un tableau pour obtenir périodicité, on peut toujours supposer qu'il n'y en a qu'une seule : car, d'après le calcul qu'on va faire, les résultats seraient les mêmes en faisant varier de place les termes dont la somme est déterminée.

D'après cela, on rappelle ici les cas qui se présentent lorsque la 2.e ligne commence par un terme de la première.

Si par le second, le moyen est à la fin de la 1.re ligne, et la 2.e diagonale répétée;

Par le dernier, le moyen est le premier de la 1re ligne, et la 1.re diagonale répétée;

Par le 3.e ou le 6.e, la 1.re diagonale est périodique;

Par le 4.e ou le 7.e, les verticales sont périodiques;

Par le 5.e ou le 8.e, la 2.e diagonale est périodique.

On pourra donc supposer, dans ces trois derniers cas, que l'on commence la 2.e ligne par les 3.e, 4.e et 5.e termes de la première horizontale ou de la première verticale.

Maintenant il faut se rappeler qu'il n'y a que deux systèmes pour les verticales périodiques, savoir : 1, 5, 9... 2, 6, 7.... 3, 4, 8, et 1, 6, 8.... 2, 4, 9.... 3, 5, 7. Chacun de ces systèmes comprend tous les nombres, et chaque groupe vaut 15, qui est le tiers de 45, somme de la progression des 9 premiers nombres.

Quant aux diagonales périodiques, on peut employer l'un des six groupes à volonté.

Voici les combinaisons pour les cas où les lignes sont périodiques ou répétées.

Si une diagonale est répétée, il y a 8 nombres dont la

position peut varier, puisqu'il n'y en a qu'un seul dont la place soit forcée, savoir : le moyen. Ces huit nombres donnent $(1, 2, 3 \dots 8) = 40330$ combinaisons à la 1.re ligne.

Si une diagonale est périodique, il y a trois places fixées; les six autres peuvent alterner de $(1, 2 \dots 6)$ ou 720 manières. Quant aux trois autres, si l'on choisit 3 nombres dont la somme $= 15$, ils varieront de 6 façons; et, comme il y a 6 groupes de 3 nombres, parmi lesquels on peut choisir, on aura $6 \cdot 6 = 6^2 = 36$: donc il viendra $720 \cdot 36 = 25920$ combinaisons à la première ligne.

Si c'est en verticale ou en horizontale que se trouve la périodicité, il faut que les 1.er, 4.e et 7.e rangs de la 1.re ligne fassent 15, ainsi que les 2.e, 5.e, 8.e et les 3.e, 6.e et 9.e, de manière que le tout comprenne un des deux systèmes. Or chaque groupe se combine de six façons, ce qui fait 6^3; de plus les trois groupes peuvent alterner entre eux de six façons : ce sera donc 6^4 qui exprimera les combinaisons pour un système; et comme il y en a deux, il viendra $2 \cdot 6^4 = 2592$.

Cela posé, que le 1.er tableau ait la 1.re diagonale répétée, on aura 40320 combinaisons.

La 2.e diagonale du 2.e tableau aura, aussi répétée... 40320

La 2.e diagonale périodique. .... 25920 } 68832

La verticale ou horizontale périodique................. 2592

Ce nombre 68,832, multiplié par les 40320 combinaisons

du 1.er tableau, donne pour produit 2,775,306,240 combinaisons, ci. . . . .(2,775,306,240)

Si la 2.e diagonale est répétée au 1.er tableau, on a le même produit. . . . .(2,775,306,240)

Soit la 1.re diagonale du 1.er tableau périodique; on a 25920 combinaisons.

Dans le 2.e tableau :

La 2.e diagonale répétée. . 40320

La 2.e diagonale périodique. 25920

Les verticales périodiques   2592   } 71424

Les horizontales périodiques. 2592

Multipliant 71424 par 25920 , il vient 1,851,310,080 combinaisons. . . . .(1,851,310,080)

Si la 2.e diagonale est périodique, encore. (1,851,310,080)

Si les verticales sont périodiques, on a 2592 pour le 1.er tableau.

Pour le 2.e :

1.re diagonale répétée. . . 40320

2.e diagonale répétée. . . . 40320

1.re diagonale périodique. 25920   } 135072

2.e diagonale périodique. 25920

Horizontales périodiques.   2592

Multipliant 135072 par 2592 , on a 350,106,624 combinaisons. . . . . (350,106,624)

Pour les horizontales périodiques du 1.er tableau on a 2,592.

Pour le 2.º :

1.re diagonale périodique. 25920)
2.º diagonale périodique. . 25920)54432
Verticales périodiques. . .   2592)

Multipliant 54432 par 2592, on obtient 141,087,744 combinaisons. . . . . (141,087,744)

Ajoutant toutes ces combinaisons, la somme est 9,744,427,008.

Il a paru utile de présenter la manière d'opérer sur un exemple, afin de donner une idée de la marche à suivre dans tous les cas.

Il y aurait à ajouter les combinaisons ci-dessus du carré de 9 simple, avec celles de 9 ayant une, deux ou trois bordures, et celles du même carré à compartimens, pour obtenir toutes celles dont ce carré est susceptible; mais il existe encore d'autres méthodes de composition, que l'on donnera par la suite.

On terminera ce chapitre par un exemple du carré de 9 à triple bordure, que l'on trouvera (*figure* 37, *planche* IX). Le carré central a été fait par les progressions 12· 20·28. . . . 33·41·49. . . . 54·62·70·dont la différence est 8. On a pris arbitrairement 36, 38 pour les angles de la 1.re bordure; les 3 cases de la dernière horizontale, qui doivent avoir 115, ont été remplies par 14, 42, 59, et celles de la verticale, à laquelle il fallait 125, par 13, 51, 61. On a choisi 9, 17 pour angles de la 2.e bordure; la dernière horizontale, qui exigeait encore 149, a été complétée par 7, 18, 29, 47, 48, et la verticale, à laquelle il manquait 213, par 6, 11, 57, 67, 72. Il restait encore 18 pairs et 14 impairs : donc la 3.e bordure devait avoir ses angles d'espèce différente. On a pris 3 et 8 pour ces angles; il fallait encore 292 en verticale : on les a faits par 4, 22, 26, 45, 55, 63, 77. Il y avait 216 à mettre à la dernière horizontale, et il restait $\begin{Bmatrix} 1 & 2 & 16 & 24 & 30 & 32 & 39 \\ 81 & 80 & 66 & 58 & 52 & 50 & 43 \end{Bmatrix}$; la somme des nombres supérieurs est 144, laquelle soustraite de 216, il manque 72. Si l'on prend 66 au lieu de 16, il ne faut plus que 22 : donc, mettant 52 au lieu de 30, on aura 1, 2, 24, 32, 39, 52, 66=216, et la bordure est achevée. On voit qu'il n'y a eu qu'un léger changement à faire subir à l'une des lignes de la dernière bordure; tout le reste a été composé à volonté. On a commencé par la plus petite des bordures, parce qu'il est plus facile d'arriver aux résultats si l'on conserve pour la fin celles qui ont le plus grand nombre des termes.

Si le carré devait s'effectuer avec des nombres ayant des progressions autres que celle qui est la suite des nombres naturels commençant par l'unité, on formerait d'abord le carré avec cette dernière, et il n'y aurait plus qu'à substituer par ordre les nombres de la progression donnée.

CHAPITRE III.

BORDURES PAR LES DIFFÉRENCES DE DIFFÉRENCES.

BORDURE DE 5.

On a déjà fait usage de cette méthode, on va encore l'appliquer à un exemple.

Soit la progression centrale du carré de 5.... 12·13·14;

et la 1.re, 7-8-9 : il restera les différences en plus et en moins 2, 3, 7, 8, 9, 10, 11, 12, puisque celles du carré central sont 1, 4, 5, 6, non compris 0, qui est celle de 13, terme moyen. Soit l'horizontale 1.re $12+9-10-8-3$: il reste 2, 7, 11. Maintenant, il faut que ces 3 différences, prises en plus ou en moins, avec 2 de l'horizontale, dont l'une avec son signe, l'autre avec changement de signe, donnent une somme $= 0$. Il peut arriver 2 cas. Ou les 2 différences de l'horizontale ont une somme égale à celle des 3 différences restantes : alors celles-ci auront le même signe chacune; ou la somme est différente : alors on ajoute 2 de ces différences, et l'on soustrait la 3.e. Il est inutile de prendre les différences de manière à avoir une somme négative, pas plus que les différences de différences.

On a, dans le cas particulier, $2+7+11=20$.... $11+7-2=16$.... $11+2-7=6$.... $11-2-7=2$. Il faut donc que la différence des angles soit égale à l'un des nombres 2, 6, 16, 20. On ajoutera donc 2 à 2 les différences de l'horizontale, en changeant l'un des signes de manière à n'avoir que des nombres positifs, et il viendra : $12-9=3$... $12+10=22$... $12+8=20$... $12+3=15$... $9+10=19$ ... $9+8=17$... $9+3=12$... $10-8=2$... $10-3=7$... $8-3=5$; mais 3, 5, 7, 12, 15, 17, 19, 22 ne peuvent convenir : il n'y a que $12+8$ et $10-8$ qui satisfassent à la condition, et l'on aura 2 systèmes d'angles pour l'horizontale choisie : ainsi les angles de la 1.re horizontale seront 12 et -8; la 1.re verticale aura les angles 12 et $+8$, et elle sera complétée par $-2-7-11$; de même, si les angles de l'horizontale sont $-8-10$, ceux de la verticale seront $-8+10$, et les nombres intermédiaires, $+2+7-11$.

On peut arranger comme suit le calcul précédent.

HORIZONTALE.

$$12+9-10-8-3$$

DIFFÉRENCES DES DIFFÉRENCES RESTANTES.

$$20 \quad 16 \quad 6 \quad 2$$

VERTICALES.

$$12+8-2-7-11\ldots -8+10-11+2+7$$

Ainsi, l'horizontale formée, et les différences des différences restantes étant trouvées, on voit de suite, sans les écrire, les différences de différences de l'horizontale, qui ne donnent pas 2, 6, 16 ou 20, et l'on retient seulement celles qui conviennent.

Cette méthode est directe, et abrége les calculs pour les petites bordures, surtout pour celle de 5; mais comme on les forme d'autant plus facilement qu'elles ont plus de termes, il est préférable de recourir aux moyens précédemment donnés.

TROISIÈME SECTION.

—

Méthodes de divers auteurs pour les carrés impairs.

§ 1.er

SYSTÈME DE LA HIRE.

La Hire propose d'arranger 7 nombres non en progression, de manière à avoir un carré magique répété. Il s'agit donc simplement de former un tableau, comme on l'a pratiqué dans ce qui précède. Les nombres choisis sont 3, 5, 9, 8, 11, 13, 10. La 2.e ligne commence par le 6.e terme de la 1.re. On verra ce carré (*figure* 38, *planche* IX). On remarque que deux parallèles à l'une ou à l'autre des diagonales, prises de chaque côté d'une des diagonales, de manière que le nombre de leurs termes soit égal à celui de cette diagonale, donnent une même somme que cette diagonale, et de plus, que ces diagonales parallèles suivent l'ordre des termes de celle à laquelle elles sont parallèles, en commençant par un terme quelconque de cette diagonale : c'est encore l'ordre renversé des horizontales. Il en est de même des parallèles à la 2.e diagonale; mais l'ordre direct ou inverse des termes n'existe pas. Le carré magique l'est donc encore sous ce rapport.

Si l'on donnait des nombres répétés, on aurait le même

résultat, mais les lignes auraient des nombres répétés, et s'il y avait des lacunes, on les remplirait par 0.

Il est évident que plusieurs carrés magiques ajoutés terme à terme donnent encore un carré magique; mais il peut se trouver des termes répétés dans le carré total.

On propose de faire un carré magique d'une racine donnée, et tel que la somme de chaque ligne soit égale à un nombre donné, sans répétition de nombres. La chose sera possible toutes les fois que le nombre donné sera plus grand ou au moins égal à celui qui résulterait, pour chaque ligne, du carré fait avec les nombres de la progression des nombres naturels commençant par l'unité jusqu'au carré de la racine donnée. Ainsi, par exemple, soit la racine 5, et la somme donnée pour chaque ligne $=81$. Comme les lignes du carré de 5, composé des nombres de la série naturelle de 1 à 25, doivent avoir 65 pour somme, et que 65 est <81, on peut prendre, pour former le 1.er tableau, les nombres 1, 2, 3, 4, 5; et pour le 2.e tableau, 0, 5, 12, 18, 31. La somme des lignes du 1.er tableau est 15; et celle des lignes du 2.e tableau, 66; or $15+66=81$. Il faut aussi que le plus petit nombre de ce 2.e tableau soit au moins égal au plus grand du 1.er tableau. On excepte 0, qui fait toujours partie du 2.e tableau. Ainsi, soit le 1.er tableau composé par les nombres 1, 2, 4, 5, 7 $=19$: on aura $81-19=62$ pour chaque ligne du 2.e. Mais les plus petits multiples de 7 sont 7, 14, 21, 28, dont la somme est $70>62$.

Si les nombres du 2.e tableau comprennent des multiples répétés, il est clair qu'il y en aura dans le carré total, et il pourra y en avoir aussi s'il se trouve des nombres inférieurs aux multiples dans le 2.e tableau. Ainsi, soient les nombres de ce 2.e tableau 7, 13, 18, 24=62: on aurait 14, 20 et 25 répétés dans le carré total.

Soit 111 le nombre donné pour somme de chaque ligne du carré magique à construire; soient toujours 1, 2, 4, 5, 7=19 pour la 1.re ligne du 1.er tableau : on aura 111—19=92 pour valeur de celles du 2.e, et l'on peut prendre, pour les former, 0, 7, 47, 15, 23. Que la 2.e ligne du 1.er tableau commence par 4, nombre du milieu, et la 2.e du 2.e tableau par 15, avant-dernier nombre: on aura le carré demandé (*figure* 39, *planche* IX).

Si l'on exigeait qu'une case déterminée renfermât un nombre donné, par exemple, que 22 se trouvât à la 2.e case de la 2.e horizontale; la progression étant celle des nombres naturels commençant par l'unité, et pour le carré de 5: on diviserait 22 par 5; il vient 4, et il reste 2. Ce reste se placera à la case exigée du 1.er tableau, et la 2.e horizontale de ce tableau peut être à volonté 3, 2, 5, 1, 4. La 1.re ligne peut aussi être 1, 4, 3, 2, 5; les autres suivent l'ordre ordinaire, et commencent par le terme du milieu de la précédente. Maintenant, 4·5=20 se placera à la 2.e case de la 2.e horizontale du 2.e tableau. Cette horizontale peut être 0, 20, 15, 10, 5, et la 1.re horizontale 15, 10, 5, 0, 20. On aura soin de ne pas composer cette 1.re comme la correspondante du 1.er tableau. On voit ici que les horizontales commencent par le 4.e terme de la ligne qui précède. Le carré résultant se trouve (*figure* 40, *planche* IX).

On propose de faire un carré tel que la somme des nombres de 2 cases placées semblablement par rapport au centre, ou, ce qui est la même chose, de 2 cases symétriques, soit toujours la même, et par conséquent double du moyen. Il faut que l'on ait progression arithmétique : soit donc 1, 2, 3, 4, 5, 6, 7 la série des nombres du 1.er tableau. La somme de 2 cases sera $2 \cdot 4 = 8$, puisque le moyen est 4. Soit ce moyen 4 au centre du tableau, et que l'horizontale du milieu soit faite d'après la combinaison exigée. Quant au 2.e tableau, les nombres qui le composeront sont multiples de 7, et 0, 7, 14, 21, 28, 35, 42. Le moyen 21 sera aussi au centre, et la valeur de 2 cases $= 2 \cdot 21 = 42$. La ligne horizontale du milieu sera donc formée en se conformant à la condition exigée. Il faut toujours éviter de construire les deux tableaux de la même manière. La ligne centrale du 1.er tableau est supposée 3, 7, 2, 4, 6, 1, 5. Chaque horizontale commence par le 4.e terme de la précédente, et par conséquent, en remontant, par le 5.e de l'inférieure. L'horizontale du milieu du 2.e tableau est supposée 28, 7, 0, 21, 42, 35, 14. Les autres commencent par le 5.e nombre de la précédente, et, en remontant, par le 4.e de l'inférieure, on trouvera le carré demandé (*figure* 41, *planche* IX).

Les tableaux auraient pu se composer par diagonales répétées.

Dans les carrés ainsi faits on peut changer convenablement de place des horizontales ou des verticales, et même des horizontales en verticales, et réciproquement ; mais il faut faire ces changemens de manière que les lignes, à égale distance de celle du milieu, s'y retrouvent encore après le changement opéré ; ainsi , alternant la 1.re ligne avec la 3.ᵉ, il faudra que la dernière devienne la 5.ᵉ, et celle-ci la dernière.

Il y a d'autres changemens qui peuvent avoir lieu. Ainsi, par exemple, soit à construire le carré de 5, et que la 1.ʳᵉ diagonale soit répétée dans le 1.ᵉʳ tableau, et la 2.ᵉ diagonale aussi répétée dans le 2.ᵉ tableau; que le moyen ne soit pas le nombre répété de ces diagonales, et que les tableaux soient les suivans :

$$
1.^{er}\ \text{TABLEAU.}\ \begin{cases} 2\ 5\ 3\ 1\ 4 \\ 4\ 2\ 5\ 3\ 1 \\ 1\ 4\ 2\ 5\ 3 \\ 3\ 1\ 4\ 2\ 5 \\ 5\ 3\ 1\ 4\ 2 \end{cases} \qquad
2.^{e}\ \text{TABLEAU.}\ \begin{cases} 15\ \ 0\ 10\ 20\ \ 5 \\ \ 0\ 10\ 20\ \ 5\ 15 \\ 10\ 20\ \ 5\ 15\ \ 0 \\ 20\ \ 5\ 15\ \ 0\ 10 \\ \ 5\ 15\ \ 0\ 10\ 20 \end{cases}
$$

Il manque 5 à la 1.ʳᵉ diagonale du 1.ᵉʳ tableau, et 25 à la 2.ᵉ diagonale du 2.ᵉ tableau; mais si l'on met dans chacun des tableaux la 5.ᵉ ligne au lieu de la 4.ᵉ, et réciproquement, les diagonales auront la somme nécessaire, et les tableaux seront :

$$
1.^{er}\ \text{TABLEAU.}\ \begin{cases} 2\ 5\ 3\ 1\ 4 \\ 4\ 2\ 5\ 3\ 1 \\ 1\ 4\ 2\ 5\ 3 \\ 5\ 3\ 1\ 4\ 2 \\ 3\ 1\ 4\ 2\ 5 \end{cases} \qquad
2.^{e}\ \text{TABLEAU.}\ \begin{cases} 15\ \ 0\ 10\ 20\ \ 5 \\ \ 0\ 10\ 20\ \ 5\ 15 \\ 10\ 20\ \ 5\ 15\ \ 0 \\ \ 5\ 15\ \ 0\ 10\ 20 \\ 20\ \ 5\ 15\ \ 0\ 10 \end{cases}
$$

On verra le carré résultant (*figure* 42, *planche* IX). Il faut, pour que ce genre de changement ait lieu, qu'il puisse s'effectuer dans les deux tableaux.

Cet exemple donne une nouvelle forme de tableaux qui n'est pas entrée dans les calculs donnés pour les carrés simples, et il y en a d'autres dont les tableaux ne peuvent se prévoir : d'où il faut conclure que les combinaisons par tableaux ordinaires donnent le plus grand nombre de celles dont sont susceptibles les carrés simples, mais ne les donnent pas toutes.

Dans le carré ci-dessus on peut opérer en horizontale et en verticale tous les changemens qui laissent aux diagonales la somme voulue : ainsi l'on alterne la 1.re et dernière horizontale, la 1.re et la 4.e, la 3.e et la 5.e. Il en est de même de la 2.e et 4.e verticale, de la 1.re et dernière, de la 2.e et 4.e, etc. Il en est souvent de même des carrés construits par les autres méthodes. Mais si l'on résout ces nouveaux carrés en leurs tableaux, on verra que ceux-ci ne se rattachent plus aux tableaux ordinaires : on aura donc de nouvelles combinaisons comme celles ci-dessus; combinaisons non prévues : car la forme des tableaux ne pouvait pas l'être.

La Hire donne une méthode pour faire les enceintes ou bordures des carrés impairs, en se dispensant des différences; mais elle est très-circonscrite, et ne donne qu'un carré central. On peut, il est vrai, augmenter les combinaisons, comme dans le cas ci-dessus, soit par transposition des nombres du milieu compris entre les angles, soit par renversement d'enceintes, transport de bandes, etc.; mais les angles restent fixes. Sauf ce renversement d'enceintes, on ne peut qu'avec peine faire passer des nombres d'une enceinte dans une autre. Cette marche est d'ailleurs difficile à retenir, et n'est pas directe. La voici :

La Hire fait un carré naturel en écrivant de suite les nombres d'une ligne à l'autre; il sépare ensuite les enceintes naturelles, et les nombres qu'elles comprennent doivent composer les véritables bordures : on voit qu'il n'y a qu'un carré central. Il appelle 1.re bordure les 8 nombres qui circonscrivent le terme moyen. Voici ce carré naturel pour 11 de côté :

1	2	3	4	5	6	7	8	9	10	11
12	13	14	15	16	17	18	19	20	21	22
23	24	25	26	27	28	29	30	31	32	33
34	35	36	37	38	39	40	41	42	43	44
45	46	47	48	49	50	51	52	53	54	55
56	57	58	59	60	61	62	63	64	65	66
67	68	69	70	71	72	73	74	75	76	77
78	79	80	81	82	83	84	85	86	87	88
89	90	91	92	93	94	95	96	97	98	99
100	101	102	103	104	105	106	107	108	109	110
111	112	113	114	115	116	117	118	119	120	121

Il considère ensuite 8 cases qu'il nomme *principales*. Ce sont les 4 angles et les 4 cases du milieu de chaque bordure. Il forme les bordures impaires d'une façon, et les bordures paires d'autre manière, en ne faisant toujours entrer dans chacune que les nombres du carré naturel qui s'y trouvent déjà.

Pour les bordures impaires il avance d'une demi-bande, et dans le même sens, les angles et les cases du milieu, de manière que les uns prennent la place des autres, et réciproquement. Il alterne ensuite, cette mutation opérée, les cases du milieu avec leurs opposées; il ne complète que la 1.re horizontale et la 1.re verticale, les complémens à 122 doivent achever la bordure. Pour la 1.re horizontale et la 1.re verticale on ne touche plus aux

angles ni aux cases du milieu; on laisse à leur place la
moitié des nombres restans : cette moitié se compose de
nombres pris 2 à 2 à égale distance des angles; l'autre
moitié alterne avec ses opposés. Ces premiers changemens se voient (*figure* 43, *planche* IX).

Quant aux bordures paires, les angles restent fixes, et
les cases du milieu alternent avec leurs opposées. Quant
aux cases restantes, qui sont en nombre impair entre
chaque angle et le milieu des lignes, on met à l'horizontale supérieure, et aux deux cases qui tiennent le milieu
entre les angles et le milieu de cette horizontale, les nombres du même rang dans la moitié inférieure des verticales;
et de même dans la 1.re de celles-ci, et dans les mêmes
cases du milieu entre les angles et le centre de cette verticale, les nombres du même rang des dernières moitiés
des horizontales; enfin dans la moitié des cases restantes
on alterne avec les opposés les nombres à égale distance
des angles. Ces changemens se voient (*figure* 44,
planche IX), ainsi que le carré total.

Il peut paraître curieux de rechercher, pour le cas dont
il est ici question, c'est-à-dire lorsque les angles sont fixes,
ainsi que le carré central, qui ne peut varier, quel serait
le nombre de combinaisons, en supposant toujours que les
bordures ont été faites au moyen du carré naturel, comme
il a été dit. Soit donc 17 seulement la racine, et que le
carré soit à toutes bordures : on en aura $\frac{17-3}{2}=7$, non
compris celle de 8 nombres autour du moyen; or celle de
5 aura $(1, 2, 3)^2$ pour les variations des 3 nombres du
milieu de la 1.re horizontale et de la 1.re verticale. La bordure de 7 aura $(1, 2, 3, 4, 5)^2 = (1, 2, 3)^2 (4, 5)^2$; celle

de 9 sera $(1, 2, 3)^2 (4, 5)^2 (6, 7)^2$; celle de 11 aura $(1, 2, 3)^2 (4, 5)^2 (6, 7)^2 (8, 9)^2$; on aura pour celle de 13 $(1, 2, 3)^2 (4, 5)^2 (6, 7)^2 (8, 9)^2 (10, 11)^2$; il viendra pour celle de 15 le produit $(1, 2, 3)^2 (4, 5)^2 (6, 7)^2 (8, 9)^2 (10, 11)^2 (12, 13)^2$; enfin, pour celle de 17, on obtiendra le produit $(1, 2, 3)^2 (4, 5)^2 (6, 7)^2 (8, 9)^2 (10, 11)^2 (12, 13)^2 (14, 15)^2$; et, multipliant tous ces nombres l'un par l'autre, le produit total est $2^{14} \cdot 3^{14} \cdot 4^{12} \cdot 5^{12} \cdot 6^{10} \cdot 7^{10} \cdot 8^8 \cdot 9^8 \cdot 10^6 \cdot 11^6 \cdot 12^4 \cdot 13^4 \cdot 14^2 \cdot 15^2$. Ce nombre $= (78,364,164,096) (4,096,000,000,000,000) (130,691,232)^2 (26,273,856)^2 (1,331,000)^2 (24,336)^2 (210)^2$; et, tout prodigieux qu'il est, il ne représente qu'un seul cas parmi la grande quantité de bordures et de carrés centraux qu'on peut obtenir; aucune bordure n'a été multipliée par 8, puisqu'on n'a fait varier que les nombres entre les angles fixes. Mais ce nombre est peu de chose, comparé au produit successif des 289 premiers nombres; et, quoiqu'il y ait beaucoup d'autres manières d'obtenir le carré de 17, il y aurait plusieurs milliards contre l'unité, pour ne point arriver à ce carré sans règles déterminées.

On donne encore le carré de 41 construit avec 4 bordures générales (*figure* 45, *planche* X). Elles ont été formées avec les 296 premiers et les 296 derniers nombres. Il est resté 33 nombres à chaque ligne, et l'on a fait 9 carrés de 11 cases. Il n'y a que 6 formes pour le carré de 11, savoir : le carré simple, le carré avec une bordure sans compartiment, avec une bordure et compartiment, avec deux, trois ou quatre bordures.

En supposant les quatre bordures générales constantes et fixes, les 9 carrés composés des nombres de l'exemple, et ne changeant pas de position, mais de forme, et dans les différens cas, les carrés conservant l'arrangement qu'ils ont dans chacune des six formes du carré de la figure, on peut désirer connaître les variations qu'apportent ces formes dans le carré. Voici la manière de composer ces 9 carrés :

1.º S'ils ont tous la même forme, il y aura 6 systèmes de composition, puisqu'ils auront tous l'une ou l'autre des six formes du carré de 11......... (6)

2.º S'il y en a 8 d'une forme, et un d'une autre forme, il y aura 30 systèmes pour composer ces carrés : car, ayant pris 8 carrés d'une forme, le neuvième pourra avoir l'une des cinq restantes ; et, comme il y a 6 formes, on aura 5·6 variations : donc...... (30)

3.º Pour 7 carrés d'une forme, et 2 d'une autre, on aura encore......................... (30)

4.º Pour 7 d'une forme, et 2 de forme différente, il vient.............................. (60)

5.º 6 d'une forme, et 3 d'une autre, donnent..... (60)

6.º 6 d'une forme, 2.d'une autre, et un d'une 3.ᵉ forme, produisent....................... (120)

7.º 6 d'une forme, et 3 de forme différente.... (60)

8.º 5 d'une forme, et 4 d'une autre........... (30)

9.º 5 d'une forme, 3 d'une autre, et 1 d'une 3.ᵉ. (120)

10.º 5 d'une forme, 2 d'une autre, et 2 d'une 3.ᵉ. (60)

11.º 5 d'une forme, et 4 de forme différente... (30)

12.º 5 d'une forme, 2 d'une autre, et 2 de forme différente.............................. (180)

13.º 4 d'une forme, 4 d'une autre, et 1 d'une 3.ᵉ. (60)

14.º 4 d'une forme, 3 d'une autre, et 2 de forme différente..................................... (180)

15.º 4 d'une forme, 3 d'une autre, et 2 d'une autre..................................... (120)

16.º 4 d'une forme, 2 d'une autre, 2 d'une 3.ᵉ, et 1 d'une 4.ᵉ..................................... (180)

17.º 4 d'une forme, 2 d'une autre, et 3 de forme différente..................................... (120)

18.º 4 d'une forme, 5 d'espèce différente...... (6)

19.º 3 d'une forme, 3 d'une autre, 3 d'une 3.ᵉ.. (20)

20.º 3 d'une forme, 3 d'une autre, 2 d'une 3.ᵉ, et 1 d'une 4.ᵉ..................................... (90)

21.º 3 d'une forme, 3 d'une autre, 3 de forme différente..................................... (60)

22.º 3 d'une forme, 2 d'une autre, 2 d'une 3.ᵉ, 2 d'une 4.ᵉ..................................... (60)

23.º 3 d'une forme, 2 d'une autre, 2 d'une 3.ᵉ, 2 d'espèce différente..................................... (180)

24.º 3 d'une forme, 2 d'une autre, 4 de forme différente..................................... (30)

25.º 2 d'une forme, 2 d'une autre, 2 d'une 3.ᵉ, 4 d'une 4.ᵉ, 1 d'une 5.ᵉ..................................... (30)

26.º 2 d'une forme, 2 d'une autre, 2 d'une 3.ᵉ, 3 de formes différentes..................................... (20)

$$\overline{}$$

1942

En tout, 1942 manières de choisir les formes des carrés partiels; mais dans chacun des 26 cas ci-dessus il y a plusieurs combinaisons pour répartir ces formes dans le carré total.

Le n.º 1 n'a que ses six combinaisons. 6

Le n.º 2 en a 9 pour chaque forme : donc 30·9 = 270. 270

Le n.º 3 en a 36 : car 9 lettres prises 2 à 2 donnent $\frac{9·8}{2}$ produits différens : donc 36·30. 1080

Le n.º 4 donne 72 : car 9 lettres 2 à 2 donnent 9·8=72 combinaisons : donc 72·60. 4320

Le n.º 5 aura 84 : car 9 lettres 3 à 3 ont $\frac{9·8·7}{2·3}$ produits différens =84 : donc 84·60. 5040

Le n.º 6 aura 252 : car, d'abord, les 6 d'une forme, ou 3 d'une forme, produiront 84 produits différens, comme ci-dessus ; et sur les 3 places restantes, la forme qui est seule, peut occuper l'une ou l'autre, ce qui fera 84·3=252 : ainsi 252·120. 30240

Le n.º 7 donne 504 : car on peut mettre les 3 formes différentes dans les 3 places restantes de 6 manières : donc 84·6=504, et par conséquent 504·60. 30240

Le n.º 8 aura 126, puisque 9 lettres 4 à 4 donnent $\frac{9·8·7·6}{1·2·3·4}$=126 : donc 126·30. 3780

Le n.º 9 donnera 504 : car la forme seule peut occuper l'une des 4 places restantes, ce qui fait 4·126, et conséquemment 504·120. 60480

Le n.º 10 aura 756 : car on peut mettre dans les 4 places restantes 2 nombres pareils de 6 façons : ainsi 126·6=756 ; et en conséquence 756·60. 45360

A reporter. 180816

Report................ 180816

Le n.º 11 fournira 3024 : car les 4 formes différentes se combinent de 9·8·7·6 manières $=$ 3024 : donc 3024·30.................. 90720

Le n.º 12 aura 1512 : car les 2 formes d'espèce différente donnent 9·8$=$72 sur les 7 places restantes; les 2 pareilles donnent $\frac{6\cdot7}{2}=21$; ainsi 72·21$=$1512 : donc 1512·180.............. 272160

Le n.º 13 donne 630 : car la forme seule peut se mettre dans les 9 carrés, les 4 pareilles dans les 8 autres donnent $\frac{8\cdot7\cdot6\cdot5}{1\cdot2\cdot3\cdot4}=70$: donc 70·9$=$ 630, et par conséquent 630·60............ 37800

Le n.º 14 produit 2520 : car les 2 formes différentes auront 9·8$=$72; les trois pareilles sur les 7 carrés restans auront $\frac{7\cdot6\cdot5}{1\cdot2\cdot3}=35$: donc 72·35$=$ 2520, et 2520·180................... 453600

Le n.º 15 donne 1260 : car les 2 formes pareilles ont $\frac{9\cdot8}{2}=36$; les 3 formes pareilles, sur les 7 places restantes, auront $\frac{7\cdot6\cdot5}{1\cdot2\cdot3}=35$: ainsi 36·35$=$1260, et par conséquent 1260·120.... 151200

Le n.º 16 aura 3780 : car la forme seule peut occuper l'une des 9 places. Sur les 8 restantes, 2 formes pareilles auront $\frac{8\cdot7}{2}=28$; et sur les 6 restantes les 2 autres pareilles auront $\frac{6\cdot5}{2}=15$: donc 28·15·9$=$3780; donc 3780·180........ 680400

Le n.º 17 fournira 7560 : car les formes différentes auront 9·8·7$=$504; les 2 pareilles, sur

À reporter........... 1866696

Report.............. 1866696

les 6 places restantes, auront $\frac{6\cdot 4}{2}=15$, et $504\cdot 15$ $=7560$: donc $7560\cdot 120$.................. 907200

Le n.º 18 aura $15120=9\cdot 8\cdot 7\cdot 6\cdot 5$: donc $6\cdot 15120$. 90720

Le n.º 19 donne 1680 : car 3 formes pareilles auront $\frac{9\cdot 8\cdot 7}{1\cdot 2\cdot 3}=84$. Trois autres pareilles, sur les 6 places restantes, ont $\frac{6\cdot 5\cdot 4}{1\cdot 2\cdot 3}=20$; il n'y a rien pour les trois autres pareilles, dont la place reste fixée : donc $84\cdot 20=1680$, et $1680\cdot 20=$........... 33600

Le n.º 20 aura 5040 : car la forme seule peut se mettre aux 9 places. Les 2 pareilles aux 8 places restantes auront $\frac{8\cdot 7}{1\cdot 2}=28$; trois autres pareilles, sur les 6 places restantes, ont $\frac{6\cdot 5\cdot 4}{1\cdot 2\cdot 3}=20$: ainsi $9\cdot 20\cdot 28=5040$, et par conséquent $5040\cdot 90$. 453600

Le n.º 21 donne 10080 : car les 3 formes différentes ont $9\cdot 8\cdot 7=504$; les 3 de forme pareille, sur les 6 places restantes, ont 20 : donc $504\cdot 20=10080$, et par conséquent $10080\cdot 60$.................. 604800

Le n.º 22 aura 7560 : car 2 pareilles ont $\frac{9\cdot 8}{2}$ produits différens, $=36$; deux autres pareilles, sur les 7 places restantes, $\frac{7\cdot 6}{2}=21$; et enfin deux autres pareilles sur les 5 carrés restans, $\frac{5\cdot 4}{2}=10$: ainsi $36\cdot 21\cdot 10=7560$: donc $7560\cdot 60$......... 453600

Le n.º 23 produit 15120 : car les 2 formes différentes donnent $9\cdot 8=72$. Deux pareilles, sur les 7 places restantes, $\frac{7\cdot 6}{2}=21$; deux autres pareilles, sur les 5 carrés restans, $\frac{5\cdot 4}{2}=10$: donc $72\cdot 21\cdot 10=15120$, et par conséquent $15120\cdot 180$. 2721600

A reporter............ 7131816

Report. 7131816

Le n.° 24 aura 30240 : car les 4 formes différentes donnent $9 \cdot 8 \cdot 7 \cdot 6 = 3024$; deux pareilles, sur les 5 places restantes, $\frac{5 \cdot 4}{2} = 10$: ainsi $3024 \cdot 10 = 30240$: donc $30240 \cdot 30$. 907200

Le n.° 25 donne 22680 : car la forme seule aura 9 : deux pareilles, $\frac{8 \cdot 7}{2} = 28$; deux autres pareilles, $\frac{6 \cdot 5}{2} = 15$; deux autres pareilles, $\frac{4 \cdot 3}{2} = 6$: donc $6 \cdot 9 \cdot 15 \cdot 28 = 22680$; ainsi $22680 \cdot 30$. 680400

Le n.° 26 aura 45360 : car les trois formes différentes donnent $9 \cdot 8 \cdot 7 = 504$; deux pareilles, sur les 6 places restantes, $\frac{6 \cdot 5}{2} = 15$; et deux autres pareilles, sur les 4 places restantes, $\frac{4 \cdot 3}{2} = 6$: donc $6 \cdot 15 \cdot 504 = 45360$; ainsi $45360 \cdot 20$. 907200

Réunissant toutes les combinaisons, on aura
9,626,616. 9626616

On a dit que la quadruple bordure restait fixe, que chaque carré partiel de 11 conservait ses nombres qui forment des séries naturelles, ce qui a permis de construire le carré de 9 par la méthode expéditive à l'ordinaire ; et de plus, que les carrés qui prendraient l'une des six formes du carré de 11, suivraient l'ordre des nombres de celles qui entrent dans le carré de la figure 45. Ainsi, dans le cas que l'on considère, lequel n'est qu'un cas particulier d'un autre cas particulier, on a 9,626,616 manières de distribuer les 6 formes dans le carré de 9 carrés de 11. Aucun auteur ne s'est occupé de ces recherches curieuses.

Mais que sont ces combinaisons de formes comparativement à celles que présente le seul cas particulier où les angles sont invariables dans les bordures et les formes, suivant l'ordre des nombres de celles de la figure? Les bordures ont, savoir : la 1.re, $(1,2,3\dots 39)^2$; la 2.e, $(1,2\dots 37)^2$; la 3.e, $(1,2\dots 35)^2$; et la 4.e, $(1,2\dots 33)^2$ pour les nombres intermédiaires entre les angles. Les carrés partiels pour chaque distribution particulière des formes, présenteraient aussi des combinaisons en nombre considérable, et il faudrait multiplier tous les produits les uns par les autres. On aurait cependant porté son attention sur un cas seulement.

Revenant à **La Hire**, on a dit qu'il avait cité Moscopule, qui, dans un manuscrit de la bibliothèque royale, donne, pour les carrés impairs, des méthodes compliquées, mais qui rentrent, par leur décomposition en tableaux, dans les règles de formation données; et, comme on a exposé la méthode de **La Hire**, et que celui-ci a employé ou modifié la manière de composition de ce Moscopule, il n'y a pas lieu de s'occuper de cet auteur.

§ 2.

MÉTHODE DE BACHET DE MÉZÉRIAC.

Bachet dit avoir vu les 7 carrés de 3 à 9, comme dans Agrippa, mais sans règle pour les construire. Voici sa méthode pour les impairs : car il avoue n'avoir rien trouvé pour les pairs. On va appliquer au carré de 7 cette méthode, d'ailleurs très-circonscrite : car elle ne renferme qu'un cas particulier sur la quantité dont un carré impair est susceptible.

On construit le carré de 7 en cases vides, à l'ordinaire; on prolonge d'une case en haut et en bas la 2.e et la 6.e verticale; de 2 cases aussi haut et bas la 3.e et la 5.e; enfin encore d'une case, haut et bas, de plus qu'à la ligne précédente, et ainsi de suite, suivant les carrés. On agit de même pour les horizontales (*figure 46, planche* VIII); on place ensuite les nombres de la progression arithmétique diagonalement et par ordre, à commencer par la case la plus extérieure, ce qui donne moyen de placer tous les nombres de la racine; on revient à placer le nombre suivant à la case la plus extérieure de la 2.e ligne diagonale, parallèle à la 1.re, et ainsi de suite. Cela fait, on ne touche plus aux cases pleines du carré, mais on rabat les nombres hors du carré sur les cases vides, horizontale sur horizontale, et verticale sur verticale, en comptant 7 à partir de la case à rabattre, elle non comprise, et en général en comptant un nombre égal à la racine. Ici, par exemple, si l'on compte verticalement 7 à partir de l'unité non comprise, on trouve qu'elle tombe sur la 5.e case de la 4.e verticale, ou la 4.e case de la 5.e horizontale. De même comptant 7, à partir et non compris 13, ce dernier nombre se trouvera au milieu de la 1.re verticale du carré, et ainsi des autres nombres en dehors du carré que l'on voit (*figure 47, planche* VIII). Voici les tableaux de composition résultans du carré construit par cette méthode.

1.er TABLEAU.

1	5	2	6	3	7	4
5	2	6	3	7	4	1
2	6	3	7	4	1	5
6	3	7	4	1	5	2
3	7	4	1	5	2	6
7	4	1	5	2	6	3
4	1	5	2	6	3	7

2.e TABLEAU.

21	42	14	35	7	28	0
0	21	42	14	35	7	28
28	0	21	42	14	35	7
7	28	0	21	42	14	35
35	7	28	0	21	42	14
14	35	7	28	0	21	42
42	14	35	7	28	0	21

En examinant ces tableaux, on voit qu'ils ne présentent qu'un cas des méthodes générales précédemment exposées. Ici chaque diagonale est répétée, savoir : l'une dans un tableau, et l'opposée dans l'autre tableau ; de plus, les nombres symétriquement placés par rapport au centre, donnant une somme double du moyen, ce qui constitue l'une des combinaisons établies plus haut. Ainsi les formules de Moscopule, d'Agrippa et de Bachet ne sont qu'une application très-limitée des formules générales.

La construction précédente donne encore un moyen expéditif de construction, et la figure 47 suffit pour le faire connaître. On met le 1.er terme de la progression sous le moyen, qui est au centre du carré, et l'on place les nombres par ordre en diagonale : lorsqu'on sort par le bas, on met le suivant au dessus de la ligne suivante ; si l'on sort par le côté, le nombre suivant est au commencement de la ligne suivante ; si l'on arrive à une case remplie, le nombre qui vient ensuite est placé dans la même ligne que le précédent, mais à deux cases au dessous ; si l'on n'arrivait pas à une case convenable, la ligne étant finie, on compterait toujours 2 cases ; mais alors on placerait le nombre au dessus, ou à la 2.e case de la même ligne. On verra encore un exemple de cette méthode de construction sur le carré de 9 (*planche* **XXII**, *figure* 47 *bis*).

On peut remarquer qu'on ne met un nombre, deux cases au dessous du précédent, qu'après un multiple de 9, et en général qu'après un multiple de la racine.

La méthode simple que M. de la Loubère dit être en usage chez les Indiens de Surate, est encore un des cas de la méthode générale, et a toujours la propriété d'avoir la somme des nombres placés symétriquement par rapport au centre, double du moyen terme. C'est précisément le cas de la construction précédente.

La formation des tableaux est aisée à retenir. On commence la 1.re horizontale par le 1.er terme de la progression, qui est ici l'unité; on ajoute le moyen au terme précédent, comme $1 + 4 = 5$ pour le carré de 7; $1 + 5 = 6$ pour celui de 9, etc., ayant soin de retrancher la racine 7 ou 9, etc., lorsqu'on a obtenu un nombre plus grand que cette racine, par l'addition; et la 2.e ligne, ainsi que les suivantes, commence par le 2.e terme de la précédente. Voilà pour le 1.er tableau. D'après cette construction, la 2.e diagonale est répétée, et le moyen à la fin de la 1.re horizontale.

Quant au 2.e tableau, le moyen est le 1.er terme de la 1.re horizontale, et s'ajoute constamment au terme précédent, ayant la précaution de retrancher le carré de la racine lorsque l'addition donne un nombre plus grand que ce carré. Ainsi l'on retranche 49 ou 81, etc., des seconds tableaux de 7, de 9, etc.; la 2.e horizontale commence par le dernier terme de la 1.re, et ainsi des autres lignes.

On peut aussi construire le 2.e tableau comme le 1.er, et réciproquement.

Il est utile de considérer autrement la confection des tableaux.

Le 1.er commençant par l'unité, le 2.e terme de la 1.re horizontale, qui est la seule ligne que l'on considère, sera le nombre qui suit le moyen. Viennent ensuite le 2.e nombre et le 2.e après le moyen; puis le 3.e, et le 3.e après le moyen, et ainsi de suite jusqu'au moyen, qui est le dernier.

Quant au 2.e tableau, après avoir placé d'abord le moyen, le 2.e terme est le dernier multiple, et le 3.e celui qui précède le moyen; ensuite l'avant-dernier, et celui qui précède de deux rangs le moyen. On continue ainsi jusqu'à ce qu'on ait employé tous les multiples. On voit que ce tableau n'est que l'inverse du précédent.

Cette dernière manière de considérer les tableaux est plus aisée à retenir, et la seule convenable lorsque les progressions sont interrompues.

Soient, par exemple, pour le carré de 7, les progressions.

4 . 7 . 10 . 13 . 16 . 19 . 22..... 27 . 30 . 33 . 36 . 39 . 42 . 45...
50 . 53 . 56 . 59 . 62 . 65 . 68... 73 . 76 . 79 . 82 . 85 . 88 . 91...
96 . 99 . 102 . 105 . 108 . 111 . 114.... 119 . 122 . 125 . 128
131 . 134 . 137.... 142 . 145 . 148 . 151 . 154 . 157 . 160.

Les nombres du 1.er tableau par ordre sont ceux de la 1.re progression ci-dessus, et seront distribués dans la 1.re horizontale comme suit :

4 16 7 19 10 22 13

La 2.ᵉ ligne commence par le 2.ᵉ terme.

Quant aux multiples du 2.ᵉ tableau par ordre, ils sont 0, 23, 46, 69, 92, 115, 138, et la 1.ʳᵉ horizontale deviendra 69, 138, 46, 115, 23, 92, 0; la 2.ᵉ ligne commence par le dernier terme de la 1.ʳᵉ. Si l'on renversait cette ligne, elle présenterait l'inverse de l'horizontale du 1.ᵉʳ tableau. Il suffit donc de retenir cette ligne; on évite aussi des additions et des soustractions.

Si l'on ne veut pas se servir de tableaux, les carrés ne sont pas plus difficiles que pour le cas de progression continue commençant par l'unité. Voir l'exemple sur le carré de 7, avec les progressions ci-dessus (*planche XXII, figure 47 ter*).

La construction des carrés magiques avec enceinte était un problème célèbre du temps de Frénicle; le père Prestot avait rendu plus facile et plus claire l'ancienne méthode; mais celle de La Hire est plus expéditive, et celle par les différences est la plus générale, quoi qu'ait pu faire plus tard Sauveur.

§ 3.

MÉTHODE DE POIGNARD.

Poignard ayant composé ses carrés impairs par la méthode expéditive, il n'y a plus lieu de s'en occuper; mais La Hire a démontré que la méthode de Poignard n'est pas générale lorsque la racine n'est pas un nombre premier, et il relève l'erreur de Poignard relativement au carré de 9. Ce dernier ayant traité particulièrement des carrés pairs, on y reviendra lorsqu'on s'occupera de ce genre de carrés.

§ 4.

MÉTHODE DE FRÉNICLE.

Frénicle s'est particulièrement occupé des différentes manières de former les carrés de 5 et de 4 de racine, mais il en a oublié un grand nombre. Ce qu'il y a de plus remarquable dans son ouvrage, c'est ce qu'il appelle attachement de figure, et qui consiste à faire telle ou telle bordure exacte, et telle autre défectueuse, de manière cependant que le carré total soit magique, ainsi que ceux dont la bordure n'est pas en défaut, tandis que ceux dont la bordure n'est pas exacte ne sont pas magiques. On renverra ce qu'il dit sur cette matière, dans la troisième partie de ce traité.

§ 5.

MÉTHODES DE SAUVEUR.

Cet auteur, le plus obscur de tous, sera ici analysé brièvement. Il ne donne point de démonstrations; ses méthodes sont entortillées, et son ouvrage fourmille de fautes. Cependant il est le premier qui ait parlé des croix, châssis et cubes magiques; mais il ne fait que les indiquer, sans entrer en matière. Quels que soient, au reste, les moyens qu'il adopte, l'apparence de généralité qu'il semble présenter, se réduit, en définitif, à la formation des tableaux tels qu'on les a donnés, et les lettres qu'il emploie n'apportent ni plus de simplicité, ni plus de clarté dans ses constructions.

Pour former un carré impair par diagonales, il se sert de grandes et de petites lettres : celles-ci sont les nombres simples de la racine, et les premières les multiples; il en est de même pour toute progression autre que celle des nombres naturels. Voici le carré de 5 donné par Sauveur (*planche* VIII, *figure* 48).

On suppose que A et t sont les moyens de leur espèce; on met alors à l'une des diagonales la lettre A répétée, et la lettre t aussi répétée à l'autre diagonale. Les autres grandes lettres se placent dans les parallèles à la diagonale où est A, elles sont répétées chacune 5 fois. Il en est de même des petites lettres par rapport à la diagonale où se trouve t. La place de ces grandes et petites lettres se trouve déterminée par la première ligne horizontale. Ainsi, B étant à la 2.ᵉ case, cette lettre se répétera dans la parallèle diagonale où elle se trouve, et à la 1.ʳᵉ case de la dernière horizontale, et ainsi des autres grandes lettres. De même s, se trouvant à la 4.ᵉ case de la 1.ʳᵉ ligne, sera répété dans sa parallèle diagonale, et à la dernière case de la dernière horizontale. Cela n'offre pas de difficulté, et revient aux constructions connues. Soit, en effet, A==10, moyen; B==0... C==5... D==15... E==20; ensuite p==1... q==2.... r==4...s==5... t==3 : l'on aurait l'arrangement donné où la diagonale 2.ᵉ du 1.ᵉʳ tableau est composée du moyen répété, qui est 3, tandis que la 1.ʳᵉ diagonale du 2.ᵉ tableau, qui est celui des multiples, est aussi composée du moyen 10 répété. On peut donc, avec un peu d'attention, se dispenser de la formation des tableaux, lorsque la 1.ʳᵉ ligne de chacun est connue. Voici les tableaux, ou, pour mieux dire, le double tableau, d'après Sauveur.

$$10\ 1\ldots\ \ 0\ 2\ldots\ \ 5\ 4\ldots 15\ 5\ldots 20\ 3$$
$$20\ 2\ldots 10\ 4\ldots\ \ 0\ 5\ldots\ \ 5\ 3\ldots 15\ 1$$
$$15\ 4\ldots 20\ 5\ldots 10\ 3\ldots\ \ 0\ 1\ldots\ \ 5\ 2$$
$$5\ 5\ldots 15\ 3\ldots 20\ 1\ldots 10\ 2\ldots\ \ 0\ 4$$
$$0\ 3\ldots\ \ 5\ 1\ldots 15\ 2\ldots 20\ 4\ldots 10\ 5$$

Ayant ainsi 1, 2, 4, 5, 3, pour 1.re ligne du 1.er tableau, et 10, 0, 5, 15, 20, pour celle du 2.e, la 1.re ligne du carré s'obtient par l'addition de ces deux lignes de tableaux par ordre. La 2.e ligne commence par le dernier multiple ajouté au 2.e nombre simple; la 3.e, par l'avant-dernier multiple ajouté au 3.e nombre simple, et ainsi de suite, en continuant, et en reculant pour chaque premier terme d'une ligne du carré d'un rang quant aux multiples, et avançant au contraire d'un rang pour le 1.er tableau. Voici le carré.

$$11\ \ \ 2\ \ \ 9\ 20\ 23$$
$$22\ 14\ \ \ 5\ \ \ 8\ 16$$
$$19\ 25\ 13\ \ \ 1\ \ \ 7$$
$$10\ 18\ 21\ 12\ \ \ 4$$
$$3\ \ \ 6\ 17\ 24\ 15$$

Le carré de 9 construit par diagonales (*figure* 50, *planche* VIII) est encore une conséquence des méthodes données ailleurs.

La 1.re diagonale de ce carré est composée du moyen des multiples, lequel est ici $=36$, et d'un nombre simple; tandis que la 2.e diagonale aura le moyen des simples répété. Ce moyen $=5$. On tracera donc le carré; on écrira au dessus de la 1.re horizontale les simples dans l'ordre que l'on voudra, pourvu que le moyen 5 soit au dessus de la dernière case. On composera à volonté la 1.re horizontale, pourvu que le premier nombre soit plus grand que 36, moyen des multiples, et ayant soin aussi qu'elle comprenne tous les simples et tous les multiples. Ayant donc choisi l'ordre des simples, 4, 3, 1, 7, 8, 9, 2, 6, 5, il n'y a de forcé que le 5 de la fin. Les multiples, pour cette ligne, peuvent être 36, 0, 27, 45, 72, 54, 63, 18, 9. Il n'y a de forcé que 36, moyen, et premier multiple. En additionnant ces nombres par ordre, on aura la 1.re ligne du carré. Les multiples se placent à gauche de la 1.re verticale; après 36 viendront, en ordre renversé, 9, 18, 63, etc.

On conçoit cet ordre renversé, puisqu'on commence la 2.e ligne du 2.e tableau par le dernier terme de la 1.re, et ainsi de suite.

La 1.re diagonale du carré se compose donc de 36 ajouté aux nombres simples pris de 2 en 2 en commençant par 4. On conçoit également pourquoi les simples sont ajoutés de 2 en 2, puisque la 2.e ligne commence par le 2.e nombre de la 1.re, et par conséquent la diagonale aura le 3.e nombre, et ainsi des autres; elle sera donc

$$36+4 \quad 36+1 \quad 36+8 \quad 36+2 \quad 36+5 \quad 36+3 \quad 36+7 \quad 36+9$$
$$36+6.$$

Cette diagonale formée, on obtient les autres parallèles comme suit :

Le 2.e multiple s'ajoutera au 2.e nombre simple 3, et l'on aura la parallèle à la diagonale en ajoutant ce multiple 9 aux simples nombres de 2 en 2. On aura donc :

$$9+3 \quad 9+7 \quad 9+9 \quad 9+6 \quad 9+4 \quad 9+1 \quad 9+8 \quad 9+2$$

Le 9.e nombre sera $9+5=14$, déja placé : en effet il faut que la somme des parallèles à la 1.re diagonale soit égale à celle des nombres simples, plus à 9 répété 9 fois; et, comme l'on n'avait que 8 nombres à sa première parallèle, il fallait encore prendre celle qui n'en contenait qu'un seul, et c'est la dernière case de la 1.re ligne déjà remplie.

Les parallèles suivantes doivent ensemble contenir 9 nombres. On prendra le 3.e multiple 18, que l'on ajoutera au 3.e simple choisi; et ensuite 18 avec les autres simples par ordre de 2 en 2, donnera

18+1 18+8 18+2 18+5 18+3 18+7 18+9 18+6 18+4.

On aura (en suivant la marche ci-dessus, où l'on voit que la 1.re parallèle s'arrête à 18+9, et qu'il faut encore 2 termes par la parallèle complémentaire 18+6, 18+4), les autres parallèles complémentaires :

63+7	63+9	63+6	63+4	63+1	63+8	63+2	63+5	63+3
54+8	54+2	54+5	54+3	54+7	54+9	54+6	54+4	54+1
72+0	72+6	72+4	72+1	72+8	72+2	72+5	72+3	72+7
45+2	45+5	45+3	45+7	45+9	45+6	45+4	45+1	45+8
27+6	27+4	27+1	27+8	27+2	27+5	27+3	27+7	27+9
0+5	0+3	0+7	0+9	0+6	0+4	0+1	0+8	0+2

Le carré est terminé, et au moyen des simples et des multiples placés au dessus et à côté du carré vide on peut le remplir sans le secours des tableaux, dont les petits et les grands nombres tiennent la place. C'est toujours la méthode donnée ailleurs; on a supprimé les lettres, parce qu'elles devenaient inutiles : on peut toujours les supprimer lorsqu'on opère par diagonales répétées.

On donne encore ici le carré de 13 par le même procédé (*figure* 51, *planche* XI). Ici le moyen des nombres simples est à la 1.re diagonale; celui 78 des multiples est à la seconde. La colonne verticale est à droite, et ce sont les parallèles à cette seconde diagonale que l'on forme pour avoir le carré. On a choisi, pour l'ordre des simples de la première ligne, 7, 6, 1, 13, 8, 9, 9, 5, 3, 10, 2, 4, 11, 12, dont il n'y a que le moyen 7 qui soit à place forcée; les multiples sont 78, 39, 65, 13, 156, 0, 26, 91, 52, 143, 130, 104, 117; il n'y a que 78 dont la position soit forcée; les autres multiples se placent à volonté. La première ligne se construit en ajoutant les multiples dans l'ordre renversé, avec les simples, à commencer par le premier, 78, qui est fixe, puis par 117, 104, etc., et en allant de gauche à droite, ou en commençant par le 2.e multiple ajouté au premier simple, qui est le moyen, et en continuant par ordre.

La 2.e diagonale s'obtient en ajoutant 78 aux nombres simples de 2 en 2 : ainsi $78+12$, $78+4$, $78+10$, etc.; on aura ensuite $39+11$, $39+2$, $39+3$, etc.; puis $65+4$, $65+10$, $65+5$, etc., et l'on achèvera facilement le carré au moyen des parallèles complémentaires à la 2.e diagonale.

Sauveur donne une autre méthode qu'il nomme méthode par indices. On voit le carré de 7 (*fig.* 49, *pl.* VIII) construit par ce moyen.

Les nombres placés au dessus de la 1.re horizontale sont 0, 1, 2, 3, 4, 5, 6 . . . . $r-1$; et ces nombres sont les indices des deux espèces de lettres qui se trouvent dans la 1.re horizontale, laquelle se compose à volonté. Venant aux indices de gauche, on en place 2 devant chaque case de la 1.re verticale. La 1.re colonne a 0 pour 1.er indice;

celui de la 2.e case ne sera ni 0, ni 1, ni r—1, ni aliquote, ni multiple d'aliquote de la racine. Cette colonne aura donc pour indices les multiples des nombres supérieurs, ayant soin de retrancher la racine ou ses multiples des nombres qui excèderaient cette racine. Ils seront donc 0, 2, 4, 6, 1, 3, 5. Quant à la 2.e colonne, on met encore 0 pour premier indice ; les autres sont toujours les multiples des nombres supérieurs pris en ordre inverse, 0, 5, 3, 1, 6, 4, 2 ; ils servent pour les petits nombres, comme les premiers pour les grands. Une fois que le premier grand nombre et le premier petit choisis sont placés à la première case de chaque horizontale, les autres suivent par ordre, comme à la 1.re horizontale. Ainsi, par exemple, à la 5.e horizontale, puisque 1 est le premier indice, la grande lettre sera B, qui a cet indice supérieur ; et, le 2.e indice étant 6, qui est supérieur à v, la 1.re case de la 5.e horizontale sera Bv, et l'on suivra l'ordre des lettres comme à cette 1.re hozontale : ainsi pour la 5.e les grandes lettres seront B, C, D, E, F, G, A ; et les petites, v, p, q, r, s, t, u : elle sera donc Bv, Cp, Dq, Er, Fs, Gt, Au.

On voit que cette méthode est encore celle connue au moyen des tableaux. Ici celui des multiples commence à la 2.e ligne par le 3.e terme de la 1.re, et ainsi des autres ; le tableau des nombres de la racine commence, au contraire, par le 6.e. C'est pour ne point avoir de nombres répétés, qu'on ne prend pour indices de la 1.re case de la 2.e horizontale ni 0, ni 1, ni r—1 : car, d'après ces indices supérieurs, on commencerait cette ligne par A si l'on mettait 0 en indice, ce qui est impossible ; ou par le 2.e nombre de la première, et alors la 2.e diagonale serait répétée; ou par le dernier, et ce serait la 1.re diagonale qui serait répétée, et l'on retomberait sur un des cas de construction déjà donnés. Ainsi ces lettres et indices compliquent la construction des carrés, loin de la simplifier. Quant aux nombres qui seraient aliquotes ou multiples d'aliquotes de la racine, cela ne peut avoir lieu pour les racines impaires à nombres premiers, puisqu'ils ne peuvent avoir de semblables parties.

Si n est l'indice de la 1.re ou 2.e lettre de la 2.e case de la 1.re verticale, il faut, 1.º que n marque la différence des lettres initiales de chaque horizontale; que $n+1$ soit celle des indices de la 1.re diagonale, et $n-1$ celle des indices de la 2.e diagonale; 2.º que n ne soit ni aliquote, ni multiple d'aliquote de la racine; que $n-1$ ne le soit pas de $n+1$; que la différence des deux indices à cette 2.e case ne soit pas de r, qui est la racine : d'où il suit qu'on ne peut faire de carrés magiques pairs par indices; 3.º que A ou p se trouvent seuls dans la 1.re diagonale, si $n+1=r$, ou dans la 2.e diagonale, si $n-1=0$: le carré sera alors construit par diagonale ou méthode mixte; 4.º enfin qu'il y ait des lettres répétées en 1.re diagonale si $n+1$ est aliquote ou multiple d'aliquote de r; et de même en 2.e diagonale si $n-1$ est aliquote ou multiple d'aliquote de r. Tout cela est connu.

S'il y a des lettres répétées, ce qui arrive lorsque la racine est composée, il faut, comme on l'a dit ailleurs, qu'elles vaillent ensemble le terme moyen répété autant de fois qu'il y a de lettres à la période. En voici un exemple pour le carré de 15, tiré de Sauveur (*fig.* 52, *pl.* XI.)

Ayant composé la 1.re horizontale de toutes les grandes et petites lettres à volonté, on place les indices supérieurs 0, 1, 2, 3, etc., jusqu'à $14 = r - 1$; quant à ceux qui sont placés à côté des cases de la verticale, on double ceux ci-dessus, ayant soin de retrancher la racine r, qui est ici $= 15$, lorsque ce double excède r, et il vient pour la 1.re colonne 0, 2, 4, 6, etc. Quant à la 2.e colonne, Sauveur a doublé les précédens, en retranchant toujours la racine lorsqu'il est nécessaire, et elle est devenue 0, 4, 8, etc. On voit d'après cela que A, D, G, K, N sont répétés; il faut donc que les 1.re, 4.e, 7.e, 10.e et 13.e grands nombres de la 1.re horizontale donnent une somme $= 5 \cdot 105 = 525$, puisque 105 est le moyen. Il faut de plus que parmi les petites lettres, puisque a, f, l, sont répétés, leur somme soit $= 3 \cdot 8 = 24$, puisque 8 est le moyen des petits nombres; enfin p, c, f, i, m, étant répétés à la 2.e diagonale, il faut encore que leur somme soit $5 \cdot 8 = 40$; et, puisque f est répété dans chaque diagonale, il sera au milieu du carré.

Il est facile de faire le carré de la figure, ou plutôt son tableau, aussitôt qu'on aura la 1.re horizontale et la 1.re case de la 2.e horizontale : car les grandes et petites lettres se suivent dans toutes les lignes, lorsque l'on a la 1.re case, et cette 1.re case ne dépend elle-même que de la 1.re de la 2.e horizontale. Il est donc inutile de placer des indices : car, la 1.re horizontale formée, si l'on commence la 2.e ligne par un terme de rang quelconque de cette première, les autres se forment de même de la précédente, soit en grandes, soit en petites lettres : on aura la précaution de ne pas choisir pour les grandes lettres le même rang que pour les petites, ou leurs multiples, et réciproquement. Ainsi, les grandes lettres de la 1.re horizontale étant A, B, C, D, etc.,

si la 2.e ligne commence par C, qui est la 3.e grande lettre,
chaque autre horizontale aura sa 1.re grande lettre connue : car elles se succèderont de 2 en 2, et seront A, C,
E, G, etc.; la 1.re diagonale aura D pour 2.e grande lettre,
et D est la 4.e de la 1.re horizontale : donc elles se succèderont de 3 en 3; et, comme 3 est aliquote de 15, il est clair
que les nombres ou les lettres se répèteront de 5 en 5. De
même, si la 2.e ligne a pour première petite lettre *e*, qui est
la 5.e de la 1.re horizontale, ces horizontales auront pour
1.res cases *a*, *e*, *i*, *n*, *b*, etc., et se succèderont de 4 en 4;
mais la 1.re diagonale aura *a*, *f*, *l*, *a*, etc., qui se succèdent de 5 en 5 : donc il y aura période de 3. Quant à la 2.^e
diagonale, les grandes lettres étant P, A, B, etc., il n'y aura
pas de répétition de grandes lettres; mais les petites étant
p, *c*, *f*, etc., qui procèdent de 3 en 3, il y aura période de
5. Le reste du carré se déduit de ce qui précède, et l'on
peut le construire par diagonale si l'on juge à propos; mais
il est plus facile de former immédiatement les horizontales.

Puisque A, D, G, K, N = 525, on peut faire ces lettres,
savoir : A = 75... D = 105... G = 0... K = 210... N =
135; quant aux lettres restantes, soient B = 30... C = 45...
E = 15... F = 60... H = 90... I = 150... L = 120... M =
165... O = 180... P = 195 : ce sont tous les multiples de
15. De même, puisque $a + f + l = 24$, soient $a = 12$... $f =$
2... $l = 10$. Enfin, puisque $p + c + f + i + m = 40$, soient
$p = 3$... $c = 14$... $i = 8$... $m = 13$ et $f = 2$, comme dessus : on peut donner aux lettres restantes les valeurs $h = 1$
... $d = 4$... $e = 5$... $g = 6$... $h = 7$... $k = 9$... $n = 11$
... $O = 15$.

Les multiples de l'horizontale sont donc

75, 30, 45, 105, 15, 60, 0, 90, 150, 210, 120, 165, 135, 180, 195;

Les petits nombres de la même ligne,

12, 1, 14, 4, 5, 2, 6, 7, 8, 9, 10, 13, 11, 15, 3.

La 1.re horizontale se forme de l'addition des nombres ci-dessus par ordre.

La 2.e commence par 45, grand nombre, et par 5, petit nombre, ce qui fait 50; ensuite $105 + 2$, $15 + 6$, $60 + 7$, etc., continuant, lorsqu'une des deux lignes ci-dessus est épuisée, par le 1.er nombre de cette ligne; et l'on tombe de nouveau sur $45 + 5$.

La 3.e horizontale commence par 15, grand nombre, et 8, petit nombre: on aura donc $15 + 8$, $60 + 9$, $0 + 10$, $90 + 13$, $150 + 11$, etc. : car les grands nombres commencent les horizontales en prenant ces nombres de 2 en 2, et les petits de 4 en 4. On voit donc que cet échafaudage d'indices est très-inutile, et qu'on peut même supprimer les tableaux au moyen des observations précédentes. Tout cela rentre dans les méthodes de formation connues. Voir (*fig.* 53, *pl.* XI).

Sauveur donne encore la méthode qu'il appelle *mixte*. Pour cela les grandes lettres sont en diagonale, et parallèles à la diagonale. Cette diagonale et les parallèles sont donc composées de lettres répétées, et celles de la diagonale sont le moyen; il met alors des indices qui ne servent que pour les petites lettres (*fig.* 54, *pl.* XI). Les indices latéraux sont les supérieurs de 3 en 3, c'est-à-dire qu'il commence le 1.er tableau, à la 2.e ligne, par le 4.e terme de la 1.re.

Si l'on fait $A=10=$ le moyen... $B=0$... $c=5$... $D=$ 15... $E=20$....... $p=1$... $q=2$... $r=3$... $s=4$... $t=5$: on aura le carré (*fig.* 55, *pl.* XI). C'est encore une construction qui rentre dans celles données ailleurs.

Quant à la méthode *désordonnée*, comme l'appelle Sauveur, c'est une complication obscure et impossible à retenir : car cet auteur ne se pique pas de lucidité. Il suffit de savoir qu'elle rentre toujours, comme les précédentes, dans la formation de carrés par tableaux.

§ 6.

MÉTHODE DE D'ONS EN BRAY.

D'Ons en Bray ne s'étant occupé que de carrés pairs, on reviendra sur sa méthode dans la seconde partie de ce traité.

§ 7.

MÉTHODE DE RALLIER DES OURMES.

Cet auteur considère cinq cases qu'il appelle le noyau : celle du centre, où se trouve le moyen; celle au dessous du centre, où est l'unité; et celle à gauche du centre, où se place la racine; les complémens sont dans les cases opposées, autour du centre. Voici, pour le carré de 7, sa manière d'opérer (*fig.* 56, *pl.* XI).

Après avoir placé comme est dit les trois nombres, qui sont le premier ou l'unité, le moyen et la racine, et les complémens, il complète l'horizontale et la verticale du milieu. Pour cela il considère le moyen comme le premier terme d'une progression décroissante dont la raison est $r+1$,

r étant la racine; ici la raison $= 7 + 1 = 8$; et il met $25 - 8 = 17$ au dessus de 49, complément de l'unité. Ce nombre 49 est aussi considéré comme premier terme de la même progression : donc $49 - 8 = 41$ se met au dessus de 17, et ainsi de 2 en 2; quant au moyen et à l'unité, ils sont aussi regardés comme premiers termes d'une progression, mais croissante, dont la raison est la même que pour la précédente; ainsi $25 + 8 = 33$ se met sous 1, et $1 + 8 = 9$ sous 33, en continuant ainsi de 2 en 2. Pour l'horizontale la différence de progression est $r - 1 = 6$ du côté de la racine, et -6 du côté opposé : donc $25 + 6 = 31$ se met après 7, puis $7 + 6 = 13$, toujours de 2 en 2; de même $25 - 6 = 19$ se place après 43, et $43 - 6 = 37$, après 19. Cela fait, on opère par diagonales; les différences sont en moins pour la partie supérieure de l'horizontale du milieu, savoir : -1 pour la partie à gauche de la verticale, et -7 pour la partie à droite : ainsi $17 - 1 = 16 \ldots 17 - 7 = 10 \ldots 49 - 1 = 48 \ldots 48 - 1 = 47 \ldots 25 - 1 = 24 \ldots 24 - 1 = 23 \ldots 23 - 1 = 22 \ldots 49 - 7 = 42 \ldots 42 - 7 = 35 \ldots 25 - 7 = 18 \ldots 18 - 7 = 11 \ldots 11 - 7 = 4$. Quant à la partie inférieure de l'horizontale, les différences sont en plus, savoir : $+ 1$ pour la droite de la verticale, et $+ 7$ pour la gauche : ainsi $25 + 7 = 32 \ldots 32 + 7 = 39 \ldots 39 + 7 = 46 \ldots 1 + 7 = 8 \ldots 8 + 7 = 15$, etc.; $25 + 1 = 26 \ldots 26 + 1 = 27 \ldots 1 + 1 = 2 \ldots 2 + 1 = 3$, etc.; et ainsi de suite. Il est plus simple, lorsque la partie supérieure est remplie, de mettre les complémens aux cases symétriques : ainsi 3 répond symétriquement à 47 : car $47 + 3 = 50 =$ un couple. 42 répond à 8, et ainsi du reste. (*Figure* 57, *planche* XI).

On doit remarquer que ce carré est le même que celui de la figure 47, construit d'après la figure 46, et par conséquent n'est que le procédé de Bachet de Mézériac, et ne donne qu'une manière très-bornée de construction.

On verra encore (*fig.* 58, *pl.* XI) le carré de 9 construit d'après le procédé de Rallier des Ourmes.

Pour les enceintes des carrés impairs il se sert, comme La Hire, des nombres du carré naturel : ainsi rien de nouveau dans sa méthode.

§ 8.

MÉTHODE DU PÈRE KIRCHER.

Dans l'Œdipe égyptien imprimé à Rome en latin le père Kircher ne donne que les carrés planétaires de 3 à 9 de racine. Ces carrés, nommés *merveilleux*, avaient été consacrés aux sept dieux des Egyptiens ; mais, comme ils rentrent dans les formules générales qui sont ou seront données, il n'en sera pas fait ici mention particulière.

§ 9.

MÉTHODE DE MEERMAN.

Si l'on fait mention de Meerman (*Miscellanea*, chap. 5 et 6, à la suite du *Specimen*, ouvrage imprimé à Leyde en 1742), c'est uniquement parce qu'il est recommandé par Montucla.

Voici le tableau présenté par Meerman pour le carré de 7, le seul impair qu'il ait donné.

La progression arithmétique est $p \cdot p+q \cdot p+2q$, etc.; le nombre de cases de chaque ligne est n, le nombre des termes est n^2.

$$p+\left(\tfrac{n^2-7}{2}\right)q\ldots p+(n^2-8)q\ldots p+\left(\tfrac{n^2-2n-5}{2}\right)q\ldots p+(n^2-n-2)q\ldots p+\left(\tfrac{n^2-4n-3}{2}\right)q\ldots p+(n^2-3n-1)q\ldots p+\left(\tfrac{n^2-6n-1}{2}\right)q$$

$$p+(n-3)q\ldots p+\left(\tfrac{n^2-5}{2}\right)q\ldots p+(n^2-2)q\ldots p+\left(\tfrac{n^2-2n-3}{2}\right)q\ldots p+(n^2-n-1)q\ldots p+\left(\tfrac{n^2-4n-1}{2}\right)q\ldots p+(n^2-3n)q$$

$$p+\left(\tfrac{n^2-2n-5}{2}\right)q\ldots p+(n-2)q\ldots p+\left(\tfrac{n^2-3}{2}\right)q\ldots p+(n^2-1)q\ldots p+\left(\tfrac{n^2-2n-1}{2}\right)q\ldots p+(n^2-2n)q\ldots p+\left(\tfrac{n^2-4n+1}{2}\right)q$$

$$p+(2n-2)q\ldots p+\left(\tfrac{n^2-2n-3}{2}\right)q\ldots p+(n-1)q\ldots p+\left(\tfrac{n^2-1}{2}\right)q\ldots p+(n^2-n)q\ldots p+\left(\tfrac{n^2-2n+1}{2}\right)q\ldots p+(n^2-2n+1)q$$

$$p+\left(\tfrac{n^2+4n-3}{2}\right)q\ldots p+(2n-1)q\ldots p+\left(\tfrac{n^2+2n-1}{2}\right)\ldots\ldots\ldots\ldots p+\left(\tfrac{n^2-1}{2}\right)q\ldots p+(n^2-n+1)q\ldots p+\left(\tfrac{n^2-2n+3}{2}\right)q$$

$$p+(3n-1)q\ldots p+\left(\tfrac{n^2+4n-1}{2}\right)q\ldots p+nq\ldots p+\left(\tfrac{n^2+2n+1}{2}\right)q\ldots p+q\ldots\ldots\ldots p+\left(\tfrac{n^2-3}{2}\right)q\ldots p+(n^2-n+2)q$$

$$p+\left(\tfrac{n^2+6n-1}{2}\right)q\ldots p+2nq\ldots p+\left(\tfrac{n^2+4n+1}{2}\right)q\ldots p+(n+1)q\ldots p+q\left(\tfrac{n^2+2n+3}{2}\right)q\ldots p+2q\ldots\ldots p+\left(\tfrac{n^2+5}{2}\right)q$$

Si l'on ne veut que le carré de 3, on ne prend que les 9 termes du milieu; si l'on forme le carré de 5, ce seront les 25 termes du milieu.

Que la progression soit celle des nombres naturels : alors $p = 1 \ldots q = 1 \ldots n = 7 \ldots n^2 = 49$, et les tableaux seraient, ainsi que le carré :

1.er TABLEAU.

1	5	2	6	3	7	4
5	2	6	3	7	4	1
2	6	3	7	4	1	5
6	3	7	4	1	5	2
3	7	4	1	5	2	6
7	4	1	5	2	6	3
4	1	5	2	6	3	7

2.me TABLEAU.

21	42	14	35	7	28	0
0	21	42	14	35	7	28
28	0	21	42	14	35	7
7	28	0	21	42	14	35
35	7	28	0	21	42	14
14	35	7	28	0	21	42
42	14	35	7	28	0	21

CARRÉ RÉSULTANT.

23	47	16	41	10	35	4
5	23	48	17	42	11	29
30	6	24	49	18	36	12
13	31	7	25	43	19	37
38	14	32	1	26	44	20
21	39	8	33	2	27	45
46	15	40	9	34	3	28

On voit par les tableaux et le carré résultant que la formule de Meerman ne présente qu'une seule combinaison pour le cas le plus simple, qui est celui des diagonales répétées : encore faut-il que la progression ne soit pas interrompue. Cette formule a donc été faite d'après le carré ; or, celui-ci pouvant être très-différent, on aurait autant de formules que de carrés : d'où il suit que les lettres qui désignent le 1.er terme de la progression, le quotient et la racine, n'apportent pas plus de généralité, et que le tableau par lettres complique au contraire l'opération. Il faut cependant faire attention à la formation des tableaux ordinaires ci-dessus : le premier se compose comme suit; la 1.re horizontale a les nombres dans l'ordre suivant.

Le moyen termine la ligne; le 1.er terme est le 1.er nombre, ensuite le 1.er après le moyen; puis le 2.e, et le 2.e après le moyen; le 3.e, et le 3.e après le moyen; les autres horizontales se composent à l'ordinaire.

Quant au 2.e tableau, il est le 1.er renversé, c'est-à-dire que la 1.re horizontale commence par le moyen; le dernier terme est le 1.er nombre ou 0; puis le 1.er après le moyen; ensuite le 2.e, et le 2.e après le moyen, etc.: ainsi Meerman n'a rien donné de nouveau.

Il a encore fourni un tableau en lettres pour le carré de 8 : le développement fournit un carré à deux bordures. Il est inutile d'entrer dans aucun détail à ce sujet : c'est un cas très-simple des méthodes que nous donnons; on voit une formule tirée d'un carré construit, et cette formule n'a pas plus de généralité que celle du carré de 7.

QUATRIÈME SECTION.

Tableaux irréguliers pour les carrés impairs.

Quoiqu'on ait donné des méthodes générales pour construire les carrés simples, les carrés à bordures, à compartimens, il ne faut pas croire qu'il n'y ait pas d'autres formes de tableaux qui puissent fournir des carrés magiques. Ainsi l'on a déjà vu un exemple de tableaux dans lequel les diagonales avaient des nombres répétés autres que le terme moyen.

Voici, pour le carré de 5, des tableaux tels que l'une des diagonales, dans l'un, pèche par défaut, et que la diagonale contraire pèche par excès dans l'autre. On suppose les diagonales répétées : ainsi le nombre répété est plus petit que le moyen dans l'un, et plus grand que le moyen dans l'autre.

$$1.^{\text{er}} \text{ TABLEAU.} \begin{cases} 2 & 5 & 3 & 1 & 4 \\ 4 & 2 & 5 & 3 & 1 \\ 1 & 4 & 2 & 5 & 3 \\ 3 & 1 & 4 & 2 & 5 \\ 5 & 3 & 1 & 4 & 2 \end{cases} \qquad 2.^{\text{e}} \text{ TABLEAU.} \begin{cases} 5 & 20 & 10 & 0 & 15 \\ 20 & 10 & 0 & 15 & 5 \\ 10 & 0 & 15 & 5 & 20 \\ 0 & 15 & 5 & 20 & 10 \\ 15 & 5 & 20 & 10 & 0 \end{cases}$$

Le 1.er tableau n'a que 10 en diagonale, au lieu de 15 : il manque donc 5. Le 2.e, au contraire, a 75 au lieu de 50 : il a donc 25 de trop. Mais si l'on alterne les deux dernières horizontales, la 2.ᵉ diagonale du 1.ᵉʳ tableau aura $3+3$ au lieu de $5+1$, et n'aura pas augmenté ; la 1.ʳᵉ, au contraire, aura $4+5$ au lieu de $2+2$, et aura augmenté de 5 : elle aura donc ce qui lui manquait. Faisant le même changement aux deux dernières horizontales du 2.ᵉ tableau, la 1.ʳᵉ diagonale aura $10+10$ au lieu de $20+0$, et par conséquent aura la même somme ; mais la 2.ᵉ aura $5+0$ au lieu de $15+15$: donc elle perdra 25 qu'elle avait de trop. Il suit de là qu'on peut faire les mêmes changemens dans les deux tableaux, et ils doivent s'effectuer sur les mêmes lignes. Voici les tableaux rectifiés :

<table>
<tr><td rowspan="5">1.ᵉʳ TABLEAU.</td><td>2</td><td>5</td><td>3</td><td>1</td><td>4</td><td></td><td rowspan="5">2.ᵉ TABLEAU.</td><td>5</td><td>20</td><td>10</td><td>0</td><td>15</td></tr>
<tr><td>4</td><td>2</td><td>5</td><td>3</td><td>1</td><td></td><td>20</td><td>10</td><td>0</td><td>15</td><td>5</td></tr>
<tr><td>1</td><td>4</td><td>2</td><td>5</td><td>3</td><td></td><td>10</td><td>0</td><td>15</td><td>5</td><td>20</td></tr>
<tr><td>5</td><td>3</td><td>1</td><td>4</td><td>2</td><td></td><td>15</td><td>5</td><td>20</td><td>10</td><td>0</td></tr>
<tr><td>3</td><td>1</td><td>4</td><td>2</td><td>5</td><td></td><td>0</td><td>15</td><td>5</td><td>20</td><td>10</td></tr>
</table>

On trouvera le carré résultant (*figure* 59, *planche* XI). On pourrait changer d'autres lignes verticales ou horizontales, si les diagonales avaient la somme voulue. Par exemple, qu'on alterne les première et dernière horizontales du carré de la figure, ou, ce qui est la même chose, les premières et dernières horizontales des deux derniers tableaux : la 2.ᵉ diagonale du 1.ᵉʳ aura $5+2$ au lieu de $4+3$, et par conséquent la même somme ; mais la 1.ʳᵉ aura $3+4$ au lieu de $2+5$, et par conséquent toujours même somme ; quant au 2.ᵉ tableau, il en sera encore comme du 1.ᵉʳ, et l'on obtient

1.er TABLEAU.

3	1	4	2	5
4	2	5	3	1
1	4	2	5	3
5	3	1	4	2
2	5	3	1	4

2.e TABLEAU.

0	15	5	20	10
20	10	0	15	5
10	0	15	5	20
15	5	20	10	0
5	20	10	0	15

Voilà bien encore une forme de tableaux que l'on ne pouvait prévoir.

Que l'on alterne les première et dernière verticales de ces derniers tableaux; on aura :

1.er TABLEAU.

5	1	4	2	3
1	2	5	3	4
3	4	2	5	1
2	3	1	4	5
4	5	3	1	2

2.e TABLEAU.

10	15	5	20	0
5	10	0	15	20
20	0	15	5	10
0	5	20	10	15
15	20	10	0	5

et les carrés faits avec ces tableaux seront encore magiques.

Voici, pour le carré de 7, des tableaux fautifs :

1.er TABLEAU.

3	7	4	1	2	5	6
6	3	7	4	1	2	5
5	6	3	7	4	1	2
2	5	6	3	7	4	1
1	2	5	6	3	7	4
4	1	2	5	6	3	7
7	4	1	2	5	6	3

2.e TABLEAU.

0	42	14	35	21	7	28
42	14	35	21	7	28	0
14	35	21	7	28	0	42
35	21	7	28	0	42	14
21	7	28	0	42	14	35
7	28	0	42	14	35	21
28	0	42	14	35	21	7

Ces tableaux sont formés d'après les principes pour les diagonales répétées; mais le moyen ne compose pas ces diagonales. La 1.re du 1.er tableau a 7 de moins, et la 2.e du 2.e 49 de plus qu'elles ne doivent avoir. Maintenant, si l'on alterne dans chaque tableau les deux dernières horizontales, comme dans le 1.er, on aura 4+4 au lieu de 7+1; la 2.e diagonale conservera la même somme; mais 7+6=13 sera au lieu de 3+3=6 : donc la 1.re diagonale aura augmenté de 7 qui lui manquaient; de même, dans le 2.e tableau, il viendra à la 1.re diagonale 21+21 =42 au lieu de 35+7 : ainsi la 1.re diagonale aura toujours la même somme; mais la 2.e aura 0+7=7, au lieu de 28+28=56 : donc elle perdra 49 qu'elle avait de trop, et il viendra le carré (*figure* 60, *planche* XI).

Il est indifférent que, dans les tableaux, les diagonales aient l'une et l'autre plus ou moins que la somme voulue, ou l'une plus et l'autre moins.

On peut, lorsque la racine est un peu élevée, changer plusieurs lignes dans les deux tableaux, de manière à avoir des diagonales exactes. Il faut toujours que ces changemens puissent se faire sur les deux tableaux.

Voici un exemple sur les tableaux pour le carré de 9, et les tableaux rectifiés.

1.er TABLEAU.

6	1	3	5	9	7	4	8	2
2	6	1	3	5	9	7	4	8
8	2	6	1	3	5	9	7	4
4	8	2	6	1	3	5	9	7
7	4	8	2	6	1	3	5	9
9	7	4	8	2	6	1	3	5
5	9	7	4	8	2	6	1	3
3	5	9	7	4	8	2	6	1
1	3	5	9	7	4	8	2	6

2.e TABLEAU.

0	27	72	18	54	63	36	9	45
27	72	18	54	63	36	9	45	0
72	18	54	63	36	9	45	0	27
18	54	63	36	9	45	0	27	72
54	63	36	9	45	0	27	72	18
63	36	9	45	0	27	72	18	54
36	9	45	0	27	72	18	54	63
9	45	0	27	72	18	54	63	36
45	0	27	72	18	54	63	36	9

On voit qu'on peut alterner, dans chaque tableau, les deux dernières horizontales, et que les diagonales ont les sommes voulues. Ici les deux tableaux ont leurs diagonales répétées en excès.

Soient les tableaux les suivans :

1.er TABLEAU.

3	7	4	1	9	6	2	5	8
8	3	7	4	1	9	6	2	5
5	8	3	7	4	1	9	6	2
2	5	8	3	7	4	1	9	6
6	2	5	8	3	7	4	1	9
9	6	2	5	8	3	7	4	1
1	9	6	2	5	8	3	7	4
4	1	9	6	2	5	8	3	7
7	4	1	9	6	2	5	8	3

2.e TABLEAU.

27	18	9	45	63	72	36	0	54
18	9	45	63	72	36	0	54	27
9	45	63	72	36	0	54	27	18
45	63	72	36	0	54	27	18	9
63	72	36	0	54	27	18	9	45
72	36	0	54	27	18	9	45	63
36	0	54	27	18	9	45	63	72
0	54	27	18	9	45	63	72	36
54	27	18	9	45	63	72	36	0

La diagonale du 1.er tableau a 18 de moins qu'il ne faut; celle du 2.e a 162 de plus. Si l'on alterne les deux dernières horizontales du 1.er tableau, puisque $7+1=4+4$, la 2.e diagonale conservera sa 1.re somme, et la 1.re aura $7+8=15$, au lieu de $3+3=6$. La différence est 9 : donc la 1.re diagonale n'aura plus que 9 de moins; mais si l'on alterne les 2 premières horizontales, comme $5+5=8+2$, la 2.e diagonale aura toujours sa première somme, et la 1.re aura $8+7$, au lieu de $3+3$, encore 9 de différence : donc elle aura, par la double opération, 18 de plus qu'au tableau, et par conséquent la somme exigée. Reste à voir si le 2.e tableau se prête aux mêmes mutations. Si l'on alterne les 2 dernières horizontales, la 1.re diagonale aura $36+36=72+0$; mais la 2.e aura $27+0$, au lieu de $54+54=108$: elle aura donc diminué de $108-27=81$; et si l'on alterne les deux premières, la 1.re diagonale aura $18+18=27+9$: elle ne changera donc pas sa somme; mais la

2.ᵉ aura encore 0+27 au lieu de 54+54, et elle diminuera de 81 : donc, au moyen de la double mutation, elle aura obtenu la somme nécessaire. Voici les nouveaux tableaux :

1.ᵉʳ TABLEAU.

```
8 3 7 4 1 9 6 2 5
3 7 4 1 9 6 2 5 8
5 8 3 7 4 1 9 6 2
2 5 8 3 7 4 1 9 6
6 2 5 8 3 7 4 1 9
9 6 2 5 8 3 7 4 1
1 9 6 2 5 8 3 7 4
7 4 1 9 6 2 5 8 3
4 1 9 6 2 5 8 3 7
```

2ᵉ TABLEAU.

```
18   72 36   0 9 3 45 6 54 27
27 18  9 45 63 72 36  0 54
 9 45 63 72 36  0 54 27 18
45 63 72 36  0 54 27 18  9
63 72 36  0 54 27 18  9 45
72 36  0 54 27 18  9 45 63
36  0 54 27 18  9 45 63 72
54 27 18  9 45 63 72 36  0
 0 54 27 18  9 45 63 72 36
```

On voit assez qu'on ne pouvait prévoir cette combinaison de diagonales, et ce qu'il y aurait à faire dans tous les autres cas. Voici le carré résultant des tableaux :

```
26 12 52 67 73 45  6 56 32
30 25 13 46 72 78 38  5 62
14 53 66 79 40  1 63 33 20
47 68 80 39  7 58 28 27 15
69 74 41  8 57 34 22 10 54
81 42  2 59 35 21 16 49 64
37  9 60 29 23 17 48 70 76
61 31 19 18 51 65 77 44  3
 4 55 36 24 11 50 71 75 43
```

On peut donc varier les tableaux de manière à rendre possible tel ou tel changement, et par suite à rectifier les diagonales fautives. Ainsi, quoiqu'on ait présenté toutes les méthodes connues pour arriver à la construction des carrés magiques, et les combinaisons qui résultent de ces méthodes, on ne peut affirmer qu'il n'y ait pas encore d'autres moyens d'arriver à la formation des carrés. Les exemples ci-dessus donnés sont une preuve que les tableaux peuvent avoir des formes différentes de celles qu'on a exposées. Il s'en trouve sans doute qui ont échappé aux recherches, et il est difficile de s'assurer qu'on a épuisé toutes les combinaisons. On a au moins la certitude d'avoir obtenu la majeure partie de ces combinaisons : car celles qui pourraient donner d'autres tableaux seraient à ajouter seulement, mais n'auraient point de facteurs pour les multiplier. Elles ne roulent guère, au reste, que sur la diversité des diagonales, et sur les autres procédés que l'on exposera à la 3.e partie du traité.

Les auteurs qui ont travaillé sur ce sujet sont loin d'avoir approché du but, comme on l'a fait dans tout ce qui précède : ils ont omis les formules les plus essentielles, ont erré dans le calcul de combinaisons pour les cas particuliers de construction. Aucun n'est entré dans le détail des croix, châssis ; et l'on n'a vu nulle part qu'il soit question des bandes, équerres, etc. On peut donc affirmer que le Traité qu'on offre au public est le seul où les carrés magiques aient été considérés sous toutes les faces ; et, si l'on ne peut donner toutes les formules, on y trouve au moins les moyens de les calculer : ainsi, par exemple, les dernières formes qui viennent d'être exposées mettent sur la voie pour arriver à celles qui peuvent en dériver, en faisant les suppositions propres à éviter les répétitions de nombres dans le carré magique.

On termine ici ce que l'on avait à dire sur les carrés impairs, sauf à donner dans la troisième partie les formes nouvelles dont ils sont encore susceptibles, formes qui ne peuvent plus s'obtenir par le moyen de tableaux, et qui sont plus ou moins irrégulières. Ce sont des particularités communes à tous les carrés, et qui ne pouvaient entrer dans cette première partie consacrée uniquement aux carrés impairs.

DEUXIÈME PARTIE.

CARRÉS MAGIQUES
PAIRS.

Plusieurs auteurs ont divisé les nombres pairs en trois classes, savoir : les pairement pairs, ou ceux qui se divisent par 2, jusqu'à l'unité : leur forme est 2^n, n étant > 1 ; les impairement pairs, ou ceux dont la division peut se faire par une puissance de 2 au moins égale à 2, sans que cette division aille jusqu'à l'unité : leur forme est $2^n i$, i étant un nombre impair ; enfin les pairement impairs, qui ne se divisent que par 2 : leur forme est $2i$. Dans la 1.re classe il faut ranger 4, 8, 16, 32, etc.; dans la 2.e classe, 12, 20, 24, 28, 36, 40, 44, 48, 52, 56, 60, 68, etc., c'est-à-dire tous les nombres divisibles par 4 non compris dans la première classe ; la 3.e comprend ceux des nombres qui ne se divisent que par 2, comme 6, 10, 14, 18, 22, 26, etc., de 4 en 4.

On ne considèrera dans cette 2.e partie que deux espèces de nombres pairs, savoir : ceux qui se divisent par 4, et ceux qui ne se divisent que par 2.

PREMIÈRE SECTION.

La racine se divise par 4.

CHAPITRE PREMIER.

CARRÉS SANS BORDURE.

§ 1.er

CARRÉ DE 4.

Comme le carré de 4 est le plus petit des carrés pairs, et qu'il sert à la formation d'une partie des autres carrés, il est naturel de commencer la discussion des carrés pairs par lui, et de rechercher les différentes manières de le composer; mais ce carré, quoique formé par 16 nombres seulement, ne présente pas moins un grand nombre de combinaisons, et ceux qui les ont analysées sont loin d'y avoir réussi, et particulièrement Frénicle, qui n'en a trouvé que 880.

Il suffit de considérer les 16 premiers nombres. Si la progression ou les progressions ont d'autres différences que l'unité, cela n'apportera pas plus de difficulté.

ARTICLE PREMIER.

IL N'Y A POINT DE NOMBRES RÉPÉTÉS DANS UNE MÊME LIGNE.

Il n'y a que deux manières de former les tableaux lorsqu'on ne répète aucun nombre; les voici :

$$1.^{\text{re}} \text{ FORME.} \begin{cases} 1\ 2\ 3\ 4 \\ 4\ 3\ 2\ 1 \\ 2\ 1\ 4\ 3 \\ 3\ 4\ 1\ 2 \end{cases} \qquad 2.^{\text{e}} \text{ FORME.} \begin{cases} 1\ 2\ 3\ 4 \\ 3\ 4\ 1\ 2 \\ 4\ 3\ 2\ 1 \\ 2\ 1\ 4\ 3 \end{cases}$$

La 2.e forme n'est que la 1.re, dans laquelle la dernière horizontale devient la 2.e; et l'on peut encore considérer la 2.e forme comme étant la même chose que la 1.re, lorsqu'on opère par verticale au lieu d'horizontale : ainsi il n'y aurait à la rigueur qu'une seule forme.

Comme la 1.re horizontale donne 24 combinaisons, et que la 2.e en donne autant, si l'une représente un tableau, l'autre représentera le 2.e tableau : il viendrait donc 24^2; mais en faisant abstraction du changement de position du carré quant à la première ligne horizontale, il y aurait toujours 2 carrés semblables : il faudrait donc diviser 24^2 par 2; d'un autre côté le 2.e tableau peut prendre les combinaisons du 1.er, et réciproquement : d'où il suit qu'il faudrait doubler $\frac{24^2}{2}$: ainsi la totalité des combinaisons se réduira toujours à $24^2 = 576$ . . . . [576]

ARTICLE II.

IL N'Y A POINT DE NOMBRES RÉPÉTÉS EN DIAGONALE.

Soient les tableaux :

$$1.^{er}\ \text{TABLEAU.}\ \begin{cases} 1\ 1\ 4\ 4 \\ 4\ 4\ 1\ 1 \\ 2\ 2\ 3\ 3 \\ 3\ 3\ 2\ 2 \end{cases} \qquad 2.^{e}\ \text{TABLEAU.}\ \begin{cases} 0\ 12\ 4\ 8 \\ 0\ 12\ 4\ 8 \\ 12\ 0\ 8\ 4 \\ 12\ 0\ 8\ 4 \end{cases}$$

Le 2.ᵉ tableau n'est que le 1.ᵉʳ, dans lequel les horizontales sont en verticale; par conséquent si le 1.ᵉʳ avait la forme du 2.ᵉ, et celui-ci celle du 1.ᵉʳ, on retomberait sur les mêmes combinaisons, sauf changement de position; or chaque tableau n'a que 8 variations d'après sa construction : il viendrait donc 8^2; mais, d'après l'observation précédente, il y en aura moitié qui seront les mêmes : il restera donc 32 combinaisons différentes............. (32)

Les tableaux sont :

$$1.^{er}\ \text{TABLEAU.}\ \begin{cases} 1\ 1\ 4\ 4 \\ 4\ 4\ 1\ 1 \\ 2\ 2\ 3\ 3 \\ 3\ 3\ 2\ 2 \end{cases} \qquad 2.^{e}\ \text{TABLEAU.}\ \begin{cases} 0\ 12\ 0\ 12 \\ 8\ 4\ 8\ 4 \\ 12\ 0\ 12\ 0 \\ 4\ 8\ 4\ 8 \end{cases}$$

Chaque tableau aura encore 8 combinaisons à la 1.ʳᵉ ligne : il viendrait donc $8^2 = 64$; et si les tableaux prennent la forme l'un de l'autre, on obtiendrait encore 64; mais il y aurait 2 carrés semblables, sauf la position : donc $\frac{64 \cdot 2}{2}$ combinaisons différentes : ainsi l'on aurait à porter seulement... (64)

Les tableaux sont :

$$1.^{er}\ \text{TABLEAU.}\ \begin{cases} 1\ \ 1\ \ 4\ \ 4 \\ 4\ \ 4\ \ 1\ \ 1 \\ 2\ \ 2\ \ 3\ \ 3. \\ 3\ \ 3\ \ 2\ \ 2 \end{cases} \qquad 2.^{e}\ \text{TABLEAU.}\ \begin{cases} 0\ \ 12\ \ 12\ \ 0 \\ 4\ \ 8\ \ 8\ \ 4 \\ 8\ \ 4\ \ 4\ \ 8 \\ 12\ \ 0\ \ 0\ \ 12 \end{cases}$$

On aura encore 64 carrés différens............. (64)

Les tableaux sont :

$$1.^{er}\ \text{TABLEAU.}\ \begin{cases} 1\ \ 1\ \ 4\ \ 4 \\ 2\ \ 4\ \ 1\ \ 3 \\ 4\ \ 2\ \ 3\ \ 1 \\ 3\ \ 3\ \ 2\ \ 2 \end{cases} \qquad 2.^{e}\ \text{TABLEAU.}\ \begin{cases} 0\ \ 12\ \ 0\ \ 12 \\ 12\ \ 8\ \ 4\ \ 0 \\ 4\ \ 0\ \ 12\ \ 8 \\ 8\ \ 4\ \ 8\ \ 4 \end{cases}$$

Les formes étant différentes, c'est-à-dire l'une n'é-
tant pas la verticale de l'horizontale de l'autre, on aura
toujours 64 combinaisons. .... (64)

Les tableaux sont :

$$1.^{er}\ \text{TABLEAU.}\ \begin{cases} 1\ \ 4\ \ 4\ \ 1 \\ 2\ \ 3\ \ 3\ \ 2 \\ 3\ \ 2\ \ 2\ \ 3 \\ 4\ \ 1\ \ 1\ \ 4 \end{cases} \qquad 2.^{e}\ \text{TABLEAU.}\ \begin{cases} 0\ \ 4\ \ 8\ \ 12 \\ 12\ \ 8\ \ 4\ \ 0 \\ 12\ \ 8\ \ 4\ \ 0 \\ 0\ \ 4\ \ 8\ \ 12 \end{cases}$$

L'un des tableaux ayant pour horizontale la verticale de
l'autre, l'on n'aura que $\frac{64}{2} = 32$ combinaisons...... (32)

Les tableaux sont :

$$1.^{er}\ \text{TABLEAU.}\ \begin{cases} 1\ \ 4\ \ 1\ \ 4 \\ 2\ \ 3\ \ 2\ \ 3 \\ 4\ \ 1\ \ 4\ \ 1 \\ 3\ \ 2\ \ 3\ \ 2 \end{cases} \qquad 2.^{e}\ \text{TABLEAU.}\ \begin{cases} 0\ \ 12\ \ 12\ \ 0 \\ 4\ \ 8\ \ 8\ \ 4 \\ 8\ \ 4\ \ 4\ \ 8 \\ 12\ \ 0\ \ 0\ \ 12 \end{cases}$$

On aura donc encore 64 combinaisons............ (64)

Soient les tableaux :

1.er TABLEAU.
$$\begin{cases} 1 & 2 & 3 & 4 \\ 2 & 3 & 2 & 3 \\ 4 & 1 & 4 & 1 \\ 3 & 4 & 1 & 2 \end{cases}$$

2.e TABLEAU.
$$\begin{cases} 0 & 4 & 8 & 12 \\ 12 & 12 & 0 & 0 \\ 8 & 8 & 4 & 4 \\ 4 & 0 & 12 & 8 \end{cases}$$

Les premières lignes de ces tableaux pourraient avoir chacune 24 combinaisons; mais les autres dépendent de ces premières, et il faut que les premier et dernier nombres donnent même somme que ceux du milieu, qui forment la 2.e ligne du 1.er tableau, comme les extrêmes forment la 2.e du 2.e tableau : il n'y aura donc que 8 variations possibles à la 1.re ligne; et, comme il y a deux carrés semblables, on n'aura que 32 combinaisons, et autant si les tableaux se changent l'un dans l'autre : en tout 64, ci................................... (64)

TABLEAUX.

1.er TABLEAU.
$$\begin{cases} 1 & 4 & 1 & 4 \\ 3 & 2 & 3 & 2 \\ 4 & 1 & 4 & 1 \\ 2 & 3 & 2 & 3 \end{cases}$$

2.e TABLEAU.
$$\begin{cases} 8 & 12 & 4 & 0 \\ 4 & 0 & 8 & 12 \\ 8 & 12 & 4 & 0 \\ 4 & 0 & 8 & 12 \end{cases}$$

Comme le 2.e tableau est le même que le premier, sauf le changement de verticale en horizontale, et réciproquement, on n'aura que 32 combinaisons. .... (32)

Réunissant les nombres entre parenthèses, on aura, pour le cas où il n'y aura pas de nombres répétés en diagonale, mais bien dans d'autres lignes des tableaux, et sans comprendre les combinaisons qui ne diffèrent que par position, 416 combinaisons..................... [416]

ARTICLE III.

IL Y A DEUX NOMBRES RÉPÉTÉS EN DIAGONALE.

Il est bon d'examiner d'abord les tableaux dans l'un desquels seulement les diagonales ont deux nombres répétés.

Soient les tableaux :

$$1.^{er}\ \text{TABLEAU.}\ \begin{cases} 1\ 2\ 3\ 4 \\ 2\ 4\ 1\ 3 \\ 3\ 1\ 4\ 2 \\ 4\ 3\ 2\ 1 \end{cases} \qquad 2.^{e}\ \text{TABLEAU.}\ \begin{cases} 0\ \ 4\ \ 8\ \ 12 \\ 12\ \ 8\ \ 4\ \ 0 \\ 12\ \ 8\ \ 4\ \ 0 \\ 0\ \ 4\ \ 8\ \ 12 \end{cases}$$

Il paraîtrait que chaque première horizontale devrait avoir 24 variations; mais, comme il faut, d'après la construction des tableaux, que la somme des extrêmes soit égale à celle des moyens, il n'y aura réellement que 8 variations possibles : ainsi, en réunissant celles qui résulteraient si les tableaux prenaient la forme l'un de l'autre, il viendra 64 combinaisons. . . . . (64)

Le premier tableau restant le même, le second peut avoir ses horizontales en verticale, et réciproquement, ce qui donne les tableaux :

$$1.^{er}\ \text{TABLEAU.}\ \begin{cases} 1\ 2\ 3\ 4 \\ 2\ 4\ 1\ 3 \\ 3\ 1\ 4\ 2 \\ 4\ 3\ 2\ 1 \end{cases} \qquad 2.^{e}\ \text{TABLEAU.}\ \begin{cases} 0\ \ 12\ \ 12\ \ 0 \\ 4\ \ 8\ \ 8\ \ 4 \\ 8\ \ 4\ \ 4\ \ 8 \\ 12\ \ 0\ \ 0\ \ 12 \end{cases}$$

Cela donnerait encore 64 carrés; mais cette forme rentre dans la précédente, et l'on obtiendrait les mêmes carrés, à la position près.

 CARRÉ DE 4.

TABLEAUX.

$$1.^{er}\text{ TABLEAU.}\begin{cases}1\ 2\ 4\ 3\\3\ 4\ 2\ 1\\4\ 3\ 1\ 2\\2\ 1\ 3\ 4\end{cases}\qquad 2.^{e}\text{ TABLEAU.}\begin{cases}0\ 12\ \ 0\ 12\\4\ \ 8\ \ 4\ \ 8\\12\ \ 0\ 12\ \ 0\\8\ \ 4\ \ 8\ \ 4\end{cases}$$

Comme les diagonales doivent être complètes, il faut que 1, 4, ainsi que 2, 3, alternent à la 1.re ligne du 1.er tableau : ainsi il n'aura que 8 variations; le second ne peut en avoir davantage : ainsi encore ici. . . . . (64)

TABLEAUX.

$$1.^{er}\text{ TABLEAU.}\begin{cases}1\ 4\ 2\ 3\\4\ 1\ 3\ 2\\3\ 2\ 4\ 1\\2\ 3\ 1\ 4\end{cases}\qquad 2.^{e}\text{ TABLEAU.}\begin{cases}0\ \ 0\ 12\ 12\\12\ 12\ \ 0\ \ 0\\4\ \ 4\ \ 8\ \ 8\\8\ \ 8\ \ 4\ \ 4\end{cases}$$

La forme de ces tableaux n'offre encore que 64 combinaisons. . . . . (64)

Si l'on passe aux tableaux dans lesquels les diagonales ont deux nombres répétés dans l'un et l'autre, on aura :

TABLEAUX.

$$1.^{er}\text{ TABLEAU.}\begin{cases}1\ 4\ 2\ 3\\4\ 1\ 3\ 2\\3\ 2\ 4\ 1\\2\ 3\ 1\ 4\end{cases}\qquad 2.^{e}\text{ TABLEAU.}\begin{cases}0\ \ 4\ 12\ \ 8\\8\ 12\ \ 4\ \ 0\\12\ \ 8\ \ 0\ \ 4\\4\ \ 0\ \ 8\ 12\end{cases}$$

Il viendra encore 64 combinaisons. . . . . (64)

TABLEAUX.

$$
1.^{er}\text{ TABLEAU.}\begin{cases}1\ 4\ 2\ 3\\4\ 1\ 3\ 2\\3\ 2\ 4\ 1\\2\ 3\ 1\ 4\end{cases}\qquad
2.^{e}\text{ TABLEAU.}\begin{cases}0\ \ 4\ \ 8\ 12\\8\ 12\ \ 0\ \ 4\\4\ \ 0\ 12\ \ 8\\12\ \ 8\ \ 4\ \ 0\end{cases}
$$

Toujours 64 combinaisons...................... (64)

TABLEAUX.

$$
1.^{er}\text{ TABLEAU.}\begin{cases}1\ 2\ 3\ 4\\3\ 4\ 1\ 2\\2\ 1\ 4\ 3\\4\ 3\ 2\ 1\end{cases}\qquad
2.^{e}\text{ TABLEAU.}\begin{cases}0\ \ 4\ 12\ \ 8\\8\ 12\ \ 4\ \ 0\\12\ \ 8\ \ 0\ \ 4\\4\ \ 0\ \ 8\ 12\end{cases}
$$

On aura encore 64 combinaisons............. (64)

Ainsi, pour le cas où il y aura deux nombres répétés en diagonale, soit dans un seulement, soit dans les deux tableaux, on aura 384 combinaisons............ [384]

ARTICLE IV.

IL Y A UN NOMBRE TROIS FOIS RÉPÉTÉ EN DIAGONALE.

Soient les tableaux :

$$
1.^{er}\text{ TABLEAU.}\begin{cases}1\ 4\ 3\ 2\\4\ 3\ 2\ 1\\1\ 2\ 3\ 4\\4\ 1\ 2\ 3\end{cases}\qquad
2.^{e}\text{ TABLEAU.}\begin{cases}0\ 12\ \ 0\ 12\\4\ \ 8\ \ 4\ \ 8\\12\ \ 0\ 12\ \ 0\\8\ \ 4\ \ 8\ \ 4\end{cases}
$$

Le 1.er tableau n'aura que 4 variations, et le 2.e 8 : on n'aura donc que 32 combinaisons : car, si les tableaux rentrent l'un dans l'autre, on aurait encore 32 combinaisons ; mais on aurait 2 carrés semblables à la position près : donc en tout 32......................... (32)

TABLEAUX.

1.er TABLEAU.
$$\begin{cases} 1\ 3\ 4\ 2 \\ 4\ 3\ 2\ 1 \\ 1\ 2\ 3\ 4 \\ 4\ 2\ 1\ 3 \end{cases}$$
2.e TABLEAU.
$$\begin{cases} 0\ \ 0\ 12\ 12 \\ 4\ 12\ \ 0\ \ 8 \\ 12\ \ 4\ \ 8\ \ 0 \\ 8\ \ 8\ \ 4\ \ 4 \end{cases}$$

Toujours 4 variations au 1.er tableau, qui est le même que le précédent, et 8 au 2.e tableau, et en tout 32 combinaisons. . . . . (32)

Les tableaux sont :

1.er TABLEAU.
$$\begin{cases} 1\ 3\ 4\ 2 \\ 1\ 3\ 2\ 4 \\ 4\ 2\ 3\ 1 \\ 4\ 2\ 1\ 3 \end{cases}$$
2.e TABLEAU.
$$\begin{cases} 0\ \ 0\ 12\ 12 \\ 12\ 12\ \ 0\ \ 0 \\ 4\ \ 4\ \ 8\ \ 8 \\ 8\ \ 8\ \ 4\ \ 4 \end{cases}$$

Encore 32 combinaisons. . . . . (32)

Il est facile de voir qu'on ne pourrait avoir 3 nombres répétés dans chaque tableau en diagonale : car le carré aurait des nombres répétés.

TABLEAUX.

1.er TABLEAU.
$$\begin{cases} 3\ 3\ 2\ 2 \\ 1\ 1\ 4\ 4 \\ 4\ 2\ 3\ 1 \\ 2\ 4\ 1\ 3 \end{cases}$$
2.e TABLEAU.
$$\begin{cases} 0\ 12\ \ 4\ \ 8 \\ 0\ 12\ \ 4\ \ 8 \\ 12\ \ 0\ \ 8\ \ 4 \\ 12\ \ 0\ \ 8\ \ 4 \end{cases}$$

Encore 32 combinaisons. . . . . (32)

Il viendra donc, pour le cas de 3 nombres égaux en diagonale, 128 combinaisons : ces nombres ne peuvent être que 1 , 3 , 3 , 3. . . . 2, 2, 2, 4. . . . . [128]

ARTICLE V.

DIAGONALES INCOMPLÈTES, DEUX NOMBRES RÉPÉTÉS.

Indépendamment des carrés construits au moyen de diagonales complètes, c'est-à-dire ayant somme égale à celle des nombres de la racine, ou de ses multiples, on peut encore obtenir un carré par des diagonales incomplètes. Mais il convient d'examiner ce qui est possible de ce qui doit être rejeté, pour ne pas faire de fausses suppositions. Or chaque ligne du carré de 4 vaut 34. D'abord la diagonale du 1.er tableau ne peut être impaire : car, les multiples augmentant de 4 en 4, la somme sera toujours paire, et ne peut donner un nombre pair étant ajoutée à un impair. Soit donc 4 la somme d'une diagonale du 1.er tableau : il faudrait encore 30, qu'on ne peut obtenir avec des multiples de 4. Que cette diagonale soit 6 : il faut encore 28, ce qui est possible. Si la diagonale est 8, il faudrait 26, ce qu'on ne peut faire avec les multiples. Si elle est 10, il faut 24, et c'est le cas ordinaire : les diagonales sont alors complètes. Qu'elle soit 12, il faut 22, ce qu'on ne peut faire. Si elle est 14, il faut encore 20, ce qui se peut. Elle ne sera pas 16 : car 18 ne s'obtient pas avec les multiples ; et elle ne peut surpasser 16, puisque 16 est déjà composé du plus grand nombre de la racine répété 4 fois : elle ne peut donc être que de 6, 10 et 14, ou plutôt que de 6 ou 14, c'est-à-dire de 4 en plus ou en moins de la somme des nombres de la racine. Il n'y a que le cas où elle est 6 qu'il soit nécessaire de discuter : car si l'une des diagonales est 6, l'autre sera 14, et réciproquement. Puisqu'on ne répète que deux nombres en diagonale (et l'on ne peut faire 6 sans nombres répétés), il n'y a que 1, 1, 2, 2 qui satisfassent. On obtient encore 6 par 1, 1, 1, 3, ce qu'on examinera plus bas. Il faut alors 28 dans la diagonale correspondante du 2.e tableau ; et l'on ne peut avoir 28 que par 4, 8, 4, 12... 0, 12, 12, 4... 0, 8, 8, 12, et 4, 8, 8, 8 ; mais si l'on a deux nombres répétés au 1.er tableau, on ne peut en avoir trois à la diagonale-correspondante du 2.e : car il y aurait au moins un nombre du carré qui serait répété : ainsi l'on ne peut prendre que 0, 4, 12, 12... 0, 8, 8, 12, et 4, 4, 8, 12.

Soient les tableaux :

$$1.^{er}\text{ TABLEAU.} \left\{ \begin{array}{cccc} 1 & 2 & 3 & 4 \\ 1 & 2 & 3 & 4 \\ 4 & 3 & 2 & 1 \\ 4 & 3 & 2 & 1 \end{array} \right. \qquad 2.^{e}\text{ TABLEAU.} \left\{ \begin{array}{cccc} 0 & 0 & 12 & 12 \\ 12 & 12 & 0 & 0 \\ 8 & 4 & 8 & 4 \\ 4 & 8 & 4 & 8 \end{array} \right.$$

Il n'y a point ici de réciprocité, c'est-à-dire que l'un des tableaux ne peut prendre la forme de l'autre : car il faudrait que le 1.er eût 14 en diagonale, et le 2.e seulement 20. Or 14 ne s'obtient que par trois nombres répétés, ou par 4, 3, 3, 4, qui est précisément la 2.e diagonale. Mais 4, 3, 3, 4, est composé de deux nombres répétés l'un et l'autre, et l'on ne peut faire 20 avec deux nombres répétés tous les deux. Maintenant, le 1.er tableau peut avoir 4 variations ; le 2.e en aurait aussi 4 ; mais il est facile de voir, d'après sa construction, que les carrés rentreraient les uns dans les autres, puisque les deux dernières lignes du 1.er tableau ne sont que la première renversée : il n'y aura donc réellement que 4 combinaisons............(4)

Comme il n'y aura pas de réciprocité tant qu'une diagonale aura 1, 1, 2, 2 pour somme, il suffit de le faire remarquer, pour éviter de fausses suppositions.

1.er TABLEAU.   2.ds TABLEAUX.

1 3 2 4		0 12 0 12			0 8 4 12
1 2 3 4		12 8 4 0			12 12 0 0
4 3 2 1		8 0 12 4			8 4 8 4
4 2 3 1		4 4 8 8			4 0 12 8

On ne met qu'un premier tableau, et deux grands qui se combinent avec lui : chacun d'eux donnera avec le 1.er 4 combinaisons, et pour le tout. (8)

1.er TABLEAU.   2.ds TABLEAUX.

1 2 3 4		0 0 12 12			0 4 8 12
4 2 3 1		8 12 0 4			8 8 4 4
1 3 2 4		12 4 8 0			12 0 12 0
4 3 2 1		4 8 4 8			4 12 0 8

Encore, pour le tout, 8 combinaisons. . . . . (8)

1.er TABLEAU.   2.ds TABLEAUX.

1 3 2 4		0 12 0 12			0 8 4 12
4 2 3 1		8 8 4 4			8 12 0 4
1 3 2 4		12 0 12 0			12 4 8 0
4 2 3 1		4 4 8 8			4 0 12 8

Toujours, pour le tout, 8 combinaisons. . . . . (8)

TABLEAUX.

1.er TABLEAU.	1 2 4 3		2.e TABLEAU.	4 12 0 8
	3 2 4 1			12 8 4 0
	2 3 1 4			0 0 12 12
	4 3 1 2			8 4 8 4

Dans ce genre de tableaux aucun nombre ne peut alterner avec un autre; mais le 2.e tableau peut être renversé, et commencer par le dernier nombre de la dernière horizontale; de son côté, le 1.er pourrait être renversé de la même manière : on aurait donc 2 · 2. Mais il y aura encore deux carrés qui rentreront l'un dans l'autre; et, en définitif, il ne viendra que 2 combinaisons différentes. . (2)

1.er TABLEAU.				2.ds TABLEAUX.							
1	2	4	3	4	12	0	8	4	8	4	8
1	2	4	3	0	8	4	12	0	12	0	12
4	3	1	2	12	0	12	0	8	0	12	4
4	3	1	2	8	4	8	4	12	4	8	0

N'obtenant que 2 combinaisons pour chaque grand tableau ajouté au petit, on n'en aura que 4 en tout. . . . . (4)

1.er TABLEAU.				2.ds TABLEAUX.							
1	4	2	3	4	0	12	8	4	4	8	8
4	1	3	2	12	12	0	0	8	12	0	4
1	4	2	3	0	4	8	12	0	0	12	12
4	1	3	2	8	8	4	4	12	8	4	0

Encore 4 combinaisons. . . . .(4)

TABLEAUX.

1.er TABLEAU.				2.e TABLEAU.			
1	4	2	3	4	0	12	8
2	1	3	4	0	12	0	12
3	4	2	1	12	4	8	0
4	1	3	2	8	8	4	4

On a ici seulement 2 combinaisons. . . . .(2)

Il viendra donc en tout, pour le cas de deux nombres

répétés aux diagonales du 1.er tableau, 44 combinaisons. . . . . [44]

ARTICLE VI.

DIAGONALES INCOMPLÈTES, UN NOMBRE RÉPÉTÉ TROIS FOIS.

Il ne peut pas y avoir ici de réciprocité, pas plus qu'à l'article précédent, entre les deux tableaux; le premier ne peut avoir en diagonale que 1, 1, 1, 3.

1.er TABLEAU.	2.ds TABLEAUX.							
1 3 2 4	0	4	8	12	4	8	4	8
3 1 4 2	12	8	4	0	0	12	0	12
2 2 3 3	12	4	8	0	8	0	12	4
4 4 1 1	0	8	4	12	12	4	8	0

En tout, pour les deux grands tableaux. . . . . (4)

1.er TABLEAU.	2.ds TABLEAUX.							
1 3 2 4	0	4	8	12	4	8	4	8
2 1 4 3	12	8	4	0	8	12	0	4
3 2 3 2	12	4	8	0	0	0	12	12
4 4 1 1	0	8	4	12	12	4	8	0

Encore 4 combinaisons. . . . . (4)

1.er TABLEAU.	2.ds TABLEAUX.							
1 4 1 4	0	8	4	12	4	4	8	8
3 1 4 2	12	8	4	0	0	12	0	12
2 2 3 3	12	4	8	0	8	0	12	4
4 3 2 1	0	4	8	12	12	8	4	0

En tout 4 combinaisons. . . . . (4)

1.er TABLEAU.   **2.ds TABLEAUX.**

1	4	1	4		0	8	4	12		4	4	8	8
2	1	4	3		12	8	4	0		8	12	0	4
3	2	3	2		12	4	8	0		0	0	12	12
4	3	2	1		0	4	8	12		12	8	4	0

Toujours 4 combinaisons. . . . . (4)

1.er TABLEAU.   **2.ds TABLEAUX.**

1	2	3	4		8	12	0	4		12	8	4	0
3	1	4	2		4	0	12	8		8	4	8	4
4	4	1	1		8	0	12	4		4	12	0	8
2	3	2	3		4	12	0	8		0	0	12	12

Encore 4 combinaisons. . . . . (4)

1.er TABLEAU.   **2.ds TABLEAUX.**

1	3	2	4		8	12	0	4		12	0	12	0
3	1	4	2		4	0	12	8		8	4	8	4
4	4	1	1		8	0	12	4		4	12	0	8
2	2	3	3		4	12	0	8		0	8	4	12

Toujours 4 combinaisons. . . . . (4)

1.er TABLEAU.   **2.ds TABLEAUX.**

1	2	3	4		8	12	0	4		12	8	4	0
4	1	4	1		8	0	12	4		4	4	8	8
3	4	1	2		4	0	12	8		8	12	0	4
2	3	2	3		4	12	0	8		0	0	12	12

Même nombre de combinaisons. . . . . (4)

1.er TABLEAU.					2.ds TABLEAUX.								
1	3	2	4		8	12	0	4		12	0	12	0
4	1	4	1		8	0	12	4		4	4	8	8
3	4	1	2		4	0	12	4		8	12	0	4
2	2	3	3		4	12	0	8		0	8	4	12

Encore 4 combinaisons. . . . .(4)

En tout, pour le cas où les diagonales du 1.er tableau ont un nombre trois fois répété, 32 combinaisons. . . [32]

La totalité des carrés de 4 de côté sera donc 1580, sans avoir égard à leur position. Frénicle en avait trouvé 880. Ainsi on en a 700 de plus ; mais le plus souvent le carré de 4 fait partie de compartimens, ou est entouré de bordures, etc. Il faut alors avoir égard à la position, ou multiplier 1580 par 8 pour obtenir toutes les positions de ces carrés. Ce qui donnera 12,640 carrés dans les cas dont il s'agit.

On a vu que le carré de 3 était unique, et qu'il n'avait que 8 positions : celui de 4 en a donc 1580 fois autant.

On vient de donner tous les carrés de 4 que l'on a pu trouver. On y est arrivé par différens moyens, afin d'en assurer la vérification ; on ne pourrait cependant affirmer qu'on n'en ait échappé aucun : car il y a beaucoup de premiers tableaux exacts, pour lesquels on n'a pu obtenir de grands tableaux. Pour d'autres, on n'en a eu qu'un, et il est possible qu'il y en ait plusieurs. Par exemple, les premiers tableaux suivans

3	4	1	2		3	3	2	2		1	2	4	3	
3	1	2	4		4	1	4	1		4	1	3	2	
2	4	3	1		1	2	3	4		1	4	2	3	
2	1	4	3		2	4	1	3		4	3	1	2	

1	2	3	4
2	1	4	3
4	3	2	1
3	4	1	2

n'ont point de second tableau, ou du moins on n'en a pas trouvé : car il faut que le carré n'ait pas de nombres répétés. Au reste, comme les carrés oubliés ne résulteraient que de premiers tableaux présentant un petit nombre de combinaisons, ainsi qu'on l'a vu plus haut, la somme 1580 ne serait que très-peu augmentée.

Pour s'assurer qu'un tableau convient à un autre, il suffit que les 4 nombres qui le composent puissent correspondre chacun aux quatre de l'autre tableau. Toutes les fois que cette propriété aura lieu, l'on sera assuré que le carré résultant n'aura pas de nombres répétés ; dans le cas contraire le tableau doit être rejeté.

On renvoie à la 3.ᵉ partie pour l'examen des changemens qui peuvent s'opérer sur un carré donné de 4. On se contente d'observer ici qu'il y a des carrés de 4, lesquels, indépendamment de la propriété d'avoir même somme à chaque ligne horizontale, verticale et diagonale, ont encore cette même somme en ajoutant certaines cases du carré. Par exemple, ayant les tableaux ci-dessous, on en tire le carré suivant.

1.ᵉʳ TABLEAU.					2.ᵉ TABLEAU.					CARRÉ.			
1	2	3	4		0	4	8	12		1	6	11	16
4	3	2	1		8	12	0	4		12	15	2	5
4	3	2	1		4	0	12	8		8	3	14	9
1	2	3	4		12	8	4	0		13	10	7	4

Les différences donneraient encore le même carré par

$$+ 7,5 + 2,5 - 2,5 - 7,5$$
$$- 3,5 - 6,5 + 6,5 + 3,5$$
$$+ 0,5 + 5,5 - 5,5 - 0,5$$
$$- 4,5 - 1,5 + 1,5 + 4,5$$

On voit qu'il y a deux différences en plus et en moins dans chaque horizontale : d'où il suit qu'on aura autant de fois 34 que l'on aura de sommes de différences $= 0$. Ainsi 4 nombres pris carrément, et même en parallélogramme, donnent 34 pour somme : comme 1, 12, 15, 6… 2, 5, 11, 16… 8, 3, 10, 13… 4, 7, 14, 9… 2, 3, 14, 15… 1, 8, 11, 14… 3, 6, 9, 16… 2, 7, 12, 13… 4, 5, 10, 15… 2, 6, 11, 15… 3, 7, 10, 14… 1, 4, 13, 16, il n'y a que les deux carrés formés par les moitiés des deux horizontales du milieu, dont la somme soit plus forte ou plus faible que 34. Indépendamment des carrés ci-dessus on a encore les parallélogrammes 3, 6, 11, 14… 2, 7, 10, 15… 6, 7, 10, 11… 5, 9, 8, 12… 1, 5, 12, 16… 1, 8, 9, 16… 4, 5, 12, 13… 4, 8, 9, 13, lesquels jouissent de la même propriété. Mais tous les carrés de 4 sont loin de donner autant de quadrilles.

On voit sur le champ la possibilité d'avoir des quadrilles et leur nombre, lorsqu'on représente un carré par ses différences.

Soient les tableaux et le carré résultant, ainsi que celui des différences :

1.er TABLEAU.					2.e TABLEAU.			
1	2	3	4		8	4	8	4
1	2	3	4		4	8	4	8
4	3	2	1		0	0	12	12
4	3	2	1		12	12	0	0

$$\text{Carré.} \begin{cases} 9 \ \ 6 \ 11 \ \ 8 & -0,5 + 2,5 - 2,5 + 0,5 \\ 5 \ 10 \ \ 7 \ 12 & +3,5 - 1,5 + 1,5 - 3,5 \\ 4 \ \ 3 \ 14 \ 13 & +4,5 + 5,5 - 5,5 - 4,5 \\ 16 \ 15 \ \ 2 \ \ 1 & -7,5 - 6,5 + 6,5 + 7,5 \end{cases}$$

Puisque les deux différences du milieu des horizontales sont égales et de signe contraire, il y aura 6 quadrilles formés par ces différences : ils seront donc dans le carré magique 6, 7, 10, 11…3, 6, 11, 14…2, 6, 11, 15… 3, 7, 10, 14…2, 7, 10, 15…2, 3, 14, 15. Par la même raison on aura 5, 8, 9, 12…4, 8, 9, 13…1, 8, 9, 16… 4, 5, 12, 13…1, 5, 12, 16…1, 4, 13, 16, puisque les extrémités des horizontales ont aussi les mêmes différences avec signe contraire. On obtient 8 quadrilles de moins que dans le précédent carré.

<h2 style="text-align:center">§ 2.</h2>

<h3 style="text-align:center">MÉTHODES DE LA HIRE.</h3>

<h2 style="text-align:center">ARTICLE PREMIER.</h2>

<h4 style="text-align:center">PREMIÈRE MÉTHODE.</h4>

La Hire ne considère que les nombres divisibles par 4, et ceux qui le sont par 2 seulement, sans faire de distinction pour les impairement pairs. Il établit comme suit les tableaux. Il représente les multiples par les premiers nombres, dont 0 fait toujours partie. Ces nombres expriment quel multiple on emploie : cette manière est plus expéditive. Il met à la première horizontale du 1.er tableau un nombre répété $\frac{r}{2}$ fois, r étant la racine, et autant de fois son complément; la ligne suivante est la 1.re renversée; la 3.e comprend un autre nombre répété autant de fois, et son complément; on continue de cette manière jusqu'à la fin. Le second tableau n'est que le premier renversé. Voici ces tableaux pour 12 de racine. Un nombre et son complément valent $12+1=13$, et pour les multiples $11+0=11$.

1.er TABLEAU.

4	4	4	4	4	4	9	9	9	9	9	9
9	9	9	9	9	9	4	4	4	4	4	4
12	12	12	12	12	12	1	1	1	1	1	1
1	1	1	1	1	1	12	12	12	12	12	12
5	5	5	5	5	5	8	8	8	8	8	8
8	8	8	8	8	8	5	5	5	5	5	5
6	6	6	6	6	6	7	7	7	7	7	7
7	7	7	7	7	7	6	6	6	6	6	6
3	3	3	3	3	3	10	10	10	10	10	10
10	10	10	10	10	10	3	3	3	3	3	3
2	2	2	2	2	2	11	11	11	11	11	11
11	11	11	11	11	11	2	2	2	2	2	2

2.e TABLEAU.

6	5	0	11	2	9	1	10	3	8	7	4
6	5	0	11	2	9	1	10	3	8	7	4
6	5	0	11	2	9	1	10	3	8	7	4
6	5	0	11	2	9	1	10	3	8	7	4
6	5	0	11	2	9	1	10	3	8	7	4
6	5	0	11	2	9	1	10	3	8	7	4
5	6	11	0	9	2	10	1	8	3	4	7
5	6	11	0	9	2	10	1	8	3	4	7
5	6	11	0	9	2	10	1	8	3	4	7
5	6	11	0	9	2	10	1	8	3	4	7
5	6	11	0	9	2	10	1	8	3	4	7
5	6	11	0	9	2	10	1	8	3	4	7

Il n'y a qu'à ajouter par ordre, ayant soin, pour le 2.e tableau, de multiplier par 12 les nombres qui le composent : ainsi $4 + 6$ est $4 + 6 \cdot 12 = 4 + 72 = 76 \ldots 4 + 5 = 4 + 60 = 64$, et ainsi des autres.

Au moyen de cette méthode, et avec un peu d'attention, on peut se dispenser d'écrire les tableaux : le premier se retient facilement; le second a la moitié des horizontales d'une manière, et l'autre moitié aussi d'une manière : de sorte que la 7.e comprend les complémens des nombres supérieurs de la 6.e, et que la 1.re horizontale se compose d'un nombre et de son complément qui le suit immédiatement. On verra le carré résultant de ces tableaux (*figure* 61, *planche* XII).

ARTICLE II.

DEUXIÈME MÉTHODE.

On peut partager l'horizontale du 1.er tableau de manière à mettre les complémens au milieu sans interruption, et les nombres par moitié au commencement et à la fin, comme on le voit ici pour le carré de 8.

1.er TABLEAU.

5	5	4	4	4	4	5	5
4	4	5	5	5	5	4	4
2	2	7	7	7	7	2	2
7	7	2	2	2	2	7	7
1	1	8	8	8	8	1	1
8	8	1	1	1	1	8	8
3	3	6	6	6	6	3	3
6	6	3	3	3	3	6	6

2.e TABLEAU.

0	7	4	3	6	1	2	5
0	7	4	3	6	1	2	5
7	0	3	4	1	6	5	2
7	0	3	4	1	6	5	2
7	0	3	4	1	6	5	2
7	0	3	4	1	6	5	2
0	7	4	3	6	1	2	5
0	7	4	3	6	1	2	5

Le carré résultant se trouve (*figure* 62, *planche* XII).

Il faut observer que cette méthode ne peut être employée si le quotient de la racine divisée par 4 est un nombre impair : ainsi elle ne réussit pas pour 12, puisque $\frac{12}{4}=3$, nombre impair. Mais, quoique 24 ne soit pas un nombre pairement pair, comme le quotient $\frac{24}{4}=6$, nombre pair, on peut employer la méthode.

ARTICLE III.

TROISIÈME MÉTHODE.

Au lieu d'avoir les horizontales comprenant deux à deux un nombre et son complément, comme aux deux premières méthodes, on peut dans la moitié de ces horizontales mettre différens nombres, de manière cependant que chacune des horizontales contienne les complémens; quant à l'autre moitié, elle aura les mêmes nombres et leurs complémens, en ordre renversé, comme on le voit ci-après pour le carré de 8.

1.er TABLEAU								2.e TABLEAU							
5	5	4	4	4	4	5	5	0	4	1	2	5	6	3	7
2	2	7	7	7	7	2	2	0	4	1	2	5	6	3	7
1	1	8	8	8	8	1	1	7	3	6	5	2	1	4	0
3	3	6	6	6	6	3	3	7	3	6	5	2	1	4	0
6	6	3	3	3	3	6	6	7	3	6	5	2	1	4	0
8	8	1	1	1	1	8	8	7	3	6	5	2	1	4	0
7	7	2	2	2	2	7	7	0	4	1	2	5	6	3	7
4	4	5	5	5	5	4	4	0	4	1	2	5	6	3	7

On verra le carré (*figure* 63, *planche* XII).

La Hire donne encore d'autres méthodes : en général, toutes les fois que les nombres du 2.e tableau peuvent se lier avec ceux du 1.er, de manière qu'il n'y ait pas de répétition, ce qui se voit sur le champ, le carré n'aura pas de nombres répétés. Il est inutile de faire observer qu'il ne faut pas considérer comme répétition deux nombres qui seraient les mêmes, mais dont l'un serait multiple, et l'autre simple : ainsi 4, 3 et 3, 4, si le 1.er est simple, ne donnent pas répétition : car les simples et les multiples sont différens.

ARTICLE IV.

QUATRIÈME MÉTHODE.

Cette méthode est la plus usitée de toutes ; elle se retient facilement. La première horizontale se compose de manière que les nombres à égale distance des extrêmes fassent un couple : ainsi $1+12=5+8=2+11$, etc., dans le carré de 12. Il importe peu que le plus petit nombre soit le premier placé, ou le second. La 2.e ligne est l'invers. de la première ; puis la première répétée, ensuite la seconde, et ainsi de suite jusqu'à la moitié des horizontales. La première ligne de la 2.e moitié est égale à la dernière de cette première moitié, et l'on suit l'ordre de la première partie jusqu'à la fin. D'où il suit que toutes les horizontales, à égale distance de la première et de la dernière, sont les mêmes, et par conséquent aussi cette première et cette dernière. Quant au 2.e tableau, il n'est encore que le premier, dans lequel les horizontales deviennent les verticales, et réciproquement.

On trouve le carré résultant (*figure 64, planche XII*). Il est remarquable en ce que les nombres, symétriquement placés, donnent une somme égale à un couple ; ici cette somme est $144+1=145$. Voici les tableaux :

1.er TABLEAU.

1	5	2	4	6	3	10	7	9	11	8	12
12	8	11	9	7	10	3	6	4	2	5	1
1	5	2	4	6	3	10	7	9	11	8	12
12	8	11	9	7	10	3	6	4	2	5	1
1	5	2	4	6	3	10	7	9	11	8	12
12	8	11	9	7	10	3	6	4	2	5	1
12	8	11	9	7	10	3	6	4	2	5	1
1	5	2	4	6	3	10	7	9	11	8	12
12	8	11	9	7	10	3	6	4	2	5	1
1	5	2	4	6	3	10	7	9	11	8	12
12	8	11	9	7	10	3	6	4	2	5	1
1	5	2	4	6	3	10	7	9	11	8	12

2.e TABLEAU.

0	11	0	11	0	11	11	0	11	0	11	0
3	8	3	8	3	8	8	3	8	3	8	3
6	5	6	5	6	5	5	6	5	6	5	6
1	10	1	10	1	10	10	1	10	1	10	1
4	7	4	7	4	7	7	4	7	4	7	4
2	9	2	9	2	9	9	2	9	2	9	2
9	2	9	2	9	2	2	9	2	9	2	9
7	4	7	4	7	4	4	7	4	7	4	7
10	1	10	1	10	1	1	10	1	10	1	10
5	6	5	6	5	6	6	5	6	5	6	5
8	3	8	3	8	3	3	8	3	8	3	8
11	0	11	0	11	0	0	11	0	11	0	11

On peut donc se dispenser d'écrire les tableaux: il suffit de la 1.re horizontale du 1.er tableau pour construire le carré, puisqu'on suit toujours cette horizontale directe ou renversée. Le 2.ᵉ tableau est encore plus facile à retenir, étant composé à chaque ligne d'un nombre et complément, celui-ci répété au milieu de chaque horizontale; la seconde moitié dépend de la première, en mettant le nombre au lieu du complément, et réciproquement. On commence cette seconde moitié par la dernière ligne de la première moitié, et l'on suit en remontant. Ce second tableau n'est que le premier renversé.

ARTICLE V.

CINQUIÈME MÉTHODE.

Il n'est pas indispensable que les deux tableaux suivent le même ordre renversé, l'un en horizontale, l'autre en verticale. Voici un exemple pour le carré de 8 :

8	3	2	5	4	7	6	1	56	0	0	0	0	56	56	56
1	6	7	4	5	2	3	8	8	48	8	48	8	8	48	48
8	3	2	5	4	7	6	1	40	40	40	16	16	40	16	16
1	6	7	4	5	2	3	8	32	24	24	24	24	32	32	32
1	6	7	4	5	2	3	8	24	32	32	32	32	24	24	24
8	3	2	5	4	7	6	1	16	16	16	40	40	16	40	40
1	6	7	4	5	2	3	8	48	8	48	8	48	48	8	8
8	3	2	5	4	7	6	1	0	56	56	56	56	0	0	0

On voit le carré résultant de ces tableaux (*figure* 65, *planche* XII).

Pourvu que l'un des tableaux ait la forme de ceux de la 4.ᵉ méthode, l'autre peut en avoir une très-différente, avec l'attention, 1.° que les lignes qui ont des nombres répétés en horizontale, par exemple, dans l'un des tableaux, les aient en verticale dans l'autre, et réciproquement; 2.° que les diagonales n'aient pas de nombres répétés; ce qu'on évite en ne suivant pas le même ordre dans les lignes du tableau qui n'est pas construit par la 4.ᵉ méthode.

Il y aurait encore bien d'autres combinaisons que celles ci-dessus, si l'un des tableaux conserve la construction de cette 4.ᵉ méthode; et La Hire, en donnant plusieurs moyens de former les carrés à racine divisible par 4, est loin d'avoir présenté toutes les manières d'y parvenir. On est sur la voie, et il n'est pas difficile de trouver une foule de tableaux qui peuvent convenir : ainsi les suivans seraient de ce nombre pour le carré de 8.

56	0	0	56	56	0	0	56		0	0	7	0	7	7	7	0
8	48	48	8	48	8	48	8		2	2	2	5	5	5	2	5
16	16	40	40	16	40	40	16		3	4	3	4	4	3	4	3
24	32	24	32	32	24	32	24		1	6	6	6	6	1	1	1
32	24	32	24	24	32	24	32		6	1	1	1	1	6	6	6
40	40	16	16	40	16	16	40		4	3	4	3	3	4	3	4
48	8	8	48	8	48	8	48		5	5	5	2	2	2	5	2
0	56	56	0	0	56	56	0		7	7	0	7	0	0	0	7

Le 1.ᵉʳ tableau est construit d'après la 4.ᵉ méthode; les verticales ont les nombres répétés. L'on a mis ici les nombres simples au lieu des multiples au second des grands tableaux.

On peut désirer connaître le nombre de combinaisons résultantes de l'un des systèmes, par exemple, de celui où les deux tableaux sont construits par la 4.ᵉ méthode. Or, puisque les nombres à égale distance des extrêmes, à la 1.ʳᵉ horizontale, sont complémens l'un de l'autre, il

452   MÉTHODES DE LA HIRE.

ne faut considérer dans le carré de 8 que les 4 premiers de cette horizontale; et dans le 2.e tableau, que les 4 premiers en 1.re verticale; ce sont d'ailleurs, d'après la construction, les seules lignes dont on ait à s'occuper. Mais on ne peut avoir en horizontale, et dans le 1.er tableau, que les combinaisons suivantes, dont la moitié est forcée lorsqu'on a choisi la première moitié, et dans chacune desquelles on ne peut faire entrer des nombres dont l'un serait complément à 9 de l'autre.

1 2 3 4... 1 2 3 5... 1 2 4 6... 1 2 5 6... 1 3 4 7... 1 3 5 7... 1 4 6 7... 1 5 6 7
5 6 7 8... 4 6 7 8... 3 5 7 8... 3 4 7 8... 2 5 6 8... 2 4 6 8... 2 3 5 8... 2 3 4 8

Les 8 combinaisons inférieures sont les complémens des 8 supérieures.

Chaque combinaison en donne $1 \cdot 2 \cdot 3 \cdot 4 = 24$. Ainsi on aura $24 \cdot 16 = 384$, et autant pour le 2.e tableau : il viendra donc 384^2. Il faudrait, si le 2.e tableau prenait la forme du premier, et réciproquement, doubler ce nombre. Mais, d'un autre côté, puisque, sur les 16 combinaisons ci-dessus, l'une comporte, pour les 4 derniers nombres, une autre de ces mêmes combinaisons, il suit que, si l'on substituait cette dernière au lieu de sa correspondante, le 2.e tableau est tel que l'on obtiendrait un carré qui ne différerait que par sa position : il faudrait donc diviser $384^2 \cdot 2$ par 2, ce qui se réduira à $384^2 = 147,456$ combinaisons pour le carré de 8 par cette 4.e méthode.

Pour 12, d'après la même construction, on aurait 64 combinaisons de 6 nombres, dont 32 seraient complémens des 32 autres; et, comme chacune aura $1 \cdot 2 \cdot 3 \cdot 4 \cdot 5 \cdot 6$ variations, ou 720, il viendra $64 \cdot 720$, et autant pour l'autre tableau : donc en tout $(64 \cdot 720)^2 = (46080)^2 =$ 2,123,366,400 combinaisons pour ce seul cas.

On peut faire souvent subir à un carré plusieurs changemens. Ainsi dans le carré de la figure 65, si l'on met 14, 55 au lieu de 54, 15, et réciproquement, on n'aura altéré que les diagonales, puisque les verticales sont les mêmes, et que les horizontales ont la même somme, attendu que $14 + 55 = 54 + 15$. Ainsi la 1.re diagonale, ayant à sa 2.e case 14 au lieu de 54, sera diminuée de 40; et la 2.e diagonale, ayant 54 au lieu de 14, sera augmentée aussi de 40; mais si l'on substitue 50, 11 au lieu de 10, 51, elles auront la somme voulue. Les tableaux, dans ce cas, seraient :

<table>
<tr><td rowspan="8">1.er TABLEAU.</td><td>8</td><td>3</td><td>2</td><td>5</td><td>4</td><td>7</td><td>6</td><td>1</td></tr>
<tr><td>1</td><td>6</td><td>7</td><td>4</td><td>5</td><td>2</td><td>3</td><td>8</td></tr>
<tr><td>8</td><td>3</td><td>2</td><td>5</td><td>4</td><td>7</td><td>6</td><td>1</td></tr>
<tr><td>1</td><td>6</td><td>7</td><td>4</td><td>5</td><td>2</td><td>3</td><td>8</td></tr>
<tr><td>1</td><td>6</td><td>7</td><td>4</td><td>5</td><td>2</td><td>3</td><td>8</td></tr>
<tr><td>8</td><td>3</td><td>2</td><td>5</td><td>4</td><td>7</td><td>6</td><td>1</td></tr>
<tr><td>1</td><td>6</td><td>7</td><td>4</td><td>5</td><td>2</td><td>3</td><td>8</td></tr>
<tr><td>8</td><td>3</td><td>2</td><td>5</td><td>4</td><td>7</td><td>6</td><td>1</td></tr>
</table>

<table>
<tr><td rowspan="8">2.e TABLEAU.</td><td>7</td><td>0</td><td>0</td><td>0</td><td>0</td><td>7</td><td>7</td><td>7</td></tr>
<tr><td>1</td><td>1</td><td>6</td><td>6</td><td>1</td><td>6</td><td>1</td><td>6</td></tr>
<tr><td>5</td><td>5</td><td>5</td><td>2</td><td>2</td><td>5</td><td>2</td><td>2</td></tr>
<tr><td>4</td><td>3</td><td>3</td><td>3</td><td>3</td><td>4</td><td>4</td><td>4</td></tr>
<tr><td>3</td><td>4</td><td>4</td><td>4</td><td>4</td><td>3</td><td>3</td><td>3</td></tr>
<tr><td>2</td><td>2</td><td>2</td><td>5</td><td>5</td><td>2</td><td>5</td><td>5</td></tr>
<tr><td>6</td><td>6</td><td>1</td><td>1</td><td>6</td><td>1</td><td>6</td><td>1</td></tr>
<tr><td>0</td><td>7</td><td>7</td><td>7</td><td>7</td><td>0</td><td>0</td><td>0</td></tr>
</table>

On voit que ce changement n'en a pas apporté au 1.er tableau, qui est encore celui donné à la 5.e méthode, et qui est construit d'après la 4.e; mais le 2.e tableau est d'une forme différente de celles proposées.

Il y a une foule d'autres changemens qui se présentent, et qui donnent lieu à de nouveaux tableaux : ainsi 18, 45, substitués à 42, 21, et 44, 23 à 20, 47, et réciproquement, rétablissent les diagonales, et il viendra 42 et 23 en 2.e diagonale $=65$ au lieu de $47+18=65$; et $18+47=65$ au lieu de $42+23=65$ en première diagonale.

ARTICLE VI.

SIXIÈME MÉTHODE.

On peut encore disposer l'un des tableaux comme le premier de la 4.ᵉ méthode, et l'autre comme le premier de la 2.ᵉ ou de la 3.ᵉ; ou bien encore l'un comme le 2.ᵉ de la 4.ᵉ méthode, et l'autre comme le 2.ᵉ de la 2.ᵉ ou de la 3.ᵉ.

ARTICLE VII.

PROGRESSIONS INTERROMPUES D'APRÈS LES PRÉCÉDENTES MÉTHODES.

Si la progression est interrompue par la moitié, comme 1·2·3... 32...... 40·41... 71, la différence entre 33, qui devrait faire suite à 32, et 40, $=7$: ainsi dans le carré de 8 on ajoutera 7 à tous les nombres qui excèdent 32, ce qui peut se faire immédiatement, et sans construire le carré pour y substituer le corrigé.

Si la progression est divisée en 4 parties, comme 1·2· 3... 16....... 22·23·24... 37...... 41·42... 56...... 62·63... 77, on peut former le carré sans progression interrompue, si l'on craint de se tromper; et, comme $22-17=5$, on ajoutera 5 à tous les nombres, de 17 inclus à 32 aussi inclusivement. De même $41-33=8$: ainsi 8 sera ajouté aux nombres de 33 inclus à 48 aussi inclus; enfin, comme $62-49=13$, ce dernier nombre sera ajouté à tous les restans, depuis 49 inclus jusqu'à 64. Il faut, pour ces 4 progressions, que les différences de chacune soient égales, et, en second lieu, que les intervalles entre la 1.re et la 2.e, et entre la 3.e et la 4.e, soient les mêmes; quant à celui qui existe entre la 2.e et la 3.e, et en général entre les progressions du milieu, il est arbitraire.

Il peut y avoir 8 progressions pour le carré de 8, et en général autant de progressions qu'il y a d'unités dans la racine d'un carré. Par exemple, et pour 8 de racine, on peut avoir

$$1 \cdot 2 \ldots 8 \qquad 10 \cdot 11 \ldots 17 \qquad 20 \cdot 21 \ldots 27 \qquad 29 \cdot 30 \ldots 36$$
$$51 \cdot 52 \ldots 58 \qquad 60 \cdot 61 \ldots 67 \qquad 70 \cdot 71 \ldots 77 \qquad 79 \cdot 80 \ldots 86$$

Dans ce cas les différences de chaque progression doivent toujours être les mêmes. Quant aux intervalles, celui du milieu est arbitraire. Celui qui sépare les quarts peut être différent de celui du milieu, mais doit être le même pour chaque quart; et ceux qui se trouvent entre chaque couple de progression aussi les mêmes, quoique différens des précédens. Ici, entre 8 et 10, entre 27 et 29, entre 58 et 60, et 77, 79, la différence est 2; entre 17 et 20, 67 et 70, elle est 3; et enfin entre 36 et 51, elle est 15. Il en est de même des autres racines.

Il n'est donc pas difficile de former ces progressions à volonté, et l'on ne sera pas embarrassé pour arranger magiquement un carré avec des progressions interrompues.

On peut encore avoir des progressions telles que les intervalles soient différens entre chaque progression jusqu'à la moitié, les mêmes intervalles revenant pour l'autre moitié, et à égale distance des progressions extrêmes.

Enfin on pourrait prendre tels intervalles que l'on voudrait, mais on n'aurait que les diagonales et les verticales magiques; les horizontales ne le seraient pas.

§ 3.

AUTRES MÉTHODES.

ARTICLE PREMIER.

LA RACINE EST 2^n.

Voici une méthode facile à retenir lorsque la racine est une puissance de 2. Soit le carré de 16 à former. La 1.re ligne se compose à volonté avec les 16 nombres de la racine ; les suivantes, jusqu'à la 8.e inclusivement, commencent par les deux derniers nombres de la précédente : la 8.e sera donc 5, 6, 1, 2, 8, 9, 10, 7, 11, 13, 14, 16, 12, 15, 3, 4, (en supposant la 1.re 3, 4, 5, 6, 1, 2, 8, 9, 10, 7, 11, 13, 14, 16, 12, 15). Quant à celle qui vient après la 1.re moitié des lignes (ici la 9.e), elle commence par le nombre qui termine la 1.re moitié de la précédente, et en rétrogradant : ainsi elle sera 7, 10, 9, 8, 2, 1, 6, 5, 4, 3, 15, 12, 16, 14, 13, 11. Les suivantes se forment comme dans la 1.re moitié, en commençant par les deux derniers nombres de la précédente. Ainsi la 2.e horizontale et les suivantes étant 12, 15... 14, 16...... 14, 16... 11, 13...... 11, 13... 10, 7...... 10, 7... 8, 9...... 8, 9... 1, 2...... 1, 2... 5, 6, on aura pour la 10.e et suivantes, 13, 11... 16, 14...... 16, 14... 15, 12...... 15, 12... 4, 3...... 4, 3... 6, 5...... 6, 5... 2, 1...... 2, 1... 9, 8....... 9, 8... 7, 10.

Quant au 2.e tableau, la 1.re ligne peut se composer d'un nombre et de son complément alternativement, et de même pour la 2.e, 3.e et 4.e. Les 4 suivantes sont les premières renversées. La seconde moitié des lignes se forme, comme la première moitié, avec les nombres restans et leurs complémens : ainsi on peut faire ces lignes, par exemple,

0, 240, 0.... 240.......... 128, 112, 128.... 112.......
144, 96, 144...96...... 208, 32, 208...32,

pour les quatre premières lignes. Les quatre suivantes seront

240, 0, 240... 0....... 112, 128, 112... 128........
96, 144, 96...144...... 32, 208, 32...208;

La 9.e et les 3 suivantes,

192, 48, 192...48........ 224, 16, 224... 16.......
176, 64, 176... 64...... 80, 160, 80... 160;

Et pour les 4 dernières,

48, 192, 48... 192....... 16, 224, 16... 224........
64, 176, 64...176......160, 80, 160... 80.

La composition de ces tableaux est très-différente, et on peut les changer l'un dans l'autre. Pour avoir les combinaisons propres à ce cas, on agirait comme suit :

Le 1.er tableau aura, si sa racine $= 2^n \ldots$ ($1 \cdot 2 \cdot 3 \ldots 2^n$ combinaisons).

Le 2.e tableau aura, de son côté, moitié des nombres de la racine en couples; il y aura donc $\frac{2^n}{2}$; et, comme chaque couple s'arrange de deux manières, il viendra 2^n combinaisons pour la 1.re ligne. Quant à la 2.e, les couples restans sont $\frac{2^n}{2} - 1 = \frac{2^n - 2}{2}$, qu'on peut arranger de deux manières : donc $2^n - 2$ pour cette 2.e ligne. Ensuite $2^n - 4 \ldots 2^n - 6$, jusqu'au quart des lignes. Le second quart, étant l'inverse du premier, ne donne rien. Quant au 3.e quart, les combinaisons continuent de diminuer de 2 en 2 jusqu'à la dernière, qui ne sera plus que 2. Ainsi l'on aura $(2 \cdot 4 \cdot 6 \ldots 2^n)$ pour ce second tableau : donc, en multipliant ces combinaisons et le produit par 2, puisqu'on peut donner aux tableaux la forme l'un de l'autre, $2 \, (2 \cdot 4 \cdot 6 \ldots 2^n) \, (1 \cdot 2 \cdot 3 \ldots 2^n) = 2 \cdot 5040 \cdot 720 \cdot 192 \cdot 182 \cdot 240 \cdot 48 \cdot 80 \cdot 168 \cdot 16$, nombre prodigieux pour un seul cas. Il y aurait à diviser ce nombre par 8 si l'on ne voulait que les combinaisons réellement différentes, et si le carré est seul : car, s'il fait partie d'autres carrés, on doit tout retenir.

Voici un autre mode de composition pour la racine 2^n. Le premier tableau se compose en commençant la 2.e ligne et les suivantes, jusqu'à la moitié des lignes, par le 3.e nombre de la précédente; l'autre moitié commence par le nombre qui termine la moitié de la ligne précédente, et en rétrogradant; les suivantes suivent l'ordre de la première moitié.

Le second tableau se forme d'après la méthode précédente. Pour le carré de 8 les deux premières lignes ont un nombre et son complément alternativement; les deux suivantes, les mêmes nombres renversés; la 5.e et la 6.e, un autre nombre et son complément; les deux dernières sont les précédentes renversées. Voici ces tableaux :

<table>
<tr><td colspan="8" align="center">**1.er TABLEAU.**</td><td colspan="8" align="center">**2.e TABLEAU.**</td></tr>
<tr><td>5</td><td>7</td><td>1</td><td>8</td><td>4</td><td>2</td><td>3</td><td>6</td><td>0</td><td>56</td><td>0</td><td>56</td><td>0</td><td>56</td><td>0</td><td>56</td></tr>
<tr><td>1</td><td>8</td><td>4</td><td>2</td><td>3</td><td>6</td><td>5</td><td>7</td><td>16</td><td>40</td><td>16</td><td>40</td><td>16</td><td>40</td><td>16</td><td>40</td></tr>
<tr><td>4</td><td>2</td><td>3</td><td>6</td><td>5</td><td>7</td><td>1</td><td>8</td><td>56</td><td>0</td><td>56</td><td>0</td><td>56</td><td>0</td><td>56</td><td>0</td></tr>
<tr><td>3</td><td>6</td><td>5</td><td>7</td><td>1</td><td>8</td><td>4</td><td>2</td><td>40</td><td>16</td><td>40</td><td>16</td><td>40</td><td>16</td><td>40</td><td>16</td></tr>
<tr><td>7</td><td>5</td><td>6</td><td>3</td><td>2</td><td>4</td><td>8</td><td>1</td><td>8</td><td>48</td><td>8</td><td>48</td><td>8</td><td>48</td><td>8</td><td>48</td></tr>
<tr><td>6</td><td>3</td><td>2</td><td>4</td><td>8</td><td>1</td><td>7</td><td>5</td><td>24</td><td>32</td><td>24</td><td>32</td><td>24</td><td>32</td><td>24</td><td>32</td></tr>
<tr><td>2</td><td>4</td><td>8</td><td>1</td><td>7</td><td>5</td><td>6</td><td>3</td><td>48</td><td>8</td><td>48</td><td>8</td><td>48</td><td>8</td><td>48</td><td>8</td></tr>
<tr><td>8</td><td>1</td><td>7</td><td>5</td><td>6</td><td>3</td><td>2</td><td>4</td><td>32</td><td>24</td><td>32</td><td>24</td><td>32</td><td>24</td><td>32</td><td>24</td></tr>
</table>

Le carré se trouve (*figure* 66, *planche* XII).

ARTICLE II.

LES PROGRESSIONS NE SUIVENT PAS L'ORDRE NATUREL.

Si la progression ne suit pas l'ordre naturel, et ne commence pas par l'unité, on formera toujours la 1.re ligne par les premiers nombres de la progression, et le 1.er tableau par l'une des méthodes données précédemment. Celui des multiples comprendra ceux du produit de la racine par la différence de la progression : ainsi, pour le carré de 8, ayant 3, 8, 13, 18, etc., le dernier terme sera $3+5 \cdot 63 = 318$. Les multiples seront ceux de $5 \cdot 8 = 40$. Chaque ligne vaudra $\frac{(318+3) \cdot 64}{2 \cdot 8} = 321 \cdot 4 = 1284$; et ceci a lieu pour tous les carrés pairs ou impairs : il faut seulement composer les tableaux, pour chaque espèce de racine, d'après ce qui a été dit. Ici, pour 8 de racine, soit la première ligne à volonté 13, 38, 18, 28, 3, 33, 8, 23 : on arrangerait le 1.er tableau d'après l'une des méthodes ci-dessus, ou toute autre; le 2.e se construira de manière à s'accorder avec celle du premier. On peut faire ces tableaux comme suit :

1.er TABLEAU.

```
13 38 18 28  3 33  8 23
 8 23 13 38 18 28  3 33
 3 33  8 23 13 38 18 28
18 28  3 33  8 23 13 38
33  3 28 18 38 13 23  8
23  8 33  3 28 18 38 13
38 13 23  8 33  3 28 18
28 18 38 13 23  8 33  3
```

2.e TABLEAU.

```
 40 240  40 240  40 240  40 240
200  80 200  80 200  80 200  80
240  40 240  40 240  40 240  40
 80 200  80 200  80 200  80 200
280   0 280   0 280   0 280   0
120 160 120 160 120 160 120 160
  0 280   0 280   0 280   0 280
160 120 160 120 160 120 160 120
```

Le carré se trouve (*figure* 69, *planche* XIII).

Les tableaux sont construits d'après la 1.re méthode de l'article 1.er ci-dessus.

ARTICLE III.

PROGRESSIONS INTERROMPUES.

On revient sur ce genre de progressions, qu'il est important de bien connaître, puisqu'elles se présentent le plus souvent dans les carrés à compartimens, à bordures, etc.

Il y a distinction à faire entre les racines paires et les racines impaires. Dans celles-ci les intervalles à égale distance de la ligne du milieu doivent être égaux, et dans les carrés pairs ce sont ceux à égale distance du milieu des progressions. Dans les deux cas les multiples sont ceux des intervalles. Ainsi, soit le carré de 5, par exemple, à faire avec les progressions 1·2·3·4·5... 7·8·9·10·11... 20·21·22·23·24... 33·34·35·36·37... 39·40·41·42·43 : on voit qu'entre 1 et 7 la différence est 6; ainsi l'un des multiples sera 6. De 1 à 20 la différence est 19; ce sera un autre multiple. De 1 à 33 la différence étant 32, ce dernier nombre sera aussi multiple. Enfin de 1 à 39 la différence est 38, qui sera le dernier multiple : ils deviendront donc 0, 6, 19, 32, 38. On remarque que de 0 à 6 et de 32 à 38 l'intervalle 6 est le même, et que celui de 6 à 19 et celui de 19 à 32 est aussi le même, = 13. Il est aisé de former les tableaux lorsque ces multiples sont connus.

Si la racine est paire, on peut, pour la première moitié des progressions, avoir les intervalles par couple, si l'on veut; mais la 2.e moitié aura les mêmes intervalles que la 1.re, à égale distance des extrêmes progressions, ou du milieu de toutes ces progressions; quant à l'intervalle qui sépare les deux moitiés, il est absolument arbitraire. Ainsi, pour 8 de racine, soient les progressions

1 ·	2 ·	3...	8	11 · 12 · 13...	18
51 ·	52 ·	53...	58	61 · 62 · 63...	68
141 ·	142 ·	143...	148	151 · 152 · 153...	158
191 ·	192 ·	193...	198	201 · 202 · 203...	208

On voit que de 8 à 11 l'intervalle est 3, comme entre 198 et 201 ; de même de 18 à 51 l'intervalle est 33, comme celui de 158 à 191 ; de même entre 58 et 61 on a le même intervalle qu'entre 148 et 151. Quant à celui du milieu, il est $141 - 68 = 73$. Les multiples seront donc $0 \ldots 11 - 1 = 10 \ldots 51 - 1 = 50 \ldots 61 - 1 = 60 \ldots 141 - 1 = 140 \ldots 151 - 1 = 150 \ldots 191 - 1 = 190 \ldots 201 - 1 = 200$; et les réunissant, 0, 10, 50, 60, 140, 150, 190, 200. Les couples sont $208 + 1 = 209$; chaque ligne vaudra $209 \cdot 4 = 836$.

Voici de nouvelles formes de tableaux dont l'un n'est que le renversement de l'autre. Dans le premier les 4 premiers nombres ont leurs complémens dans les 4 suivans à la première ligne. La seconde est la même que la première, sauf les extrêmes, qui alternent ; la 3.e est la 2.e renversée ; la 4.e est la 1.re aussi renversée ; les suivantes sont les mêmes que les premières. On doit faire attention que, pour la 2.e ligne et les trois suivantes les deux nombres du milieu sont renversés dans le 1.er tableau, et qu'ils sont rétablis dans les 3 dernières lignes comme à la première. Dans le 2.e tableau, au contraire, les deux horizontales du milieu ont 4 nombres qui se suivent, ainsi que dans toutes les lignes, excepté la première et la dernière.

1.er TABLEAU.

1	2	3	4	5	6	7	8
8	2	3	5	4	6	7	1
1	7	6	5	4	3	2	8
8	7	6	5	4	3	2	1
8	7	6	5	4	3	2	1
1	7	6	4	5	3	2	8
8	2	3	4	5	6	7	1
1	2	3	4	5	6	7	8

2.e TABLEAU.

10	190	10	190	190	10	190	10
0	0	200	200	200	200	0	0
150	150	50	50	50	50	150	150
60	60	140	140	140	140	60	60
140	140	60	60	60	60	140	140
50	50	150	150	150	150	50	50
200	200	0	0	0	0	150	150
190	10	190	10	10	190	10	190

Le carré se trouve (*figure 70, planche XIII*).

Il n'y aurait pas plus de difficulté si la première progression ne commençait pas par l'unité, et si la différence de chaque progression était autre que l'unité.

ARTICLE IV.

MÉTHODE EXPÉDITIVE POUR LES CARRÉS A RACINE DIVISIBLE PAR 4.

On forme un carré naturel séparé en quatre parties par les lignes du milieu, en horizontale et en verticale; les diagonales restent fixes. On substitue ensuite, de deux en deux, les complémens aux nombres, avec la seule attention de changer ou laisser sans changement, et alternativement, les deux nombres qui sont de chaque côté de ces lignes du milieu du carré. On verra pour 12 un exemple (*figure 67, planche XII*).

Les changemens sont au bas des nombres du carré naturel, et en plus gros caractères. Ici un couple vaut 145; et l'on peut remplacer de suite les nombres par leurs complémens, sans écrire ceux qui doivent supporter ce remplacement; il suffit de faire attention à la première horizontale : ainsi, après avoir changé 6, il faut aussi changer 7, qui est de l'autre côté de la verticale. Lorsqu'on arrive à une autre ligne, les nombres fixes sont ceux qui sont sous une case qui a subi un changement. Lorsqu'on est arrivé à moitié du carré, les cases de l'autre côté de la ligne horizontale du milieu changent comme les cases supérieures, et l'on agit ensuite comme pour la première moitié; il suit qu'il y aura 4 nombres tous fixes, ou tous changés, au milieu du carré. On serait libre de commencer les changemens par la 1.re case du carré; mais cela ne ferait que donner une position différente à ce carré, et tout serait dans le même ordre. Voilà pourquoi les diagonales restent fixes.

On verra encore le carré de 16 construit par ce moyen (*figure* 68, *planche* XII). On n'a pas fini le tableau naturel; les complémens ont été substitués immédiatement. Chaque couple vaut $256+1=257$: ainsi au lieu de 2 on a écrit $257-2=255$, et ainsi des autres nombres à changemens. Les substitutions sont faciles : par exemple, après 255 on écrira 253, 251, 249, de 2 en 2; et, comme 249 est à côté de la verticale, on écrira 248 au lieu 9, et ensuite 246, 244, 242 : on voit donc que rien n'est plus facile que d'opérer ces substitutions.

Cette marche est la plus facile de toutes pour faire sur le champ un carré magique pair dont la racine est divisible par 4.

On peut désirer connaître la composition des tableaux qui donnent lieu à cette formation. Elle résulte des tableaux de la 4.e méthode : ainsi le carré de la figure 67, qui est celui de 12, a pour horizontale première 1, 11, 3, 9, 5, 7, 6, 8, 4; 10, 2, 12, dans laquelle les nombres à égale distance des extrêmes donnent 13 pour un couple. La première verticale est 1, 12, 1, 12, 1, 12, 12, 1, 12, 1, 12, 1. Comme le 2.e tableau n'est que le premier renversé, la première horizontale est 0, 132, 0, 132, 0, 132, 132, 0, 132, 0, 132, 0, et la 1.re verticale, 0, 120, 24, 96, 48, 72, 60, 84, 36, 108, 12, 132.

C'est aussi la méthode expéditive du carré de 4. On écrit les nombres du carré naturel qui garnissent les diagonales; on recommence par la fin de la 1.re diagonale, et l'on compte à rebours en remontant, lorsqu'on est à la fin d'une ligne : on remplit alors les vides, et le carré est fini. Voici les détails :

1	.	.	4		.	15	14	.		1	15	14	4
.	6	7	.		12	.	.	9		12	6	7	9
.	10	11	.		8	.	.	5		8	10	11	5
13	.	.	16		.	3	2	.		13	3	2	16

Il est indispensable de retenir cette formation, dont on fait un fréquent usage.

C'est la vraie méthode expéditive pour les carrés pairs à racine divisible par 4. On place d'abord les nombres qui doivent rester, d'après ce qui a été dit plus haut. On recommence à compter, en commençant par le bas à droite, et l'on agit comme on a fait pour le carré de 4. Cela dispense de s'occuper des changemens à faire pour les complémens. On va encore donner le carré de 8 construit par cette méthode.

1	—	3	—	—	6	—	8		—	63	—	61	60	—	58	—
—	10	—	12	13	—	15	—		56	—	54	—	—	51	—	49
17	—	19	—	—	22	—	24		—	47	—	45	44	—	42	—
—	26	—	28	29	—	31	—		40	—	38	—	—	35	—	33
—	34	—	36	37	—	39	—		32	—	30	—	—	27	—	25
41	—	43	—	—	46	—	48		—	23	—	21	20	—	18	—
—	50	—	52	53	—	55	—		16	—	14	—	—	11	—	9
57	—	59	—	—	62	—	64		—	7	—	5	4	—	2	—

```
 1 63  3 61 60  6 58  8
56 10 54 12 13 51 15 49
17 47 19 45 44 22 42 24
40 26 38 28 29 35 31 33
32 34 30 36 37 27 39 25
41 23 43 21 20 46 18 48
16 50 14 52 53 11 55  9
57  7 59  5  4 62  2 64
```

On voit qu'il est inutile de mettre les complémens, et que l'on suppose le carré vide divisé en 4 parties par l'horizontale et la verticale du milieu. Voilà pourquoi il y a toujours 2 cases contiguës ou pleines ou vides, lorsque l'on compte pour la première fois du haut en bas.

Il y a beaucoup d'autres manières de former les tableaux, et ils seront convenables toutes les fois que chaque multiple pourra s'ajouter à tous les nombres de la racine.

§ 4.

MÉTHODE DE POIGNARD.

RACINE DIVISIBLE PAR 4.

ARTICLE PREMIER.

CARRÉ DE 8 A NOMBRES RÉPÉTÉS.

Poignard s'occupe d'abord des carrés magiques à nombres répétés, mais dont la répétition ne se trouve pas dans les lignes du carré; et il commence par les deux manières de faire le carré de 4 sans nombres répétés, et que l'on connaît, savoir :

```
1 2 3 4        1 2 3 4
4 3 2 1        3 4 1 2
2 1 4 3        4 3 2 1
3 4 1 2        2 1 4 3
```

La composition de la 1.re ligne est arbitraire : il suffit qu'elle contienne les quatre nombres 1, 2, 3, 4 de la racine.

Passant au carré de 8, la première ligne se forme à volonté avec les 8 nombres de la racine. La 2.e commence par la 2.e moitié de la 1.re ligne, et finit par la 1.re moitié ; la 3.e est la 2.e renversée ; et la 4.e, la 1.re aussi renversée.

La cinquième, qui est la première de la seconde moitié du carré, se tire de la 4.e ligne, en alternant les nombres de 2 en 2 ; les autres lignes de cette seconde moitié suivent, par rapport à la 5.e, l'ordre des 2.e, 3.e et 4.e par rapport à la 1.re. Voici cette composition.

```
1 2 3 4 5 6 7 8
5 6 7 8 1 2 3 4
4 3 2 1 8 7 6 5
8 7 6 5 4 3 2 1
7 8 5 6 3 4 1 2
3 4 1 2 7 8 5 6
6 5 8 7 2 1 4 3
2 1 4 3 6 5 8 7
```

ARTICLE II.

CARRÉ DE 16 A NOMBRES RÉPÉTÉS.

La racine 16 se partage en 4 parties. Chacune d'elles donne un carré comprenant 4 nombres. Ceux-ci seront considérés comme un seul nombre, et les 16 carrés distribués d'après l'une des méthodes données pour le carré de 4. Il est indifférent que les nombres choisis pour chaque carré partiel soient ou non en progression. L'on a choisi pour le 1.er carré 1, 7, 8, 15; pour le 2.e... 4, 6, 3, 9; pour le 3.e, 2, 5, 16, 10; et pour le 4.e, 11, 12, 13, 14. Les quatre carrés, composés de nombres répétés, se sont formés d'après la construction

$$1\ 4\ 3\ 2$$
$$3\ 2\ 1\ 4$$
$$2\ 3\ 4\ 1$$
$$4\ 1\ 2\ 3$$

Les nombres de ce dernier carré désignent les 4 carrés ci-dessus, dans lesquels a été décomposé le carré total.

Ce carré de 16 se voit (*figure* 71, *planche* XIII).

On donne encore le carré de $32 = 2^5$: mais on se dispensera de présenter la figure: il suffit d'indiquer la marche à suivre.

ARTICLE III.

CARRÉ DE 32 A NOMBRES RÉPÉTÉS.

On peut partager 32 en 8 parties, qui donneront autant de carrés de 4 de racine, et arranger les 64 carrés par la méthode du carré de 8, ou bien encore diviser 32 en 4 parties, former les carrés partiels de 8 d'après les méthodes connues, et les distribuer dans le carré total d'après l'une des formes du carré de 4. Il importe toujours peu que les nombres répétés dans les carrés partiels soient ou ne soient pas en progression.

Voici encore un exemple pour une racine qui n'est pas 2^n.

ARTICLE IV.

CARRÉ DE 12 A NOMBRES RÉPÉTÉS.

La marche suivie pour le carré de 12 guidera pour toutes les racines impairement paires. La racine est encore divisible en 4 parties, et l'on aura 16 carrés de 9, lesquels seront arrangés d'après l'une des méthodes pour le carré de 4 à nombres répétés. La seule attention est de ne pas mettre en diagonale dans le carré total une diagonale répétée d'un carré partiel. On voit que les carrés partiels ont bien les horizontales et verticales régulières, c'est-à-dire composées des trois nombres qui constituent ces carrés, mais qu'il y a nécessairement une diagonale répétée : ce qui est indifférent pour les verticales et horizontales, mais ne l'est pas pour les diagonales totales, qui ne doivent pas avoir de nombres répétés. Le carré se trouve (*planche* XIII, *figure* 72).

On ne pourrait pas prendre 9 carrés de 16 cases : car les diagonales du carré total ne contiendraient pas tous les nombres, puisque l'une d'elles aurait trois carrés partiels comprenant les mêmes nombres, ce qui n'est pas le but qu'on se propose.

Il n'en serait pas de même si les carrés partiels avaient plus de 3 nombres à la racine : ainsi pour 20 de racine on peut avoir 5 carrés de 4 de côté, et ils seront distribués par la méthode relative aux racines impaires. On peut prendre aussi 4 carrés de 5 de côté, arrangés par la méthode du carré de 4 : ainsi point de difficulté. Les carrés partiels peuvent ne pas être magiques, et ne le sont pas en effet si les nombres qui les composent ne sont pas en progression.

Comme la méthode de Poignard pour les carrés divisibles par 4 à la racine, et sans nombres répétés, est la même que celle des figures 67 et 68, il est inutile de s'en occuper.

§ 5.

MÉTHODES DE D'ONS EN BRAY ET DE RALLIER DES OURMES.

D'Ons en Bray partage en 2 parties les nombres qui composent les carrés pairement pairs : il écrit d'abord la première moitié, et met dessous la seconde moitié renversée, ce qui revient à écrire l'un sous l'autre un nombre et son complément. Il compose 4 carrés égaux, qu'on peut joindre comme on voudra. On entend par carrés égaux des carrés dont chaque ligne renferme même somme. Si les parties de la division peuvent encore se partager en 4 parties, chaque carré partiel primitif se compose lui-même de 4 autres carrés, et ainsi de suite. Si l'on ne peut plus diviser en 4 parties, il fait des enceintes, en partant toujours du carré de 4 : c'est ce qui arrive pour les racines impairement paires, comme 12, 20, etc. Cette méthode n'est qu'un cas particulier des carrés à compartimens, dont on va bientôt s'occuper. Cet auteur n'a traité que des racines paires; on y reviendra lorsqu'on examinera celles qui sont pairement impaires, comme 6, 10, 14, etc.

Quant à Rallier des Ourmes, sa méthode pour les enceintes des carrés pairs est la même que celle de d'Ons en Bray. Sa formation des carrés impairement pairs rentre dans celle donnée précédemment, et qui consiste à partager le carré naturel en 4 parties, et à substituer aux nombres leurs complémens. Sa méthode pour les carrés pairement impairs est longue et entortillée. Il y a des procédés simples et clairs que l'on fera connaître. Il se sert aussi du carré naturel pour obtenir les bordures; mais on a fait voir que ce cas particulier rentre dans les méthodes générales pour la formation des bordures. Ce qu'il appelle quadrille dans le carré naturel, n'est autre chose que quatre nombres dont deux sont pris dans une même bande, à égale distance des extrèmes, et les deux autres leurs correspondans. Ces quatre nombres sont en proportion : ainsi, dans le carré naturel de 8, si l'on choisit 3 et 6 dans la 1.re bande, leurs correspondans 62 et 59, qui sont leurs complémens dans la dernière bande, forment avec 3 et 6 une proportion, et donnent un quadrille; mais toute cette théorie des quadrilles est inutile, et, on le répète, le carré naturel ne donne qu'un petit nombre des bordures dont un carré est susceptible.

§ 6.

CARRÉS A COMPARTIMENS.

ARTICLE PREMIER.

CARRÉ DE 8.

Comme le carré de $8 = 64 = 4 \cdot 16$, on peut faire 4 carrés de 16 cases : or, pour qu'ils puissent s'arranger magiquement, il faut qu'ils soient égaux, et il y a beaucoup de manières d'obtenir cette égalité : on peut prendre les 8 premiers et 8 derniers nombres, les 8 suivans et les 8 avant-derniers, et ainsi de suite. On va choisir des progressions différentes, pour donner une idée plus complète de la méthode; mais il faut toujours qu'un carré partiel contienne les complémens des 8 nombres choisis. Soient donc les progressions :

1· 2· 3· 4	6· 8·10·12	5· 7· 9·11	25·26·27·28
13·14·15·16	17·19·21·23	18·20·22·24	29·30·31·32
49·50·51·52	42·44·46·48	41·43·45·47	33·34·35·36
61·62·63·64	53·55·57·59	54·56·58·60	37·38·39·40

On voit des progressions qui n'ont pas la même différence que celles d'un autre groupe. Il y en a de continues et d'interrompues ; mais chaque groupe contient 8 couples : elles ont donc la seule condition exigée indispensable. On peut alors placer les carrés partiels à fantaisie. L'on aura pour chacun d'eux 12640 combinaisons, y compris les positions différentes, dont il faut tenir compte, et en supposant que l'on ait bien obtenu ailleurs toutes les combinaisons du carré de 4. Il viendra donc 12640^4 pour les 4 carrés. Ce nombre doit être multiplié par $(1 \cdot 2 \cdot 3 \cdot 4) = 24$, qui est le nombre de manières dont on peut disposer ces 4 carrés. Ainsi $24 \cdot 12640^4$ est le nombre total des combinaisons pour le seul cas particulier que l'on considère, et seulement $3 \cdot 12640^4$, si l'on ne veut pas faire entrer en compte les 8 positions du carré total. Mais si ce carré était sous bordure, il faudrait retenir le facteur 24 au lieu du facteur 3. Le résultat est considérable, et cependant l'on n'a examiné qu'un seul des cas. Les carrés partiels ont été construits par la méthode expéditive.

Le carré se trouve (*figure 73, planche* **XIII**).

Si l'on avait choisi les premiers et derniers nombres, les suivans et les précédens, on aurait eu le carré (*figure 76, planche* **XIII**).

ARTICLE II.

CARRÉ DE **12.**

Puisque $12 = 3 \cdot 4 = 2 \cdot 6$, on peut former le carré à compartimens en prenant 9 carrés de 16 cases, ou 16 carrés de 9 cases, ou 4 carrés de 36 cases. Si l'on choisit 16 carrés de 9 cases, il faut que ces carrés soient composés de nombres en progressions ayant entr'elles même intervalle. Ces intervalles peuvent être différens entre deux progressions, mais revenir les mêmes dans l'autre moitié de toutes les progressions, ainsi qu'il a été dit ailleurs. On pourrait prendre, par exemple,

1.	3.	5.	17	2.	4.	6. 18
19.	21.	23.	35	20.	22.	24. 36
37.	39.	41.	53	38.	40.	42. 54
55.	57.	59.	71	56.	58.	60. 72
73.	75.	77.	89	74.	76.	78. 90
91.	93.	95.	107	92.	94.	96. 108
109.	111.	113.	125	110.	112.	114. 126
127.	129.	131.	143	128.	130.	132. 144

On pourrait choisir

1. 5... 33	2. 6...34	3. 7...35	4. 8...36
37.41... 69	38.42...70	39.43...71	40.44...72
73.77...105, etc.,			

et ainsi des autres : on aurait toujours 870 pour la somme de chaque ligne du carré.

Si l'on veut 4 carrés de 36 cases, chacun des carrés doit avoir même somme : ainsi il faudra 18 couples à chacun. On verra ailleurs comment se composent les carrés des nombres impairement pairs, comme 6, racine de 36.

Enfin pour 9 carrés de 16 cases on peut prendre 8 couples pour chaque carré, et avoir ou 2 séries seulement, ou 4, savoir : 2 pour les nombres simples, et 2 pour les complémens. On peut aussi prendre 9 progressions de 16 cases et ayant même intervalle, et arranger ces 9 carrés par la méthode du carré de 3. On trouve ces deux derniers carrés (*figures* 74 *et* 75, *planche* XIII). On voit, par la figure 74, qu'on a formé le carré de 12 par la méthode la plus expéditive : on a pris les 8 premiers et les 8 derniers nombres; puis les 8 suivans et les 8 précédens, etc.; les carrés partiels étant égaux entr'eux, on les a placés arbitrairement. Dans la figure 75 on a choisi la progression des nombres naturels, et distribué les carrés d'après la méthode du carré de 3. Chaque carré partiel de 16 a été composé d'après quelques-unes des méthodes données pour ce genre de carré; mais on aurait pu, pour arriver plus vite à la composition, les arranger tous par la méthode expéditive du carré de 4.

Il est évident qu'on ne peut former par couples le carré de 3, puisque la racine est impaire : on a donc choisi la méthode expéditive. Le carré de 3 se forme aisément, et chaque carré de 9 cases a été composé de 9 nombres consécutifs. Le carré total a été aussi composé par la méthode expéditive du carré de 4. On trouvera ce carré (*figure* 77, *planche* XIV).

On verra encore (*figure* 78, *planche* XIV) le carré de $20 = 4.5$ par 16 carrés de 25 cases. Pour chacun de ceux-ci l'on a pris l'ordre naturel des nombres, et les carrés partiels ont été faits par la méthode expéditive des impairs. Les 16 carrés ont été considérés comme un seul nombre, et distribués par la méthode expéditive du carré de 4 ; l'on voit qu'il n'y a qu'à écrire, et que chaque carré est magique isolément, ainsi que le carré total.

§ 7.

TABLEAUX SYMÉTRIQUES POUR LES RACINES PAIREMENT PAIRES.

Indépendamment des différentes manières de former les tableaux pour les carrés dont la racine est divisible par 4, et que l'on a précédemment données, il y en a beaucoup d'autres. On peut mettre dans la première ligne deux ou trois et davantage de couples; on peut aussi ne point avoir de nombres répétés dans les lignes, et faire varier d'une foule de façons ce genre de combinaisons, ainsi que celles où l'on n'emploie qu'un couple par ligne. Voici plusieurs exemples de composition :

```
1 8 1 8 1 8 1 8        1 1 8 8 4 4 5 5
6 3 6 3 6 3 6 3        3 3 6 6 1 1 8 8
2 7 2 7 2 7 2 7        5 5 4 4 2 2 7 7
4 5 4 5 4 5 4 5        2 2 7 7 6 6 3 3
8 1 8 1 8 1 8 1        6 6 3 3 8 8 1 1
3 6 3 6 3 6 3 6        8 8 1 1 5 5 4 4
7 2 7 2 7 2 7 2        7 7 2 2 3 3 6 6
5 4 5 4 5 4 5 4        4 4 5 5 7 7 2 2

1 1 8 8 1 8 3 6        1 1 8 8 7 2 6 3
6 6 3 3 6 3 8 1        6 6 3 3 8 1 2 7
5 5 4 4 5 4 2 7        2 2 7 7 4 5 3 6
7 7 2 2 7 2 4 5        4 4 5 5 1 8 7 2
8 8 1 1 8 1 5 4        3 3 6 6 2 7 5 4
4 4 5 5 4 5 1 8        5 5 4 4 6 3 8 1
3 3 6 6 3 6 7 2        8 8 1 1 3 6 4 5
2 2 7 7 2 7 6 3        7 7 2 2 5 4 1 8
```

```
1 2 3 4 5 6 7 8    1 2 3 4 5 6 7 8    1 2 3 4 5 6 7 8
5 6 7 8 1 2 3 4    8 7 6 5 4 3 2 1    3 4 1 2 7 8 5 6
2 1 4 3 6 5 8 7    7 8 5 6 3 4 1 2    7 8 5 6 3 4 1 2
6 5 8 7 2 1 4 3    2 1 4 3 6 5 8 7    5 6 7 8 1 2 3 4
7 8 5 6 3 4 1 2    4 3 2 1 8 7 6 5    6 5 8 7 2 1 4 3
3 4 1 2 7 8 5 6    5 6 7 8 1 2 3 4    8 7 6 5 4 3 2 1
8 7 6 5 4 3 2 1    6 5 8 7 2 1 4 3    4 3 2 1 8 7 6 5
4 3 2 1 8 7 6 5    3 4 1 2 7 8 5 6    2 1 4 3 6 5 8 7
```

Si l'un des tableaux prend la forme du premier de ces trois derniers, l'un ou l'autre des deux autres sera celui des multiples, et réciproquement. Ce 1.er tableau est facile à former. La 1.re ligne comprend tous les nombres de la racine; la 2.e commence par la moitié de la 1.re; la 3.e est la 1.re, dans laquelle on alterne les nombres de 2 en 2; la 4.e commence par la moitié de la précédente : voilà pour la moitié des lignes. La 5.e ligne, ou la 1.re de la 2.e moitié, commence par le dernier nombre de la 1.re moitié de la 4.e, et en continuant à rebours, la 6.e par la 2.e moitié de la précédente. La 7.e se compose avec la 5.e, comme la 3.e avec la 1.re; enfin la dernière commence par la moitié de la précédente.

Venant aux tableaux symétriques, ce sont ceux dans lesquels les nombres sont symétriquement placés; c'est par leur moyen que les diagonales ont des nombres répétés. Voici un exemple pour le carré de 8 (*figures* 79 *et* 80, *planche* XIV): on peut mettre en diagonale 4 fois de suite le même nombre, et 4 fois son complément, comme 0 et 56. Ces nombres ne peuvent plus se répéter dans les trois quarts du tableau : car alors ils se trouveraient plusieurs fois en horizontale ou en verticale; on les mettra donc dans la 4.e partie du tableau, et à la diagonale de cette partie; on agira de même pour l'autre diagonale, qui comprendra aussi un nombre et son complément, 24 et 32, par exemple, et l'on aura le tableau commencé de la figure 79. On place ensuite symétriquement un autre nombre comme 16, et son complément 40 aussi symétriquement; le carré des multiples s'achève en mettant dans les cases restantes, et toujours symétriquement, 8 et 48, comme le montre la figure 80. Il est clair qu'il est indifférent de répéter en diagonale ou ailleurs tel ou tel nombre plutôt que tel ou tel autre, pourvu qu'on y fasse entrer le nombre et son complément. Les deux tableaux réunis donnent celui qu'on voit (*figure 81, planche XIV*).

Ce tableau peut se joindre à une partie des premiers tableaux donnés ailleurs, à nombres répétés ou non. Lorsqu'il ne convient pas, on peut changer la symétrie en une autre qui puisse s'adapter à ces premiers tableaux.

Voici pour 16 un tableau analogue à celui de la figure 81 pour 8.

1	2	3	4	5	6	7	8	9	10	11	12	13	14	15	16
9	10	11	12	13	14	15	16	1	2	3	4	5	6	7	8
2	1	4	3	6	5	8	7	10	9	12	11	14	13	16	15
10	9	12	11	14	13	16	15	2	1	4	3	6	5	8	7

16 15, etc., 1.re renversée.

8 7, etc., 2.e renversée.

15 16, etc., 3.e renversée.

7 8, etc., 4.e renversée.

5 6 7, etc., 2.e quart de la 1.re

13 14 15, etc., 2.e quart de la 2.e

6 5 8, etc., 2.e quart de la 3.e

14 13 16, etc., 2.e quart de la 4.e

4 3 2, etc.,
12 11 10, etc.,
3 4 1, etc.,
11 12 9, etc., } les 4 précédentes renversées.

Ce tableau peut se combiner avec le symétrique (*figure 82, planche XV*) et avec d'autres indiqués dans les paragraphes ci-dessus. Ces tableaux symétriques peuvent, au reste, varier d'une foule de manières, et les deux tableaux se changer l'un dans l'autre.

On trouvera (*figure* 83, *planche* XV) le tableau symétrique entier, dont la figure 82 ne donne qu'une partie. Il est bon d'examiner avec attention cette espèce de tableaux, qui présentent des combinaisons remarquables.

On verra (*figures* 84 *et* 85, *planche* XV) deux autres tableaux symétriques bien différens de forme, l'un avec les multiples, l'autre avec les nombres simples. Tous ces tableaux sont à considérer avec soin. Pour bien apercevoir la symétrie, on placera d'abord un nombre et son complément, surtout en diagonale, quoiqu'on puisse opérer autrement; puis successivement un autre nombre et son complément. La seule attention est de ne pas mettre 2 ou plusieurs nombres pareils en horizontale ou en verticale. Mais, comme les diagonales auront des nombres répétés, il est clair que les tableaux symétriques ne peuvent s'ajouter qu'autant qu'il n'en résulterait pas pour le carré de nombres répétés.

Lorsqu'on fera usage de ces tableaux, on cherchera quel est le tableau qui peut convenir à l'un d'eux. Il faut que chaque nombre du tableau symétrique puisse s'ajouter à tous ceux de l'autre tableau. Il est inutile cependant de s'occuper des complémens à raison de la symétrie, ce qui abrége l'opération, laquelle, d'ailleurs, se fait à l'œil. Le tableau de la figure 85 présente des nombres simples ou indique des multiples, et l'ordre du multiple est désigné par le nombre simple : ainsi 10, par exemple, désigne le 10.e multiple, y compris 0. Ce sera donc $9 \cdot 16 = 144$, et non

$16 \cdot 10 = 160$. L'on a employé des nombres simples, 1.º parce que l'un des tableaux peut remplacer l'autre, et réciproquement; 2.º parce que l'on voit mieux la symétrie.

On trouvera (*figure* 87, *planche* XVI) le carré fait avec le tableau symétrique de la figure 83, et le premier tableau composé par un nombre et son complément, alternativement placés. Les horizontales sont:

1 16 | 2 15 | 3 14 | 4 13 | 16 1 | 15 2 | 14 3 | 13 4
12 5 | 11 6 | 10 7 | 9 8 | 5 12 | 6 11 | 7 10 | 8 9

§ 8.

COMBINAISONS DE CARRÉS A RACINE DIVISIBLE PAR 4.

On n'a dessein ici que de mettre sur la voie de ces combinaisons; ce que l'on va dire sur le carré de 8 servira pour les autres.

Chaque ligne du 1.ᵉʳ tableau vaut 36; et comme 36 n'est pas divisible par 8, il suit qu'on ne peut avoir un nombre répété 8 fois dans aucune ligne: on ne peut donc commencer la 2.ᵉ ligne par le 2.ᵉ terme de la 1.ʳᵉ, ni par le dernier, puisqu'une diagonale serait répétée 8 fois. On ne peut d'ailleurs commencer la 2.ᵉ ligne par le 1.ᵉʳ terme de la 1.ʳᵉ: il n'y a donc pas à s'occuper de ces 3 termes, le 1.ᵉʳ, le 2.ᵉ et le dernier de la 1.ʳᵉ ligne, en tant que l'on continuerait l'ordre de cette 1.ʳᵉ ligne.

Quant au 2.ᵉ tableau, qui aurait 224 pour chaque ligne, ces 224 se divisent bien par 8, mais le quotient 28 n'est pas multiple de 8: il ne fait donc pas partie des multiples que l'on considère, et par conséquent la 2.ᵉ ligne ne peut commencer par les 1.ᵉʳ, 2.ᵉ et dernier termes de la 1.ʳᵉ.

Que cette 2.e ligne du 1.er tableau commence par le 3.e terme de la 1.re, les mêmes horizontales reviennent une fois, à commencer de la 5.e : il faut donc que les 1.er, 3.e, 5.e et 7.e nombres de la 1.re horizontale donnent une somme $= 18$, moitié de la valeur d'une ligne ; on trouve qu'il y a 8 manières de faire 18 avec 4 des 8 premiers nombres, et cela doit être, puisqu'il y aura 8 séries dans ce 1.er tableau ; elles sont les suivantes :

1 2 7 8 | 1 3 6 8 | 1 4 5 8 | 1 4 6 7 | 2 3 5 8 |
2 3 6 7 | 2 4 5 7 | 3 4 5 6

On voit aussi que chacune d'elles a sa correspondante ne contenant aucun de ses nombres. En effet, si 4 termes font 18, il faut bien que les 4 autres donnent la même somme. Ainsi, soient les nombres 1, 2, 7, 8 aux 1.er, 3.e, 5.e et 7.e rangs de la 1.re horizontale : on aura nécessairement 3, 4, 5, 6, aux 2.e, 4.e, 6.e et 8.e rangs de la même ligne, et ainsi des autres. (1.er cas.)

Si la 2.e ligne commence par le 4.e terme, la 1.re diagonale n'aura que 2 nombres 4 fois répétés, dont la somme sera 9 ; et la seconde aura 4 nombres 2 fois répétés, dont la somme sera 18. Or on peut faire 9 de 4 façons avec les 8 premiers nombres, savoir : 1, 8. . . 2, 7. . . 3, 6. . . 4, 5 ; et pour chacune la 2.e ligne diagonale aura 3 groupes pour faire 18 : car, sur les 8 séries ci-dessus, il y en aura toujours 5 où se trouve l'un des nombres choisis pour la 1.re diagonale. Il n'y en aura donc plus que 3 à employer pour la 2.e diagonale. Les nombres qui les composent doivent être aux 2.e, 4.e, 6.e et 8.e rangs, et les 2 de la 1.re diagonale aux 1.er et 5.e rangs. . . . . (2.e cas.)

Si l'on commence par le 5.e terme, les mêmes horizontales reviennent 4 fois. Il faut, dans ce cas, que les 1.er et 5.e termes fassent 9, ce qui donne quatre manières de former la 1.re horizontale. . . . . (3.e cas.)

Que l'on commence par le 6.e terme : la 1.re diagonale aura période de 4 nombres, et la 2.e, période de 2. Il faudra donc que les 4.e et 8.e termes aient 9 pour somme, et que les 1.er, 3.e, 5.e et 7.e termes aient 18 pour somme. Ce cas, analogue au 2.e, devient le 4.e. . . . . . . (4.e cas.)

Enfin si l'on commence par le 7.e terme de la 1.re horizontale, les horizontales se répètent comme au 1.er cas : ainsi les 1.er, 3.e, 5.e et 7.e termes doivent avoir 18 pour somme, et de même les 2.e, 4.e, 6.e et 8.e termes. (5.e cas.)

Voici le calcul pour les différens cas.

Dans le premier, comme il y a 4 nombres qui doivent se trouver aux cases fixées, l'on aura 24 manières de les arranger, et autant pour les 4 autres : donc 24^2. Mais il y a 8 séries, dont l'une entraîne une autre : de sorte qu'une série étant choisie, il y en a une seconde qui est forcée, ce qui donne 4 combinaisons; et comme la seconde peut prendre la place de la première, ce sera encore 2 manières de placer ces séries : il viendra donc $2 \cdot 4 \cdot 24^2 = 8 \cdot 24^2$.

Dans le second cas, la 1.re diagonale n'ayant que deux nombres, ils ne peuvent avoir que deux combinaisons; et, comme il y a 4 manières de faire 9, on aura 8 sortes de composition. La seconde diagonale, composée de 4 nombres, en aura 24; et comme il y a 3 séries qui conviendront, on obtiendra $3 \cdot 24$. Enfin les deux nombres restans auront 2 combinaisons : donc il viendra en tout, pour ce cas, $2 \cdot 8 \cdot 3 \cdot 24 = 2 \cdot 24^2$.

Pour le 3.e cas il y a 2 combinaisons pour les deux nombres; et, comme 9 se fait de 4 manières, ce sera $2 \cdot 4 = 8$ combinaisons ; les 6 autres nombres se combinent de $24 \cdot 30$: donc $8 \cdot 24 \cdot 3 \cdot 10 = 10 \cdot 24^2$.

Le 4.ᵉ cas rentre dans le second : ainsi $2 \cdot 24^2$.

Le 5.ᵉ cas rentre dans le premier : ainsi il vient $8 \cdot 24^2$.

En tout, $30 \cdot 24^2 = 17280$ combinaisons.

Il s'agit moins de connaître ces combinaisons que celles qui résultent du premier tableau combiné avec le second.

Examinant le 1.ᵉʳ cas, le second tableau peut être le même que le premier renversé, et l'on aurait alors $8 \cdot 24^2 \cdot 8 \cdot 24^2$.

Le second tableau peut encore avoir la forme du 2.ᵉ cas, et l'on aura $2 \cdot 8 \cdot 24^2 \cdot 24^2$.

Enfin le 2.ᵉ tableau peut être de la forme du 4.ᵉ cas, et l'on aurait $2 \cdot 8 \cdot 24^2 \cdot 24^2$.

Il viendra donc, en tout, $96 \cdot 24^4 = 31,850,496$, pour le 1.ᵉʳ cas. . . . . (1.ᵉʳ cas.)

Si le 1.ᵉʳ tableau a la forme du 2.ᵉ cas, on ne peut supposer, pour le 2.ᵉ tableau, le 1.ᵉʳ renversé : car ils se ressembleraient, et par conséquent point de carré magique, à raison des nombres répétés; mais on peut prendre les tableaux des 1.ᵉʳ, 3.ᵉ et 5.ᵉ cas, et l'on aura,

Pour le 2.ᵉ tableau du 1.ᵉʳ cas, $2 \cdot 8 \cdot 24^2 \cdot 24^2$;

Pour celui du 3.ᵉ cas, $2 \cdot 24^2 \cdot 10 \cdot 24^2$;

Pour celui du 5.ᵉ cas, $2 \cdot 24^2 \cdot 8 \cdot 24^2$, et en tout, $52 \cdot 24^4$, $= 17,252,352$. . . . . (2.ᵉ cas.)

Que le 1.ᵉʳ tableau ait la forme du 3.ᵉ cas : le second pourra être le 1.ᵉʳ renversé, ce qui donnera $10^2 \cdot 24^4$.

Il peut être de la forme du 2.ᵉ cas, et l'on obtient $20 \cdot 24^4$.

Enfin il peut avoir la 4.e forme, ce qui donne encore $20 \cdot 24^4$, et, en tout, $140 \cdot 24^4 = 46,448,640. \ldots$ (3.e cas.)

Pour le 4.e cas du 1.er tableau il vient, si le 2.e tableau prend la forme du 3.e, $20 \cdot 24^4$.

S'il a la forme du 5.e cas, on a $16 \cdot 24^4$.

S'il prend la forme du 1.er cas, il vient encore $16 \cdot 24^4$. Il ne peut y avoir de tableau renversé : donc, en tout, $52 \cdot 24^4 = 17,252,352. \ldots\ldots\ldots\ldots\ldots\ldots\ldots\ldots$ (4.e cas.)

Si le 1.er tableau a la forme du 5.e cas, le second peut prendre celle de ce cas renversé, ou $64 \cdot 24^4$.

Il peut avoir la forme du 2.e cas : d'où $16 \cdot 24^4$.

Enfin celle du 4.e cas, ce qui donne encore $16 \cdot 24^4$, et, en tout, $96 \cdot 24^4 = 31,850,496$ combinaisons... (5.e cas.)

Ajoutant toutes ces combinaisons, on aura $144,654,336$, et ce nombre doit être doublé si l'un des tableaux prend la forme de l'autre.

On observera qu'on ne s'est occupé que du cas où la 1.re horizontale de chaque tableau n'avait pas de nombre répété, à moins que l'un ne fût l'inverse de l'autre; mais il y avait des répétitions en diagonale ou en verticale, parce que les nombres conservaient l'ordre de la première ligne; c'est même la seule condition apportée à l'examen qui vient d'être fait. Mais on a vu qu'il y avait plusieurs manières d'obtenir le tableau de 8 sans nombres répétés, et sans suivre l'ordre de la première ligne. Dans ce cas cette première ligne aurait $(1 \cdot 2 \cdot 3 \ldots 8)$ combinaisons $= 40320$. Le second tableau en aurait autant; et en changeant l'un dans l'autre, il viendrait $2 (40320)^2 = 3,251,404,800$ combinaisons. Il y aura autant de fois ce nombre qu'on aura de tableaux sans nombres répétés;

lesquels, deux à deux, pourront s'ajouter pour avoir un carré magique.

Il y a plus: les tableaux sans nombre répété, et que l'on a donnés, ainsi que les autres qu'on pourrait former sans cette condition, peuvent se combiner avec d'autres à nombres répétés en horizontale, verticale ou diagonale; et ce serait, pour le seul carré de 8, une opération assez difficile à exécuter, que de trouver toutes les combinaisons de ces tableaux, sans s'occuper de bordures ni de compartimens. Ce serait un autre problème encore plus difficile à résoudre, que de trouver toutes les combinaisons, dans dans tous les cas de ce carré de 8, s'il y avait bordures et compartimens. Que serait-ce s'il fallait s'occuper d'une racine plus considérable, comme 32? On se contente donc de mettre sur la voie; et ceux qui aiment ce genre de recherches, ont de quoi s'occuper. Il suffisait, pour le but qu'on se propose ici, de faire voir comment on trouverait les combinaisons pour chaque cas particulier qui se présente; mais on n'avait pas dessein de trouver tous ces cas, qui varient à la volonté de celui qui opère.

En résumé, il y a deux manières d'opérer pour former un carré par compartimens, lorsque la racine est divisible par 4.

On peut prendre des nombres et leurs complémens de manière à avoir une même somme pour chaque carré partiel. Alors ces carrés se placent à volonté, et il n'est plus possible de se servir de tableaux, dont la forme échapperait à toute perspicacité.

En second lieu, on peut prendre des progressions pour chaque carré partiel, de manière que les sommes de ces progressions présentent une même différence : alors ces carrés sont considérés comme de simples nombres, et arrangés d'après les méthodes connues.

Il y a beaucoup de manières de choisir ces progressions; on en a donné des exemples, en voici d'autres.

Le carré de 12, formé par 9 carrés de 16 cases, arrangés d'après la méthode expéditive du carré de 4, a été composé de 9 progressions interrompues, dont la moitié renfermait les nombres simples, et l'autre moitié leurs complémens. Voici ces progressions :

1.....	8	137.....	144
9.....	16	129.....	136
17.....	24	121.....	128
25.....	32	113.....	120
33.....	40	105.....	112
41.....	48	97.....	104
49.....	56	89.....	96
57.....	64	81.....	88
65.....	72	73.....	80

On n'a mis ici que le premier et le dernier terme de chaque moitié des nombres qui composent les carrés partiels; et, comme ils sont tous égaux, ils sont placés à fantaisie. C'est la méthode la plus expéditive de toutes : voir (*figure* 86, *planche* XIV).

Quant aux carrés de 16 par progressions ayant même différence, et sans avoir égard aux complémens, on pourrait prendre 1·5·9... 61 pour la première; 2·6·10... etc. pour la 2.e; 3·7·11... etc.; 4·8·12... etc.; puis 65·69... etc., et ainsi de suite, ou d'autres progressions de cette nature. On peut même interrompre ces progressions par le milieu, par quart, et même par huitième, pourvu qu'elles le soient toutes également. Il suffit toujours que les sommes de ces progressions aient une même différence: elles seront convenables, et on emploiera les tableaux, ou la méthode expéditive pour arranger ces carrés partiels comme de simples nombres.

Soient prises les progressions suivantes, par exemple, dont les sommes ont la même différence 16 que celle qui règne entre les termes de ces progressions.

$$1 \cdot 17 \ldots 241 \ldots \ldots 2 \cdot 18 \ldots 242 \ldots \ldots 3 \cdot 19 \ldots 243, \text{ etc.}$$
$$\ldots \ldots 16 \cdot 32 \ldots 256.$$

On peut arranger ces 16 carrés partiels, considérés comme de simples nombres, par la méthode expéditive du carré de 4, et chacun d'eux par la même méthode. Le carré est promptement achevé. (*Planche* XVI, *figure* 88.)

Si l'on fait le carré au moyen de carrés partiels composés de nombres et de leurs complémens, cela est encore plus expéditif, comme on l'a dit ci-dessus. Il n'est pas nécessaire que toutes les progressions aient la même différence, si ce n'est dans un même carré partiel. Ainsi, pour le carré de 12, à compartimens par 9 carrés de 16, on pourrait prendre les progressions

```
1. 2. 3. 4.    5. 6. 7. 8 || 137.138.139.140.   141.142.143.144
9.11.13.15 | 49.51.53.55 ||  90. 92. 94. 96 | 130.132.134.136
10.16.22.28 | 38.44.50.56 ||  89. 95.101.107 | 117.123.129.135
12.18.24.30 | 34.40.46.52 ||  93. 99.105.111 | 115.121.127.133
14.20.26.32 | 36.42.48.54 ||  91. 97.103.109 | 118.119.125.131
17.19.21.23 | 41.43.45.47 ||  98.100.102.104 | 122.124.126.128
25.27.29.31.   33.35.37.39 || 106.108.110.112.  114.116.118.120
57.58.59.60 | 69.70.71.72 ||  73. 74. 75. 76 |  85. 86. 87. 88
61.62.63.64.   65.66.67.68 ||  77. 78. 79. 80.   81. 82. 83. 84
```

On voit la diversité de ces progressions et leurs différences : tantôt il n'y en a que deux, tantôt on en a pris quatre, les différences sont 1, 2, 6; mais dans chaque ligne on a toujours un nombre et son complément. Alors les carrés partiels s'arrangent entr'eux à fantaisie.

Chaque carré partiel, d'après ce qui a été dit au carré de 4, peut s'arranger de 12640 manières au moins : on aurait donc (12640)⁹, puisqu'il y a 9 carrés partiels, et que la position de chacun d'eux, isolément, doit entrer dans le calcul. Mais ces 9 carrés peuvent se placer de (1, 2, 3… 9) manières différentes dans le carré total, puisqu'ils ont tous même somme : on aura donc (12640)⁹. 362,880, nombre prodigieux, et pour un seul cas de compartiment. Il n'y aurait qu'à diviser ce nombre par 8, si l'on ne veut pas avoir égard aux positions différentes du carré total.

On peut faire varier d'une foule de manières les progressions propres aux carrés partiels. Voici, pour 16 de racine, l'un de ces choix :

```
  1·   9....   57 || 200·208....  256
  2·  10....   58 || 199·207....  255
  7·  15....   63 || 194·202....  250
  8·  16....   64 || 193·201....  249
  3·   4·  5·  6 |  11· 12· 13· 14 || 243·244·245·246 | 251·252·253·254
 19·  20· 21· 22 |  27· 28· 29· 30 || 227·228·229·230 | 235·236·237·238
 35·  36· 37· 38 |  43· 44· 45· 46 || 211·212·213·214 | 219·220·221·222
 51·  52· 53· 54 |  59· 60· 61· 62 || 195·196·197·198 | 203·204·205·206
 65·  69· 73· 77 |  81· 85· 89· 93 || 164·168·172·176 | 180·184·188·192
 66·  70· 74· 78·  82· 86· 90· 94 || 163·167·171·175· 179·183·187·191
 67·  71· 75· 79·  83· 87· 91· 95 || 162·166·170·174· 178·182·186·190
 68·  72· 76· 80·  84· 88· 92· 96 || 161·165·169·173· 177·181·185·189
 97·  99·101·103· 105·107·109·111 || 146·148·150·152· 154·156·158·160
 98·100....  112 || 145·147....  159
113·114....  120 || 137·138....  144
120·121....  128 || 129·130....  136
```

Ici tout est arbitraire, sauf la différence des progressions pour un même carré partiel. On voit qu'on en a 2 ou 4 pour chacun, et que les différences ne sont pas les mêmes, pas plus que les intervalles d'un carré à l'autre; mais seulement pour un même carré; l'intervalle du milieu des progressions est toujours arbitraire. On trouvera (*figure* 89, *planche* IX) le carré résultant des progressions ci-dessus.

On aurait pu faire les carrés partiels par tableaux à nombres répétés ou non dans quelques-unes des lignes. Par exemple, soit la progression 8·16....64 | 193·201.... 249, qui est l'une de celles ci-dessus, on peut construire les tableaux :

1er TABLEAU

8	16	24	32
32	24	16	8
16	8	32	24
24	32	8	16

2.e TABLEAU

0	32	185	217
185	217	0	32
217	185	32	0
32	0	217	185

CARRÉ

8	48	209	249
217	241	16	40
233	193	64	24
56	32	225	201

Le 1.er tableau se construit avec la 1.re partie de la 1.re progression. Quant aux multiples, on a toujours 0 pour le premier. Mais le 5.e terme de la 1.re progression est 40 : ainsi 40—8=32 sera le 2.e multiple..... 193—8=185 sera le 3.e; et, comme 225 est le 5.e terme de la 2.e progression, 225—8=217 sera le 4.e multiple. Mais il sera toujours plus expéditif de construire ces carrés partiels par la méthode expéditive, puisqu'on les place à volonté, et par conséquent sans aucune difficulté, comme on voit (*figure* 89). Chaque ligne d'un carré partiel doit avoir deux couples de 257 chacun, et chaque ligne du carré total, 514·4=2056.

CHAPITRE II.

CARRÉS AVEC BORDURES.

———

§ 1.er

MÉTHODE DE D'ONS EN BRAY.

Cette méthode est curieuse, mais très-circonscrite. D'abord on suppose toujours que le carré central a 4 pour racine, ou un multiple de 4. On suppose en second lieu qu'il y a autant de petits nombres que de grands par ligne ; ce qui restreint beaucoup les combinaisons : car pour le carré le plus simple, celui de 6, on peut avoir 4, et même 5 petits nombres dans une même ligne. En effet, soit le carré central composé par 1, 2, 3, 4.....9, 10, 11, 12, et les complémens de ces nombres : on peut, avec les différences restantes, faire l'horizontale $4,5 + 3,5 + 2,5 + 1,5 + 0,5 - 12,5$, et la verticale $1,5 + 12,5 + 13,5 - 5,5 - 11,5 - 10,5$; or les 5 premières différences de l'horizontale ayant le signe $+$ répondent à de petits nombres. Enfin on emploie des nombres de suite, ce qui réduit encore les combinaisons.

Soit le cas le plus simple, celui de la racine 6, qui est la plus petite racine paire susceptible de bordure.

On choisit les 10 premiers petits nombres, ou les 10 du milieu ; ici l'on prendra les 10 premiers ; les complémens, en regard de ces petits nombres, achèvent la bordure. On place deux des petits nombres aux angles de la 1.re horizontale ; on supposera que le plus petit est à l'angle gauche ; les autres se mettent à volonté dans les cases intermédiaires, de sorte que chaque ligne ait trois petits nombres, y compris ceux des angles, qui répondent à 3 lignes. On ne met rien aux angles de la dernière horizontale, qui doivent être remplis par les complémens des nombres aux angles de la première ; les petits nombres se placent aux cases opposées à celles qui sont restées vides à la 1.re horizontale. On agit de même en verticale, comme on voit (*figure* 90, *planche* XVI).

On suppose que les petits nombres de chaque ligne, sans être les mêmes, ont une même somme. Ces petits nombres sont représentés en conséquence par les mêmes lettres. Il est aisé de voir qu'après avoir composé une horizontale ou une verticale, la place des petits nombres, dans les lignes de même dénomination, est forcée.

Maintenant, pour le cas dont on s'occupe, la somme des 10 premiers petits nombres est 55 : on aura donc, puisque a et b sont supposés aux angles, $3a + 3b + 4c = 55$. Cette somme doit donc pouvoir se partager en deux parties telles que l'une se divise par 3, et l'autre par 4. On remarquera, 1.° qu'il est inutile de supposer des multiples de 3 qui seraient pairs : car $3(a+b)$ étant pair, $4c$ serait impair, et ne pourrait se diviser par 4. D'ailleurs $4c$ est nécessairement pair : donc $3(a+b)$ est impair, ainsi que $a+b$; 2.° $a+b$ ne peut être $<$ que 3, et par conséquent $3(a+b) < 9$: car $a+b$ serait alors au plus $= 2$, ce qui n'est pas possible, puisqu'ils seraient au plus l'un et l'autre égaux à l'unité ; 3.° c ne peut être plus grand que le plus grand des nombres choisis ; 4.° on aura à faire des remarques analogues si le nombre des lettres est plus considérable ; 5.° enfin on voit, par ce qui suit, que les multiples de 3 convenables se succèdent de 12 en 12, à partir du premier multiple dont on peut faire usage.

On ne peut avoir de multiples de 3 que par $\frac{3}{52}$, $\frac{9}{46}$, $\frac{15}{40}$, $\frac{21}{34}$, $\frac{27}{28}$, $\frac{33}{22}$, $\frac{39}{16}$, $\frac{45}{10}$, $\frac{51}{4}$. Les nombres inférieurs sont les complémens à 55 des multiples de 3, ou bien les valeurs de c quadruplées; mais 46, 34, 22 et 10 ne se divisent pas par 4, et par conséquent ne peuvent représenter $4c$. Il ne reste que les combinaisons $\frac{3}{52}$, $\frac{15}{40}$, $\frac{27}{28}$, $\frac{39}{16}$, $\frac{51}{4}$. On les obtient en ajoutant 12 au numérateur précédent, et en soustrayant 12 du dénominateur aussi précédent. Il suffit donc des deux premières combinaisons pour obtenir les autres, ce qui abrège beaucoup les recherches.

Il faut d'abord rejeter 3: car on ne peut avoir $3(a+b)=3$.

Soit donc $3(a+b)=15$, et par conséquent $a+b=5$: il viendra $4c=40$, et $c=10$. On peut faire 5 par $1+4$ et $2+3$.

Soient choisis 1 et 4 pour les angles, et soit mis 10 dans une des cases intermédiaires de la 1.re horizontale. Puisque $a+b+c=15$, il faut encore 11 à la 6.e verticale, où se trouve 4 à l'angle; or 11 peut se faire par 2, 9...3, 8...5, 6. On ne peut se servir de 1, 10, ni de 4, 7, puisque 1 et 4 sont déjà employés. Maintenant soient choisis 2, 9: il faut à la 1.re verticale encore 14, et il reste 3, 5, 6, 7, 8; or il ne peut s'obtenir que par 6, 8. Il reste en définitif $3, 5, 7=15$ pour la dernière horizontale. On agirait de même en prenant pour les mêmes angles, et successivement, 3, 8 et 5, 6 à la 6.e verticale. On mettrait ensuite d'autres nombres aux angles, et l'on obtiendrait de nouvelles combinaisons. On n'aurait pas de peine à les trouver toutes dans les suppositions dont il s'agit. Ici on verra (*figure 91, planche XVI*).

Si l'on distribue les 16 nombres du milieu par la méthode expéditive, on aura le carré (*fig.* 92, *planche* XVI).

Soit le carré de 8 à construire, avec 2 bordures, d'après la méthode de d'Ons en Bray ; que l'on commence par la bordure extérieure, et que l'on choisisse les 14 premiers petits nombres, dont la somme est 105 : il faudra donc partager 105 en deux parties, dont l'une soit divisible par 3, et la seconde par 4 : car on aura $3(a+b)+4(c+d)$ pour la somme des 14 petits nombres $=105$. Or, puisqu'on ne peut prendre de multiples pairs de 3, et que $a+b$ est au moins $=3$, le plus petit multiple sera 9 ; et si l'on n'a égard qu'aux nombres divisibles par 4, et qui répondent aux multiples de 3, on verra, ainsi qu'on l'a déjà fait observer, que ces multiples procèdent de 12 en 12 : ainsi il viendra $\frac{9}{96}$, $\frac{21}{84}$, $\frac{33}{72}$, $\frac{45}{60}$, $\frac{57}{48}$, $\frac{69}{36}$, $\frac{81}{24}$, $\frac{93}{12}$. Soit choisi $\frac{45}{60}$: il viendra $a+b=15\ldots c+d=15 : a+b+c+d=30$. On peut prendre $a=1$, $b=14\ldots\ldots a=2$, $b=13\ldots\ldots a=3$, $b=12\ldots\ldots a=4$, $b=11\ldots a=5$, $b=10\ldots a=6$, $b=9\ldots\ldots a=7$, $b=8$: il est clair qu'il est inutile d'aller plus loin : car a deviendrait b, et réciproquement. Qu'on choisisse $a=6$, $b=9$: on pourra avoir $c=1$, $d=14\ldots c=2$, $d=13\ldots c=3$, $d=12\ldots c=4$, $d=11\ldots c=5$, $d=10\ldots c=7$, $d=8$. Qu'on prenne $c=2$, $d=13$: il restera 1, 3, 4, 5, 7, 8, 10, 11, 12, 14.

Dans la 1.re verticale, qui a déjà 6 à l'angle, il faut encore 24 pour faire 30 : donc 24 doit se composer avec trois des nombres restans, ce qui peut s'effectuer par 14, 7, 3…12, 11, 1…12, 8, 4…12, 7, 5…11, 10, 3…. 11, 8, 5. Qu'on choisisse 12, 8, 4 : il restera 1, 3, 5, 7, 10, 11, 14 ; dans la dernière verticale il faut encore, puisque $b=9$, faire 21 avec trois de ces derniers nombres restans, ce qui peut se faire par 11, 7, 3. Il restera 1, 5, 10, 14 $=30$ pour la dernière horizontale. Les complémens achèvent la bordure, que l'on voit (*figure* 93, *planche* XVI).

Passant à la 2.e bordure, si l'on voulait prendre les 10 nombres suivant les 14 plus petits, il suffirait de substituer à la bordure de 6 ces 10 nombres, à commencer par 15, ou, ce qui revient au même, d'ajouter 14 à tous les petits nombres de la bordure de 6 précédemment donnée, et de mettre dans les cases opposées leurs complémens à 65, et mieux d'ajouter 14 à ces complémens, ce qui se réduit à ajouter 14 à tous les nombres de la bordure de 6. On verra (*figure* 94, *planche* XVI) le carré fait d'après ces données. Le carré central, avec les 16 nombres du milieu, a été construit par la méthode expéditive.

Il faut avoir soin de ne jamais mettre deux petits nombres aux cases opposées : car, quoique les lignes de bordure soient magiques, le carré total ne le serait pas.

Avant d'aller plus loin, il est bon de faire remarquer que la méthode que l'on vient de donner ne peut s'appliquer aux racines impaires.

Soit m le nombre qui représente ce qu'il faut de petits nombres à chaque ligne de bordure : on aura pour les deux horizontales $2m$; quant aux deux verticales, puisque les angles sont déjà comptés, chacune aura $m-1$, et pour les deux, $2m-2$: donc $4m-2$ représente ce qu'il y aura de petits nombres aux 4 lignes de bordure. Soit n le nombre de cases de la bordure totale : on aura $\frac{n}{2}$ pour les petits nombres, puisqu'il y a la moitié des cases qui les contiendront. Ainsi $4m-2=\frac{n}{2}$: or $4m=\frac{n+4}{2}$, et $m=\frac{n+4}{8}$; $\frac{n+4}{8}$ m est entier : donc $\frac{4i-4}{8}$ serait aussi entier; mais, puisque la racine est impaire, une ligne de bordure contient un nombre impair de cases. Soit i ce nombre impair : on aura $2i$ pour les deux horizontales; les verticales auront chacune $i-2$, et par conséquent $2i-4$ pour les deux. En tout, le nombre de cases sera $4i-4$. Substituant ce nombre au lieu de n, il viendra $m=\frac{4i-4+4}{8}=\frac{4i}{8}=\frac{i}{2}$; or m est un entier, et $\frac{i}{2}$ est une fraction : donc on ne peut mettre en usage la méthode de d'Ons en Bray pour les racines impaires; mais elle s'applique à tous les pairs.

Soit la racine 10 à 3 bordures : on aura $3(a+b)+4(c+d+e)=171=$ la somme des 18 premiers petits nombres. Mais $171-9=162$ ne se divise pas par 4. Ainsi le premier multiple de 3 convenable sera 15, puisque $171-15=156$ est divisible par 4; ensuite de 12 en 12, en diminuant ou augmentant le dénominateur et le numérateur de la fraction précédente. On aura donc $\frac{15}{156}$, $\frac{27}{144}$, $\frac{39}{132}$, et il viendra, pour les valeurs de $a+b$, 5, 9, 13, etc., de 4 en 4; et pour celles correspondantes de $c+d+e$, 39, 36, 33, etc., de 3 en 3. On ne pourra, pour $a+b$, excéder 33 : car la valeur suivante serait 37, et 37 est plus grand que $17+18$, qui sont les deux plus grands petits nombres. Il y aura donc 8 manières d'obtenir $a+b$. Que l'on ait choisi $a+b=13$: on aura pour correspondant $c+d+e=33$, et $a+b+c+d+e=46$: ainsi chaque ligne de bordure doit contenir 46 en petits nombres. On peut faire 13 de 6 manières : par 1, 12...2, 11...3, 10...4, 9...5, 8... 6, 7. Soient choisis $a=6$, $b=7$. Il restera les nombres 1, 2, 3, 4, 5, 8, 9, 10, 11, 12, 13, 14, 15, 16, 17, 18, avec trois desquels il faut faire 33, ce qui peut avoir lieu par 18, 14, 1....

18, 13, 2...18, 12, 3...18, 11, 4...18, 10, 5...17, 15, 1...
17, 14, 2... 17, 13, 3... 17, 12, 4... 17, 11, 5...
16, 15, 2...16, 14, 3...16, 13, 4...16, 12, 5...16, 9, 8...
15, 14, 4...15, 13, 5...15, 10, 8...14, 11, 8...14, 10, 9...
13, 12, 8... 13, 11, 9... 12, 11, 10, ou de 23 manières.
Qu'on choisisse 18, 12, 3 : on aura la 1.re horizontale, et
il restera 1, 2, 4, 5, 8, 9, 10, 11, 13, 14, 15, 16, 17, avec
lesquels on doit composer les trois autres lignes. Passant
à la 1.re verticale, qui a déjà 6 à l'angle, il lui faut encore 40 pour valeur de $c+d+e+b$. Or on peut faire 40
avec quatre des nombres ci-dessus par 17, 16, 5, 2....
17, 14, 8, 1...17, 14, 5, 4...17, 13, 8, 2...17, 13, 9, 1...
17, 10, 11, 2...17, 8, 11, 4...17, 10, 9, 4...17, 10, 8, 5...
16, 15, 8, 1...16, 15, 4, 5... 16, 14, 9, 1... 16, 14, 8, 2...
16, 13, 10, 1...16, 13, 9, 2... 16, 11, 9, 4...16, 11, 8, 5...
16, 10, 9, 5...15, 14, 10, 1...15, 14, 9, 2...15, 13, 11, 1...
15, 13, 10, 2...15, 13, 8, 4...15, 11, 10, 4...15, 11, 9, 5...
14, 13, 11, 2...14, 13, 9, 4...14, 13, 8, 5....
14, 11, 10, 5...13, 10, 9, 8, ou de 30 manières. Si l'on prend
2, 5, 16, 17, il restera 1, 4, 8, 9, 10, 11, 13, 14, 15. La
dernière verticale ayant déjà 7, il faut encore 39, qu'on
peut faire, avec les nombres restans, par 15, 14, 9, 1...
15, 13, 10, 1...15, 11, 9, 4, 14, 13, 8, 4...14, 13, 11, 1. Soit
pris 1, 9, 14, 15 : reste 4, 8, 10, 11, 13=46 pour la dernière
horizontale. La bordure extérieure faite, si l'on ajoute 18
aux nombres de la bordure de 8, et 32 à celle de 6, on
aura obtenu rapidement les 3 bordures. Voir (*planche*
XVII, figure 95).

Pour la bordure de 14 on aura 26 petits nombres à
employer; leur somme est 351; chaque ligne aura 7 de

ces petits nombres : donc $3(a+b)+4(c+d+e+f+g)$ $=351$. La plus petite fraction sera $\frac{15}{330}$, puisque $351-9=$ 342 n'est pas divisible par 4. Il viendra pour les valeurs de $a+b$ les numérateurs 5, 9, 13, etc., de 4 en 4, et pour $c+d+e+f+g$, les dénominateurs 84, 81, 78, de 3 en 3: on aura donc 12 séries, puisque $a+b$ ne peut surpasser $26+25=51$. La dernière sera donc $\frac{49}{51}$.

On trouve toujours facilement le terme où l'on doit s'arrêter, puisqu'on connaît la différence constante 4, et le premier terme : car soit ω le plus grand des petits nombres, a le premier terme, et x le nombre de fois qu'on peut ajouter la différence 4: on aura $4x + a \leqq \omega + \omega$ —1, c'est-à-dire, le nombre déterminé comme le premier convenable à la valeur de $a + b$, et x fois la différence constante 4, doivent être plus petits que les deux plus grands des petits, ou au plus les égaler. Ainsi $4x \leqq 2\omega$ —a—1 $\leqq 2\omega-(a+1)$, et $x \leqq \frac{2\omega-(a+1)}{4}$. Ici $\omega=26$... $a=5$: donc $x \leqq \frac{46}{4} < \frac{23}{2} < 12$: donc x ne peut surpasser 11 : ainsi il y aura 12 nombres pour $a+b$, et le dernier sera $4\cdot 11 + 5 = 49$, comme on l'a trouvé.

Soit choisie la combinaison $\frac{33}{63} = \frac{4\cdot 7 + 5}{84 - 3\cdot 7}$: alors $a+b=33$, et $c+d+e+f+g=63$; la somme $=96$. Il ne faut pas prendre pour a ou b un nombre $>$ que ω: ainsi on ne pourrait faire $a=6$, $b=27$: car 27 est >26; ainsi la plus petite valeur de a sera 7, et la plus grande de $b=26$, ce qui est possible. La plus grande de a sera $=16$, à laquelle répond $b=17$: d'où il suit qu'il y a dix manières de faire 33 avec deux nombres.

Soit pris $a=10$, $b=23$, ce qui exige encore 63, qu'on peut faire par 2, 4, 6, 25, 26, pour la 1.re horizontale et entre les angles; il faut encore 86 en 1.re verticale, et il faut 6 nombres pour les composer. Soient ces 6 nombres 3, 7, 9, 21, 22, 24. Il faut encore 6 nombres pour la 2.e verticale; et, comme elle a déjà 23, il lui manque 73, qu'on peut faire par 1, 5, 12, 16, 19, 20. Il ne reste que 8, 11, 13, 14, 15, 17, 18$=96$ pour la dernière horizontale.

La totalité des petits nombres à employer est $2\,(r-1)$, r étant la racine d'un carré. Ici $r=14$: donc $2\,(r-1)=26$. La 2.e bordure aurait pour racine 12, et par conséquent 22 petits nombres seraient nécessaires. Il est clair qu'on aura pour chaque ligne $\frac{r}{2}$. Ici $\frac{r}{2}=\frac{14}{2}=7$. Si l'on fait d'abord la 1.re horizontale, il faudra $\frac{r-2}{2}$ pour la quantité des petits nombres entre les angles, $\frac{r-2}{2}$ pour chaque verticale, angle non compris, $\frac{r}{2}$ à la dernière horizontale.

Examinant encore la bordure pour 12, on aura pour dernier terme $\omega=2\,(r-1)=22$. Or $(22+1)\,11=253$ pour la somme de tous les petits nombres; il en faudra $\frac{r}{2}=6$ pour chaque ligne : donc $3\,(a+b)+4\,(c+d+e+f)=253$. Si $a+b=3$, on aura $3\,(a+b)=9$, et $253-9=244$, divisible par 4. Ainsi 3 est la plus petite valeur de $a+b$, et il viendra $c+d+e+f=\frac{244}{4}=61$; et puisque x est $=\,<\frac{2\omega-(a+1)}{4}$, et que $a=3$, on aura $2\omega-(a+1)=40$, et $x=10$: donc il y aura 11 séries, dont la première est $\frac{3}{61}$. Elles sont donc $\frac{3}{61}$, $\frac{7}{58}$, $\frac{11}{55}$, $\frac{15}{52}$, $\frac{19}{49}$, $\frac{23}{46}$, $\frac{27}{43}$, $\frac{31}{40}$, $\frac{35}{37}$, $\frac{39}{34}$, $\frac{43}{31}$. La dernière se trouve aisément; la valeur du numérateur est $4\cdot10+3=43$; celle du dénominateur est $61-3\cdot10=31$. Si l'on choisissait $\frac{27}{43}$, il est clair que a ne pourrait être <5 : car s'il était seulement 4, on aurait $h=23$, et le plus grand des petits nombres est 22. D'un autre côté, a ne sera pas plus grand que la petite moitié de 27, nombre impair : donc

500

il ne passera pas 13; il n'y aura par conséquent pas plus de neuf manières de faire 27. Lorsqu'on dit que a ne surpasse pas 13, on entend que s'il est plus grand, alors b décroît pour prendre les valeurs de a, et l'on retombe sur les précédentes combinaisons; et, comme on a supposé que le plus petit des deux nombres était à l'angle gauche de la 1.re horizontale, ce serait b qui serait à cet angle, ce qui n'apporte pas de nouvelles combinaisons.

Si la bordure de 12 était renfermée dans celle de 14, il y aurait à ajouter 26 à tous les petits nombres de cette bordure de 12, en supposant que l'on prenne les 22 petits nombres venant après les 26 premiers. Les complémens seraient à $197 = 14^2 + 1$, ou bien il faudrait retrancher 26 de ceux de ces 22 nombres.

On va, pour ce carré de 12, rechercher les combinaisons qui résultent d'un des cas de la méthode de d'Ons en Bray.

Soient supposés $a = 1$ et $b = 2$ aux angles : puisqu'il faut encore 61, on peut faire ce dernier nombre de 109 manières, savoir :

22	21	15	3	22	20	13	6	22	19	12	8
		14	4			12	7			11	9
		13	5			11	8	22	18	17	4
		12	6			10	9			16	5
		11	7	22	19	17	3			15	6
		10	8			16	4			14	7
22	20	16	3			15	5			13	8
		15	4			14	6			12	9
		14	5			13	7			11	10

22	17	16	6
		15	7
		14	8
		13	9
		12	10
22	16	15	8
		14	9
		13	10
		12	11
22	15	14	10
		13	11
22	14	13	12
21	20	17	3
		16	4
		15	5
		14	6
		13	7
		12	8
		11	9
21	19	18	3
		17	4
		16	5
		15	6
		14	7
		13	8
		12	9
		11	10
21	18	17	5

21	18	16	6
		15	7
		14	8
		13	9
		12	10
21	17	16	7
		15	8
		14	9
		13	10
		12	11
21	16	15	9
		14	10
		13	11
21	15	14	11
		13	12
20	19	18	4
		17	5
		16	6
		15	7
		14	8
		13	9
		12	10
20	18	17	6
		16	7
		15	8
		14	9
		13	10
		12	11

20	17	16	8
		15	9
		14	10
		13	11
20	16	15	10
		14	11
		13	12
20	15	14	12
19	18	17	7
		16	8
		15	9
		14	10
		13	11
19	17	16	9
		15	10
		14	11
		13	12
19	16	15	11
		14	12
19	15	14	13
18	17	16	10
		15	11
		14	12
18	16	15	12
		14	13
17	16	15	13

Soit choisie la 1.ʳᵉ combinaison 3, 15, 21, 22. Il reste

les nombres 4, 5, 6, 7, 8, 9, 10, 11, 12, 13, 14, 16, 17, 18, 19, 20, avec lesquels il faut faire 63 pour la 1.re verticale, et avec 5 nombres; ce que l'on peut obtenir de 162 façons, savoir :

20	19	14	6	4
		13	6	5
		13	7	4
		12	8	4
		12	7	5
		11	9	4
		11	8	5
		11	6	7
		10	9	5
		10	8	6
		9	8	7
20	18	16	5	4
		14	7	4
		14	6	5
		13	8	4
		13	7	5
		12	9	4
		12	8	5
		12	7	6
		11	10	4
		11	9	5
		11	8	6
		10	9	6
		10	8	7
20	17	16	6	4

20	17	14	8	4
		14	7	5
		13	9	4
		13	8	5
		13	7	6
		12	10	4
		12	9	5
		12	8	6
		11	10	5
		11	9	6
		11	8	7
		10	9	7
20	16	14	9	4
		14	8	5
		14	7	6
		13	10	4
		13	9	5
		13	8	6
		12	11	4
		12	10	5
		12	9	6
		12	8	7
		11	10	6
		11	9	7
		10	9	8

20	14	13	12	4
		13	11	5
		13	10	6
		13	9	7
		12	11	6
		12	10	7
		12	9	8
		11	10	8
20	13	12	11	7
		12	10	8
		11	10	9
19	18	17	5	4
		16	6	4
		14	8	4
		14	7	5
		13	9	4
		13	8	5
		13	7	6
		12	10	4
		12	9	5
		12	8	6
		11	10	5
		11	9	6
		11	8	7
		10	9	7

19	17	16	7	4
		16	6	5
		14	9	4
		14	8	5
		14	7	6
		13	10	4
		13	9	5
		13	8	6
		12	11	4
		12	10	5
		12	9	6
		12	8	7
		11	10	6
		11	9	7
		10	9	8
19	16	14	10	4
		14	9	5
		14	8	6
		13	11	4
		13	10	5
		13	9	6
		13	8	7
		12	11	5
		12	10	6
		12	9	7
		11	10	7
		11	9	8
19	14	13	12	5
		13	11	6

19	14	13	10	7
		13	9	8
		12	11	7
		12	10	8
		11	10	9
19	13	12	11	8
		12	10	9
18	17	16	8	4
		16	7	5
		14	10	4
		14	9	5
		14	8	6
		13	11	4
		13	10	5
		13	9	6
		13	8	7
		12	11	5
		12	10	6
		12	9	7
		11	10	7
		11	9	8
18	16	14	11	4
		14	10	5
		14	9	6
		14	8	7
		13	12	4
		13	11	5
		13	10	6
		13	9	7

18	16	12	11	6
		12	10	7
		12	9	8
		11	10	8
18	14	13	12	6
		13	11	7
		13	10	8
		12	11	8
		12	10	9
18	13	12	11	9
17	16	14	12	4
		14	11	5
		14	10	6
		14	9	7
		13	12	5
		13	11	6
		13	10	7
		13	9	8
		12	11	7
		12	10	8
		11	10	9
17	14	13	12	7
		13	11	8
		13	10	9
		12	11	9
17	13	12	11	10
16	14	13	12	8
		13	11	9
		12	11	10

Que l'on prenne la 1.re combinaison 4, 6, 14, 19, 20 : il reste les nombres 5, 7, 8, 9, 10, 11, 12, 13, 16, 17, 18, avec lesquels il faut faire 62 à la dernière verticale, ce qui peut s'effectuer de 20 manières, savoir :

```
18 17 13  9  5     18 16 12 11  5     17 16 13  9  7
      12 10  5           12  9  7           12 10  7
      12  8  7           11 10  7           12  9  8
      11  9  7           11  9  8           11 10  8
      10  9  8     18 13 12 11  8     17 13 12 11  9
18 16 13 10  5           12 10  9     16 13 12 11 10
      13  8  7     17 16 13 11  5
```

Prenant la 1.re de ces combinaisons, il reste 7, 8, 10, 11, 12, 16 = 64, pour la dernière horizontale.

Maintenant les 4 nombres de la 1.re horizontale, entre les angles, peuvent se combiner, dans les 10 cases, de $10 \cdot 9 \cdot 8 \cdot 7 = 5040$ manières : car ces combinaisons rentrent dans le cas où il s'agit de combiner 10 lettres 4 à 4 ; et la formule est $m\,(m-1)\,(m-2) \ldots [m-(n-1)]$, lorsque m représente le nombre des lettres, et n le nombre de lettres de chaque combinaison. Ici $m = 10 \ldots n = 4$: donc $10 \cdot 9 \ldots 10 - 3 = 10 \cdot 9 \cdot 8 \cdot 7$.

Quant à la dernière horizontale, la place des 6 petits nombres est fixe, et il ne faut considérer que les combinaisons de 6 lettres 6 à 6, ce qui donne $1 \cdot 2 \cdot 3 \cdot 4 \cdot 5 \cdot 6 = 720$. La 1.re verticale a 5 nombres à placer dans les 10 cases entre les angles. On aura donc $10 \cdot 9 \cdot 8 \cdot 7 \cdot 6 = 30240$ dans la 2.e verticale. Il reste 5 nombres à combiner 5 à 5, ce qui donne $1 \cdot 2 \cdot 3 \cdot 4 \cdot 5 = 120$: on aura donc, pour le cas particulier, $5040 \cdot 720 \cdot 30240 \cdot 120$. En faisant abstraction des 8 positions dont chaque cas est susceptible, et dont on est obligé de faire état lorsque la bordure est comprise dans une autre, etc., le produit ci-dessus donne 13,168,189,440,000. Maintenant, puisqu'on a 109 manières de remplir la 1.re horizontale pour les deux angles choisis, et qu'il y a 11 manières de composer ces angles, puisque, de plus, il y a 162 façons de faire la première verticale, et 20 manières de composer la deuxième, on aura $109 \cdot 11 \cdot 20 \cdot 162 = 3,884,760$, pour le facteur qui doit multiplier 13,168,189,440,000. On suppose, il est vrai, que, pour chaque combinaison de la première horizontale, les angles étant fixes, on aura le même nombre de combinaisons que pour celle qui a été choisie. Cette supposition est hasardée : car ce nombre peut être plus grand ou plus petit, mais il ne s'éloignera pas beaucoup de la réalité. Ce serait un travail considérable que de faire cette recherche : il suffisait d'indiquer le moyen d'y parvenir. On voit, par exemple, qu'en prenant la 2.e combinaison de la 1.re verticale, qui est 5, 6, 13, 19, 20, il reste 4, 7, 8, 9, 10, 11, 12, 14, 16, 17, 18, avec lesquels on peut faire encore 62 de 20 façons, comme pour la 1.re combinaison. L'on a en effet :

18	17	16	7	4	18	16	12	9	7	18	14	11	10	9
		14	9	4			11	10	7	17	16	14	11	4
		12	11	4			11	9	8			14	8	7
		12	8	7	17	14	12	11	8			12	10	7
		11	9	7			12	10	9			12	9	8
		10	9	8	18	14	12	11	7			11	10	8
18	16	14	10	4			12	10	8					

Resterait à voir si pour toute autre première verticale on aurait toujours 20 combinaisons pour la seconde; ensuite si pour une autre horizontale première on aurait le même nombre de premières verticales, et enfin si pour les autres angles il viendrait le même nombre d'horizontales.

Le but est moins ici d'avoir le nombre exact de combinaisons que de faire voir la prodigieuse quantité de ces combinaisons, et pour un cas extrêmement circonscrit.

S'il est, en général, nécessaire, pour la méthode de d'Ons en Bray, que les nombres se suivent, il n'est pas indispensable que la bordure extérieure comprenne les premiers nombres, et les bordures intérieures les suivans par ordre. On peut donc intervertir cet ordre. Qu'on suppose, pour le carré de 14, par exemple, que la bordure de 8 se compose avec les 14 plus petits nombres : celle de 12, avec les 22 suivans; le carré central, avec les 8 qui viennent après; la bordure de 14, avec les 26 nombres en suivant; celle de 6, avec les 10; celle de 10, avec les 18, toujours par ordre. Chaque couple vaut 197, puisque le carré de 14 est 196. En conséquence le plus petit nombre de la bordure extérieure sera $14 + 22 + 8 + 1 = 45$. Il faudra donc ajouter 44 à tous les petits nombres de la bordure de 14, ci-dessus donnée. On ajoutera 14 à ceux de la bordure de 12; 80 aux nombres de la bordure de 10; celle de 8 retient les premiers petits nombres; celle de 6 aura ses petits nombres augmentés de 70. C'est d'après ces bases, et les bordures données de 6, 8, 10, 12 et 14, qu'a été fait le carré (*figure* 96, *planche* XVII).

On peut obtenir un nombre bien plus considérable de combinaisons si l'on ne veut pas s'astreindre à prendre des petits nombres de suite. Soit, par exemple, pour la bordure de 6, fait le choix des 6 plus petits et des 4 derniers. On aura 1, 2, 3, 4, 5, 6... 15, 16, 17, 18; la somme est 87. On aura donc $3(a+b)+4c=87$; mais on ne pourrait prendre $a+b$ parmi les grands : car les plus petits sont 15 et $16=31$, et $3 \cdot 31 = 93 > 87$. Il faut donc que $3(a+b)$ soit partie des 6 plus petits; et, comme $a+b$ ne peut être < 3, la plus petite valeur serait $a+b=3$; ainsi on aurait $3(a+b)=9$, et $87-9=78$; mais 78 ne se divise pas par 4. D'une autre part $a+b$ ne peut être pair, puisque $3(a+b)$ serait aussi pair, et que, retranché de 87, il resterait impair non divisible par 4. Soit donc $a+b=5$. Il vient $87-15=72$, et $c=18$. Ainsi $18+5 = 23$ sera la somme des petits nombres de chaque ligne. Actuellement, connaissant la plus petite valeur de $a+b$, les autres s'obtiennent en ajoutant 4 à la précédente, et l'on aura $\frac{4}{18}$, $\frac{9}{18}$. On ne peut avoir pour $(a+b)$ d'autres valeurs que 5 et 9 : car 13 ne pourrait se faire avec deux des plus petits nombres, puisque $5+6=11$, qui est la plus grande somme. On peut obtenir 5 par $2+3$ et par $1+4$. Si l'on met aux angles $2+3$, on aura pour la première verticale $23-2=21$, qu'il faut faire avec un des plus petits et l'un des 4 plus grands, comme 4 et 17. De même, $23-3=20$ se construira par 5 et 15. Il reste 1, 6, $16=23$ pour la dernière horizontale : il n'est pas difficile de voir si une supposition renferme quelque contradiction.

Il n'est pas même nécessaire que les deux suites de nombres soient composées de petits nombres par ordre. Ainsi, pour le carré de 8, soient choisis 3, 4, 7, 8, 9, 10,

25, 26, 27, 28, 29, 30, 31, 32, en réservant 1, 2, 5, 6 pour faire partie de la bordure de 6. La somme des nombres choisis est 269. Soit $a + b = 7$; et il ne peut être plus petit, puisque $3 + 4$ sont les deux plus petits nombres de la bordure de 8. On aura $3 \cdot 7 = 21$, et $269 - 21 = 248$, dont le quart est 62, qu'on peut faire par $30 + 32$: on aura donc $7 + 62 = 69$ pour valeur de chaque ligne. La première verticale doit avoir encore $69 - 3 = 66$, qui peut s'obtenir par $7 + 28 + 31$; la seconde verticale, à laquelle il faut $69 - 4 = 65$, peut se former par $9 + 27 + 29$: il restera 8, 10, 25, 26, dont la somme est 69, comme cela doit être, pour la dernière horizontale.

Passant à la bordure de 6, on a déjà 1, 2, 5, 6. Que l'on prenne encore 15, 16, 17, 18, 19, 20 pour les six autres petits : la somme est 119. Que l'on choisisse pour les angles $15 + 18 = 33$; il viendra $3 \cdot 33 = 99$, et $119 - 99 = 20$, dont le quart est 5, qui est l'un des quatre plus petits, et convient : donc $5 + 33 = 38$ est la valeur des petits nombres de chaque ligne. Maintenant, $38 - 15 = 23$, valeur des 2 petits à ajouter à l'angle de la $1.^{\text{re}}$ verticale. On peut faire 23 par $6 + 17$; ensuite $38 - 18 = 20$, qu'on peut effectuer par $1 + 19$ pour la $2.^{\text{e}}$ verticale; il reste 2, 20, 16 qui donnent 38 pour valeur des 3 petits nombres de la dernière horizontale. Le carré de 4 se fait par les deux séries 11, 12, 13, 14..... 21, 22, 23, 24 et complémens.

Cet exemple montre qu'on peut donner de l'extension à la méthode de d'Ons en Bray; mais elle suppose toujours que le carré central est 4 ou un multiple de 4, et que la somme des petits nombres est la même pour chaque ligne. Il n'y a que les différences qui pourraient donner toutes les combinaisons, d'autant mieux que les progressions pour le carré central peuvent varier à fantaisie. Comme on s'est assez étendu dans la première partie, sur la manière d'obtenir les différences pour les bordures, on ne donnera que peu d'exemples pour les bordures paires.

On a dit que la méthode de d'Ons en Bray supposait le carré central de 4 ou son multiple; mais il faut entendre le carré à toutes bordures, sauf ce carré central de 4 ou son multiple : car on pourrait très-bien ne prendre qu'une, deux, etc., bordures, et le carré central aurait sa racine divisible seulement par 2. Ainsi pour 8 de racine on aurait le carré central de 6, si l'on ne veut qu'une bordure, et la méthode est applicable.

<h2 style="text-align:center">§ 2.</h2>

<h3 style="text-align:center">BORDURES PAR LES DIFFÉRENCES.</h3>

Puisque chaque terme d'une progression vaut, l'un dans l'autre, un demi-couple, et qu'un couple est un nombre impair lorsque la racine est paire, il suit que le demi-couple est composé d'un entier et de la fraction $\frac{1}{2}$.

Il est clair qu'on suppose une progression composée de nombres alternativement pairs et impairs : car s'ils étaient tous pairs ou impairs, chaque couple serait pair, et par conséquent chaque terme vaudrait un entier; mais dans ce qui suit on suppose la progression naturelle commençant par l'unité, puisqu'on peut y rapporter toutes les autres.

On a déjà dit qu'il était plus facile de composer les bordures qui avaient un grand nombre de termes que celles qui en exigent moins : c'est pourquoi il est bon de commenoer par ces dernières lorsqu'on peut choisir sur tous les termes. Par exemple, qu'il faille faire la bordure de 6 au carré de 4, et que l'opération se termine là ; cette bordure, contenant moins de combinaisons, s'obtiendra moins facilement que si l'on avait à la construire avec celle de 8, ou de 8 et 10, etc. : car dans ce dernier cas on peut choisir sur tous les nombres réservés, après la formation préalable du carré de 4.

ARTICLE PREMIER.

BORDURE DE 6.

Qu'on ait choisi pour le carré central les progressions 1·3·5·7..... 10·12·14·16 et complémens : il restera 2, 4, 6, 8, 9, 11, 13, 15, 17, 18. Chaque couple vaut $36 + 1 = 37$; chaque terme, $\frac{37}{2} = 18,5$. Soit le tableau des différences en plus et en moins, des nombres ci-dessus :

$$2 + 16,5 - 35 \qquad 11 + 7,5 - 26$$
$$4 + 14,5 - 33 \qquad 13 + 5,5 - 24$$
$$6 + 12,5 - 31 \qquad 15 + 3,5 - 22$$
$$8 + 10,5 - 29 \qquad 17 + 1,5 - 20$$
$$9 + 9,5 - 28 \qquad 18 + 0,5 - 19$$

On peut faire l'horizontale par

$$16,5 + 14,5 - 12,5 - 10,5 - 7,5 - 0,5 = 0$$

La première verticale peut être

$$16,5 - 14,5 - 9,5 + 5,5 + 3,5 - 1,5 = 0$$

Il faut toujours, comme on l'a fait observer, qu'il y ait deux différences communes, dont une avec changement de signe. Celle qui conserve le sien est à l'angle commun

des deux lignes, et celle dont le signe est changé se place
à l'autre angle de l'horizontale, et le complément, indiqué par le changement de signe, à l'angle inférieur de la
verticale. Ces deux lignes une fois formées, les complémens achèvent la bordure. Si l'on substitue les nombres
aux différences, ayant égard aux signes, on aura le carré
(*figure* 97, *planche* XVII).

ARTICLE II.

CARRÉ DE 10 A 3 BORDURES.

Soit supposé le carré central formé par les progressions
5·9·13·17... 19·23·27·31, et complémens à 101. Chaque terme vaut 50,5. Soit composée la bordure de 6 par
les différences : les suivantes, 19,5; 23,5; 27,5; 31,5; 33,5;
37,5; 41,5; 45,5, étant celles des nombres du carré central, ne seront pas employées.

$$-46,5-47,5-44,5+49,5+48,5+40,5\ldots \text{horizontale.}$$
$$-46,5+47,5+36,5+34,5-39,5-32,5\ldots \text{verticale.}$$

Il y a une foule d'autres manières de former ces différences égales à 0, parce que l'on choisit sur un grand
nombre. Substituant les nombres aux différences, il viendra

$$97\ \ 98\ \ 95\ \ \ 1\ \ \ 2\ \ 10\ \ \text{horizontale.}$$
$$97\ \ \ \ 3\ \ 14\ \ 16\ \ 90\ \ 83\ \ \text{verticale.}$$

97 est l'angle commun; 98 est l'autre angle de l'horizontale; son complément 3 est l'autre angle de la verti-
ticale. Le complément 4 de 97 serait au 4.ᵉ angle.

Il est devenu inutile de former le tableau entier des
différences et des nombres correspondans. On peut en-

coré s'en dispenser pour la bordure de 8, qui serait à volonté,

$$43,5 + 42,5 + 38,5 - 35,5 - 30,5 - 29,5 - \left.\begin{matrix} \\ \end{matrix}\right\} \text{ horizontale.}$$
$$17,5 - 11,5\ldots\ldots\ldots\ldots\ldots\ldots$$

$$43,5 - 42,5 + 28,5 + 26,5 - 25,5 - 24,5 - \left.\begin{matrix} \\ \end{matrix}\right\} \text{ verticale.}$$
$$22,5 + 16,5\ldots\ldots\ldots\ldots\ldots\ldots$$

Les nombres correspondans sont

    7   8 12 86 81 80 68 62... horizontale.

    7 93 22 24 76 75 73 34... verticale.

Les nombres et les différences non employés sont :

$29 + 21,5 - 72$	$42 + 8,5 - 59$
$30 + 20,5 - 71$	$43 + 7,5 - 58$
$32 + 18,5 - 69$	$44 + 6,5 - 57$
$35 + 15,5 - 66$	$45 + 5,5 - 56$
$36 + 14,5 - 65$	$46 + 4,5 - 55$
$37 + 13,5 - 64$	$47 + 3,5 - 54$
$38 + 12,5 - 63$	$48 + 2,5 - 53$
$40 + 10,5 - 61$	$49 + 1,5 - 52$
$41 + \;\,9,5 - 60$	$50 + 0,5 - 51$

Qu'on prenne au hasard, pour l'horizontale de la 3.ᵉ bordure,

$$21,5 + 20,5 + 18,5 - 10,5 - 12,5 - 13,5 - \left.\begin{matrix} \\ \end{matrix}\right\} \text{ horizontale :}$$
$$14,5 - 15,5 + 9,5 - 3,5\ldots\ldots\ldots\ldots$$

on pourra faire la verticale avec les différences

$$21,5 - 20,5 + 8,5 + 6,5 + 2,5 + 0,5 - 7,5 - \left.\begin{matrix} \\ \end{matrix}\right\} \text{ verticale.}$$
$$5,5 - 4,5 - 1,5\ldots\ldots\ldots\ldots\ldots\ldots$$

Les nombres correspondans sont :

    29 30 32 61 63 64 65 66 41 54... horizontale.

    29 71 42 44 48 50 58 56 55 52... verticale.

On voit qu'on est arrivé assez promptement à trouver les 3 bordures; et en même temps on peut se convaincre de l'avantage immense qu'offre ce procédé sur celui de d'Ons en Bray : car il est au moins aussi expéditif, et d'une tout autre étendue.

Il est inutile de s'appesantir davantage sur les bordures séparées. La marche est sûre, commode, sans exception, surtout si l'on agit comme on l'a déjà fait observer, et si l'on conserve les pl us petites différences pour la dernière bordure à construire. On va d'ailleurs en faire des applications plus importantes dans les carrés à compartimens et bordures.

§ 3.

CARRÉS A COMPARTIMENS ET BORDURES.

———

ARTICLE PREMIER.

CARRÉ DE 14.

Quoique 14 de racine ne se divise que par 2, ou soit pairement impair, on ramène facilement, au moyen de bordures, ce carré à ceux dont la racine se divise par 4 : ainsi, faisant une bordure, il reste le carré central de 12, qu'on peut partager en 4 carrés de 36 cases, qui seront égaux en prenant 18 nombres et leurs complémens. Qu'on choisisse donc à fantaisie les progressions :

5· 7· 9... 39, et complémens 158·160... 192 1.re série.
2· 6·10... 70, et complémens 127·131... 195 2.e série.
4· 8·12... 72, et complémens 125·129... 193 3.e série.
43·47·51... 111, et complémens 86· 90... 154 4.e série.

On voit que la 1.re progression n'a pas la même différence que les trois autres. Il reste à former la bordure
générale. Comme on connaît les nombres qui ne doivent
pas en faire partie, et que chaque terme vaut $\frac{197}{2} = 98,5$,
on aura facilement le tableau des différences.

1 + 97,5 — 196	77 + 21,5 — 120
3 + 95,5 — 194	78 + 20,5 — 119
41 + 57,5 — 156	80 + 18,5 — 117
45 + 53,5 — 152	81 + 17,5 — 116
49 + 49,5 — 148	82 + 16,5 — 115
53 + 45,5 — 144	84 + 14,5 — 113
57 + 41,5 — 140	85 + 13,5 — 112
61 + 37,5 — 136	88 + 10,5 — 109
65 + 33,5 — 132	89 + 9,5 — 108
69 + 29,5 — 128	92 + 6,5 — 105
73 + 25,5 — 124	93 + 5,5 — 104
74 + 24,5 — 123	96 + 2,5 — 101
76 + 22,5 — 121	97 + 1,5 — 100

La 1.re horizontale peut se former à volonté, comme

$$\left.\begin{array}{l} 25,5 - 29,5 + 57,5 + 49,5 + 18,5 + 14,5 + \\ 10,5 + 5,5 - 45,5 - 37,5 - 21,5 - 17,5 - \\ 16,5 - 13,5 \dots\dots\dots\dots\dots\dots\dots\dots \end{array}\right\} = 0$$

$$\left.\begin{array}{l} 25,5 + 29,5 + 97,5 - 95,5 - 53,5 + 41,5 - \\ 33,5 + 24,5 - 22,5 + 9,5 - 6,5 + 2,5 + 1,5 \\ - 20,5 \dots\dots\dots\dots\dots\dots\dots\dots \end{array}\right\} = 0 \text{ verticale.}$$

Les nombres correspondans sont

$$\left.\begin{array}{l} 73 \ 41 \ 49 \ 80 \ 84 \ 88 \ 93 \ 144 \ 136 \ 120 \ 116 \\ 115 \ 112 \ 128 \text{ angle} \dots\dots\dots\dots\dots\dots \end{array}\right\} \text{horizontale.}$$

73 1 194 152 57 132 74 121 89 105 96}
97 119,69 angle......................} verticale.

Tous ces nombres, à l'exception des angles 73, 128, 69, peuvent se placer dans les 12 cases de leur ligne, à fantaisie, ce qui donnerait, pour cette seule bordure, d'après le choix arbitraire des différences, et les angles fixes, le carré central à volonté $(1\cdot2\cdot3\ldots12)^2 = (479,001,600)^2$ combinaisons.

Dans les séries réservées pour les carrés partiels de 6, on a choisi, pour le 1.er carré central, les progressions

$$5 \cdot 9 \cdot 13 \cdot 17 \ldots 23 \cdot 27 \cdot 31 \cdot 35$$

Pour le 2.e... $2 \cdot 14 \cdot 26 \cdot 38 \ldots 22 \cdot 34 \cdot 46 \cdot 58$

Pour le 3.e... $4 \cdot 8 \cdot 12 \cdot 16 \ldots 48 \cdot 52 \cdot 56 \cdot 60$

Pour le 4.e... $47 \cdot 55 \cdot 63 \cdot 71 \ldots 83 \cdot 91 \cdot 99 \cdot 107$

Les complémens achèvent les carrés, qui sont arrangés d'après la méthode expéditive. On voit que ces progressions n'ont pas la même différence : celle du 1.er carré est 4; celle du 2.e est 12; le 3.e a la différence 4; et le 4.e la différence 8. La bordure de chacun se compose avec les nombres restans, et choisis pour chaque carré partiel.

Voici ces nombres et les différences pour chaque carré de 6 avec bordure :

1.re SÉRIE.

7 + 91,5 — 190	29 + 69,5 — 168
11 + 87,5 — 186	33 + 65,5 — 164
15 + 83,5 — 182	37 + 61,5 — 160
19 + 79,5 — 178	39 + 59,5 — 158
21 + 77,5 — 176	2.e SÉRIE.
25 + 73,5 — 172	6 + 92,5 — 191
	10 + 88,5 — 187

18 + 80,5 — 179	44 + 54,5 — 153
30 + 68,5 — 167	64 + 34,5 — 133
42 + 56,5 — 155	68 — 30,5 — 129
50 + 48,5 — 147	72 + 26,5 — 125
54 + 44,5 — 143	**4.º série.**
62 + 36,5 — 135	43 + 55,5 — 154
66 + 32,5 — 131	51 + 47,5 — 146
70 + 28,5 — 127	59 + 39,5 — 138
3.º série.	67 + 31,5 — 130
20 + 78,5 — 177	75 + 23,5 — 122
24 + 74,5 — 173	79 + 19,5 — 118
28 + 70,5 — 169	87 + 11,5 — 110
32 + 66,5 — 165	95 + 3,5 — 102
36 + 62,5 — 161	94 + 4,5 — 103
40 + 58,5 — 157	86 + 12,5 — 111

On peut faire chaque bordure comme suit :

HORIZONTALE.	VERTICALE.
1.re série. —91,5—77,5+87,5+79,5+61,5—59,5	—91,5+77,5+83,5—73,5+69,5—65,5
2.e série. —56,5+68,5+92,5+28,5—88,5—44,5	—56,5—68,5+80,5+48,5+32,5—36,5
3.e série. —26,5—78,5—62,5+74,5+58,5+34,5	—26,5+78,5—70,5—66,5+54,5+30,5
4.e série: —19,5—39,5—12,5+55,5+47,5—31,5	—19,5+39,5—23,5+11,5— 4,5— 3,5

Substituant les nombres aux différences, on aura le carré (*figure 99, planche* XVII).

Comme il est moins facile de faire les bordures lorsqu'il y a peu de différences, qu'elles sont grandes, et à des intervalles éloignés, on a choisi à dessein, pour les carrés partiels, et pour la bordure générale, des progressions qui offraient ce genre de difficulté. La méthode n'est pas moins directe, quoiqu'on puisse, dans certains cas, être obligé de changer quelque différence adoptée d'abord; mais on voit bientôt par quelle autre elle doit être remplacée pour avoir 0, qui est la somme de toutes les différences d'une même ligne.

Ainsi, par exemple, que l'on ait choisi pour horizontale de la bordure du 1.er carré partiel ci-dessus les différences $91,5 + 87,5 - 83,5 - 79,5 - 77,5 + 61,5$: il resterait les quatre différences 59,5; 69,5; 65,5; 73,5. Il s'agit de savoir si l'on peut faire la verticale dans cette supposition. C'est un des cas les plus compliqués, puisqu'il y a peu de différences, que ces différences sont grandes, et les intervalles très-inégaux. Il faut alors ajouter, deux à deux, les différences de l'horizontale, en changeant le signe de l'une d'elles, de manière à se contenter d'un résultat positif. Il viendrait $91,5 - 87,5 = 4 \ldots \ldots 91,5 + 83,5 = 175 \ldots \ldots$ $91,5 + 79,5 = 171 \ldots \ldots 91,5 + 77,5 = 169 \ldots \ldots 91,5 - 61,5 = 30 \ldots \ldots 87,5 + 83,5 = 171 \ldots \ldots 87,5 + 79,5 = 167 \ldots \ldots 87,5 + 77,5 = 165 \ldots \ldots 87,5 - 61,5 = 26 \ldots \ldots 83,5 - 79,5 = 4 \ldots \ldots 83,5 - 77,5 = 6 \ldots \ldots 83,5 + 61,5 = 145 \ldots \ldots 79,5 - 77,5 = 2 \ldots \ldots 79,5 + 61,5 = 141 \ldots \ldots 77,5 + 61,5 = 139$.

Il faut voir maintenant si, en ajoutant les différences restantes ou les quatre ensemble, ou trois seulement en soustrayant la 4.e, ou enfin deux en ôtant de leur somme celle des deux autres, il y a quelqu'un de ces résultats qui soit égal à l'un de ceux ci-dessus. Il ne faut s'occuper que de résultats positifs.

Il est d'abord clair qu'on ne peut ajouter les quatre différences, puisque leur somme 268 est plus grande qu'aucun des nombres trouvés ci-dessus.

Ajoutant 3 différences, et soustraction faite de la 4.e, on aura $59,5 + 65,5 + 73,5 - 69,5 = 129$..... $59,5 + 73,5 + 69,5 - 65,5 = 137$...... $59,5 + 69,5 + 65,5 - 73,5 = 121$...... $73,5 + 69,5 + 65,5 - 59,5 = 149$, ce qui ne donne aucun des résultats cherchés.

Si l'on n'ajoute que deux différences, et qu'on soustraie les deux autres, il viendra $73,5 + 65,5 - 59,5 - 69,5 = 10$...... $69,5 + 65,5 - 59,5 - 73,5 = 2$...... $73,5 + 69,5 - 59,5 - 65,5 = 18$. Il n'y a que 2 qui convienne, et la verticale peut et doit être :

$$-77,5 + 79,5 + 59,5 + 73,5 - 69,5 - 65,5.$$

On agira de même dans tous les cas analogues; et cette manière d'opérer, qui est la seule directe, donnera le moyen d'obtenir toutes les combinaisons, lorsqu'on aura choisi arbitrairement une horizontale, pour arriver aux verticales qui y répondent.

L'opération ci-dessus repose sur le seul principe que la somme des différences pour chaque ligne est $= 0$. En ajoutant donc les différences deux à deux de l'horizontale, en changeant le signe de l'une d'elles, on obtient tous les systèmes d'angles de la verticale : il faut donc que les différences restantes donnent une somme laquelle, avec la différence de différence des angles, soit $= 0$.

Au reste ce n'est guère que pour la bordure de 6 qu'on

peut rechercher la verticale par ce moyen, à moins qu'on ne veuille avoir toutes les verticales pour un système choisi d'horizontale.

ARTICLE II.

CARRÉ DE 20.

Si l'on veut avoir ce carré avec deux bordures générales et quatre carrés égaux de 8 avec deux bordures, on arrivera promptement, et avec un peu d'attention, au résultat par le moyen suivant.

Qu'on laisse les 72 premiers nombres et les 72 derniers pour les deux bordures générales; qu'on prenne, par ordre et en suivant, de 73 à 86 pour la bordure de 8 de l'un des carrés partiels, ensuite de 87 à 96 pour celle de 6 du même carré, enfin de 97 à 104 pour le carré central. On aura l'un des carrés de 8 à deux bordures; et, comme ils sont tous quatre égaux, on placera ce carré où l'on voudra. Quant aux trois autres, il n'y aura, tant pour les bordures que pour le carré central de 4, qu'à les former comme le précédent. Ainsi, pour celui qui comprendra les nombres de 105 à 136, on l'obtiendra sur le champ en ajoutant 32 aux termes du précédent : car $32 + 73 = 105$, etc., et de même encore 32 aux termes de celui-ci; enfin 32 aux termes de ce dernier, ce qui se réduit à ajouter 32 aux termes du 1.er, pour avoir le second; puis 64 pour obtenir le troisième; enfin 96 pour arriver au quatrième.

Il résulte de ce qui précède, qu'il suffit de faire les deux bordures générales et les deux du premier carré central; le reste s'ensuit.

La première horizontale de la bordure extérieure a été construite par les différences.

$199,5 + 191,5 + 190,5 + 189,5 + 188,5 + 172,5 + 171,5 + 170,5 + 169,5 + 166,5 - 162,5 - 163,5 - 164,5 - 165,5 - 183,5 - 195,5 - 196,5 - 197,5 - 198,5$; angle $- 182,5$.

La première verticale, par les différences.

$199,5 + 192,5 + 193,5 + 194,5 + 167,5 + 168,5 + 160,5 + 161,5 + 179,5 - 173,5 - 174,5 - 175,5 - 176,5 - 177,5 - 178,5 - 184,5 - 185,5 - 186,5 - 187,5$; angle $+ 182,5$.

La première bordure générale a eu pour horizontale

$-181,5 - 129,5 - 128,5 - 134,5 - 137,5 - 138,5 - 133,5 - 180,5 + 156,5 + 157,5 + 158,5 + 159,5 + 145,5 + 146,5 + 130,5 + 131,5 + 132,5 - 154,5$ angle.

La première verticale a été formée par

$-181,5 + 139,5 + 140,5 + 141,5 + 148,5 + 150,5 + 151,5 + 152,5 + 155,5 - 135,5 - 136,5 - 142,5 - 143,5 - 144,5 - 147,5 - 149,5 - 153,5 + 154,5$ angle.

Quant à la bordure extérieure du premier carré de 8, l'horizontale est

$127,5 + 124,5 + 115,5 - 116,5 - 119,5 - 125,5 - 126,5 + 120,5$ angle.

La verticale est composée par

$127,5 + 122,5 + 118,5 + 114,5 - 117,5 - 121,5 - 123,5 - 120,5$ angle.

La première bordure dudit carré partiel, ou la bordure du carré de 6, est, pour l'horizontale,

$113,5 + 109,5 - 107,5 - 111,5 - 112,5 + 108,5$ angle.

Pour la première verticale :

113,5+106,5+104,5—105,5—110,5—108,5 angle.

Il est inutile, comme on voit, de former le tableau des différences, et l'on a opéré immédiatement et avec promptitude. Il ne reste qu'à substituer les nombres aux différences, et l'on aura le carré (*figure* 100, *planche* XVII.)

ARTICLE III.

CARRÉ DE 30.

Indépendamment des bordures générales, on peut avoir des carrés partiels avec bordures générales, et divisés en d'autres carrés avec bordures. Ainsi, pour le carré de 30, si l'on fait une bordure générale, il restera quatre carrés de 14, lesquels peuvent être égaux. Si on leur donne à chacun une bordure générale, on pourra partager chaque carré de 12 en quatre carrés de 6, et donner à chacun de ces derniers une bordure; il restera le carré de 4 central. Pour arriver promptement au résultat, que l'on prenne les 116 nombres du milieu de la progression pour la bordure générale : il restera les 392 premiers petits nombres. Soient choisis les 26 premiers et complémens pour la bordure de 14, les 26 suivans pour une autre bordure de 14, et ainsi de suite : on aura pris 104 petits nombres sur les 392 restans : on en aura donc encore 288. Qu'on prenne les dix suivans pour une des bordures de 6 : comme on a 16 carrés de 6, on aura pris 160 petits nombres; il restera 128 pour les 16 carrés centraux de 4.

Il est aisé de voir qu'après avoir construit la bordure générale, et l'un des carrés de 14, les trois autres s'obtenaient sans calcul, en ajoutant à tous les nombres de ce carré de 14 des nombres constans, que l'on détermine facilement. Il est entendu que cette addition n'a lieu qu'à l'égard des petits nombres; il y aurait, au contraire, à soustraire des complémens.

Il suit de ce qui précède que la décomposition en compartimens facilite singulièrement la construction des carrés; et, quelque admirable que soit cette forme de carrés magiques, c'est la plus commode et la plus expéditive de toutes les méthodes pour les composer. On trouvera le carré de 30 (*planche* **XVIII**, *figure* 101.)

ARTICLE IV.

CARRÉ DE 40.

On terminera par le carré de 40 ce que l'on avait à dire sur les carrés dont la racine se divise par 4; on paraît compliquer ce carré, mais il est facile de voir qu'il ne s'agit que de procéder avec ordre et un peu d'attention.

On a formé deux bordures générales; il est resté le carré de 36; et, comme ce nombre $= 3 \cdot 12$, on peut faire neuf grands carrés de 12 de côté, et de même valeur. Il suffit de prendre pour chacun 72 nombres et leurs complémens. Il deviendra dès-lors indifférent de placer ces carrés comme l'on voudra. Pour y mettre de la symétrie (*planche* **XIX**, *figure* 102), on a composé ces grands carrés comme on le voit à la figure, et cette combinaison adoptée n'est qu'une des innombrables manières de disposition de ces carrés.

Puisque $12 = 3 \cdot 4$, on peut faire ou 9 carrés de 16 cases,

ou 16 carrés de 9 cases. Les premiers peuvent être égaux,
en choisissant 8 nombres et leurs complémens; quant aux
seconds, puisque le nombre des cases est impair, on ne
peut les rendre égaux au moyen des complémens; mais il
peut y avoir huit de ces carrés composés de petits nombres,
et huit autres des complémens. Alors ces carrés seront
considérés comme de simples nombres, et arrangés par
la méthode du carré de 4. Les complémens suivront la
progression des petits nombres. On a formé deux carrés de
12 d'après l'un des systèmes, et deux carrés d'après l'autre.
Un cinquième carré a été fait avec deux bordures, et carré
central de 8; un sixième sans bordure ni compartiment;
deux autres ont deux bordures avec carré central de 8 par-
tagé en quatre carrés de 16 cases tous égaux; enfin le neuvième carré a quatre bordures, et carré central de 4. Tous
ces carrés ont été disposés avec symétrie dans le grand
carré de 36.

Voici les progressions choisies pour les carrés de 12.

6. 8. 10....148	1595.1593....1453
11. 13. 15....153	1590.1588....1448
155.156.157....226	1446.1445....1375
236.238.240....378	1365.1363....1223
380.381.382....451	1221.1220....1150
460.463.466....673	1141.1138.... 928
462.465.468....675	1139.1136.... 926
679.680.681....750	922. 921.... 851
237.239.241....379	1364.1362....1222

Les progressions à gauche sont celles des petits nombres,
celles de droite sont celles des complémens. Les diffé-

rences ne sont pas les mêmes, ce qui est indifférent : car il suffit que chaque carré soit composé de deux séries, dont l'une des petits nombres, et l'autre de leurs complémens, pour que ces carrés aient une même somme à chaque ligne.

L'inspection de la figure montre les progressions particulières pour chaque carré central ou de compartiment ; les bordures particulières se composent des nombres restans ; quant aux différences pour les deux bordures générales, en voici le tableau. Le couple vaut 1601, chaque terme l'un dans l'autre est 800,5.

1 + 799,5 — 1600	235 + 565,5 — 1366
2 + 798,5 — 1599	452 + 348,5 — 1149
3 + 797,5 — 1598	453 + 347,5 — 1148
4 + 796,5 — 1597	454 + 346,5 — 1147
5 + 795,5 — 1596	455 + 345,5 — 1146
7 + 793,5 — 1594	456 + 344,5 — 1145
9 + 791,5 — 1592	457 + 343,5 — 1144
150 + 650,5 — 1451	458 + 342,5 — 1143
152 + 648,5 — 1449	459 + 341,5 — 1142
154 + 646,5 — 1447	461 + 339,5 — 1140
227 + 573,5 — 1374	464 + 336,5 — 1137
228 + 572,5 — 1373	467 + 333,5 — 1134
229 + 571,5 — 1372	470 + 330,5 — 1131
230 + 570,5 — 1371	473 + 327,5 — 1128
231 + 569,5 — 1370	476 + 324,5 — 1125
232 + 568,5 — 1369	479 + 321,5 — 1122
233 + 567,5 — 1368	482 + 318,5 — 1119
234 + 566,5 — 1367	485 + 315,5 — 1116

488	+	312,5	—	1113	578	+	222,5	—	1023
491	+	309,5	—	1110	581	+	219,5	—	1020
494	+	306,5	—	1107	584	+	216,5	—	1017
497	+	303,5	—	1104	587	+	213,5	—	1014
500	+	300,5	—	1101	590	+	210,5	—	1011
503	+	297,5	—	1098	593	+	207,5	—	1008
506	+	294,5	—	1095	596	+	204,5	—	1005
509	+	291,5	—	1092	599	+	201,5	—	1002
512	+	288,5	—	1089	602	+	198,5	—	999
515	+	285,5	—	1086	605	+	195,5	—	996
518	+	282,5	—	1083	608	+	192,5	—	993
521	+	279,5	—	1080	611	+	189,5	—	990
524	+	276,5	—	1077	614	+	186,5	—	987
527	+	273,5	—	1074	617	+	183,5	—	984
530	+	270,5	—	1071	620	+	180,5	—	981
533	+	267,5	—	1068	623	+	177,5	—	978
536	+	264,5	—	1065	626	+	174,5	—	975
539	+	261,5	—	1062	629	+	171,5	—	972
542	+	258,5	—	1059	632	+	168,5	—	969
545	+	255,5	—	1056	635	+	165,5	—	966
548	+	252,5	—	1053	638	+	162,5	—	963
551	+	249,5	—	1050	641	+	159,5	—	960
554	+	246,5	—	1047	644	+	156,5	—	957
557	+	243,5	—	1044	647	+	153,5	—	954
560	+	240,5	—	1041	650	+	150,5	—	951
563	+	237,5	—	1038	653	+	147,5	—	948
566	+	234,5	—	1035	656	+	144,5	—	945
569	+	231,5	—	1032	659	+	141,5	—	942
572	+	228,5	—	1029	662	+	138,5	—	939
575	+	225,5	—	1026	665	+	135,5	—	936

668	+	132,5	—	933		
671	+	129,5	—	930		
674	+	126,5	—	927		
676	+	124,5	—	925		
677	+	123,5	—	924		
678	+	122,5	—	923		
751	+	49,5	—	850		
752	+	48,5	—	849		
753	+	47,5	—	848		
754	+	46,5	—	847		
755	+	45,5	—	846		
756	+	44,5	—	845		
757	+	43,5	—	844		
758	+	42,5	—	843		
759	+	41,5	—	842		
760	+	40,5	—	841		
761	+	39,5	—	840		
762	+	38,5	—	839		
763	+	37,5	—	838		
764	+	36,5	—	837		
765	+	35,5	—	836		
766	+	34,5	—	835		
767	+	33,5	—	834		
768	+	32,5	—	833		
769	+	31,5	—	832		
770	+	30,5	—	831		
771	+	29,5	—	830		
772	+	28,5	—	829		

773	+	27,5	—	828
774	+	26,5	—	827
775	+	25,5	—	826
776	+	24,5	—	825
777	+	23,5	—	824
778	+	22,5	—	823
779	+	21,5	—	822
780	+	20,5	—	821
781	+	19,5	—	820
782	+	18,5	—	819
783	+	17,5	—	818
784	+	16,5	—	817
785	+	15,5	—	816
786	+	14,5	—	815
787	+	13,5	—	814
788	+	12,5	—	813
789	+	11,5	—	812
790	+	10,5	—	811
791	+	9,5	—	810
792	+	8,5	—	809
793	+	7,5	—	808
794	+	6,5	—	807
795	+	5,5	—	806
796	+	4,5	—	805
797	+	3,5	—	804
798	+	2,5	—	803
799	+	1,5	—	802
800	+	0,5	—	801

On voit par ce tableau que les différences ne se suivent

pas régulièrement, excepté depuis 751, et ce à raison des séries arbitrairement choisies pour les carrés partiels. Il est inutile de donner les bordures pour les carrés partiels : on les trouve facilement au moyen des séries employées aux carrés centraux.

Voici pour l'horizontale de la bordure générale extérieure.

$793 + 570 + 336 + 300 + 297 + 216 + 204 + 156 + 153 + 147 + 141 + 124 + 123 + 122 + 20 + 12 + 10 + 9 + 8 - 566 - 565 - 650 - 333 - 306 - 219 - 207 - 201 - 189 - 165 - 144 - 138 - 129 - 126 - 43 - 30 - 22 - 19 - 18 - 14 + 343$ angle.

La verticale est

$793 + 648 + 571 + 567 + 348 + 346 + 339 + 324 + 321 + 309 + 294 + 291 + 285 + 276 + 273 - 795 - 791 - 572 - 569 - 318 - 234 - 222 - 270 - 213 - 186 - 180 - 168 - 162 - 159 - 150 - 210 - 135 - 132 - 49 - 47 - 45 - 17 - 11 - 2 - 343$ angles.

L'horizontale de la première bordure ou de 38 est :
$347 + 568 + 799 + 646 + 573 + 282 + 279 + 249 + 240 + 237 + 39 + 37 + 29 - 27 - 798 - 342 - 38 - 40 - 344 - 345 - 341 - 330 - 315 - 288 - 252 - 243 - 225 - 192 - 174 - 36 - 32 - 171 - 33 - 34 - 28 - 13 - 6 + 327$ angle.

La verticale se compose des différences restantes comme suit :
$347 + 797 + 303 + 255 + 246 + 267 + 231 + 195 + 183 + 48 + 46 + 35 + 31 + 25 + 23 + 16 + 4 - 796 - 312 - 264 - 261 - 258 - 228 - 198 - 41 - 177 - 26$

—24—21—15—7—5—3—1—0—42—44—327
angle.

Il est à remarquer que toutes les différences ci-dessus doivent être augmentées d'un demi. On a jugé convenable de le supprimer, pour éviter confusion.

Le carré construit d'après ce qui précède, comprend 92 carrés magiques, savoir :

Le carré central de 8 avec 2 bordures.......... 3

Le carré central de 4 avec 4 bordures.......... 5

Le carré de 12 sans bordure ni compartiment.... 1

Chacun des 16 carrés de 3, et le carré total qui les rassemble, 17, et pour les deux.............. 34

Chacun des 9 carrés de 16 cases, et le carré total qui les rassemble, 10, et pour les deux.......... 20

Pour ces mêmes carrés, si l'on en prend 4 pour en former un seul, il viendra 4 nouveaux carrés, et pour les deux.. 8

Chacun des carrés composé de 4 carrés de 4 et 2 bordures en donnera 7, et pour les deux......... 14

Le carré total sans les deux bordures, si l'on prend quatre carrés de suite pour en former un seul, on aura 4 nouveaux carrés......................... 4

Le carré total sans bordure, et avec une ou deux bordures, en donne. 3
                                               _____
                        Total.................. 92

Quelle multitude de carrés n'obtiendrait-on pas en conservant les mêmes nombres pour chaque bordure générale et pour les carrés partiels; mais en composant différemment soit ces bordures générales, soit les bordures partielles!

On peut être curieux de connaître les combinaisons résultantes des carrés partiels et du carré total, en conservant les bordures et ces carrés, c'est-à-dire en laissant toutes choses telles qu'elles sont, à l'exception de la position.

D'abord, les neuf grands carrés, étant égaux, peuvent s'arranger de $(1 \cdot 2 \cdot 3 \ldots 9)$ manières.

Le carré de 12, sans bordure ni compartiment, a 8 positions.

Celui de 12 avec deux bordures en a 8 pour le carré central, et autant pour chaque bordure : donc en tout 8^3.

Le carré avec 4 bordures aura 8^5 positions.

Chacun des carrés composés de 9 carrés de 4 égaux, donnera $(1 \cdot 2 \cdot 3 \ldots 9)$ combinaisons de ces carrés entr'eux, et pour les deux $(1 \cdot 2 \cdot 3 \ldots 9)^2$; mais chaque carré partiel a 8 positions; et comme il y en a 9, c'est 8^9, et pour les deux 8^{18} : donc, pour ce cas, l'on aura $8^{18} (1, 2, 3 \ldots 9)^2$.

Pour les carrés composés de 2 bordures et 4 carrés de 4 égaux, ces 4 carrés s'arrangent entr'eux de $1 \cdot 2 \cdot 3 \cdot 4$ manières, ou de 24, ce qui, pour les deux, donne $(24)^2$. Chacun de ces 4 carrés a 8 positions, ce qui fera 8^4; et, comme chaque bordure en a aussi 8, il viendra 8^6, et pour les deux 8^{12} : donc, en tout, pour ce cas, $8^{12} \cdot 24^2$.

Chaque carré composé de 16 carrés de 9 donnera d'abord, pour les arrangemens de ces 16 carrés considérés comme de simples nombres, 12,640 manières, ainsi qu'il a été ailleurs expliqué en détaillant les carrés de 4. Chaque carré de 9 cases a 8 positions; et, comme il y en a 16, ce sera 8^{16}, et pour les deux, 8^{32}: donc, pour le cas actuel, l'on aura $12{,}640^2 \cdot 8^{32}$.

Le carré total, sans bordure, a 8 positions, et chaque bordure autant, ce qui fait 8^3.

Toutes ces valeurs multipliées entr'elles donnent $(1 \cdot 2 \cdot 3 \ldots 9)^3 \cdot 24^2 \cdot 12{,}640^2 \cdot 8^{74}$, nombre énorme; et l'on n'a considéré que les changemens de position, laissant les bordures générales et particulières dans leur ordre de composition, ne touchant rien aux carrés partiels. Il n'y aurait qu'à diviser le nombre ci-dessus par 8, si l'on voulait n'avoir que les valeurs réellement différentes du carré total.

Cette quantité de combinaisons est peu de chose comparativement à ce qu'on obtiendrait si, conservant les mêmes bordures, on faisait varier les nombres entre les angles fixes : car la bordure la plus extérieure donnerait $(1 \cdot 2 \cdot 3 \ldots 38)^2$; et la première $(1 \cdot 2 \cdot 3 \ldots 36)^2$. Les bordures partielles produiraient, savoir : celles qui ont carré central de 8, et qui sont doubles $(1 \cdot 2 \cdot 3 \ldots 8)^2 (1 \cdot 2 \cdot 3 \ldots 10)^2$: donc, pour les trois carrés centraux de 8, il viendrait $(1 \cdot 2 \cdot 3 \ldots 8)^6 (1 \cdot 2 \cdot 3 \ldots 10)^6$; et pour le carré central de 4 à 4 bordures, $(1 \cdot 2 \cdot 3 \cdot 4)^2 (1 \cdot 2 \cdot 3 \ldots 6)^2 (1 \cdot 2 \cdot 3 \ldots 8)^2 (1 \cdot 2 \cdot 3 \ldots 10)^2$: ce qui donnerait, en tout, le produit $(1 \cdot 2 \cdot 3 \cdot 4)^2 (1 \cdot 2 \cdot 3 \ldots 6)^2 (1 \cdot 2 \cdot 3 \ldots 8)^8 (1 \cdot 2 \cdot 3 \ldots 10)^8 (1 \cdot 2 \cdot 3 \ldots 36)^2 (1 \cdot 2 \cdot 3 \ldots 38)^2$. C'est par ce dernier produit qu'il faudrait multiplier $(1 \cdot 2 \cdot 3 \ldots 9)^3 (12640)^2 (24)^2 (8)^{74}$. Celui-ci est plus petit que le précédent : il ne serait donc qu'une fraction extrêmement petite du produit de ces deux produits; et cependant on n'aura rien changé

ni aux nombres adoptés pour chaque ligne de bordure,
ni aux progressions, ni aux carrés centraux; mais on peut
prendre d'autres angles, d'autres progressions, changer
une ou plusieurs, ou toutes les bordures, et le produit
définitif ci-dessus ne serait lui-même qu'une fraction presque
inappréciable du nombre total des combinaisons, tout en
conservant la forme des carrés partiels de la figure. Mais
que serait-ce si l'on examinait les autres compositions du
carré de 40, qui peut avoir jusqu'à 18 bordures; qui peut
se décomposer d'une foule de manières en compartimens
dont les carrés partiels peuvent prendre une quantité considérable de formes, etc., etc.?

Cela suffit pour donner une idée de la prodigieuse quantité de façons de composer ce carré, sans s'occuper de
celles qui seront présentées dans la 3.e partie; mais que
sont toutes ces combinaisons par rapport au nombre d'arrangemens des 1600 premiers nombres, lequel est (1.2.
3...1600)!

DEUXIÈME SECTION.

—

La racine ne se divise qu'une fois par 2.

§ 1.er

CARRÉS A NOMBRES RÉPÉTÉS.

Voici la méthode que donne Poignard, et qui s'applique à tous les carrés pairement impairs.

On partage les cases du carré proposé en quatre parties par deux lignes, l'une verticale, l'autre horizontale, ce qui donne quatre carrés. Le premier, à gauche, se construit par la méthode expéditive, mais par la gauche. Il est clair que la première moitié de la racine sera répétée une fois de plus que la seconde. On construit le second carré par la même méthode expéditive, mais par la droite, et en commençant par la seconde moitié des nombres de la racine.

Quant à la seconde partie du carré proposé, la première ligne est toujours la première renversée de la première partie; la seconde est la dernière renversée de cette première partie; et les suivantes sont celles qui suivent cette dernière en remontant, et toujours renversées : de sorte que la seconde ligne de la première partie est toujours la dernière de la seconde partie, mais renversée.

ARTICLE PREMIER.

CARRÉ DE 6 A NOMBRES RÉPÉTÉS.

Les nombres donnés peuvent être ou non en progression; on les arrangera à volonté pour la division en deux parties. Ainsi soient les nombres dans l'ordre naturel 1, 2, 3, 4, 5, 6: la première moitié deviendra 1, 2, 3, et la seconde 4, 5, 6. On aura alors le carré (*figure* 103 *a*, *planche* XVIII). Si les nombres sont 7, 15, 3, 8, 12, 5, la première moitié serait 7, 15, 3; et la seconde, 8, 12, 5: on aurait le carré (*planche* XVIII, *figure* 103 *b*). Les carrés partiels ne sont pas magiques.

ARTICLE II.

CARRÉS DE 10 ET 14 A NOMBRES RÉPÉTÉS.

Les nombres sont dans l'ordre naturel 1, 2, 3, 4, 5, 6, 7, 8, 9, 10, et l'on verra le carré construit d'après les principes précédens (*planche* XVIII, *figure* 104).

Quant au carré de 14, on a supposé que les nombres sont dans l'ordre suivant : 7, 1, 3, 10, 5, 4, 9, 6, 8, 2, 14, 11, 13, 12. La première moitié est en conséquence 7, 1, 3, 10, 5, 4, 9, et la méthode proposée fait arriver rapidement au résultat cherché.

On peut sans doute avoir des carrés répétés par d'autres combinaisons, mais la marche indiquée ci-dessus est la plus commode et la plus directe.

§ 2.

CARRÉS PAR TABLEAUX; NOMBRES NON RÉPÉTÉS.

CHAPITRE PREMIER.

MÉTHODE DE POIGNARD.

On partage verticalement en deux parties égales le carré à former; on ne s'occupe que de la première à gauche; la seconde se compose des complémens placés à égale distance de la ligne séparative que les nombres de l'horizontale auxquels ils se rapportent. Les verticales ne se composent que de deux nombres complémens l'un de l'autre. Parmi ces verticales la première et la dernière exigent une attention particulière. La première aura le premier et le dernier terme égaux; puis on alternera avec le complément, soit en descendant, soit en montant, et jusqu'aux deux cases du milieu, qui renfermeront des nombres différens, ce qui fournit deux nombres consécutifs pareils près le milieu, tandis qu'ils sont les mêmes à égale distance des extrémités dans tout le reste de la ligne. La dernière horizontale doit avoir les deux premiers et le dernier nombre égaux; le pénultième est différent. On alterne ensuite avec le complément, en partant du second nombre supérieur de la verticale, et jusqu'à la moitié des nombres de cette verticale; l'autre moitié est égale à la supérieure, sauf les deux dernières cases, ainsi qu'il vient d'être expliqué.

Cette première partie du carré, considérée comme partagée horizontalement en deux autres, aura une diagonale pour chacune de ces dernières parties. Elles seront composées des mêmes nombres et dans le même ordre à partir des extrémités de la première verticale, ayant soin de n'y pas faire entrer un nombre et son complément. Il suit de là que les nombres de ces diagonales à égale distance du milieu sont égaux. Quant aux horizontales du milieu, elles sont composées des mêmes nombres, sauf ceux de la première verticale : d'où il suit qu'abstraction faite du premier et dernier nombre, et à partir des deux horizontales du milieu, ces lignes sont égales de 2 en 2 en remontant, et de même en descendant, mais seulement jusqu'à l'antépénultième : car les deux dernières sont toujours égales à la seconde ; les autres horizontales sont aussi égales à cette seconde, laquelle comprend les nombres qui ne font pas partie de la première, pourvu qu'on n'y place pas de nombres avec leurs complémens, et toujours en faisant abstraction du premier et dernier nombre de chaque ligne. (Ici l'on entend par complément ce qu'il faut ajouter à un nombre pour avoir une somme égale à celle provenante de l'addition du premier et du dernier de la racine. Il en est de même pour les multiples du 2.e tableau.) Il suffit de la règle donnée pour avoir le 1.er tableau.

Le 2.e tableau n'est que le 1.er, dont les horizontales deviennent les verticales, et réciproquement. Il est clair qu'on peut renverser les deux tableaux, ce qui n'est qu'un changement de position ; il est également évident que les tableaux peuvent avoir la forme l'un de l'autre, et réciproquement. Il suffit donc d'opérer comme suit, ce qui dispense de s'occuper des diagonales.

La 1.re verticale se forme en alternant un nombre avec son complément, jusqu'aux deux nombres du milieu, dont le premier est égal au précédent, et dont le second est différent; à partir de celui-ci, on continue d'alterner jusqu'à la fin. Voilà pour cette ligne une méthode très-facile, et qu'on retient aisément.

La seconde verticale a le premier et le dernier nombre différens; mais à partir du premier, les nombres alternent jusqu'aux deux cases du milieu, qui sont égales, et l'on continue d'alterner de manière que les nombres à égale distance du milieu soient égaux, sauf le premier et le dernier.

Les autres verticales, jusqu'à la dernière, se forment comme la seconde; la dernière a aussi les nombres extrêmes égaux ainsi que le second, mais le pénultième est différent; l'on alterne à partir du second comme ci-dessus : il résulte qu'il y a deux nombres égaux à l'extrémité supérieure de la verticale, et deux à l'extrémité inférieure, savoir : le pénultième et l'antépénultième.

Si l'on veut opérer par horizontale (et il ne s'agit toujours ici que de la moitié d'une horizontale), la première ne doit pas contenir de complément avec le nombre auquel il se rapporte : elle se forme donc à volonté. La seconde a pour premiers nombres les complémens de la première; le dernier est égal à celui qui lui est supérieur. Ensuite les 3.e, 5.e, 7.e, etc., jusqu'à celle qui termine la première moitié, sont égales, ainsi que celle qui commence la seconde moitié; elles alternent ensuite jusqu'aux deux dernières, qui sont égales à la seconde.

Il suffit donc de la première horizontale pour déterminer tout le carré : car de cette première se tirent la seconde et toutes les autres; il n'y a que le premier et le dernier nombre de chaque ligne horizontale auxquels il faille donner de l'attention : on peut donc faire la première et la dernière verticale, et opérer ensuite par horizontale. L'autre moitié du carré comprend les complémens par ordre, et le second tableau dérive du premier.

ARTICLE PREMIER.

CARRÉ DE 10.

———

Voici les tableaux pour le carré de 10 :

PREMIER TABLEAU.

1	9	3	7	6	5	4	8	2	10
10	2	8	4	6	5	7	3	9	1
1	9	3	7	5	6	4	8	2	10
10	2	8	4	6	5	7	3	9	1
10	9	3	7	5	6	4	8	2	1
1	9	3	7	5	6	4	8	2	10
10	2	8	4	6	5	7	3	9	1
1	9	3	7	5	6	4	8	2	10
10	2	8	4	5	6	7	3	9	1
1	2	8	4	6	5	7	3	9	10

2.e TABLEAU.

10	80	10	80	80	10	80	10	80	10
30	60	30	60	30	30	60	30	60	60
90	0	90	0	90	90	0	90	0	0
20	70	20	70	20	20	70	20	70	70
50	50	40	50	40	40	50	40	40	50
40	40	50	40	50	50	40	50	50	40
70	20	70	20	70	70	20	70	20	20
0	90	0	90	0	0	90	0	90	90
60	30	60	30	60	60	30	60	30	30
80	10	80	10	10	80	10	80	10	80

On verra le carré (*figure* 106, *planche* XX).

ARTICLE II.

CARRÉ DE 6.

La règle s'applique à ce carré, quoiqu'il n'y ait qu'une verticale entre la première et la dernière; cependant l'application est évidente.

Voici les tableaux :

1.er TABLEAU.

1	4	2
6	3	2
6	4	5
1	4	5
6	3	5
1	3	2

2.e TABLEAU.

0	30	30	0	30	0
24	6	24	24	6	6
12	12	18	18	18	12
18	18	12	12	12	18
6	24	6	6	24	24
30	0	0	30	0	30

On verra le carré (*planche* XX, *figure* 107).

ARTICLE III.

CARRÉ DE 14.

On va terminer l'application de la méthode de Poignard par le carré de 14.

CARRÉ DE 14.

1.er TABLEAU.

1	13	3	11	5	9	8	7	6	10	4	12	2	14
14	2	12	4	10	6	8	7	9	5	11	3	13	1
1	13	3	11	5	9	7	8	6	10	4	12	2	14
14	2	12	4	10	6	8	7	9	5	11	3	13	1
1	13	3	11	5	9	7	8	6	10	4	12	2	14
14	2	12	4	10	6	8	7	9	5	11	3	13	1
14	13	3	11	5	9	7	8	6	10	4	12	2	1
1	13	3	11	5	9	7	8	6	10	4	12	2	14
14	2	12	4	10	6	8	7	9	5	11	3	13	1
1	13	3	11	5	9	7	8	6	10	4	12	2	14
14	2	12	4	10	6	8	7	9	5	11	3	13	1
1	13	3	11	5	9	7	8	6	10	4	12	2	14
14	2	12	4	10	6	7	8	9	5	11	3	13	1
1	2	12	4	10	6	8	7	9	5	11	3	13	14

2.e TABLEAU.

0	182	0	182	0	182	182	0	182	0	182	0	182	0
28	154	28	154	28	154	28	28	154	28	154	28	154	154
42	140	42	140	42	140	42	42	140	42	140	42	140	140
14	168	14	168	14	168	14	14	168	14	168	14	168	168
70	112	70	112	70	112	70	70	112	70	112	70	112	112
56	126	56	126	56	126	56	56	126	56	126	56	126	126
84	84	98	84	98	84	98	98	84	98	84	98	98	84
98	98	84	98	84	98	84	84	98	84	98	84	84	98
126	56	126	56	126	56	126	126	56	126	56	126	56	56
112	70	112	70	112	70	112	112	70	112	70	112	70	70
168	14	168	14	168	14	168	168	14	168	14	168	14	14
140	42	140	42	140	42	140	140	42	140	42	140	42	42
154	28	154	28	154	28	154	154	28	154	28	154	28	28
182	0	182	0	182	0	0	182	0	182	0	182	0	182

On trouvera le carré (*planche XX, figure 108*).

CHAPITRE II.

MÉTHODE DE LA HIRE.

La Hire forme les tableaux autrement que Poignard : il alterne jusqu'au milieu les nombres des verticales avec leurs complémens ; la seconde moitié des horizontales est égale à la première moitié en remontant ; par conséquent les lignes à égale distance du milieu sont les mêmes. Chaque horizontale est partagée en deux parties : l'une comprend des nombres sans complément d'aucun d'eux ; la seconde moitié se compose des complémens par ordre. La première horizontale formée, tout le reste s'ensuit ; la seconde se compose exactement des complémens des nombres de la première, ou plutôt c'est la première renversée. Rien n'est donc plus simple que ce premier tableau. La première moitié de la première horizontale est la seule qui exige l'attention de ne pas la composer de nombres avec quelques complémens, ceux-ci devant se trouver à la seconde moitié. Le second tableau n'est que le premier dans lequel les horizontales deviennent les verticales du second, et réciproquement.

Voici pour 10 les tableaux, et le carré imparfait qui en résulte :

1.er TABLEAU.

8	1	5	7	2	9	4	6	10	3
3	10	6	4	9	2	7	5	1	8
8	1	5	7	2	9	4	6	10	3
3	10	6	4	9	2	7	5	1	8
8	1	5	7	2	9	4	6	10	3
8	1	5	7	2	9	4	6	10	3
3	10	6	4	9	2	7	5	1	8
8	1	5	7	2	9	4	6	10	3
3	10	6	4	9	2	7	5	1	8
8	1	5	7	2	9	4	6	10	3

2.me TABLEAU.

0	90	0	90	0	0	90	0	90	0
60	30	60	30	60	60	30	60	30	60
10	80	10	80	10	10	80	10	80	10
50	40	50	40	50	50	40	50	40	50
20	70	20	70	20	20	70	20	70	20
70	20	70	20	70	70	20	70	20	70
40	50	40	50	40	40	50	40	50	40
80	10	80	10	80	80	10	80	10	80
30	60	30	60	30	30	60	30	60	30
90	0	90	0	90	90	0	90	0	90

CARRÉ IMPARFAIT.

8	91	5	97	2	9	94	6	100	3
63	40	66	34	69	62	37	65	31	68
18	81	15	87	12	19	84	16	90	13
53	50	56	44	59	52	47	55	41	58
28	71	25	77	22	29	74	26	80	23
78	21	75	27	72	79	24	76	39	73
43	60	46	54	49	42	57	45	51	48
88	11	85	17	82	89	14	86	20	83
33	70	36	64	39	32	67	35	61	38
98	1	95	7	92	99	4	96	10	93

On jettera les yeux sur le carré (*figure* 109, *planche* XX).

Il est vrai que les tableaux ci-dessus sont faciles à retenir, et qu'il ne faut point une attention soutenue pour les former; mais le carré qui en provient a besoin de correction, et l'avantage qu'on retire de la simplicité des tableaux disparaît par la nécessité de cette correction.

Si l'on examine les deux tableaux, voici les observations que fournit cet examen :

En comparant les horizontales, celles du premier tableau comprennent tous les nombres de la racine; mais le second présente, savoir :

A la 1.re horizontale, 90 de moins, et 90 de plus à la dernière;

A la 2.e horizontale, 30 de trop, et 30 de moins à la 9.e;

A la 3.e horizontale, 70 de moins, et 70 de trop à la 8.e;

A la 4.e horizontale, 10 de plus, et 10 de moins à la 7.e;

A la 5.e horizontale, 50 de moins, et 50 de plus à la 6.e.

Comme les diagonales sont exactes, et qu'en conséquence on ne doit pas toucher aux angles, si l'on alterne les nombres de la 1.re verticale en changeant ceux qui sont à égale distance des angles, on aura régularisé les horizontales, à l'exception des première et dernière; mais si l'on alterne deux des nombres extrêmes de l'une des verticales, et dont la différence est 90, toutes les horizontales seront exactes; on choisit ordinairement l'une des verticales du milieu.

Les horizontales étant exactes, il faut s'occuper des verticales, de manière à ne pas altérer ces horizontales. Comme il faut 505 à chaque ligne, on voit que la 2.e verticale aura 9 de moins, et la 9.e verticale 9 de plus; la 3.e verticale 1 de moins, et la 8.e 1 de plus; la 4.e verticale 3 de plus, et la 7.e

3 de moins; la 5.e verticale 7 de moins, et la 6.e 7 de plus, après avoir alterné, par exemple, les deux extrémités de la 5.e. Il faut donc changer l'un dans l'autre les nombres à la première horizontale, et à égale distance des angles, avec cette attention, de commencer ce changement après celui de la première verticale, puis ensuite alterner les extrémités de l'une des verticales du milieu, après avoir préalablement alterné les deux nombres du milieu de la dernière horizontale; mais comme par ce moyen on aura 7 de trop à la 5.e verticale, et 7 de moins à la 6.e, on changera de place les deux nombres du milieu de la 2.e horizontale. Il reste à agir de même pour la 1.re et la dernière verticale; après avoir opéré sur la première, le changement de tous les nombres entre les angles, on alternera les deux nombres du milieu de la dernière verticale, et cela fait, on alternera les deux nombres de l'une des horizontales du milieu; et comme par ces derniers changemens, les deux horizontales du milieu auront l'une 50 de trop, et l'autre 50 de moins, on alternera les deux nombres du milieu de la 2.e verticale : le carré sera alors parfait. On a écrit en plus gros caractères les nombres qui ont subi un changement, et au dessous de ceux du carré imparfait.

Le détail dans lequel on vient d'entrer, serait difficile à retenir, mais a paru nécessaire pour faire sentir la raison des changemens à effectuer. Voici à quoi se réduisent ces changemens, qu'on peut faire tous à la fois avec un peu d'habitude.

On ne touche pas aux angles ni aux diagonales du carré imparfait; on alterne tous les nombres de la 1.re horizontale et de la 1.re verticale, à égale distance des angles; ensuite ceux du milieu de la dernière verticale et de la dernière horizontale, ainsi que ceux du milieu de la 2.e horizontale et de la dernière verticale. Enfin, ces changemens opérés, on alterne les nombres extrêmes de l'une des horizontales du milieu, et de même pour l'une des verticales du milieu.

On voit aisément qu'on peut effectuer tous ces changemens au fur et à mesure que l'on écrit le résultat des tableaux.

Il n'est pas indispensable d'agir sur la 1.re horizontale et la 1.re verticale : on peut choisir l'une quelconque des deux horizontales extrêmes et l'une quelconque des deux verticales extrêmes. Il n'est pas plus indispensable d'agir sur la 2.e horizontale et sur la 2.e verticale. Par exemple (*figure* 109), au lieu d'alterner 62 et 69, on peut choisir 59 et 52, 82 et 89; et de même, au lieu de 21 et 71, on aurait pu prendre 27 et 77, 26 et 76; on aura seulement attention de ne pas effectuer de changement sur les diagonales.

Si du carré parfait on déduit les tableaux, ils ne seront autres que ceux de Poignard, comme on peut s'en convaincre, mais ils peuvent être renversés, ce qui est indifférent.

Lorsque le carré est exact, on peut changer de place plusieurs bandes sans nuire au carré. Ce sont celles qui se trouvent semblablement placées, ou à égale distance des extrêmes, ce qui occasione une foule de combinaisons dans le même carré. On peut aussi alterner deux nombres dont la somme serait égale à celle de deux autres nombres, pourvu que ces nombres soient semblablement placés, et sans toucher aux diagonales.

Le carré de 14 (*figure* 110, *planche* XX) n'est encore que le résultat de la méthode de Poignard : ce sont ses tableaux renversés.

Il en est de même du carré de 18 (*planche* XXI, *figure* 111.)

Il suit de ce qui précède, qu'il est préférable d'employer la méthode de Poignard, parce qu'on obtient directement le carré magique; mais comme on peut oublier la formation de ses tableaux, et qu'on retient toujours celle des tableaux de La Hire, on recourra à ceux-ci toutes les fois qu'il y aura incertitude.

Quoique l'arrangement des tableaux de La Hire soit le plus simple de tous, il présente cependant un grand nombre de combinaisons, et il peut être curieux de les connaître.

Pour cela, que l'on écrive la moitié des nombres de la racine, savoir la première moitié : il n'y aura pas de complémens. Que ceux-ci soient placés sous les premiers, il sera facile d'arriver au résultat cherché.

Si au lieu du dernier nombre on met son complément, il y aura deux arrangemens; et si l'on substitue le complément de l'avant-dernier nombre à celui-ci, il y aura les deux mêmes arrangemens du dernier nombre et de son complément : ce sera donc $4 = 2^2$. Maintenant, qu'on substitue l'antépénultième complément à l'antépénultième nombre : il viendra les mêmes arrangemens pour les deux derniers nombres : on aura donc $2 \cdot 4 = 2^3$. En remontant ainsi jusqu'au 1.er nombre, il viendra $2^{\frac{n}{2}}$ manières de composition pour la 1.re ligne du 1.er tableau; n désignant le nombre des termes de la racine, il n'y a pas à s'occuper

MÉTHODES DIVERSES.

des autres lignes, qui dépendent toutes de la première. Maintenant, chaque espèce de composition emporte $(1 \cdot 2 \cdot 3 \ldots \frac{n}{2})$ combinaisons, puisqu'on ne doit s'occuper que de la première moitié de la première ligne, qui comprend n nombres. Ainsi l'on aura $2\frac{n}{2}(1 \cdot 2 \cdot 3 \ldots \frac{n}{2})$. Le second tableau offre les mêmes combinaisons : on aura donc en tout $2^n (1, 2, 3 \ldots \frac{n}{2})^2$. Pour $10 = n$ il viendrait $2^n = 1024$; $(1 \cdot 2 \cdot 3 \cdot 4 \cdot 5)^2 = 120^2 = 14400$: donc on obtiendra 14,745,600 combinaisons pour la formation des deux tableaux.

CHAPITRE III.

AUTRES MÉTHODES.

Il existe bien d'autres formes à donner au premier tableau que celles présentées par Poignard et La Hire; on va en donner quelques-unes, et l'on ajoutera les principes généraux sur lesquels elles reposent.

Pour plus de facilité on appliquera ces principes à un exemple. Soient donc, pour le carré de 10, les tableaux suivans.

10	8	7	9	5	6	2	4	3	1
1	3	4	9	5	6	2	7	8	10
1	3	7	9	5	6	2	4	8	10
1	8	4	2	6	5	9	7	3	10
10	8	7	2	6	5	9	4	3	1
1	8	7	2	6	5	9	4	[illegible]	
10	3	4	2	5	6	9	7	8	1
1	3	7	2	6	5	9	4	8	10
10	3	4	9	6	5	2	7	8	1
10	8	4	9	5	6	2	7	3	1

0	90	90	90	0	90	0	90	0	0
30	60	60	30	30	30	60	60	60	30
50	40	50	40	50	50	40	50	40	40
80	80	80	10	10	10	10	10	80	80
20	20	20	70	70	70	20	70	70	20
70	70	70	20	20	20	70	20	20	70
10	10	10	80	80	80	80	80	10	10
40	50	40	50	40	40	50	40	50	50
60	30	30	60	60	60	30	30	30	60
90	0	0	0	90	0	90	0	90	90

On voit combien ces formes diffèrent de celles précédemment données; le 2.ᵉ tableau est encore ici le premier renversé, et voici les règles à observer pour construire celui-ci :

1.º Les nombres en horizontale et à égale distance du milieu, sont complémens l'un de l'autre; les verticales ne comprennent chacune qu'un nombre et son complément.

2.º Les diagonales sont les mêmes. Pour les obtenir, il faut que les deux nombres extrêmes de la 1.ʳᵉ verticale soient les mêmes. Dans la 2.ᵉ verticale ce seront les 2.ᵉ et avant-dernier nombres qui seront semblables; dans la 3.ᵉ verticale on aura les 3.ᵉ et antépénultième nombres égaux. En général, dans la $m.^e$ verticale l'égalité sera entre les $m.^e$ et $[n-(m-1)]^e$, n étant la racine. Ainsi pour la verticale qui termine la première moitié, on aura l'égalité entre les nombres tenant les $\frac{n}{2}^e$ et $[n-(\frac{n}{2}-1)]^e$ places, puisque dans ce cas $m=\frac{n}{2}$; mais $n-(\frac{n}{2}-1)=\frac{2n-n+2}{2}=\frac{n}{2}+1$. Donc pour cette verticale les nombres sont toujours égaux. Cela résulte aussi de ce que les diagonales n'ont pas de nombres répétés, et qu'elles en auraient si cette verticale qui termine la première moitié n'avait pas les deux nombres du milieu égaux.

3.º Il est clair qu'il suffit de considérer la première moitié du tableau, puisque la seconde moitié comprend les complémens. Il faut bien faire attention à ne pas mettre un nombre et son complément dans cette première moitié.

4.º Si les deux nombres extrêmes de la $\frac{n}{2}^e$ verticale, qui est celle qui termine cette première moitié, sont les mêmes, alors les deux du milieu de la 1.ʳᵉ verticale peuvent être, ou non, les mêmes; mais ceux-ci sont nécessairement les mêmes si les autres sont différens. Si les 2.e et pénultième de la $\frac{n}{2}^{e}$ sont les mêmes, ceux de la 2.e verticale, au milieu, sont, ou non, les mêmes; mais ceux-ci seront égaux si les autres sont différens. On agira de même sur les 3.e et antépénultième nombres de la $\frac{n}{2}^{e}$ verticale, pour déterminer l'égalité des nombres du milieu de la 3.e verticale, et ainsi de suite.

5.º Après avoir fait à volonté la 1.re moitié de la 1.re horizontale, et par conséquent l'horizontale entière, on disposera aussi à volonté celle de la 1.re verticale, ainsi que de la $\frac{n}{2}^{e}$, ce qui donnera la 6.e et la dernière. On aura également les deux horizontales du milieu au moyen du n.º 4. Quant à la dernière horizontale, elle s'obtient au moyen des 1.re et dernière verticales et de la 1.re horizontale, comme suit.

On comparera les nombres à égale distance de l'angle inférieur de la première verticale, et de l'angle supérieur de la dernière verticale, en remontant la première, et en descendant la dernière : si ces nombres sont différens, ceux de la dernière horizontale et de la première, à la même distance de ces angles, seront égaux; si les nombres en verticale sont les mêmes, ceux en horizontale seront différens. Cela donne la première partie de la dernière horizontale, et par conséquent l'horizontale entière. On forme à volonté la moitié de la 1.re diagonale, ce qui, d'après le n.º 2, donne les deux diagonales entières. Le reste se remplit à volonté.

6.º Lorsque le premier tableau sera formé, le second

sera son inverse; et il sera bon de vérifier si les nombres de ce 2.e tableau ne se combinent pas plus d'une fois avec quelques-uns du premier : car alors le carré serait fautif. Cette vérification est très-facile et très-expéditive; elle peut s'effectuer à l'œil. En effet, comparant la 1.re horizontale du 2.e tableau avec la 1.re horizontale du 1.er tableau, il suffit de faire cette comparaison pour l'un des deux nombres de cette horizontale; on passera à la dernière horizontale du 2.e tableau, et à la dernière du premier : on verra de suite si le nombre est comparé avec tous ceux de la racine. On agira de même pour les autres lignes. Reprenant le premier tableau donné ci-dessus

10	8	7	9	5	6	2	4	3	1
1	3	.	.	5	6	.	.	8	10
1	.	7	.	5	6	.	4	.	10
1	.	.	2	6	5	9	.	.	10
10	8	7	2	6	5	9	4	3	1
1	8	7	2	6	5	9	4	3	10
10	.	.	2	5	6	9	.	.	1
1	.	7	.	6	5	.	4	.	10
10	3	.	.	6	5	.	.	8	1
10	8	4	9	5	6	2	7	3	1

la première horizontale, les première et cinquième verticales sont formées à volonté, avec l'attention d'avoir deux nombres égaux au milieu de la 5.e verticale, et deux nombres aussi égaux aux extrémités de la première. On achève les deux demi-diagonales à fantaisie. Pour obtenir les horizontales du milieu, puisqu'elles dépendent de la 5.e verticale, il est aisé de les composer. Le premier et le dernier nombre de cette verticale étant égaux, les premiers des horizontales peuvent être égaux ou différens; on a ici 10 et 1 : le 2.e et le 9.e nombres de la 5.e verticale étant différens, les seconds nombres des horizontales seront égaux; les 3.e et 8.e de cette 5.e verticale étant différens, les 3.e nombres des horizontales sont égaux; il en en est de même des 4.es nombres : on peut donc avoir ces deux horizontales. Quant à la dernière, puisque 10 et 10 sont des nombres égaux, 8 différent de 3 sera le 2.e nombre de l'horizontale. 1 et 10 étant différens, le 3.e nombre de l'horizontale sera 4, qui est le 3.e de la 1.re horizontale, à partir de la droite. 10 et 10, égaux, donneront 9 pour le 4.e nombre de l'horizontale, puisque 9 est complément de 2, qui est le 4.e nombre de la 1.re horizontale. Enfin 1 et 1 donneront 5, complément de 6, pour le 5.e nombre de la dernière horizontale. On aura ainsi la partie des nombres assujettie aux règles données; et, remplissant à volonté les cases vides, pourvu qu'il n'y ait que 5 fois le même nombre, et 5 fois son complément à chaque verticale, on fera le carré (*figure* 113, *planche* XXI). Voici d'autres tableaux pour 10 :

```
10  8  7  9  5 |  6  2  4  3  1      10  8  7  9  5 |  6  2  4  3  1
 1  3  4  2  6 |  5  9  7  8 10       1  3  4  9  6 |  5  2  7  8 10
 1  8  4  2  5 |  6  9  7  3 10       1  8  4  2  6 |  5  9  7  3 10
10  8  4  9  6 |  5  2  7  3  1      10  8  4  9  6 |  5  2  7  3  1
10  3  7  9  5 |  6  2  4  8  1       1  8  7  2  5 |  6  9  4  3 10
10  3  7  2  5 |  6  9  4  8  1      10  3  7  2  5 |  6  9  4  8  1
 1  8  7  9  6 |  5  2  4  3 10      10  3  7  9  6 |  5  2  4  8  1
 1  8  4  2  6 |  5  9  7  3 10       1  8  4  2  5 |  6  9  7  3 10
 1  3  7  2  5 |  6  9  4  8 10       1  3  7  9  6 |  5  2  4  8 10
10  3  4  9  6 |  5  2  7  8  1      10  3  4  2  5 |  6  9  7  8  1
```

On voit combien ces formes diffèrent l'une de l'autre. Il faudrait connaître toutes les formes que peut prendre la première moitié du 1.ᵉʳ tableau, et multiplier leur nombre par 14,745,600; mais il est assez difficile d'acquérir cette connaissance. Voici encore une forme assez remarquable :

4	5	2	10	3	8	1	9	6	7
4	6	2	1	8	3	10	9	5	7
4	5	2	1	8	3	10	9	6	7
4	6	9	10	8	3	1	2	5	7
7	6	9	1	3	8	10	2	5	4
7	6	9	1	3	8	10	2	5	4
7	5	9	10	8	3	1	2	6	4
7	5	2	10	3	8	1	9	6	4
7	6	9	1	8	3	10	2	5	4
4	5	2	10	3	8	1	9	6	7

4	4	4	4	7	7	7	7	7	4
5	6	5	6	6	6	5	5	6	5
3	3	3	8	8	8	8	3	8	3
2	9	9	2	9	9	2	2	9	2
1	10	10	10	1	1	10	1	10	1
10	1	1	1	10	10	1	10	1	10
9	2	2	9	2	2	9	9	2	9
8	8	8	3	3	3	3	8	3	8
6	5	6	5	5	5	6	6	5	6
7	7	7	7	4	4	4	4	4	7

On peut remarquer ici que le 5, nombre de la dernière horizontale, devrait être 8, comme le 6.ᵉ de la première, d'après la règle n.º 5. Cette règle n'est donc pas absolue, mais il est préférable de s'y conformer : il y a moins à craindre d'être obligé de faire quelque changement au 1.ᵉʳ tableau, et par suite au second. Ici, au lieu des multiples, on a mis les nombres qui indiquent l'ordre de ces multiples : ainsi 1 signifie le 1.ᵉʳ multiple ou 0; 2 signifie le 2.ᵉ multiple ou 10, etc.

Il n'est pas nécessaire d'avoir formé le 2.ᵉ tableau pour faire la vérification dont on a parlé plus haut : car, puisque chaque horizontale de ce 2.ᵉ tableau n'est autre chose que la verticale du premier, et par ordre, on peut effectuer la vérification d'après le 1.ᵉʳ tableau seulement. Comparant donc les 4 de la 1.re verticale avec la 1.re horizontale, on a 4, 5, 2, 10, 7; et la dernière verticale avec la dernière horizontale donne 3, 8, 1, 9, 6 : ainsi point de nombre répété. Il est clair que si l'on comparait les 7 de la 1.re et dernière verticale, il ne pourrait pas y avoir de nombres répétés, puisqu'on trouverait nécessairement 3, 8, 1, 9, 6 et 4, 5, 2, 10, 7, qui sont les mêmes que ceux ci-dessus : ainsi la vérification se réduit de moitié. Passant à la 2.e verticale, et comparant les 5 avec les nombres de la 2.e horizontale, il vient 4, 2, 10, 9, 7; de même la 9.e verticale, comparée à la 9.e horizontale, donnera, pour les 5... 6, 1, 8, 3, 5. Si l'on compare les 2 de la 3.e et de la 8.e verticale avec les nombres de la 3.e et de la 8.e horizontale, on a 4, 5, 2, 9, 7, et 10, 3, 8, 1, 6. De même les 10 de la 4.e et de la 7.e verticale, comparés avec la 4.e et la 7.e horizontale, donneront 4, 10, 1, 2, 7, et 5, 9, 8, 3, 6. Enfin les 3 des 5.e et 6.e verticales avec les nombres des 5.e et 6.e horizontales, produisent 7, 3, 8, 2, 4 et 6, 9, 1, 10, 5.

Voici le carré résultant des tableaux ci-dessus :

34	35	32	40	63	68	61	69	66	37
44	56	42	51	58	53	50	49	55	47
24	25	22	71	78	73	80	29	76	27
14	86	89	20	88	83	11	12	85	17
7	96	99	91	3	8	100	2	95	4
97	6	9	1	93	98	10	92	5	94
87	15	19	90	18	13	81	82	16	84
77	75	72	30	23	28	21	79	26	74
57	46	59	41	48	43	60	52	45	54
64	65	62	70	33	38	31	39	36	67

Pour le carré de 14, si l'on se contente des sept premières horizontales, on pourra procéder à la vérification sans avoir besoin des tableaux complets.

Soit donc

3	11	6	5	7	13	14
12	11	9	5	8	2	14
12	4	6	5	8	13	14
12	4	9	10	8	2	1
12	11	9	10	7	2	14
12	11	9	10	7	2	14
3	4	6	10	8	13	1
3	4	6	5	7	13	1
3	11	9	10	7	2	14
12	11	6	10	7	13	14
3	4	9	10	7	2	1
3	4	6	5	8	13	1
12	11	9	5	8	2	1
3	4	6	5	8	13	1

Ayant choisi la 1.re horizontale 3, 11, 6, 5, 7, 13, 14, et la 7.e verticale comme ci-dessus, la première verticale aura les deux nombres du milieu égaux, puisque 14 et 1 sont différens; la seconde et la troisième seront dans le même cas. Mais la 4.e pourra les avoir égaux ou différens, et la 5.e également; la 6.e est dans le même cas : on aura donc les deux horizontales du milieu. Cela posé, on achèvera la 1.re verticale, dont les extrêmes sont égaux, et cette composition est arbitraire. Les deux demi-diagonales, étant égales, se forment à volonté, ayant déjà les angles égaux, ainsi que les nombres du milieu de la 7.e verticale. Il reste à obtenir la dernière demi-horizontale, et la règle donnée à cet égard peut s'énoncer d'une autre manière, savoir : si deux nombres à égale distance des angles de la première verticale sont les mêmes, les nombres à égale distance de ces angles dans la première et la dernière horizontale sont différens. Si les premiers sont différens, les seconds sont les mêmes. Ainsi, les second et 13.e nombres de la 1.re verticale étant 12 l'un et l'autre, les seconds nombres des horizontales extrêmes seront différens : les 3.e et 12.e de la 1.re verticale étant différens, les troisièmes des horizontales seront les mêmes, et ainsi de suite. Il ne reste qu'à remplir les cases vacantes.

Quant à la vérification, voici les observations qui servent de base à cette opération.

Puisque le second tableau n'est que le premier renversé, il s'ensuit que les verticales de celui-ci doivent se comparer avec ses horizontales; mais, comme on n'a que la moitié de celles-ci, on se rappellera que l'autre moitié est composée des complémens de la première moitié : ainsi l'on ne sera pas embarrassé pour la comparaison à effectuer entre une horizontale et la verticale correspondante. Maintenant, puisque chaque verticale en a une autre composée de ses complémens, il n'y a qu'à comparer le second nombre de la première verticale avec l'horizontale correspondante à la verticale composée de complémens : ainsi, pour exemple,

La première verticale du demi - tableau, comparée avec la 1.re horizontale, donnera pour le nombre 3 les correspondans 3, 14, et les complémens 1, 2, 10, 9, 12. Comparant le nombre 12 avec la dernière horizontale, on aura 4, 6, 5, 8, 13, et les complémens 7, 11, ce qui ne donne point de nombres répétés.

Passant à la 2.e verticale, comparée avec la 2.e horizontale, on aura pour 11 les nombres 12, 11, 8, 2, et les complémens 13, 7, 4. De même le nombre 4, comparé à la 13.e horizontale, donnera 9, 5, 1, et les complémens 14, 10, 6, 3.

La 3.e verticale, comparée avec la 3.e horizontale, donne pour 6 les nombres 12, 6, 14, et les complémens 1, 7, 9, 3. De même 9, comparé avec la 12.e horizontale, offre les nombres 4, 5, 8, 13, et les complémens 2, 10, 11.

La 4.e verticale donne pour 5, comparé à la 4.e horizontale, les nombres 12, 4, 9, et les complémens 14, 6, 11, 3. De même 10, comparé à la 11.e horizontale, offre les nombres 10, 7, 2, 1, et les complémens 13, 8, 5.

La 5.e verticale, comparée à la 5.e horizontale, donne pour 7 les nombres 12, 7, 2, et les complémens 1, 13, 8, 5; et 8 de la même verticale, avec la 10.e horizontale, aura 11, 6, 10, 14, et les complémens 9, 4, 3.

Comparant 13 de la 6.e verticale avec la 6.e horizontale, il viendra 12, 9, 14, et les complémens 1, 8, 6, 3. On aura pour 2, comparé avec la 9.e horizontale, les nombres 11, 10, 7, 2, et les complémens 13, 5, 4.

Enfin la 7.e verticale, comparée avec la 7.e horizontale, donnera pour 14 les nombres 3, 4, 6, 8, 13, et les complémens 2, 7. De même 1, avec la 8.e horizontale, aura 5, 1, et les complémens 14, 10, 9, 11, 12.

Il n'y a aucun nombre répété dans les comparaisons partielles : ainsi la forme du tableau de 14 est exacte, et l'on peut faire le carré sans être obligé d'achever le 1.er tableau, et l'on se passera également du second; il suffira d'un peu d'attention. Le carré se trouve (*planche* XX, *figure* 112). En jetant les yeux sur la figure, on voit sur le champ le multiple choisi pour chaque ligne du 2.ᵉ tableau, et son complément.

Voici le carré de 6 d'après les principes établis. On verra combien il diffère des méthodes données par Poignard et La Hire.

4	2	1	6	5	3	0	0	30	30	30	0
4	5	6	1	2	3	12	18	12	18	18	12
3	2	1	6	5	4	6	24	6	6	24	24
3	5	1	6	2	4	24	6	24	24	6	6
3	5	6	1	2	4	18	12	18	12	12	18
4	2	6	1	5	3	30	30	0	0	0	30

(*Planche* XXI, *figure* 114.)

On va terminer la méthode employée ci-dessus par un dernier exemple sur le carré de 18. Il est indispensable, lorsque la racine est considérable, et qu'on remplit arbitrairement un grand nombre de cases, de procéder à la vérification. Souvent un seul changement rend convenable un tableau qui, sans cette correction, serait fautif. On donnera le demi-premier tableau non rempli, pour mieux faire voir les lignes fondamentales.

6	3	4	7	10	14	18	2	8
13	3	.	.	.	.	.	.	11
13	.	4	.	.	.	.	.	11
6	.	.	7	.	.	.	.	11
6	.	.	.	9	.	.	.	11
13	.	.	.	.	14	.	.	11
13	.	.	.	.	.	18	.	11
13	.	.	.	.	.	.	2	8
6	3	15	12	9	14	18	17	8
13	3	4	12	9	14	18	17	8
6	.	.	.	.	.	.	2	11
6	.	.	.	.	.	18	.	11
15	.	.	.	.	14	.	.	8
13	.	.	.	9	.	.	.	8
13	.	.	7	.	.	.	.	8
6	.	4	.	.	.	.	.	11
6	3	.	.	.	.	.	.	8
6	3	4	7	10	5	18	2	8

6	3	4	7	10	14	18	2	8
13	3	15	7	10	14	18	17	11
13	16	4	7	10	5	1	17	11
6	16	15	7	9	5	1	17	11
6	16	15	12	9	5	1	17	11
13	16	15	12	9	14	1	2	11
13	3	15	12	10	5	18	2	11
13	16	4	7	10	5	1	2	8
6	3	15	12	9	14	18	17	8
13	3	4	12	9	14	18	17	8
6	16	4	12	19	5	18	2	11
6	16	15	12	10	14	18	2	11
13	3	4	12	9	14	1	2	8
13	3	15	7	9	14	1	17	8
13	16	4	7	9	5	1	17	8
6	16	4	7	9	5	1	2	11
6	3	15	12	10	11	18	17	8
6	3	4	7	10	5	18	2	8

La vérification se fait comme pour le carré de 10.

1.re verticale.	6 et la 1.re horizontale	6	7	10	8	17	1	15	16	3	
	13 et la 18.e horizontale	3	4	5	18	2	11	14	9	12	
2.e verticale.	3 et la 2.e horizontale	13	3	18	11	8	5	9	16	6	
	16 et la 17.e horizontale	15	12	10	14	17	2	1	7	4	
3.e verticale.	4 et la 3.e horizontale	13	4	17	8	2	14	12	15	6	
	15 et la 16.e horizontale	16	7	9	5	1	11	18	10	3	
4.e verticale.	7 et la 4.e horizontale	6	16	15	7	17	10	12	4	13	
	12 et la 15.e horizontale	9	5	1	8	11	2	18	14	3	
5.e verticale.	10 et la 5.e horizontale	6	16	15	1	17	2	18	3	13	
	9 et la 14.e horizontale	7	9	14	8	11	5	10	12	4	
6.e verticale.	14 et la 6.e horizontale	13	16	14	11	8	18	5	10	3	
	5 et la 13.e horizontale	4	12	9	1	2	17	7	15	6	
7.e verticale.	18 et la 7.e horizontale	13	3	18	11	8	17	1	16	6	
	1 et la 12.e horizontale	15	12	10	14	2	5	9	7	4	
8.e verticale.	2 et la 8.e horizontale	13	5	1	2	17	18	14	15	6	
	17 et la 11.e horizontale	16	4	12	10	11	8	9	7	3	
9.e verticale.	8 et la 9.e horizontale	6	17	8	11	5	10	7	16	13	
	11 et la 10.e horizontale	3	4	12	9	14	18	2	1	15	

On voit avec quelle rapidité s'opère la vérification.

Il est temps de passer à une autre méthode plus facile que les précédentes, et qu'on peut appeler la méthode abrégée des nombres pairement impairs.

Les auteurs ont bien donné quelques moyens qui se rapprochent de celui que l'on propose ; mais, faute d'avoir examiné avec attention le carré primitif, que l'on va détailler, ils ont fait subir à ce carré des changemens qu'on ne peut retenir, à raison de leur complication.

On formera, comme pour les carrés divisibles par 4 à la racine, celui dont la racine n'est divisible que par 2, savoir, en partageant le carré vide en quatre parties, et en plaçant les nombres du carré naturel, de 2 en 2, et en alternant, sauf près des lignes de séparation, soit verticale, soit horizontale, où les nombres sont placés de suite, de part et d'autre de ces lignes, ainsi que pour les carrés à racine divisible par 4. Voici cette première partie.

1		3		5		7	8		10		12		14
	16		18		20			23		25		27	
29		31		33		35	36		38		40		42
	44		46		48			51		53		55	
57		59		61		63	64		66		68		70
	72		74		76			79		81		83	
85		87		89		91	92		94		96		98
99		101		103		105	106		108		110		112
	114		116		118			121		123		125	
127		129		131		133	134		136		138		140
	142		144		146			149		151		153	
155		157		159		161	162		164		166		168
	170		172		174			177		179		181	
183		185		187		189	190		192		194		196

Après avoir achevé cette première partie, ce qui est très-facile à retenir, on opèrera de même, à commencer par le bas, et par la dernière case, en comptant de nouveau, de droite à gauche, et ensuite en remontant, ayant soin de remplir les cases vides par les nombres qui y auraient place s'il n'y avait pas de cases pleines. Cette seconde opération est aussi facile à faire que la première, et devient presque machinale. Le carré plein n'est pas précisément celui que l'on cherche, mais il y aura peu de modifications, et surtout point de tableaux à former. Voici ce carré imparfait.

<pre>
                                              194
  1 195   3 193   5 191   7 │   8 188 10 186 12 184 14
182 16 180 18 178 20 176   │ 175 23 173 25 171 27 169... 15
 29 167 31 165 33 163 35   │ 36 160 38 158 40 156 42...168
154 44 152 46 150 48 148   │ 147 51 145 53 143 55 141... 43
 57 139 59 137 61 135 63   │ 64 132 66 130 68 128 70...140
126 72 124 74 122 76 120   │ 119 79 117 81 115 83 113... 71
99... 85 111 87 109 89 107 91 │ 92 104 94 102 96 100 98...112
─────────────────────────────┼──────────────────────────────
85... 99 97 101 95 103 93 105 │ 106 90 108 88 110 86 112... 98
 84 114 82 116 80 118 78   │ 77 121 75 123 73 125 71...113
127 69 129 67 131 65 133   │ 134 62 136 60 138 58 140... 70
 56 142 54 144 52 146 50   │ 49 149 47 151 45 153 43...141
155 41 157 39 159 37 161   │ 162 34 164 32 166 30 168... 42
 28 170 26 172 24 174 22   │ 21 177 19 179 17 181 15...169
183 13 185 11 187   9 189   │ 190   6 192   4 194   2 196
                                              13
</pre>

Il est clair qu'avec très-peu d'attention on peut former
d'un seul coup le carré ci-dessus. En effet, après l'unité
vient l'avant-dernier terme du carré ; puis les petits
nombres augmentent de 2 en 2, tandis que les grands
diminuent de 2 en 2. Il faut cependant remarquer que
près des lignes de division, comme il se trouve deux
nombres de même espèce, il n'y aura qu'une unité d'augmentation ou de diminution pour ces nombres, et au contraire 3 unités de différence entre les nombres qui ne sont
pas près de la ligne verticale de séparation.

Maintenant, si l'on recherche la somme des nombres de
chaque ligne, il sera facile de connaître les modifications
à faire subir au carré.

La somme des nombres du carré, en appelant r la
racine, est $(r^2 + 1) \frac{r^2}{2}$: celle d'une ligne aura donc
$(r^2 + 1) \frac{r}{2}$.

D'après la formation du carré ci-dessus la 1.re verticale aura, de 2 en 2, à partir de l'unité, 1, 29, 57, 85 $=$ $1 + (2r+1) + (4r+1) + (6r+1)$; puis, au dessous de la ligne séparative horizontale, 99, 127, 155, 183, ou $(7r+1)+(9r+1)+(11r+1)+(13r+1)$; ensuite, et en remontant, 28, 56, 84, ou $2r+4r+6r$; et au delà de la ligne horizontale, 126, 154, 182, ou $9r+11r+13r$: on aura donc en tout $(12r+4)+(40r+4)+(12r)+(33r)=$ $97r+8=98r-r+8$; mais $98=7r$: donc on a $7r^2+7$ $-r+1=7 (r^2+1)-(r-1)=(r^2+1)\frac{r}{2}-(r-1)$: car $7=\frac{r}{2}$: il manque donc $(r-1)$ unités à la 1.re verticale. Il faut voir la dernière. Elle a 14, 42, 70, 98, ou $r+3r+5r$ $+7r$; ensuite 112, 140, 168, 196, ou $8r+10r+12r+14r$; et en remontant, 15, 43, 71, ou $(r+1)+(3r+1)+(5r+1)$; enfin 113, 141, 169, ou $(8r+1)+(10r+1)+(12r+1)$: en tout $99r + 6 = 98r+7+ (r-1) = 7r^2+7+ (r-1) =$ $(r^2+1)\frac{r}{2} + (r-1)$: donc la dernière verticale aura $r-1$ unités en trop, tandis que la première a $r-1$ unités en moins.

Faisant les mêmes opérations sur les autres horizontales, il sera facile de faire le tableau suivant :

1.re verticale $(r-1)$ en moins..... 14.e verticale $(r-1)$ en plus...... $r-1=13$
2.e verticale $(r-3)$ en plus...... 13.e verticale $(r-3)$ en moins..... $r-3=11$.
3.e verticale $(r-5)$ en moins..... 12.e verticale $(r-5)$ en plus...... $r-5=9$
4.e verticale $(r-7)$ en plus...... 11.e verticale $(r-7)$ en moins..... $r-7=7$
5.e verticale $(r-9)$ en moins..... 10.e verticale $(r-9)$ en plus...... $r-9=5$
6.e verticale $(r-11)$ en plus...... 9.e verticale $(r-11)$ en moins..... $r-11=3$
7.e verticale $(r-13)$ en moins..... 8.e verticale $(r-13)$ en plus...... $r-13=1$

On voit qu'il y a progression entre les différences des verticales, et que ces différences de ligne en ligne sont tantôt négatives, tantôt positives : la raison de la progression est de 2 unités, et les différences sont les mêmes pour les verticales à égale distance de la ligne séparative verticale, à l'un des signes près, lequel est changé.

Il est convenable de considérer aussi les horizontales.

La première donne 14, 12, 10, 8, ou $r+(r-2)+(r-4)+(r-6)$, soit $4r-12$; ensuite 7, 5, 3, 1, ou $(r-7)+(r-9)+(r-11)+(r-13)$, ou $4r-40$; puis 184, 186, $188=(13r+2)+(13r+4)+(13r+6)=39r+12$; enfin 191, 193, $195=(13r+9)+(13r+11)+(13r+13)=39r+33$: donc en tout $86r-7=99r-13r-7=98r+r-7-13r=98r+14-7-13r=7r^2+7-13r=7(r^2+1)-13r=(r^2+1)\frac{r}{2}-13r$. On trouverait que la dernière horizontale a $13r$ en plus : on peut donc faire pour les horizontales le tableau :

1.re horizontale, $13r$ en moins..... 14.e horizontale, $13r$ en plus....... $13r=182=13\cdot14$

2.e horizontale, $11r$ en plus....... 13.e horizontale, $11r$ en moins..... $11r=154=11\cdot14$

3.e horizontale, $9r$ en moins..... 12.e horizontale, $9r$ en plus....... $9r=126=9\cdot14$

4.e horizontale, $7r$ en plus....... 11.e horizontale, $7r$ en moins..... $7r=98=7\cdot14$

5.e horizontale, $5r$ en moins..... 10.e horizontale, $5r$ en plus....... $5r=70=5\cdot14$

6.e horizontale, $3r$ en plus....... 9.e horizontale, $3r$ en moins..... $3r=42=3\cdot14$

7.e horizontale, r en moins..... 8.e horizontale, r en plus....... $r=14=1\cdot14$

Les horizontales varient donc aussi d'une quantité constante : la raison de la progression est $2 \cdot 14$, ou celle des horizontales, dont chaque terme est multiplié par 14. Cela résulte de la construction même du carré : d'où il suit qu'il suffirait de renverser une horizontale, la dernière, par exemple, comme on le voit au carré ci-dessus ; mais, ne pouvant pas toucher aux diagonales, qui ont la somme voulue, on alternera deux nombres extrêmes de l'une des verticales, comme 12 et 194 : alors toutes les horizontales seront rectifiées. En effet $169 - 15 = 154 = 11 \cdot 14$, pour les $2.^e$ et 13 horizontales ; $168 - 42 = 126 = 9 \cdot 14$, pour les $3.^e$ et $12.^e$, et ainsi de suite ; on a aussi $194 - 12 = 182 = 13 \cdot 14$, pour les première et dernière. Il faut passer aux verticales.

La $2.^e$ a 11 de trop, et la $13.^e$ 11 de moins ; mais $167 - 156 = 11$. On peut donc alterner ces deux nombres, ce qui n'altère en rien les horizontales. La $3.^e$ verticale a 9 de moins, et la $12.^e$ 9 de trop. On aurait bien $40 - 31 = 9$; mais on ne peut toucher aux diagonales : il faut donc choisir d'autres nombres, comme 96 et 87, que l'on alternera. De même la $4.^e$ verticale a 7 de trop, et la $11.^e$ 7 de moins ; mais $165 - 158 = 7$. La $5.^e$ verticale ayant 5 de moins, et la $10.^e$ 5 de plus, on a $38 - 33 = 5$. La $6.^e$ verticale a 3 de plus, et la $9.^e$ 3 de moins ; mais $163 - 160 = 3$. Enfin, la $7.^e$ ayant 1 de moins, et la $8.^e$ 1 de plus, on changera de place 36 et 35 : cela se réduit donc à renverser une horizontale, à l'exception des extrémités et des nombres des diagonales. On choisit l'une des horizontales qui n'ait subi que le changement de l'extrémité par le renversement de la verticale. Il ne reste plus que la première et la dernière

verticale, dont l'une a 13 de moins, et l'autre 13 de plus.
On alternera les deux nombres du milieu de la première,
ceux de la dernière l'étant déjà; on changera ensuite de
place les deux nombres qui terminent actuellement la première moitié de ces verticales : par ce moyen la première
aura $112+85=197$, au lieu de $85+99=184$; elle aura
donc 13 de plus; la dernière aura également $99+98=$
197 au lieu de $112+98=210$: ainsi elle aura 13 de moins;
mais par ce changement la 8.e horizontale, qui était complète, et qui avait $98+99$, aura $98+85$, ou 14 de moins;
et la 7.e, qui avait $112+85$, aura $112+99$, ou 14 de plus;
mais si l'on alterne 86 et 100 entre ces deux horizontales,
tout sera rétabli; et, comme ces changemens sont possibles dans tous les carrés construits comme celui de 14,
d'après la méthode des carrés de racine divisible par 4,
on sera certain d'obtenir le carré magique parfait.

Récapitulant :

On ne doit toucher ni aux angles ni aux nombres en
diagonale : d'où il suit, d'après ce qui a été dit, qu'en
choisissant une verticale, par exemple la dernière, pour la
renverser, on commencera par changer les nombres du
milieu des première et dernière verticales, et l'on alternera
les extrémités de l'une des horizontales du milieu après le
premier changement opéré. Puis on renversera l'une des
verticales, la dernière, par exemple, à l'exception des
angles; et au lieu de ceux-ci, deux nombres d'une même
verticale qui auraient la même différence que les angles, et
qui seraient à égale distance des extrémités de cette verticale. On renversera ensuite une horizontale, à l'exception
de ses extrémités et des nombres diagonaux. On alternera

ensuite deux nombres des verticales où sont ces nombres diagonaux, et sur une même horizontale, et enfin les deux nombres d'une verticale, ces nombres tenant le milieu de cette verticale, et ayant entr'eux une différence $= r$. Ces changemens se font partiellement, et sont faciles à prévoir (*planche* **XXI**, *figure* 115). On a mis deux nombres aux cases qui ont éprouvé des changemens : le supérieur, en petits caractères, est celui du carré primitif; l'inférieur, en gros caractères, est celui du carré rectifié.

Ce procédé, qui fait éviter l'emploi des tableaux, est le plus expéditif de tous, sans exception. Il y aurait beaucoup d'autres changemens qu'on pourrait pratiquer sur le carré imparfait. En général, tous ceux qui peuvent satisfaire à la rectification des lignes, d'après les différences indiquées, sont bons, pourvu qu'on ne touche pas aux diagonales, seules lignes qui aient la somme voulue. Ici c'est 1379.

On peut être curieux de connaître les tableaux qui ont fourni le carré de la figure 115.

```
 1 13  3 11  5 9 7 | 8 6 10  4 12  2 14
14  2 12  4 10 6 8 | 7 9  5 11  3 13  1
 1  2  3  4 10 6 8 | 7 9  5 11 12 13 14
14  2 12  4 10 6 8 | 7 9  5 11  3 13  1
 1 13  3 11  5 9 7 | 8 6 10  4 12  2 14
14  2 12  4 10 6 8 | 7 9  5 11  3 13  1
14 13 12 11  5 9 7 | 8 6 10  4  3  2  1
```

```
 1 13  3 11  5 9 7 | 8 6 10  4 12  2 14
14  2 12  4 10 6 8 | 7 9  5 11  3 13  1
 1 13  3 11  5 9 7 | 8 6 10  4 12  2 14
14  2 12  4 10 6 8 | 7 9  5 11  3 13  1
 1 13  3 11  5 9 7 | 8 6 10  4 12  2 14
14  2 12  4 10 6 8 | 7 9  5 11  3 13  1
 1 13  3 11  5 9 7 | 8 6 10  4 12  2 14
```

```
  0 182   0 182   0 182   0   0 182   0 182 182 182   0
168  14 168  14 168  14 168 168  14 168  14 168  14  14
 28 154  28 154  28 154  28  28 154  28 154  28 154 154
140  42 140  42 140  42 140 140  42 140  42 140  42  42
 56 126  56 126  56 126  56  56 126  56 126  56 126 126
112  70 112  70 112  70 112 112  70 112  70 112  70  70
 98  98  84  98  84  98  84  84  98  84  98  84  84  98
 84  84  98  84  98  84  98  98  84  98  84  98  98  84
 70 112  70 112  70 112  70  70 112  70 112  70 112 112
126  56 126  56 126  56 126 126  56 126  56 126  56  56
 42 140  42 140  42 140  42  42 140  42 140  42 140 140
154  28 154  28 154  28 154 154  28 154  28 154  28  28
 14 168  14 168  14 168  14  14 168  14 168  14 168 168
182   0 182   0 182   0 182 182   0 182   0   0   0 182
```

On voit que le deuxième tableau n'est pas le premier renversé, comme précédemment. De là de nouvelles combinaisons.

On donne encore le carré de 18 (*planche* **XXIII**, *figure* 121), pour faire voir que les changemens à effectuer ne sont pas subordonnés à tel ou tel ordre de nombres, mais qu'on peut faire varier à volonté la manière d'opérer. Il suffit que les lignes du carré imparfait aient les rectifications exigées. On n'a pas mis dans la figure les nombres primitifs, mais seulement ceux qui les remplacent, et en plus gros caractères : car les nombres primitifs se supposent naturellement d'après la manière dont est composé le carré fautif. Qu'on change les nombres du milieu de la première verticale ; qu'on fasse de même pour la dernière de ces lignes, et qu'on alterne les deux nombres de la 9.ᵉ ou de la 10.ᵉ horizontale : ainsi 145 et 162 seront à la place de 163 et de 180, qui prendraient leurs places ; mais on alterne ces deux-ci ; et, les extrémités des deux horizontales du milieu ainsi régularisées, les première et dernière verticales sont exactes. On change ensuite de place deux nombres au milieu de l'une des verticales, comme 173 et 155, et les deux horizontales du milieu sont exactes. Qu'on renverse la dernière verticale sans toucher aux angles ni aux nombres du milieu, et toutes les horizontales, sauf la première et la dernière, sont exactes. Quant à celles-ci, il manque à la première 17·18=306, et la dernière a 306 de trop. Si l'on change de place les deux nombres à chaque extrémité des verticales du milieu, et qu'ensuite on alterne les deux nombres extrêmes de l'une d'elles, la première horizontale, qui avait 9+10 au milieu ==19, et la dernière, $315+316=631$, auront, savoir : la première, $316+9=325$; or $325—19=306$, qui lui manquaient. La dernière aura $10+315=325$; mais $631—325=306$, ou 306 qu'elle avait de trop : elles seront donc exactes. Mais par ce changement la 9.e verticale, à laquelle il manquait une unité, en a gagné deux : elle en a donc une de trop, et la 10.e une de moins. Changeant de place 27 et 28, ces deux verticales seront régulières. Il est clair que le changement aurait pu porter sur deux autres nombres à volonté, présentant l'unité pour différence. Il faut examiner les autres verticales; on a déjà les deux extrêmes et celles du milieu régulières.

La 2.e a 15 de trop, et la 17.e 15 de moins: qu'on change de place 146 et 161.

La 3.e a 13 de moins, et la 16.e 13 de trop: on peut changer 178 et 165.

La 4.e a 11 de trop, et la 15.e 11 de moins : qu'on change 148 et 159.

La 5.e a 9 de moins, et la 14.e 9 de trop: on peut changer 149 et 158.

La 6.e a 7 de trop, et la 13.e 7 de moins : qu'on change 150 et 157.

La 7.e a 5 de moins, et la 12.e 5 de trop: on peut changer 151 et 156.

La 8.e a 3 de trop, et la 11.e 3 de moins : qu'on change 314 et 317.

Ces changemens opérés, le carré est parfait. On voit que le tableau des différences que l'on a donné est indispensable pour indiquer les changemens à effectuer. On voit également qu'on a grande latitude pour faire ces opérations : elles peuvent avoir lieu sur telle ligne que l'on voudra.

Voici les tableaux qui donneraient le carré exact de la figure 121.

1	17	3	15	5	13	7	8	10	9	11	12	6	14	4	16	2	18
18	2	16	4	14	6	12	8	10	9	11	7	13	5	15	3	17	1
1	17	3	15	5	13	7	11	9	10	8	12	6	14	4	16	2	18
18	2	16	4	14	6	12	8	10	9	11	7	13	5	15	3	17	1
1	17	3	15	5	13	7	11	9	10	8	12	6	14	4	16	2	18
18	2	16	4	14	6	12	8	10	9	11	7	13	5	15	3	17	1
1	17	3	15	5	13	7	11	9	10	8	12	6	14	4	16	2	18
18	2	16	4	14	6	12	8	10	9	11	7	13	5	15	3	17	1
18	17	3	13	14	13	12	11	9	10	8	7	6	5	4	16	2	1

1	2	16	4	5	6	7	11	9	10	8	12	13	14	15	3	17	18
18	2	16	4	14	6	12	8	10	9	11	7	13	5	15	3	17	1
1	17	3	15	5	13	7	11	9	10	8	12	6	14	4	16	2	18
18	2	16	4	14	6	12	8	10	9	11	7	13	5	15	3	17	1
1	17	3	15	5	13	7	11	9	10	8	12	6	14	4	16	2	18
18	2	16	4	14	6	12	8	10	9	11	7	13	5	15	3	17	1
1	17	3	15	5	13	7	11	9	10	8	12	6	14	4	16	2	18
18	2	16	4	14	6	12	8	9	9	11	7	13	5	15	3	17	1
1	17	3	15	5	13	7	11	10	10	8	12	6	14	4	16	2	18

1 18 1 18 1 18 1 18 18 1 18 1 18 1 18 1 18 1
17 2 17 2 17 2 17 2 17 17 2 17 2 17 2 17 2 2
3 16 3 16 3 16 3 16 3 3 16 3 16 3 16 3 16 16
15 4 15 4 15 4 15 4 15 15 4 15 4 15 4 15 4 4
5 14 5 14 5 14 5 14 5 5 14 5 14 5 14 5 14 14
13 6 13 6 13 6 13 6 13 13 6 13 6 13 6 13 6 6
7 12 7 12 7 12 7 12 7 7 12 7 12 7 12 7 12 12
11 8 11 8 11 8 11 8 11 11 8 11 8 11 8 11 8 8
10 10 9 10 9 10 9 9 9 9 10 9 10 9 10 9 10 10

9 9 10 9 10 9 10 10 10 10 9 10 9 10 9 10 9 9
8 11 8 11 8 11 8 11 8 8 11 8 11 8 11 8 11 11
12 7 12 7 12 7 12 7 12 12 7 12 7 12 7 12 7 7
6 13 6 13 6 13 6 13 6 6 13 6 13 6 13 6 13 13
14 5 14 5 14 5 14 5 14 14 5 14 5 14 5 14 5 5
4 15 4 15 4 15 4 15 4 4 15 4 15 4 15 4 15 15
16 3 16 3 16 3 16 3 16 16 3 16 3 16 3 16 3 3
2 17 2 17 2 17 2 17 2 2 17 2 17 2 17 2 17 17
18 1 18 1 18 1 18 1 1 18 1 18 1 18 1 18 1 18

Les changemens peuvent être encore simplifiés, et tout-à-fait à volonté, d'après les différences signalées. On va en donner deux exemples sur les carrés de 10 et de 22. On insiste davantage sur ce genre de carrés, parce que c'est celui sur lequel ont échoué les auteurs qui ont cherché une méthode expéditive de formation, et parce qu'il est bon de s'abstenir des tableaux, dont la composition est longue, et l'addition fatigante.

1	483	3	481	5	479	7	477	9	475	11
462	24	460	26	458	28	456	30	454	32	452
45	439	47	437	49	435	51	433	53	431	55
418	68	416	70	414	72	412	74	410	76	408
89	395	91	393	93	391	95	389	97	387	99
374	112	372	114	370	116	368	118	366	120	364
133	351	135	349	137	347	139	345	141	343	143
330	156	328	158	326	160	324	162	322	164	320
177	307	179	305	181	303	183	301	185	299	187
286	200	284	202	282	204	280	206	278	208	276
221	263	223	261	225	259	227	257	229	255	231

243	241	245	239	247	237	249	235	251	233	253
220	266	218	268	216	270	214	272	212	274	210
287	197	289	195	291	193	293	191	295	189	297
176	310	174	312	172	314	170	316	168	318	166
331	153	333	151	335	149	337	147	339	145	341
132	354	130	356	128	358	126	360	124	362	122
375	109	377	107	379	105	381	103	383	101	385
88	398	86	400	84	402	82	404	80	406	78
419	65	421	63	423	61	425	59	427	57	429
44	442	42	444	40	446	38	448	36	450	34
463	21	465	19	467	17	469	15	471	13	473

12 472 · 14 470   16 468   18 466   20[482] 464   22
451   35 449   37 447   39 445   41 443   43 441
56 428   58 426   60 424   62[49] 422   64 420   66
407   79 405   81 403   83 401   85 399   87 397
100 384 102[388] ·382 104 380 106 378 108[91] 376 110
363 123 361 125 359 127 357 129 355 131 353
144 340[343] 146 338 148 336 150 334 152 332[351] 154
319 167 317 169 315 171 313 173 311 175 309
188[187] 296 190 294 192 292 194 290[305] 196 288 198
275 211 273 213 271 215 269 217 267 219 265
232 252 234 250 236 248 238 246 240 244 242[231]

254 230 256 228 258[249] 226 260 224 262 222 264
209 277 207 279 205 281 203 283 201 285 199
298 186 300 184[191] 302 182 304 180 306 178 308
165 321 163 323 161 325 159 327 157 329 155
342[341] 142 344[339] 140 346 138[149] 348 136 350 134 352
121 365 119 367 117 369 115 371 113 373 111
386 98 388[102] 96 390 94 392 92 394 90 396
77 409   75 411   73 413   71 415   69 417   67
430   54 432   52 434   50 436   48 438   46 440
33 453   31 455   29 457   27 459   25 461   23
474   10 476   8 478   6 480   4 482   2 484

VERTICALES.		HORIZONTALES.		
$1.^{re} - 21$	$22.^e + 21$	$1.^{re} - 21 \cdot 22$	$22.^e + 21 \cdot 22 \ldots\ldots$	462
$2.^e + 19$	$21.^e - 19$	$2.^e + 19 \cdot 22$	$21.^e - 19 \cdot 22 \ldots\ldots$	418
$3.^e - 17$	$20.^e + 17$	$3.^e - 17 \cdot 22$	$20.^e + 17 \cdot 22 \ldots\ldots$	374
$4.^e + 15$	$19.^e - 15$	$4.^e + 15 \cdot 22$	$19.^e - 15 \cdot 22 \ldots\ldots$	330
$5.^e - 13$	$18.^e + 13$	$5.^e - 13 \cdot 22$	$18.^e + 13 \cdot 22 \ldots\ldots$	286
$6.^e + 11$	$17.^e - 11$	$6.^e + 11 \cdot 22$	$17.^e - 11 \cdot 22 \ldots\ldots$	242
$7.^e - 9$	$16.^e + 9$	$7.^e - 9 \cdot 22$	$16.^e + 9 \cdot 22 \ldots\ldots$	198
$8.^e + 7$	$15.^e - 7$	$8.^e + 7 \cdot 22$	$15.^e - 7 \cdot 22 \ldots\ldots$	154
$9.^e - 5$	$14.^e + 5$	$9.^e - 5 \cdot 22$	$14.^e + 5 \cdot 22 \ldots\ldots$	110
$10.^e + 3$	$13.^e - 3$	$10.^e + 3 \cdot 22$	$13.^e - 3 \cdot 22 \ldots\ldots$	66
$11.^e - 1$	$12.^e + 1$	$11.^e - 1 \cdot 22$	$12.^e + 1 \cdot 22 \ldots\ldots$	22

Régularisant les horizontales : 482 au lieu de 20, et 20 au lieu de 482, 1.re et 22.e.

  2.e et 21.e : on alterne 38 et 456.
  3.e et 20.e : alternant 53 et 427.
  4.e et 19.e : alternant 82 et 412.
  5.e et 18.e : alternant 102 et 388.
  6.e et 17.e : alternant 124 et 366.
  7.e et 16.e : alternant 135 et 333.
  8.e et 15.e : alternant 170 et 324.
  9.e et 14.e : alternant 177 et 287.
10.e et 13.e : alternant 218 et 284.
11.e et 12.e : alternant 225 et 247.

Les horizontales étant rectifiées, si l'on passe aux verticales, on peut les régulariser comme suit :

Pour les 1.re et dernière, on permutera 21 et 42.

  2.e et 21.e : alternant 332 et 351.
  3.e et 20.e : alternant 91 et 108.
  4.e et 19.e : alternant 290 et 305.
  5.e et 18.e : alternant 49 et 62.
  6.e et 17.e : alternant 138 et 149.
  7.e et 16.e : alternant 258 et 249.
  8.e et 15.e : alternant 184 et 191.
  9.e et 14.e : alternant 339 et 344.
10.e et 13.e : alternant 340 et 343.
11.e et 12.e : alternant 187 et 188.

On voit combien peuvent varier les changemens ; et plus la racine est grande, plus il est facile d'arriver au résultat cherché.

Il n'y a pas à craindre de ne pas trouver de nombres

convenables pour opérer les mutations nécessaires. En effet les verticales à égale distance de la ligne séparative auront sur la même horizontale deux nombres, dont la différence en plus ou en moins sera celle exigée, et il y aura autant de ces nombres qu'il y a d'horizontales prises de 2 en 2. Par exemple, la première verticale, comparée à la dernière, aura les nombres 1, 22; 45, 66; 89, 110; 133, 154; 177, 198; 221, 242; 243, 264; 287, 208; 331, 352; 375, 396; 419, 440; 463, 484. Ces nombres diffèrent tous de 21 unités ou de $r-1$, et peuvent par conséquent alterner pour régulariser les verticales première et dernière. Cela tient à la construction du carré primitif.

Quant aux horizontales, on aura sur une même verticale deux nombres dont la différence sera celle demandée, et il y aura autant de nombres que de verticales prises de 2 en 2 : ainsi 1, 463; 3, 465; 5, 467; 7, 469; 9, 471; 11, 473; 12, 474; 14, 476; 16, 478; 18, 480; 20, 482; 22, 484, ont tous pour différence 462. Il en sera de même pour les autres horizontales à égale distance de la ligne séparative.

Voici encore le carré de 6, qui est le plus petit de tous ceux à racine divisible par 2 seulement.

1	$\overset{35}{35}$	$\overset{34}{3}$	$\overset{8}{4}$	$\overset{35}{32}$	6
30	8	28	27	11	25
$\overset{24}{13}$	23	15	16	$\overset{15}{20}$	$\overset{19}{18}$
$\overset{18}{19}$	17	21	22	$\overset{30}{14}$	$\overset{18}{24}$
12	26	$\overset{8}{10}$	$\overset{10}{9}$	29	$\overset{25}{7}$
31	5	$\overset{4}{33}$	$\overset{33}{34}$	2	36

Que l'on change de place les deux nombres du milieu des première et dernière verticale : on aura augmenté de 12 la 3.e, et diminué de 12 la 4.e horizontale. Celle-ci était trop forte de 6, et la 3.e trop faible de 6; mais si l'on alterne 20 et 14, elles seront exactes. Si l'on alterne 7 et 25, les 2.e et 5.e horizontales seront exactes. La 1.re verticale a 5 de moins, et la dernière 5 de plus. Si donc on alterne 24 et 19, qui ont déjà subi un changement, ces verticales seront exactes. Alternant 32 et 35, on régularisera les 2.e et 5.e verticales. Quant à celles du milieu, alternant 4 et 3, elles seraient régulières; mais si l'on alterne 33 et 34, la 3.e aura 1 de trop, et la 4.e, de moins. Qu'on change 10 et 9 : elles seront de nouveau exactes. Enfin alternant 4 et 34, qui ont déjà subi un changement, la 1.re et la dernière verticale seront régulières.

On voit que pour ce carré il y aurait plus de difficulté à la correction que pour un carré à plus forte racine.

Voici les tableaux que donne ce carré :

1.er TABLEAU.

1	2	4	3	5	6
6	2	4	3	5	1
6	5	3	4	2	1
1	5	3	4	2	6
6	2	3	4	5	1
1	5	4	3	2	6

2.e TABLEAU.

0	30	30	0	30	0
24	6	24	24	6	6
18	18	12	12	12	18
12	12	18	18	18	12
6	24	6	6	24	24
30	0	0	30	0	30

Ces tableaux n'ont aucun rapport entr'eux.

CHAPITRE IV.

BORDURES.

Tout ce qui a été dit relativement aux bordures, s'applique aux nombres dont la racine est pairement impaire. Il est inutile de répéter ici ce qui a été expliqué en détail ailleurs; on se contentera de donner trois exemples.

Le carré de 12 (*planche* **XXI**, *figure* 116), n'a qu'une bordure, et le carré central est celui de 10. La bordure est faite avec les 44 nombres du milieu, et le carré de 10 est celui de la figure 113, en ajoutant 44 à tous les nombres qui surpassent 50.

Le carré de 8 (*planche* **XXI**, *figure* 117) a pour carré central six progressions : $5 \cdot 6 \cdot 7 \cdot 8 \cdot 9 \cdot 10 \ldots 13 \cdot 14 \cdot 15 \cdot 16 \cdot 17 \cdot 18 \ldots 21 \cdot 22 \cdot 23 \cdot 24 \cdot 25 \cdot 26 \ldots 39 \cdot 40 \cdot 41 \cdot 42 \cdot 43 \cdot 44 \ldots 47 \cdot 48 \cdot 49 \cdot 50 \cdot 51 \cdot 52 \ldots 55 \cdot 56 \cdot 57 \cdot 58 \cdot 59 \cdot 60$, dont trois simples, et trois de complémens. En conséquence, ce carré de 6 étant donné pour les 36 premiers nombres, on ajoutera 4 aux six premiers, 6 aux six suivans, 8 aux six autres, puis 20 aux six qui suivent les dix-huit premiers, 22 aux six qui viennent après, et 24 aux six derniers. La bordure se composera d'après l'une des méthodes données.

Le carré de 12 avec 3 bordures (*planche* **XXI**, *figure* 118), a son carré central composé des 18 premiers et 18 derniers nombres.

CHAPITRE V.

COMPARTIMENS.

Lorsqu'un nombre a la forme $2i$, si i est un nombre premier, on ne peut avoir de compartiment : car le carré, étant $4i^2$, ne peut se former par i^2 carrés de 2, puisque quatre nombres ne peuvent se disposer magiquement. On ne peut pas avoir quatre carrés égaux de i^2 cases, puisque i^2 est nombre impair, dont les carrés sont inégaux.

Mais si i est impair composé, il y aura lieu à compartimens de plusieurs manières : ainsi, soit $i = abcd$, il viendra $2i = 2abcd$, et le carré $= 4a^2b^2c^2d^2$. On ne peut avoir $a^2b^2c^2d^2$ carrés de 2 de côté, ni quatre carrés de $a^2b^2c^2d^2$ cases, puisque $a^2b^2c^2d^2$ est impair; mais tout carré dont 4 fera partie, sera convenable. On peut faire abstraction de 4, et combiner les lettres $a\ b\ c\ d$ ou leurs carrés 1 à 1, 2 à 2, 3 à 3. Or ces lettres 3 à 3 donnent $\frac{4 \cdot 3 \cdot 2}{1 \cdot 2 \cdot 3} = 4$; combinées 2 à 2 $= \frac{4 \cdot 3}{1 \cdot 2} = 6$; combinées 1 à 1 $= 4$. En tout 14 manières de composer le carré à compartimens. On aurait ici $4a^2 . b^2c^2d^2$; $4b^2 . a^2c^2d^2$; $4c^2 . a^2b^2d^2$; $4d^2\ a^2b^2c^2$; $4a^2b^2 . c^2d^2$; $4a^2c^2 . b^2d^2$; $4a^2d^2b^2c^2$; $4b^2c^2 . a^2 . d^2$; $4b^2d^2a^2c^2$; $4c^2d^2 . a^2b^2$; $4a^2b^2c^2 . d^2$; $4a^2b^2d^2 . c^2$; $4a^2c^2d^2 . b^2$; $4b^2c^2d^2 . a^2$: en tout 14 manières de composer le carré de 2 $abcd$, quant aux formes seulement. Plusieurs carrés partiels pourraient eux-mêmes se décomposer en d'autres compartimens; mais on les considère comme faisant partie des 14 formes ci-dessus : car le carré total ne peut en avoir davantage.

Soit $18 = 2 \cdot 3 \cdot 3 = 3 \cdot 6$, seule décomposition possible, à cause du double facteur 3 : on aurait 36 carrés de neuf cases, chose possible : mais les carrés ne seraient pas égaux, et par conséquent ne pourraient s'arranger à volonté. Ils seraient distribués d'après la règle relative au carré de 6, chaque carré de 9 étant considéré comme un seul nombre.

Soit le carré de $30 = 2 \cdot 3 \cdot 5$: on aurait $3 \cdot 10$ ou $5 \cdot 6$, ce qui donnerait quatre formes de carrés, savoir : 9 carrés de 100 égaux ou inégaux; 100 carrés de 9, ceux-ci considérés comme simples nombres; 36 carrés de 25 cases, arrangés d'après les règles du carré de 6; enfin 25 carrés de 36 cases, égaux ou inégaux.

Soit enfin $2 \cdot 3 \cdot 5 \cdot 7 = 210$. Il viendrait 6 formes : car 210 se décompose en $3 \cdot 70$; $5 \cdot 42$; $7 \cdot 30$; $6 \cdot 35$; $10 \cdot 21$; $14 \cdot 15$. Parmi les carrés partiels plusieurs se divisent en compartimens : ainsi les 36 carrés de 35 de racine peuvent donner chacun 49 carrés de 25 cases, ou 25 carrés de 49 cases, puisque $35^2 = 7^2 . 5^2$, et ainsi des autres.

Comme on a donné ailleurs la manière de former les carrés à compartimens, on se contentera de celui de 18, par 9 carrés de 36 cases et par 36 carrés de 9 cases (*planche* XXII, *figures* 119 et 120). Ces 36 carrés s'arrangent comme des nombres simples; chacun est composé de 9 nombres en progression; l'on a pris ces nombres par ordre, à commencer par les 9 premiers, et ainsi de suite (*figure* 120). Pour les 9 carrés de 36 cases on a également les 36 nombres de chaque carré par ordre (*figure* 119). Les 36 carrés de 9 cases ont été arrangés d'après l'ordre du 2.ᵉ carré de la figure 119.

On voit ce que l'on aurait à faire pour toute autre racine pairement impaire, ou divisible par 2 seulement.

D'après ce qui précède, on est à même de faire tout carré simple à bordure et à compartiment.

On terminera ici ce que l'on avait à dire sur les carrés pairs et impairs réguliers, soit simples, soit à bordures, ou à compartimens. Dans le second volume on examinera les formes particulières dont sont susceptibles les carrés, formes nouvelles, et dont aucun auteur, à notre connaissance, ne s'est occupé. La troisième partie, qui fait la matière de ce second volume, est la plus intéressante : les croix, châssis, équerres, bandes détachées, offrent de nouvelles combinaisons propres à piquer vivement la curiosité. La théorie des cubes magiques, et un essai sur les cercles magiques, complèteront l'ouvrage. De nombreuses figures accompagneront et éclairciront le texte, auquel on ajoutera le développement d'une formule d'Euler, qui trouve naturellement place à la suite des carrés magiques, puisqu'elle a pour but de résoudre un problème qui se rattache à la théorie de ces carrés.

TABLE

DES MATIÈRES DU PREMIER VOLUME.

§ 2.

DEUXIÈME SECTION.

La racine est un nombre impair composé.

§ 1.er

§ 2.

§ 3.

§ 4.

§ 5.

CHAPITRE PREMIER.

CHAPITRE II.

CHAPITRE III.

TROISIÈME SECTION.

Méthodes de divers auteurs pour les carrés impairs.

QUATRIÈME SECTION.

DEUXIÈME PARTIE.

CARRÉS MAGIQUES PAIRS.

PREMIÈRE SECTION.

La racine se divise par 4.

CHAPITRE PREMIER.

§ 7.

§ 8.

CHAPITRE II.

§ 1.er

§ 2.

§ 3.

DEUXIÈME SECTION.

La racine ne se divise qu'une fois par 2.

§ 1.er

§ 2.

FIN DE LA TABLE DU PREMIER VOLUME.

BIBLIOTHEQUE ROYALE
I

www.ingramcontent.com/pod-product-compliance
Lightning Source LLC
Chambersburg PA
CBHW050655070726
47595CB00014B/37